城镇排水与污水处理行业职业技能培

排水泵站运行工
培训教材

北京城市排水集团有限责任公司　组织编写

中国林业出版社
·北京·

图书在版编目（CIP）数据

排水泵站运行工培训教材／北京城市排水集团有限责任公司组织编写．—北京：中国林业出版社，
2021.3（2024.9 重印）

（城镇排水与污水处理行业职业技能培训鉴定丛书）

ISBN 978-7-5219-1059-9

Ⅰ.①排…　Ⅱ.①北…　Ⅲ.①市政工程-排水泵-泵站-运行-职业技能-鉴定-教材　Ⅳ.①TU992.25

中国版本图书馆 CIP 数据核字（2021）第 034445 号

中国林业出版社

责任编辑：陈　惠　樊　菲　薛瑞琦

电　话：（010）83143614

出版发行	中国林业出版社（100009　北京市西城区刘海胡同 7 号）
	https://www.forestry.gov.cn/lycb.html
印　刷	北京中科印刷有限公司
版　次	2021 年 3 月第 1 版
印　次	2024 年 9 月第 2 次印刷
开　本	889mm×1194mm　1/16
印　张	16.5
字　数	580 千字
定　价	100.00 元

前　言

2018 年 10 月，我国人力资源和社会保障部印发了《技能人才队伍建设实施方案(2018—2020 年)》，提出加强技能人才队伍建设、全面提升劳动者就业创业能力是新时期全面贯彻落实就业优先战略、人才强国战略、创新驱动发展战略、科教兴国战略和打好精准脱贫攻坚战的重要举措。

我国正处在城镇化发展的重要时期，城镇排水行业是市政公用事业和城镇化建设的重要组成部分，是国家生态文明建设的主力军。为全面加强城镇排水行业职业技能队伍建设，培养和提升从业人员的技术业务能力和实践操作能力，积极推进城镇排水行业可持续发展，北京城市排水集团有限责任公司组织编写了本套城镇排水与污水处理行业职业技能培训鉴定丛书。

本套丛书是基于北京城市排水集团有限责任公司近 30 年的城镇排水与污水处理设施运营经验，依据国家和行业的相关技术规范以及职业技能标准，并参考高等院校教材及相关技术资料编写而成，包括排水管道工、排水巡查员、排水泵站运行工、城镇污水处理工、污泥处理工共 5 个工种的培训教材和培训题库，内容涵盖安全生产知识、基本理论常识、实操技能要求和日常管理要素，并附有相应的生产运行记录和统计表单。

本套丛书主要用于城镇排水与污水处理行业从业人员的职业技能培训和考核，也可供从事城镇排水与污水处理行业的专业技术人员参考。

由于编者水平有限，丛书中可能存在不足之处，希望读者在使用过程中提出宝贵意见，以便不断改进完善。

2020 年 6 月

目 录

绪 论

泵站运行工是指从事城镇排水、再生水泵站运行、维护的人员。目前，该工种的职业技能等级由低到高可分为：职业技能五级/初级工、职业技能四级/中级工、职业技能三级/高级工、职业技能二级/技师、职业技能一级/高级技师。

泵站运行工的工作内容主要包括使用仪器仪表检测、监控进水水质指标、有害气体浓度，保证水质合格与作业安全；操作水泵机组及其附属设备，保证流量、压力、水位满足供水排水工艺要求，巡查水泵机组及其附属设备、进出水构筑物等设备、设施的运行状况，发现问题及时报告处理；对水泵机组及其附属设备、进出水构筑物等设备、设施进行保养和维护，保证其正常运行；根据应急预案进行排水泵站突发事故的应急处置；填写排水泵站运行维护记录，整理归档。泵站运行工作范围涉及有限空间作业、带水作业、带电作业、机械作业等。泵站运行工必须熟知本工种所涉及的危险源及危险作业，确保安全生产。

泵站运行工作融合了多学科的综合知识，需要掌握和熟悉泵站运行专业技术知识及相关的流体力学、微生物学、机械、电工、工程识图、电气识图等基础知识。

第一章
安全基础知识

第一节　安全常识

一、常见危险源的识别

城镇公共排水系统四通八达，贯穿于城市地下，为了便于日常维护管理，一般随城市道路同步建设实施。在满足排水设施运行条件的同时，排水管网建设施工及运行养护管理过程中伴随着可能导致生产安全事故的多种危险源。

(一)管网建设

排水管道施工特点是施工环境多变、流动性大、施工作业条件差、手工露天作业多、沟坑、吊装、高处、立体交叉作业多、临时占道、用电设施多、劳动组合不稳定，因此管道施工现场存在的危险有害因素比较复杂。典型的危险有害因素有：

(1)地下管线(设施)调查不清，会导致开槽作业等土方施工时破坏现有地下设施，同时具有造成次生伤亡事故的可能性。

(2)新建污水管线建成后与现况污水管线勾头、打堵，存在有毒有害气体中毒造成人员伤亡的可能性。

(3)管道穿越公路、铁路、河道等重要设施进行顶管作业时，受车辆荷载、地下水、地质变化、施工方案不合理或方案执行不利等因素影响，有可能造成施工人员、社会车辆损失等事故。

(二)管网养护

排水管网相对处于密闭环境，长期运行会产生并聚集硫化氢、一氧化碳、可燃性气体及其他有毒有害气体，而且作业环境狭小、潮湿、黑暗，工作人员如果不做任何安全防护措施就下井作业，极易发生生产

安全事故。典型的危险有害因素有：

(1)管道检查井、室的中毒窒息事故。投入运行的管道或井、室中常常会存在有毒有害气体浓度超标和氧气含量不足等问题，如在进入前未进行检查或检查设备失灵等问题操作不当，可能造成中毒、窒息、爆炸等事故，导致人员伤亡。

(2)巡查、养护、应急抢险机械操作事故。作业过程中出现打开井盖不慎砸脚；下井不慎引发坠落、撞伤等事故；操作设备时不慎引起的机械伤害、触电等事故。

(3)道路作业过程中的交通事故。社会车辆因驾驶不慎可能对作业人员造成伤亡事故；作业车辆因驾驶不慎可能对社会人员造成伤亡事故等。

(三)设施管理

城镇公共排水设施体量大，在管理这些设施时，工作量也很大。如养护管理单位存在设施失养、失管、失修等情况时，可能引发公共安全事故。典型危险有害因素有：

(1)排水管网因结构性隐患或功能性隐患导致塌陷，造成人身伤害、车辆损坏的公共安全事故。

(2)井盖丢失导致人身伤害、车辆损坏的公共安全事故；管线因无下游等原因产生雨污水外溢冒水事故。

(3)下雨导致上游淹泡，立交桥下、路面严重积滞水影响交通的事故。

(4)通过排水管网传播重大传染病疫情事故。

(四)防汛保障、应急抢险

防汛抽排及应急抢险过程中，发电机及其相关设备因作业环境潮湿可能引发人员触电事故；基坑边缘坍塌引发坠落事故；吊车吊物引发物体坠落事故；排水管道断裂事故及其他事故。

(五)泵站运行及养护

(1)泵站运行：泵站运行日常工作中，由于操作不当易造成机械伤害事故，如机械格栅操作及养护过程中，因操作不规范造成的人员伤害及设备损坏；因水泵运行及维护操作不规范造成人员伤害及设备损坏；此外还有像天车、电动葫芦、手动电动闸阀、发电机、通风类设备的不当操作引发的人员伤害及设备损坏等。

(2)泵站养护：泵站设备设施周期性养护工作实施过程中的危险有害因素有进退水管线的检查及清掏工作中因防护不当造成的有毒有害气体中毒或爆炸事故；电气设备的预防性实验与清扫工作易造成人员触电事故等。

(六)其他危险源

食物中毒；夏天高温中暑、冬天低温冻伤；库房、办公场所火灾事故；设施、设备被盗事故；网络数据信息泄漏事故；与水体相关的传染性疾病暴发导致的事故；因战争、破坏、恐怖活动等突发事件导致的事故；其他可能导致发生生产安全事故的危险源。

二、常见危险源的防范

在作业过程中，主要的危险源包括有毒有害气体中毒与窒息、机械伤害、触电、高空跌落、溺水等。应利用工程技术控制、个人行为控制和管理手段消除、控制危险源，防止事故发生，造成人员伤害和财产损失。

(一)技术控制

技术控制是指采用技术措施对危险源进行控制，主要技术包括消除、防护、减弱、隔离、连锁和警告等措施。

(1)消除措施：消除系统中的危险源，可以从根本上防止事故的发生。但是，按照现代安全工程的观点，彻底消除所有危险源是不可能的。因此，人们往往首先选择危险性较大，并且在现有技术条件下可以消除的危险源作为优先考虑的对象。可以通过选择合适的工艺、技术、设备、设施，合理的结构形式，无害、无毒和不能致人伤亡的物料，来彻底消除某种危险源。

(2)防护措施：当消除危险源有困难时，可采取适当的防护措施，如使用安全阀、安全屏护、漏电保护装置、安全电压、熔断器、排风装置等。

(3)减弱措施：在无法消除危险源和难以预防危险发生的情况下，可采取减轻危险因素的措施，如选择降温措施、避雷装置、消除静电装置、减震装置等。

(4)隔离措施：在无法消除、预防和隔离危险源的情况下，应将作业人员与危险源隔离，并将不能共存的物质分开，如采取遥控作业，设置安全罩、防护屏、隔离操作室、安全距离等。

(5)连锁措施：当操作者操作失误或设备运行达到危险状态时，应通过连锁装置终止危险、危害发生。

(6)警告措施：在易发生故障和危险性较大的地方，设置醒目的安全色、安全标志；必要时，设置声、光或声光组合报警装置。

(二)个人行为控制

个人行为控制是指控制人为失误，减少人的不正确行为对危险源的触发作用。人为失误的主要表现形式有：操作失误、指挥错误、不正确的判断或缺乏判断，粗心大意、厌烦、懒散、疲劳、紧张、疾病或生理缺陷，错误使用防护用品和防护装置等。

(三)管理控制

可采取以下措施对危险源实行管理控制：

1.建立健全危险源管理的规章制度

危险源确定后，在对其进行系统分析的基础上建立健全各项规章制度，包括岗位安全生产责任制、危险源重点控制实施细则、安全操作规程、操作人员培训考核制度、日常管理制度、交接班制度、检查制度、信息反馈制度、危险作业审批制度、异常情况应急措施和考核奖惩制度等。

2.加强安全教育培训

落实《中华人民共和国安全生产法》中安全教育培训的要求，通过新员工培训、调岗员工培训、复工员工培训、日常培训等提高职工的安全意识，增强职工的安全操作技能，避免职业危害。

3.加强宣传告知

对日常操作中存在的危险源应提前告知，使职工熟悉伤害类型与控制措施。如在有危险源的区域设置危险源警示标牌，方便职工了解危险源(图1-1)。

4.明确责任，定期检查

根据各类危险源的等级，确定好责任人，明确其责任和工作，并明确各级危险源的定期检查责任。对危险源要对照检查表逐条逐项检查，按规定的方法和标准进行检查，并进行详细的记录。如果发现隐患，则应按信息反馈制度及时反馈，及时消除，确保安全生产。

重大危险源公示牌

序号	危险源名称	伤害事故	控制措施
1	起重吊装作业	物体打击、高处坠落、倾覆、倒塌	塔司、信号工持证上岗；安全交底、班前讲话；检查、保养、调试等
2	高支模板、大模板安装、拆除、吊运、存放	坍塌、物体打击、高处坠落	编制方案、班前教育、安全交底；设独立存放区、搭设存放架；施工过程监督、巡视、验收、检查吊环、索口、临时固定、支撑措施等
3	防护脚手架、作业平台搭拆和使用	坍塌、物体打击、高处坠落	编制方案、班前教育、安全交底、持证上岗；系挂安全带、检查预埋件、连墙件、卸荷钢丝绳拉接、作业层铺板严密、隔层防护搭设到位、现场巡视、现场验收等
4	临时用电	触电、火灾	选用符合国标电气产品；三级配电、逐级保护、佩戴个人防护用品、持证上岗；操作规范、临时防护措施、安全检查等
5	电气焊	火灾、触电、爆炸	持证上岗、安全交底、班前教育；电气焊作业安全操作规程、防雨防晒防砸措施；开具动火证、配备灭火器、专人监护、清理现场、切断电源等
6	高处作业	高空坠落	编制方案、安全交底、系挂安全带；临连防护、孔洞防护、安装密目网、护栏；首层、隔层防护等

图 1-1 重大危险源公示牌示例

5. 加强危险源的日常管理

作业人员应严格贯彻执行有关危险源日常管理的规章制度，做好安全值班和交接班，按安全操作规程进行操作；按安全检查表进行日常安全检查；危险作业需经过审批方可操作等，对所有活动均应按要求认真做好记录；按安全档案管理的有关要求建立危险源的档案，并指定专人保管，定期整理。

6. 抓好信息反馈，及时整改隐患

职工应履行义务，在发现事故隐患和不安全因素后，及时向现场安全生产管理人员或单位负责人报告。单位应对发现的事故隐患，根据其性质和严重程度，按照规定分级，实行信息反馈和整改制度，并做好记录。

7. 做好危险源控制管理的考核评价和奖惩

应对危险源控制管理的各方面工作制定考核标准，并力求量化，以便于划分等级。考核评价标准应逐年提高，促使危险源控制管理的水平不断提升。

(四) 危险源具体防范措施

1. 有限空间作业中毒与窒息事故的防范

排水管道、渠道、格栅间、污泥处理池等工作场所，由于自然通风不良，易造成有毒有害气体积聚或含氧量不足，形成有限空间。对于有限空间内可能存在的危险气体环境，应采取各种措施消除危险源，

《工贸企业有限空间作业安全管理与监督暂行规定》中对有限空间作业安全管理提出的要求如下：

1) 辨识标识

对有限空间进行辨识，确定有限空间的数量、位置和危险有害因素等基本情况，建立有限空间管理台账，并及时更新。在排查出的每个有限空间作业场所或设备附近设置清晰、醒目、规范的安全警示标志，标明主要危险有害因素，警示有限空间风险，严禁人员擅自进入和盲目施救。

2) 建章立制

企业应当按照有限空间作业方案，明确作业现场负责人、监护人员、作业人员及其安全职责。在实施有限空间作业前，应当将有限空间作业方案和作业现场可能存在的危险有害因素、防控措施告知作业人员。现场负责人应当监督作业人员按照方案进行作业准备。

3) 专项培训

生产经营单位应建立有限空间作业审批制度、作业人员健康检查制度、有限空间安全设施监管制度；同时对从事有限空间作业的人员进行培训教育。

生产经营单位在作业前应针对施工方案，对从事有限空间危险作业的人员进行作业内容、职业危害等教育；对紧急情况下的个人避险常识、中毒窒息和其他伤害的应急救援措施教育。

4）装备配备

企业应当根据有限空间存在危险有害因素的种类和危害程度，为作业人员提供符合国家标准或者行业标准规定的劳动防护用品，并教育监督作业人员正确佩戴与使用。

对不能采用通风换气措施或受作业环境限制不易充分通风换气的场所，作业人员必须配备并使用空气呼吸器或软管面具等隔离式呼吸保护器具，严禁使用过滤式面具。佩戴呼吸器进入有限空间作业时，作业人员须随时掌握呼吸器气压值，判断作业时间和行进距离，保证预留足够的气压以返回地面。作业人员听到空气呼吸器的报警音后，必须立即返回地面。严禁使用过滤式面具，应使用自给式呼吸器。

5）作业审批

生产经营单位应建立有限空间作业审批制度、有限空间安全设施监管制度。

6）现场管理

有限空间作业现场操作应当符合下列要求：

（1）设置明显的安全警示标志和警示说明：在有限空间外敞面醒目处，设置警戒区、警戒线、警戒标志，未经许可，不得入内。

（2）通风或置换空气：对任何可能造成职业危害、人员伤亡的有限空间场所作业，应坚持"先通风、再检测、后作业"的原则，对有限空间通风，可以在带来清洁空气的同时，将污染的空气从有限空间内排出，从而控制其危害。进入自然通风换气效果不良的有限空间，应采用机械通风，通风换气次数每小时不能少于3次。发现通风设备停止运转、有限空间内氧含量浓度低于或者有毒有害气体浓度高于国家标准或者行业标准规定的限值时，必须立即停止有限空间作业，清点作业人员，撤离作业现场。

（3）气体的监测：对于有限空间要做到"三不进入"，即未进行通风不进入，未实施监测不进入，监护人员未到位不进入。进入前，应先检测确认有限空间内有害物质浓度，作业前30min，应再次对有限空间有害物质浓度采样，分析结果合格后，作业人员方可进入有限空间。作业中断超过30min，作业人员再次进入有限空间作业前，应当重新通风，检测合格后，方可再次进入。由于泵阀、管线等设施可能泄漏以及存在积水、积泥等情况，在作业过程中应对气体进行连续监测，避免突发的风险，一旦检测仪报警，有限空间内的作业人员需马上撤离。检测人员进行检测时，应当记录检测的时间、地点、气体种类、浓度等信息。检测记录经检测人员签字后存档。检测人员应当采取相应的安全防护措施，防止中毒窒息等事故发生。

（4）作业现场人员分工和职责：有限空间作业现场应明确监护人员和作业人员，作业前清点作业人员和器具，作业人员与外部要有可靠的通信联络。监护人员不得进入有限空间，不得离开作业现场，并与作业人员保持联系。存在交叉作业时，采取避免互相伤害的措施。作业结束后，作业现场负责人、监护人员应当对作业现场进行清理，撤离作业人员。

（5）发包管理：将有限空间作业发包给其他单位实施的，承包方应当具备国家规定的资质或者安全生产条件，企业应与承包方签订专门的安全生产管理协议或者在承包合同中明确各自的安全生产职责。存在多个承包方时，企业应当对承包方的安全生产工作进行统一协调、管理。工贸企业对其发包的有限空间作业安全承担主体责任，承包方对其承包的有限空间作业安全承担直接责任。

（6）应急救援：根据有限空间作业的特点，制订应急预案，并配备相关的呼吸器、防毒面罩、通信设备、安全绳索等应急装备和器材。有限空间作业的现场负责人、监护人员、作业人员和应急救援人员应当掌握相关应急预案内容，定期进行演练，提高应急处置能力。有限空间作业中发生事故后，现场有关人员应当立即报警，禁止盲目施救。应急救援人员实施救援时，应当做好自身防护，佩戴必要的呼吸器具、救援器材。

2. 触电事故的防范

设施设备，如有质量不合格、安装不恰当、使用不合理、维修不及时、工作人员操作不规范等，都会造成设施设备的损坏，甚至造成人身触电伤害事故。

1）采用防止触电的技术措施

防止触电的安全技术措施是防止人体触及或过分接近带电体造成触电事故，以及防止短路、故障接地等电气事故的主要安全措施。具体分为直接触电防护措施与间接触电防护措施。

（1）直接触电防护措施

①绝缘：即用绝缘的方法来防止人体触及带电体，不让人体和带电体接触，从而避免触电事故发生。注意：单独用涂漆、漆包等类似的绝缘措施来防止触电是不够的。

②屏护：即用屏障或围栏防止人体触及带电体。屏障或围栏还能使人意识到超越屏障或围栏会遇到危险而不会有意触及带电体。

③障碍：即设置障碍以防止人体无意触及带电体或接近带电体，但不能防止人有意绕过障碍去触及带电体。

④间隔：即保持间隔以防止人体无意触及带电

体。凡易于接近的带电体，应保持在人的手臂所及范围之外，正常时使用长大工具者，间隔应当加大。

⑤安全标志：安全标志是保证安全生产、预防触电事故的重要措施。

⑥漏电保护装置：漏电保护又称残余电流保护或接地故障电流保护。漏电保护只用作附加保护，不应单独使用，动作电流不宜超过 30mA。

⑦安全电压：根据场所特点，采用相应等级的安全电压。

（2）间接触电防护措施

①自动断开电源：即根据低压配电网的运行方式和安全需要，采用适当的自动化元件和连接方法，使低压配电网发生故障时，能在规定时间内自动断开电源，防止人体接触电压的危险。对于不同的配电网，可根据其特点分别采取过电流保护（包括零接地）、漏电保护、故障电压保护（包括接地保护）、绝缘监视等保护措施。

②加强绝缘：即采用双重绝缘（或加强绝缘）的电气设备，或者采用另有共同绝缘的组合电气设备，防止其工作绝缘损坏后，在人体易接近的部分出现危险的对地电压。

③不导电环境：这种措施是防止绝缘损坏时，人体同时触及不同电位的两点。当所在环境的墙和地板均系绝缘体，以及可能出现不同电位之间的距离超过 2m 时，可满足这种保护措施。

④等电位环境：即将所有容易同时接近的裸露导体（包括设备以外的裸露导体）互相连接起来，以防止危险的接触电压。等电位范围不应小于可能触及带电体的范围。

⑤电气隔离：即采用隔离变压器或有同等隔离能力的发电机供电，以实现电气隔离，防止裸露导体发生故障带电时造成电击。被隔离回路的电压不应超过 500V；其带电部分不能同其他电气回路或大地相连，以保持隔离要求。

⑥安全电压：根据场所特点，采用相应等级的安全电压。

2）强化电气安全教育

电气安全教育是为了使作业人员了解关于电的一些基本知识，认识安全用电的重要性，掌握安全用电的基本方法，从而能安全、有效地进行操作。如企业可以使用一些安全宣教图来强化电气安全教育。

3）正确使用电气设备

触电事故的发生是因为人体接触到带电部件或意外接触带电部件，导致电流通过人体。因此，作业人员要加强安全用电学习，并学会正确使用电气设备。

做好电气设备的管理工作：①所有电气设备都应有专人负责保养；②在进行卫生作业时，不要用湿布擦拭或用水冲洗电气设备，以免触电或使设备受潮、腐蚀而形成短路；③不要在电气控制箱内放置杂物，也不要把物品堆置在电气设备旁边。

在使用移动电具前，必须认真检查插头和电线等容易损坏的部位。搬动或移动电具前，一定要先切断电源。

4）严格遵守电气安全制度

作业中，如需拉接临时电线装置，必须向有关管理部门办理申报手续，经批准后，方可请电工装接。严禁不经请示私自乱拉乱接电线。对已批准安装的临时线路，应指定专人负责，到期即请电工拆除。

当发现电气设备出现故障、缺陷时，必须及时通知电工进行修理，其他人员一律不准私自装拆和修理电气设备。不准随便移动电气标志牌。

5）定期检查电气设备

定期检查，保证电气设备完好。一旦发现问题，要及时通知电工进行修理。

6）加强安全资料的管理

安全资料是做好安全工作的重要依据。技术资料对于安全工作是十分必要的，应注意收集和保存。

为了工作和检查方便，应绘制高压系统图、低压布线图、全厂架空线路和电缆线路布置图等图形资料。

对重要设备应单独建立资料档案。每次的检修和试验记录应作为资料保存，以便核对。

设备事故和人身安全事故的记录也应作为资料保存。

应注意收集国内外电气安全信息，并作分类保存。

3. 溺水和高空坠落事故的安全防范

高处坠落事故发生的主要原因来自人的不安全行为、物的不安全状态、管理缺陷与环境影响四个方面，高处坠落事故的主要防范措施如下：

1）控制人的因素，减少人的不安全行为

经常对从事高处作业的人员进行观察检查，一旦发现不安全情况，应及时进行心理疏导，消除其心理压力，或将其调离岗位。

禁止患高血压、心脏病、癫痫病等疾病或有生理缺陷的人员从事高处作业，应当定期给从事高处作业的人员进行体格检查，发现有高处作业疾病或有生理缺陷的人员，应将其调离岗位。

对高处作业的人员除进行安全知识教育外，还应加强安全态度教育和安全法制教育，提高其安全意识和自身防护能力，减少作业风险。

要求员工掌握安全救护技能和应急预案。

2）控制操作方法，防止违章行为

从事高处作业的人员应严格依照操作规程操作，杜绝违章行为。

从事高处作业的人员禁止穿易滑的高跟鞋、硬底鞋、拖鞋等上岗或酒后作业。

从事高处作业的人员应注意身体重心，注意用力方法，防止因身体重心超出支承面而发生事故。

3）强化组织管理，避免违章指挥

严格高处作业检查、教育制度，坚持"四勤"（即勤教育、勤检查、勤深入作业现场进行指导、勤发动群众提合理化建议），查身边事故隐患，实现"三不伤害"（即不伤害自己、不伤害他人、不被他人伤害）的目的。

应该根据季节变化，及时调整作息时间，防止高处作业人员产生过度生理疲劳。

落实强化安全责任制，将安全生产工作实绩与年终分配考核结果联系在一起。

根据《中华人民共和国安全生产法》和《中华人民共和国建筑法》的有关规定，应当为高处作业人员购买社会工伤保险和意外伤害保险，尽量减少作业风险。

4）控制环境因素，改良作业环境

禁止在大雨、大雪和六级以上强风等恶劣天气下从事露天高空作业。

作业环境的走道不能有障碍物、突出的螺栓根、横在道路上的东西，防止巡视时工作人员不小心绊倒。

4. 火灾爆炸事故的防范

燃烧必须同时具备三个基本条件，即可燃物、助燃物、点火源，火灾的防控在于消除其中的任意一个条件，图 1-2 为"火三角"标注。

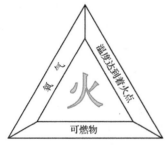

图 1-2　火三角

火灾爆炸事故的主要防范措施如下：

1）加强防火防爆管理

加强教育培训，确保员工掌握有关安全法规、防火防爆安全技术知识。

定期或不定期开展安全检查，及时发现并消除安全隐患。

配备专用有效的消防器材、安全保险装置和设施，如可燃气体报警器、烟感报警器及仪表装置、室内外消火栓、消火水带、消防斧、消防标志牌等。派专人负责管理消防器材，建立台账，确保消防器材的设置符合有关法律法规和标准的规定，确保器材完好有效。

2）加强重点危险源管控

防火防爆应首先划出重点防火防爆区，重点防火防爆区的电机、设备设施都要用防爆类型的，并安装检测、报警器。进入该区禁止带火种、打手机、穿铁钉鞋或有静电工作服等，重点部位应设置防火器材。

3）消除点火源

燃烧爆炸危险区域及附近严禁吸烟。

维修动火实行危险作业审批制度，动火作业时，应做到"八不""四要""一清理"。

①动火前"八不"：防火、灭火措施不落实，不动火；周围的易燃杂物未清除，不动火；附近难以移动的易燃物未采取安全防范措施，不动火；盛装过油类等易燃液体的容器和管道，未经洗刷干净、排除残存的油质，不动火；盛装过气体会受热膨胀并有爆炸危险的容器和管道，不动火；储存有易燃、易爆物品的车间、仓库和场所，未经排除易燃、易爆危险，不动火；在高处进行焊接和切割作业时，其下面的可燃物品未清理或未采取安全防护措施，不动火；未配备相应的灭火器材，不动火。

②动火中"四要"：动火前要指定现场安全负责人；现场安全负责人和动火人员必须经常注意动火情况，发现不安全苗头时要立即停止动火；发生火灾及爆炸事故时，要及时扑救；动火人员要严格执行安全操作规程。

③动火后"一清理"：动火人员和现场安全责任人在动火后，应彻底落实清理现场火种，才能离开现场，以确保作业安全。

易产生电气火花、静电火花、雷击火花、摩擦和撞击火花处，应采取相应的防护措施。

4）控制易燃、助燃、易爆物

少用或不用易燃、助燃、易爆物，用时要严格依照操作规程，防止泄漏。

加强通风，降低可燃、助燃、爆炸物浓度，防止其到达爆炸极限或燃烧条件。

5. 机械伤害事故的防范

在作业中会用到各种机械设备，如设备存在的隐患未及时排除，使用不当或违章操作，就可能引发机械伤害事故。

从安全系统工程学的角度来看，造成机械伤害的原因可以从人、机、环境三个方面进行分析。人、机、环境三个方面中的任何一个出现缺陷，都有可能引发机械伤害事故。因此，防范机械伤害须采取如下措施：

1）加强操作人员的安全管理

建立健全安全操作规程和规章制度。抓好三级安全教育和业务技术培训、考核。提高安全意识和安全防护技能。做到"四懂"（懂原理、懂构造、懂性能、懂工艺流程）、"三会"（会操作、会保养、会排除故障）。正确穿戴个人防护用品。按规定进行安全检查或巡回检查。严格遵守劳动纪律，杜绝违章操作或习惯性违章。

2）注重机械设备的基本安全要求

设备结构设计需合理。要求如下：

（1）在设计过程中，对操作者容易触及的可转动零部件应尽可能将其封闭，对不能封闭的零部件必须配置必要的安全防护装置。

（2）对运行中的生产设备或超过极限位置的零部件，应配置可靠的限位、限速装置和防坠落、防逆转装置；电气线路配置防触电、防火警装置。

（3）对工艺过程中会产生粉尘和有害气体或有害蒸汽的设备，应采用自动加料、自动卸料装置，并配置吸入、净化和排放装置。

（4）对有害物质的密闭系统，应避免跑、冒、滴、漏，必要时应配置检测报警装置。

（5）对生产剧毒物质的设备，应有渗漏应急救援措施等。

机械设备布局要合理。按有关规定，设备布局应达到以下要求：

（1）机械设备间距：小型设备不小于0.7m，中型设备不小于1m，大型设备不小于2m。

（2）设备与墙、柱间距：小型设备不小于0.7m，中型设备不小于0.8m，大型设备不小于0.9m。

（3）操作空间：小型设备不小于0.6m，中型设备不小于0.7m，大型设备不小于1.1m。

（4）高于2m的运输线需要有牢固的防护罩。

提高机械设备零部件的安全可靠性。要求如下：

（1）合理选择结构、材料、工艺和安全系数。

（2）操纵器必须采用连锁装置或保护措施。

（3）必须设置防滑、防坠落和预防人身伤害的防护装置，如限位装置、限速装置、防逆转装置、防护网等。

（4）必须有安全控制系统，如配置自动监控系统、声光报警装置等。

（5）设置足够数量、形状有别于一般的紧急开关。

加强危险部位的安全防护。从根本上讲，对于机械伤害的防护，首先应在设计和安装时充分予以考虑，包括安全要求、材料要求、安装要求，其次才是在使用时加以注意。如：

（1）带传动通常是靠紧张的带与带轮间的摩擦力来传递运动的，它既具有一般传动装置的共性，又具有容易断带的个性，因此对此类装置的防护应采用防护罩或防护栅栏将其隔离，除2m以内高度的带传动必须采用外，带轮中心距3m以上或带宽在15cm以上或带速在9m/s以上的，即使是2m以上高度的带传动也应该加以防护。

（2）对链传动，可根据其传动特点采用完全封闭的链条防护罩，既可防尘，减少磨损，保持良好润滑，又可很好地防止伤害事故发生。

重视作业环境的改善：要重视作业环境的改善。布局要合理、照明要适宜、温湿度要适中、噪声和振动要小，具有良好的通风设施。

第二节　安全生产基本法规

一、《中华人民共和国安全生产法》相关条款

《中华人民共和国安全生产法》于2014年8月3日通过，自2014年12月1日起施行。其相关重点条款摘要如下：

第三条　安全生产工作应当以人为本，坚持安全发展，坚持安全第一、预防为主、综合治理的方针，强化和落实生产经营单位的主体责任，建立生产经营单位负责、职工参与、政府监管、行业自律和社会监督的机制。

第四条　生产经营单位必须遵守本法和其他有关安全生产的法律、法规，加强安全生产管理，建立、健全安全生产责任制和安全生产规章制度，改善安全生产条件，推进安全生产标准化建设，提高安全生产水平，确保安全生产。

第五条　生产经营单位的主要负责人对本单位的安全生产工作全面负责。

第六条　生产经营单位的从业人员有依法获得安全生产保障的权利，并应当依法履行安全生产方面的义务。

第七条　工会依法对安全生产工作进行监督。

生产经营单位的工会依法组织职工参加本单位安全生产工作的民主管理和民主监督，维护职工在安全生产方面的合法权益。生产经营单位制定或者修改有关安全生产的规章制度，应当听取工会的意见。

第十三条　依法设立的为安全生产提供技术、管理服务的机构，依照法律、行政法规和执业准则，接受生产经营单位的委托为其安全生产工作提供技术、管理服务。生产经营单位委托前款规定的机构提供安全生产技术、管理服务的，保证安全生产的责任仍由本单位负责。

第十七条　生产经营单位应当具备本法和有关法律、行政法规和国家标准或者行业标准规定的安全生产条件；不具备安全生产条件的，不得从事生产经营活动。

第十八条　生产经营单位的主要负责人对本单位安全生产工作负有下列职责：

（一）建立、健全本单位安全生产责任制；

（二）组织制定本单位安全生产规章制度和操作规程；

（三）组织制定并实施本单位安全生产教育和培训计划；

（四）保证本单位安全生产投入的有效实施；

（五）督促、检查本单位的安全生产工作，及时消除生产安全事故隐患；

（六）组织制定并实施本单位的生产安全事故应急救援预案；

（七）及时、如实报告生产安全事故。

第十九条　生产经营单位的安全生产责任制应当明确各岗位的责任人员、责任范围和考核标准等内容。生产经营单位应当建立相应的机制，加强对安全生产责任制落实情况的监督考核，保证安全生产责任制的落实。

第二十二条　生产经营单位的安全生产管理机构以及安全生产管理人员履行下列职责：

（一）组织或者参与拟订本单位安全生产规章制度、操作规程和生产安全事故应急救援预案；

（二）组织或者参与本单位安全生产教育和培训，如实记录安全生产教育和培训情况；

（三）督促落实本单位重大危险源的安全管理措施；

（四）组织或者参与本单位应急救援演练；

（五）检查本单位的安全生产状况，及时排查生产安全事故隐患，提出改进安全生产管理的建议；

（六）制止和纠正违章指挥、强令冒险作业、违反操作规程的行为；

（七）督促落实本单位安全生产整改措施。

第二十五条　生产经营单位应当对从业人员进行安全生产教育和培训，保证从业人员具备必要的安全生产知识，熟悉有关的安全生产规章制度和安全操作规程，掌握本岗位的安全操作技能，了解事故应急处理措施，知悉自身在安全生产方面的权利和义务。未经安全生产教育和培训合格的从业人员，不得上岗作业。

生产经营单位使用被派遣劳动者的，应当将被派遣劳动者纳入本单位从业人员统一管理，对被派遣劳动者进行岗位安全操作规程和安全操作技能的教育和培训。劳务派遣单位应当对被派遣劳动者进行必要的安全生产教育和培训。

生产经营单位接收中等职业学校、高等学校学生实习的，应当对实习学生进行相应的安全生产教育和培训，提供必要的劳动防护用品。学校应当协助生产经营单位对实习学生进行安全生产教育和培训。

生产经营单位应当建立安全生产教育和培训档案，如实记录安全生产教育和培训的时间、内容、参加人员以及考核结果等情况。

第二十六条　生产经营单位采用新工艺、新技术、新材料或者使用新设备，必须了解、掌握其安全技术特性，采取有效的安全防护措施，并对从业人员进行专门的安全生产教育和培训。

第二十七条　生产经营单位的特种作业人员必须按照国家有关规定经专门的安全作业培训，取得相应资格，方可上岗作业。特种作业人员的范围由国务院安全生产监督管理部门会同国务院有关部门确定。

第二十八条　生产经营单位新建、改建、扩建工程项目（以下统称建设项目）的安全设施，必须与主体工程同时设计、同时施工、同时投入生产和使用。安全设施投资应当纳入建设项目概算。

第三十二条　生产经营单位应当在有较大危险因素的生产经营场所和有关设施、设备上，设置明显的安全警示标志。

第四十一条　生产经营单位应当教育和督促从业人员严格执行本单位的安全生产规章制度和安全操作规程；并向从业人员如实告知作业场所和工作岗位存在的危险因素、防范措施以及事故应急措施。

第四十二条　生产经营单位必须为从业人员提供符合国家标准或者行业标准的劳动防护用品，并监督、教育从业人员按照使用规则佩戴、使用。

第四十四条　生产经营单位应当安排用于配备劳动防护用品、进行安全生产培训的经费。

第五十四条　从业人员在作业过程中，应当严格遵守本单位的安全生产规章制度和操作规程，服从管理，正确佩戴和使用劳动防护用品。

第五十五条　从业人员应当接受安全生产教育和培训，掌握本职工作所需的安全生产知识，提高安全生产技能，增强事故预防和应急处理能力。

第五十六条　从业人员发现事故隐患或者其他不

安全因素，应当立即向现场安全生产管理人员或者本单位负责人报告；接到报告的人员应当及时予以处理。

第八十条 生产经营单位发生生产安全事故后，事故现场有关人员应当立即报告本单位负责人。

单位负责人接到事故报告后，应当迅速采取有效措施，组织抢救，防止事故扩大，减少人员伤亡和财产损失，并按照国家有关规定立即如实报告当地负有安全生产监督管理职责的部门，不得隐瞒不报、谎报或者迟报，不得故意破坏事故现场、毁灭有关证据。

第一百一十二条 本法下列用语的含义：

危险物品，是指易燃易爆物品、危险化学品、放射性物品等能够危及人身安全和财产安全的物品。

重大危险源，是指长期地或者临时地生产、搬运、使用或者储存危险物品，且危险物品的数量等于或者超过临界量的单元(包括场所和设施)。

第一百一十三条 本法规定的生产安全一般事故、较大事故、重大事故、特别重大事故的划分标准由国务院规定。

国务院安全生产监督管理部门和其他负有安全生产监督管理职责的部门应当根据各自的职责分工，制定相关行业、领域重大事故隐患的判定标准。

第一百一十四条 本法自2014年12月1日起施行。

二、《建设工程安全生产管理条例》相关条款

《建设工程安全生产管理条例》于2003年11月24日公布，自2004年2月1日起施行。其相关重点条款摘要如下：

第三十条 施工单位对因建设工程施工可能造成损害的毗邻建筑物、构筑物和地下管线等，应当采取专项防护措施。

施工单位应当遵守有关环境保护法律、法规的规定，在施工现场采取措施，防止或者减少粉尘、废气、废水、固体废物、噪声、振动和施工照明对人和环境的危害和污染。在城市市区内的建设工程，施工单位应当对施工现场实行封闭围挡。

第三十二条 施工单位应当向作业人员提供安全防护用具和安全防护服装，并书面告知危险岗位的操作规程和违章操作的危害。

作业人员有权对施工现场的作业条件、作业程序和作业方式中存在的安全问题提出批评、检举和控告，有权拒绝违章指挥和强令冒险作业。

在施工中发生危及人身安全的紧急情况时，作业人员有权立即停止作业或者在采取必要的应急措施后撤离危险区域。

第三十三条 作业人员应当遵守安全施工的强制性标准、规章制度和操作规程，正确使用安全防护用具、机械设备等。

第三十六条 施工单位的主要负责人、项目负责人、专职安全生产管理人员应当经建设行政主管部门或者其他有关部门考核合格后方可任职。施工单位应当对管理人员和作业人员每年至少进行一次安全生产教育培训，其教育培训情况记入个人工作档案。安全生产教育培训考核不合格的人员，不得上岗。

第三十七条 作业人员进入新的岗位或者新的施工现场前，应当接受安全生产教育培训。未经教育培训或者教育培训考核不合格的人员，不得上岗作业。

施工单位在采用新技术、新工艺、新设备、新材料时，应当对作业人员进行相应的安全生产教育培训。

第六十九条 抢险救灾和农民自建低层住宅的安全生产管理，不适用本条例。

第七十条 军事建设工程的安全生产管理，按照中央军事委员会的有关规定执行。

第七十一条 本条例自2004年2月1日起施行。

第二章
工作现场安全操作知识

第一节　安全生产

一、劳动防护用品的功能及使用方法

劳动防护用品是保护劳动者在生产过程中的人身安全与健康所必需的一种防护性装备，对于减少职业危害、防止事故发生起着重要作用。

劳动防护用品分为特种劳动防护用品和一般劳动防护用品。特种劳动防护用品目录由应急管理部确定并公布。特种劳动防护用品需有三证，即生产许可证、产品合格证、特种劳防用品安全标志证。未列入目录的劳动防护用品为一般劳动防护用品。

劳动防护用品按防护部位分为头部防护、呼吸器官防护、眼面部防护、听觉器官防护、手部防护、足部防护、躯干防护、防坠落等用品。

(一)头部防护用品

头部防护用品是为防护头部不受外来物体打击和其他因素危害而采取的个人防护用品。根据防护功能要求，目前主要有普通工作帽、防尘帽、防水帽、防寒帽、安全帽、防静电帽、防高温帽、防电磁辐射帽、防昆虫帽等九类产品。排水作业过程中使用的头部防护用品主要是安全帽。

1. 安全帽的定义

安全帽是用于保护头部，防撞击、挤压伤害、物料喷溅、粉尘等的护具。用于防撞击时，主要用来避免或减轻在作业场所发生的高处坠落物、作业设备及设施等意外撞击对作业人员头部造成的伤害。

2. 安全帽的分类

安全帽分为以下六类：通用型、乘车型、特殊型安全帽、军用钢盔、军用保护帽和运动员用保护帽。其中，通用型和特殊型安全帽属于劳动防护用品。常见的安全帽由帽壳、帽衬和下颚带、附件等部分组成，结构如图2-1所示。

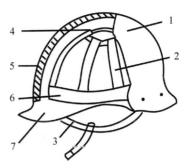

1-帽体；2-帽衬分散条；3-系带；4-帽衬顶带；
5-吸收冲击内衬；6-帽衬环形带；7-帽檐。
图2-1　安全帽结构示意图

3. 安全帽的选用和使用方法

安全帽应选用质检部门检验合格的产品。根据安全帽的性能、尺寸、使用环境等条件，选择适宜的品类。如大檐帽和大舌帽适用于露天环境作业，小沿帽多用于室内、隧道、涵洞、井巷等工作环境。在易燃易爆环境中作业，应选择具有抗静电性能的安全帽；在有限空间作业，由于光线相对较暗，应选择颜色明亮的安全帽，以便于他人发现。

据有关统计，坠落物撞击致伤的人员中有15%是因安全帽使用不当造成的。所以不能以为戴上安全帽就能保护头部免受冲击伤害，在实际工作中还应了解和做到以下几点：

(1)进入生产现场或在厂区内外从事生产和劳动时，必须戴安全帽(国家或行业有特殊规定的除外；特殊作业或劳动，采取措施后可保证人员头部不受伤害并经过相关部门批准的除外)。

(2)安全帽必须有说明书，并指明使用场所，以供作业人员合理使用。

(3)安全帽在佩戴前，应检查各配件有无破损、装配是否牢固、帽衬调节部分是否卡紧、插口是否牢靠、绳带是否系紧等。若帽衬与帽壳之间的距离不在25～50mm，应用顶绳调节到规定的范围，确认各部

件完好后，方可使用。

（4）佩戴安全帽时，必须系紧安全帽带，根据使用者头部的大小，将帽箍长度调节到适宜位置（松紧适度）。高处作业者佩戴的安全帽，要有下颏带和后颈箍，并应挂牢，以防帽子滑落与脱掉。安全帽的帽檐，必须与佩戴人员的目视方向一致，不得歪戴或斜戴。

（5）不私自拆卸帽上的部件和调整帽衬尺寸，以保持垂直间距（25～50mm）和水平间距（5～20mm）符合有关规定值，用来预防安全帽遭到冲击后佩戴人员触顶造成的人身伤害。

（6）严禁在帽衬上放任何物品；严禁随意改变安全帽的任何结构；严禁用安全帽充当器皿使用；严禁用安全帽当坐垫使用。

（7）安全帽使用后应擦拭干净，妥善保存。不应存储在有酸碱、高温（50℃以上）、阳光直射、潮湿和有化学溶剂的场所，避免重物挤压或尖物碰刺。帽壳与帽衬可用冷水、温水（低于50℃）洗涤，不可放在暖气片上烘烤，以防帽壳变形。

（8）若安全帽在使用中受到较大冲击，无论是否发现帽壳有明显断裂纹或变形，都会降低安全帽的耐冲击和耐穿透性能，应停止使用，更换新帽。不能继续使用的安全帽应进行报废切割，不得继续使用或随意弃置处理。

（9）不防电安全帽不能作为电业用安全帽使用，以免造成人员触电。

（10）安全帽从购入时算起，植物帽的有效期为一年半，塑料帽有效期不超过两年，层压帽和玻璃钢帽有效期为两年半，橡胶帽和防寒帽有效期为三年，乘车安全帽有效期为三年半。上述各类安全帽超过其一般使用期限后，易出现老化，丧失自身的防护性能。安全帽使用期限具体根据当批次安全帽的标识确定，超过使用期限的安全帽严禁使用。

（二）呼吸器官防护用品

呼吸器官防护用品是为防御有害气体、蒸气、粉尘、烟、雾从呼吸道吸入，直接向使用者供氧或清洁空气，保证尘、毒污染或缺氧环境中作业人员正常呼吸的防护用品。

呼吸器官防护用品主要有防尘口罩和防毒口罩（面罩）。防尘口罩是从事和接触粉尘的作业人员的重要防护用品，主要用于含有低浓度有害气体和蒸汽的作业环境以及会产生粉尘的作业环境。防尘口罩内部有阻尘材料，保护使用者将粉尘等有害物质吸入体内。防毒口罩（面罩）是一种保护人员呼吸系统的特种劳保用品，一般由滤毒盒或滤毒罐和面罩主体组成。面罩主体隔绝空气，起到密封作用，滤毒盒（滤毒罐）起到过滤毒气和粉尘的作用。

呼吸器官防护用品按用途分为防尘、防毒、供氧三类，按作用原理分为过滤式、隔离式两类。根据排水行业有限空间作业的特点，作业人员应使用隔离式防毒面具，严禁使用过滤式防毒面具、半隔离式防毒面具及氧气呼吸设备。一般常用的隔离式防毒面具由面罩、气管、供气源以及其他安全附件部分组成。根据结构形式，隔离式空气呼吸器具分为送风式和供氧式（自给式），送风式的一般为长管呼吸器，自给式的主要是正压式呼吸器和紧急逃生呼吸器。

1. 长管呼吸器

长管呼吸器是通过面罩使佩戴者的呼吸器官与周围空气隔绝，并通过长管输送清洁空气供佩戴者呼吸的防护用品，属于隔绝式呼吸器中的一种。根据供气方式不同，长管呼吸器可以分为自吸式长管呼吸器、连续送风式长管呼吸器和高压送风式长管呼吸器三种。表2-1为长管呼吸器的分类及组成。

1）自吸式长管呼吸器

自吸式长管呼吸器结构如图2-2所示，由面罩、吸气软管、背带和腰带、导气管、空气输入口（低阻过滤器）和警示板等部分组成。使用时，将长管的一端固定在空气清新无污染的场所，另一端与面罩连接，依靠佩戴者自身的肺动力将清洁的空气经低压长管、导气管吸进面罩内。

表 2-1　长管呼吸器的分类及组成（标准）

长管呼吸器种类	系统组成主要部件及次序					供气气源
自吸式长管呼吸器	密合性面罩[a]	导气管[a]	低压长管[a]	低阻过滤器[a]		大气[a]
连续送风式长管呼吸器		导气管[a]+流量阀[a]	低压长管[a]	过滤器[a]	风机[a]	大气[a]
					空压机[a]	
高压送风式长管呼吸器	面罩[a]	导气管[a]+供气阀[b]	中压长管[b]	高压减压器[c]	过滤器[c]	高压气源[c]
所处环境	工作现场环境			工作保障环境		

注：a 是指承受低压部件；b 是指承受中压部件；c 是指承受高压部件。

由于这种呼吸器是靠自身肺动力呼吸，因此在呼吸的过程中不能总是维持面罩内为微正压，当面罩内压力下降为微负压时，就有可能造成外部受污染的空气进入面罩内。

有限空间长期处于封闭或半封闭状态，容易造成氧含量不足或有毒有害气体积聚。在有限空间内使用该类呼吸器，可能由于面罩内压力下降呈微负压状态，从而使缺氧气体或有毒气体渗入面罩，并随着佩戴者的呼吸进入人体，对其身体健康和生命安全造成威胁。此外，由于该类呼吸器依靠佩戴者自身肺动力吸入有限空间外的洁净空气，在有限空间内从事重体力劳动或长时间作业时，可能会给佩戴该呼吸器的作业人员的正常呼吸带来负担，使作业人员感觉呼吸不畅。因此，在有限空间作业时，不应使用自吸式长管呼吸器。

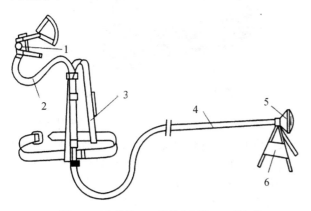

1-面罩；2-吸气软管；3-背带和腰带；4-导气管；
5-空气输入口（低阻过滤器）；6-警示板。

图2-2　自吸式长管呼吸器结构示意图

2）连续送风式长管呼吸器

根据送风设备动力源不同，连续送风式长管呼吸器分为手动送风呼吸器和电动送风呼吸器。

手动送风呼吸器无须电源，由人力操作，体力强度大，需要2人一组轮换作业，送风量有限，在有限空间内作业不建议长时间使用该类呼吸器。

电动风机送风呼吸器结构如图2-3所示，由全面罩、吸气软管、背带和腰带、空气调节袋、流量调节器、导气管、风量转换开关、电动送风机、过滤器和电源线等部分组成。

电动送风呼吸器的使用时间不受限制，供气量较大，可以同时供1~4人使用，送风量依人数和导气管长度而定，因此是排水管道人工清掏、井下检查等工作时常用的呼吸防护设备。在使用时，应将送风机放在有限空间外的清洁空气中，保证送入的空气是无污染的清洁空气。

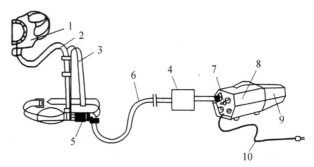

1-全面罩；2-吸气软管；3-背带和腰带；4-空气调节袋；5-流量调节器；6-导气管；7-风量转换开关；8-电动送风机；9-过滤器；10-电源线。

图2-3　电动送风呼吸器结构示意图

3）高压送风式长管呼吸器

高压送风式长管呼吸器是由高压气源（如高压空气瓶）经压力调节装置把高压降为中压后，将气体通过导气管供给面罩供佩戴者呼吸的一种防护用品。

图2-4是高压送风式长管呼吸器的结构示意图，该呼吸器由两个高压空气容器瓶作为气源，当主气源发生意外中断供气时，可切换备份的小型高压空气容器供气。

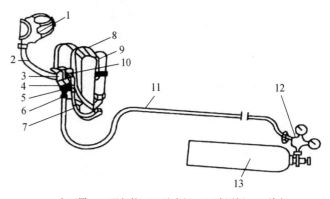

1-全面罩；2-吸气管；3-肺力阀；4-减压阀；5-单向阀；6-软管接合器；7-高压导管；8-着装带；9-小型高压空气容器；10-压力指示计；11-空气导管；12-减压阀；13-高压空气容器。

图2-4　高压送风式长管呼吸器示意图

高压送风式长管呼吸器设备沉重、体积大、不易携带、成本高，且需要在有资质的机构进行气瓶充装，因此行业内很少选用其作为呼吸防护设备。

长管呼吸器的送风长管必须经常检查，确保无泄漏、气密性良好。使用长管呼吸器必须有专人在现场监护，防止长管被压、踩、折弯、破坏。长管呼吸器的进风口必须放置在有限空间作业环境外，空气洁净、氧含量合格的地方，一般可选择在有限空间出入口的上风向。使用空压机作气源时，为保护员工的安全与健康，空压机的出口应设置空气过滤器，内装活性炭、硅胶、泡沫塑料等，以清除油水和杂质。

2. 正压式空气呼吸器

正压式空气呼吸器是一种自给开放式空气呼吸器，既是自给式呼吸器，又是携气式呼吸防护用品。该类呼吸器通过面罩将佩戴者呼吸器官、眼睛和面部与外界环境完全隔绝，使用压缩空气的带气源的呼吸器，它依靠使用者背负的气瓶供给空气。气瓶中高压压缩空气被高压减压阀降为中压，然后通过需求阀进入呼吸面罩，并保持一个可自由呼吸的压力。无论呼吸速度如何，通过需求阀的空气在面罩内始终保持轻微的正压，以阻止外部空气进入。

正压式空气呼吸器主要适用于受限空间作业，使操作人员能够在充满有毒有害气体、蒸汽或缺氧的恶劣环境下安全地进行操作工作。空气呼吸器由面罩总成、供气阀总成、气瓶总成、减压器总成、背托总成五部分组成，结构如图2-5所示，实物如图2-6所示。

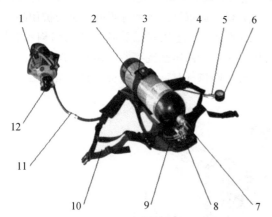

1-面罩；2-气瓶；3-带箍；4-肩带；5-报警哨；
6-压力表；7-气瓶阀；8-减压器；9-背托；
10-腰带组；11-快速接头；12-供气阀。

图 2-5　正压式呼吸器结构示意图

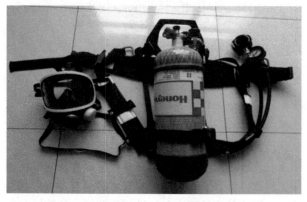

图 2-6　正压式呼吸器

1）产品性能及配件

正压式呼吸器的结构基本相同，主要由12个部件组成，现将各部件介绍如下：

（1）面罩总成：面罩总成有大、中、小三种规格，由头罩、头带、颈带、吸气阀、口鼻罩、面窗、传声器、面窗密封圈、凹形接口等部分组成，外观如图2-7所示。头罩戴在头顶上。头带、颈带用以固定面罩。口鼻罩用以罩住佩戴者的口鼻，提高空气利用率，减少温差引起的面窗雾气。面窗是由高强度的聚碳酸酯材料注塑而成的，耐磨、耐冲击、透光性好、视野大、不失真。传声器可为佩戴者提高有效的声音传递。面窗密封圈起到密封作用。凹形接口用于连接供气阀总成。

图 2-7　正压式空气呼吸器面罩

（2）气瓶总成：气瓶总成由气瓶和瓶阀组成。气瓶从材质上分为钢瓶和复合瓶两种。钢瓶用高强度钢制成。复合瓶是在铝合金内胆外加碳纤维和玻璃纤维等高强度纤维缠绕制成的，其外形如图2-8所示。工作压力为 25~30MPa，与钢瓶比具有重量轻、耐腐蚀、安全性好和使用寿命长等优点。气瓶从容积上分为3L、6L 和9L 三种规格。钢制瓶的空气呼吸器重达14.5kg，而复合瓶空气呼吸器一般重 8~9kg。瓶阀有两种，即普通瓶阀和带压力显示及欧标手轮瓶阀。无论哪种瓶阀都有安全螺塞，内装安全膜片，瓶内气体超压时安全膜片会自动爆破泄压，从而保护气瓶，避免气瓶爆炸造成人身危害。欧标手轮瓶阀则带有压力显示和防止意外碰撞而关闭阀门的功能。

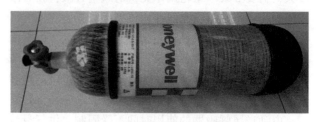

图 2-8　正压式空气呼吸器气瓶

（3）供气阀总成：供气阀总成由节气开关、应急充泄阀、凸形接口、插板四部分组成，其外观如图2-9所示。供气阀的凸形接口与面罩的凹形接口可直接连接，构成通气系统。节气开关外有橡皮罩保护，当佩戴者从脸上取下面罩时，为节约用气，用大拇指按住橡皮罩下的节气开关，会有"嗒"的一声，即可关闭供气阀，停止供气；重新戴上面具，开始呼气时，供气阀将自动开启，供给空气。应急充泄阀是一个红色旋钮，当供气阀意外发生故障时，通过手动旋钮旋动1/2圈，即可提供正常的空气流量；应急充泄阀还可利用流出的空气直接冲刷面罩、供气阀内部的灰尘等污物，避免佩戴者将污物吸入体内。插板用于供气阀与面罩连接完好的锁定装置。

图 2-9　正压式空气呼吸器气瓶阀

（4）瓶带组：瓶带组为一快速凸轮锁紧机构，能保证瓶带始终处于一闭环状态，气瓶不会出现翻转现象。其外观如图 2-10 所示（圆圈中部分）。

图 2-10　正压式空气呼吸器瓶带组

（5）肩带：肩带由阻燃聚酯织物制成，背带采用双侧可调结构，使重量落于使用者腰胯部位，减轻肩带对胸部的压迫，让使用者呼吸顺畅。肩带上设有宽大弹性衬垫，可以减轻对肩的压迫。其外观如图 2-11 所示。

（6）报警哨：报警哨置于胸前，报警声易于分辨。报警哨具有体积小、重量轻等特点，其外观如图 2-12 所示。

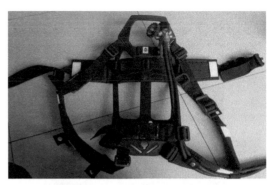

图 2-11　正压式空气呼吸器肩带

图 2-12　正压式空气呼吸器报警哨

（7）压力表：压力表的大表盘、具有夜视功能，配有橡胶保护罩，其外观如图 2-13 所示。

图 2-13　正压式空气呼吸器压力表

（8）减压器总成：减压器总成由压力表、报警器、中压导气管、安全阀、手轮五部分组成，其外观如图 2-14 所示。压力表能显示气瓶的压力，并具有夜光显示功能，便于在光线不足的条件下观察；报警器安装在减压器上或压力表处，安装在减压器上的为后置报警器，安装在压力表旁的为前置报警器。当气瓶压力降到（5.5±0.5）MPa 区间时，报警器开始发出报警声响，持续报警到气瓶压力小于 1MPa 时为止。报警器响起，佩戴者应立即撤离有毒有害危险作业场所，否则会有生命危险。中压导气管是减压器与供气阀组成的连接气管，从减压器出来的 0.7MPa 的空气经供气阀直接进入面罩，供佩戴者使用。安全阀是当减压器出现故障时的安全排气装置。手轮用于与气瓶连接。

图 2-14　正压式空气呼吸器减压器

（9）背托总成：背托总成由背架、上肩带、下肩带、腰肩带和瓶箍带五部分组成，其外观如图 2-15 所示（圆圈中部分）。背架起到空气呼吸器的支架作用。上、下肩带和腰带用于整套空气呼吸器与佩戴者紧密固定。背架上瓶箍带的卡扣用于快速锁紧气瓶。背托一般由碳纤维复合材料注塑成型，具有阻燃和防静电等功能。

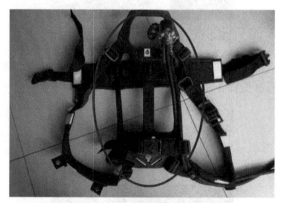

图 2-15　正压式空气呼吸器背托

（10）腰带组：腰带组卡扣锁紧、易于调节，其外观如图 2-16 所示（圆圈中部分）。

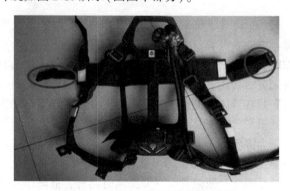

图 2-16　正压式空气呼吸器腰带组

（11）快速接头：快速接头小巧、可单手操作、有锁紧防脱功能。

（12）供给阀：供给阀结构简单、功能性强、输出流量大、具有旁路输出、体积小，其外观如图 2-17 所示。

图 2-17　正压式空气呼吸器供给阀

2）使用步骤

（1）开箱检查（图 2-18），具体操作如下：

①检查全面罩面窗有无划痕、裂纹，是否有模糊不清现象，面框橡胶密封垫有无灰尘、断裂等影响密封性能的因素存在。检查头带、颈带是否断裂、连接处是否断裂、连接处是否松动。

②检查腰带组、卡扣，必须完好无损。边检查边调整肩带、腰带长短（根据本人身体调整长短）。

③检查报警装置，检查压力表是否回零。

④检查气瓶压力，打开气瓶阀，观察压力表，指针应位于压力表的绿色范围内。继续打开气瓶阀，观察压力表，压力表指针在 1min 之内下降应小于 0.5MPa，如超过该泄漏指标，应马上停止使用该呼吸器。

⑤检查报警器。因佩戴好呼吸器后，无法检测气瓶压力是否够用，需靠报警器哨声提醒气瓶压力大小。检查方法为关闭气瓶阀，然后缓慢打开充泄阀，注意压力表指针下降至（5±0.5）MPa 时，报警器是否开始报警，报警声音是否响亮。如果报警器不发声或压力不在规定范围内，必须维修正常后才能使用。

⑥面罩气密性检查合格后，将供气阀与面罩连接好，关闭供气阀的充泄阀，深呼吸几下，呼吸应顺畅，按下供气阀上的橡胶罩保护杠杆开关 2 次，供气阀应能正常打开。

（2）正确佩戴，具体操作如下：

①使气瓶的平侧靠近自己，气瓶有压力表的一端向外，让背带的左右肩带套在两手之间。

②将呼吸器举过头顶，两手向后下弯曲，将呼吸器落下，使左右肩带落在肩膀上。

③双手扣住身体两侧肩带 D 形环，身体前倾，向后下方拉紧，直到肩带及背架与身体充分贴合。

④拉下肩带使呼吸器处于合适的高度，不需要调得过高，感觉舒服即可。

⑤插好腰带，向前收紧调整松紧至合适。

⑥将面罩长系带戴好，一只手托住面罩将面罩的口鼻罩与脸部完全贴合，另一只手将头带后拉罩住头部，收紧头带，收紧程度以既要保证气密又感觉舒

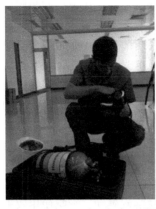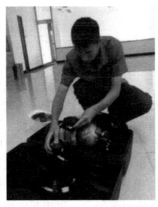

图 2-18 正压式空气呼吸器开箱检查

适、无明显的压痛为宜。

⑦必须检查面罩的气密性，用手掌封住供气阀快速接气处吸气，如果感到无法呼吸且面罩充分贴合则说明密封良好。

⑧将气瓶阀开到底回半圈，报警哨应有一次短暂的发声。同时看压力表，检查充气压力。将供气阀的出气口对准面罩的进气口插入面罩中，听到轻轻一声卡响表示供气阀和面罩已连接好。

⑨戴好安全帽，呼吸几次，无不适感觉，就可以进入工作场所。工作时注意压力表的变化，如压力下降至报警哨发出声响，必须立即撤回到安全场所。

（3）正压式呼吸器佩戴规范：一看压力，二听哨，三背气瓶，四戴罩。瓶阀朝下，底朝上；面罩松紧要正好；开总阀、插气管，呼吸顺畅抢分秒。

3）使用注意事项

不同厂家生产的正压式空气呼吸器在供气阀的设计上所遵循的原理是一致的，但外形设计却存在差异，使用过程中要认真阅读说明书。

使用者应经过专业培训，熟悉掌握空气呼吸器的使用方法及安全注意事项。正压式空气呼吸器一般供气时间在 40min 左右，主要用于应急救援，不适宜作为长时间作业过程中的呼吸防护用品，且不能在水下使用。在使用中，因碰撞或其他原因引起面罩错动时，应屏住呼吸，及时将面罩复位，但操作时要保持面罩紧贴脸上，千万不能从脸上拉下面罩。

空气呼吸器的气瓶充气应严格按照《气瓶安全监察规程》执行，无充气资质的单位和个人禁止私自充气。空气瓶每 3 年应送至有资质的单位检验 1 次。每次使用前，要确保气瓶压力至少在 25MPa 以上。当报警器鸣响时或气瓶压力低于 5.5MPa 时，作业人员应立即撤离有毒有害危险作业场所。充泄阀的开关只能手动，不可使用工具，其阀门转动范围为 1/2 圈。

空气呼吸器应由专人负责保管、保养、检查，未经授权的单位和个人无权拆、修空气呼吸器。

4）日常检查维护

（1）系统放气：首先关闭气瓶阀，然后轻轻打开充泄阀，放掉管路系统中的余气后再次关闭充泄阀。

（2）部件检查：检查供气阀、面罩、背托。检查气瓶表面有无碰伤、变形、腐蚀和烧焦。检查瓶口钢印上最近一次的静水测试日期，以确保它是在规定的使用期内。

（3）清洗消毒：背托、气瓶、减压器的清洁，只用软布蘸水擦洗，并晾干即可。面罩的清洗用温和的肥皂水或清洁液清洗。在干净温水里彻底冲洗，在空气中晾干，并用柔软干净的布擦拭。消毒可以使用70%酒精、甲醇或乙丙醇。

（4）气瓶的定检：气瓶的定期检验应由经国家特种设备安全监督管理部门核准的单位进行，定检周期一般为 3 年，但在使用过程中若发现气瓶有严重腐蚀等情况时，应提前进行检验。只有检验合格的气瓶才可使用。

（5）气瓶充气：气瓶充气可委托相应的充气站充气，也可自行充气。自行充气前需仔细检查充气泵油位线、三角皮带、高压软管等是否存在异常，检查电路线路，确保其正常使用，检查充气泵润滑油是否充足。均检查正常后方可为气瓶充气。充气时，首先打开分离器上冷凝排污阀，空载启动充气泵，待充气泵运转稳定后关闭排污阀，再将高压软管连接器连接到气瓶连接器。之后打开气瓶阀，充气泵给气瓶充气。当气瓶充气压力达到规定值时，关闭气瓶上的旋阀，并要迅速打开充气泵的各级排污阀，使充气泵卸载运转，排出管路内所有的高压气体及水分。最后关闭压缩机，卸下气瓶连接。

（6）在给气瓶充气前要检测气瓶的使用年限，超过气瓶使用寿命的不允许充气，防止发生气瓶爆裂。且气瓶上标注有气瓶充气压力，不可过量充气。

5）空气呼吸器的存储

空气呼吸器的存储要求室温 0~30℃，相对湿度

40%~80%，避免接近腐蚀性气体和阳光直射，使用较少时，应在橡胶件涂上滑石粉。空气呼吸器需要进行交通运输时，应采取可靠的机械方式固定，避免发生碰撞。

3. 紧急逃生呼吸器

紧急逃生呼吸器是为保障作业安全，由作业人员或救援人员携带进入有限空间，帮助作业者在作业环境发生有毒有害气体中毒或突然性缺氧等意外情况时，迅速逃离危险环境的自救式呼吸器。它可以独立使用，也可以配合其他呼吸防护用品共同使用。

（1）使用方法：作业中一旦有毒有害气体浓度超标，检测报警仪发出警示，应迅速打开紧急逃生呼吸器，将面罩或头套完整地遮掩住口、鼻、面部甚至头部，迅速撤离危险环境。

（2）注意事项：紧急逃生呼吸器必须随身携带，不可随意放置。不同的紧急逃生呼吸器，其供气时间不同，一般在15min左右，作业人员应根据作业场所距有限空间出口的距离来选择。若供气时间不足以安全撤离危险环境，在携带时应增加紧急逃生呼吸器数量。

（三）眼面部防护用品

1. 眼面部防护用品的定义

眼面部防护用品是指预防烟雾、尘粒、金属火花和飞屑、热、电磁辐射、激光、化学飞溅等伤害，保护眼睛或面部的个人防护用品。

2. 眼面部防护用品的分类

眼面部防护用品种类很多，根据防护功能，大致可分为防尘、防水、防冲击、防高温、防电磁辐射、防射线、防化学飞溅、防风沙、防强光九类。眼面部防护用品主要有防护眼镜、防护眼罩和防护面罩三种类型。

排水作业常用的眼面部防护用品主要是防护眼镜。防护眼镜的防护机理一方面是高强度的镜片材料可防止金属飞屑等对眼部造成物理伤害，另一方面是镜片能够对光线中某种波段的电磁波进行选择性吸收，进而可以减少某些波长通过镜片，减轻或防止对眼睛造成伤害。防护眼镜分为安全护目镜和遮光护目镜。安全护目镜主要防有害物质对眼睛的伤害，如防冲击眼镜、防化学眼镜；遮光护目镜主要防有害辐射线对眼睛的伤害，如焊接护目镜。

3. 眼面部防护用品的使用方法

在有限空间内进行冲刷和修补、切割等作业时，沙粒或金属碎屑等异物可能进入眼内或冲击面部；焊接作业时的焊接弧光，可能引起眼部的伤害；清洗反应釜等作业时，其中的酸碱液体、腐蚀性烟雾进入眼中或冲击到面部皮肤，可能引起角膜或面部皮肤的烧伤。为防止有毒刺激性气体、化学性液体伤害眼睛和面部，须佩戴封闭性防护眼镜或安全防护面罩。

据统计，电光性眼炎在工矿企业从事焊接作业的人员中比较常见，其主要原因是挑选的防护眼镜不合适或使用的方法不正确。因此，有关的作业人员应掌握下列使用防护眼镜和面罩的基本办法：

（1）使用的眼镜和面罩必须经过有关部门的检验。

（2）挑选、佩戴合适的眼镜和面罩，以防作业时眼镜和面罩脱落或晃动，影响使用效果。

（3）眼镜框架与脸部要吻合，避免侧面漏光。必要时，应使用带有护眼罩或防侧光型眼镜。

（4）防止眼镜、面罩受潮、受压，以免变形损坏或漏光。焊接用面罩应该具有绝缘性，以防人员触电。

（5）使用面罩式护目镜作业时，累计8h至少更换1次保护片。防护眼镜的滤光片被飞溅物损伤时，要及时更换。

（6）保护片和滤光片组合使用时，镜片的屈光度必须相同。

（7）对于送风式、带有防尘、防毒面罩的焊接面罩，应严格按照有关规定保养和使用。

（8）当面罩的镜片被作业环境的潮湿烟气及作业者呼出的潮气罩住，使其出现水雾并且影响操作时，可采取下列解决措施：

①水膜扩散法：在镜片上涂上脂肪酸或硅胶系的防雾剂，使水雾均等扩散。

②吸水排除法：在镜片上浸涂界面活性剂（PC树脂系），将附着的水雾吸收。

③真空法：对某些具有双重玻璃窗结构的面罩，可采取在两层玻璃间抽真空的方法。

（四）听觉器官防护用品

1. 听觉器官防护用品的定义

听觉器官防护用品是指能够防止过量的声能侵入外耳道，使人耳避免噪声的过度刺激，减少听力损失，预防噪声对人身造成不良影响的个体防护用品。

2. 听觉器官防护用品的分类

听觉器官防护用品主要有耳塞、耳罩和防噪声头盔三大类。耳塞和耳罩是保护人的听觉避免在高分贝作业环境中受到伤害的个人防护用品。其防护机理是应用惰性材料衰减噪声能量以对佩戴人的听觉器官进行保护；可插入外耳道内或插在外耳道的入口，适用于115dB以下的噪声环境。耳罩外形类似耳机，装在弓架上把耳部罩住使噪声衰减，耳罩的噪声衰减量可达10~40dB，适用于噪声较高的环境。耳塞和耳罩可单独使用，也可结合使用，结合使用可使噪声衰减量比单独使用提高5~15dB。防噪声头盔可把头部大部分保护起来，如再加上耳罩，防噪效果就更出色。这种头盔具有防噪声、防碰撞、防寒、防暴风、防冲击波等功能，适用于强噪声环境，如靶场、坦克舱内部等高噪声、高冲击波的环境。

3. **听觉器官防护用品的使用方法**

佩戴耳塞时，先将耳郭向上提起，使外耳道口呈平直状态，然后手持塞柄将塞帽轻轻推入外耳道内与耳道贴合。不要用力太猛或塞得太深，以感觉适度为止，如隔声不良，可将耳塞慢慢转动到最佳位置；若隔声效果仍不好，应另换其他规格的耳塞。

佩戴耳罩要与使用人的外耳紧密接触，以免外部噪声从防噪耳罩和外耳之间的缝隙进入中耳和内耳。戴好后，调节头箍松紧度至使用者的合适位置。

使用耳塞和防噪声头盔时，应先检查罩壳有无裂纹和漏气现象。佩戴时，应注意罩壳标记顺着耳郭的形状佩戴，务必使耳罩软垫圈与周围皮肤贴合。

在使用护耳器前，应用声级计定量测出工作场所的噪声，然后算出需衰减的声级，以挑选规格合适的护耳器。

防噪声护耳器的使用效果不仅取决于这些用品质量好坏，还需使用者养成耐心使用的习惯和掌握正确的佩戴方法。如只戴一种护耳器隔声效果不好，也可以同时戴上两种护耳器，如耳罩内加耳塞等。

4. **听觉器官防护用品的注意事项**

(1)耳塞、耳罩和防噪声头盔均应在进入噪声环境前佩戴好，工作中不得随意摘下。

(2)耳塞佩戴前要洗净双手，耳塞应经常用水和温和的肥皂清洗，耳塞清洗后应放置在通风处自然晾干，不可暴晒。不能水洗的耳塞在脏污或破损时，应进行更换。

(3)清洁耳罩时，垫圈可用擦洗布蘸肥皂水擦拭，不能将整个耳罩浸泡在水中。

(4)清洁干燥后的耳塞和耳罩应放置于专用盒内，以防挤压变形。在洁净干燥的环境中存储，避免阳光直晒。

(五)手部防护用品

1. **手部防护用品的定义**

具有保护手和手臂的功能，供作业者劳动时戴用的手套称为手部防护用品，通常也称为劳动防护手套。

2. **手部防护用品的分类**

手部防护用品按照防护功能分为十二类，即一般防护手套、防水手套、防寒手套、防毒手套、防静电手套、防高温手套、防X射线手套、防酸碱手套、防油手套、防振手套、防切割手套、绝缘手套。每类手套按照材料又能分为许多种。有限空间作业经常使用的是耐酸碱手套、绝缘手套和防静电手套。

3. **手部防护用品的使用方法**

在作业过程中接触到机械设备、腐蚀性和毒害性的化学物质，都可能会对手部造成伤害。为防止作业人员的手部伤害，作业过程中应佩戴合格有效的手部防护用品。

首先应了解不同种类手套的防护作用和使用要求，以便在作业时正确选择，切不可把一般场合用手套当作某些专用手套使用。如把棉布手套、化纤手套等作为防振手套来用，效果很差。

在使用绝缘手套前，应先检查外观，如发现表面有孔洞、裂纹等应停止使用。

绝缘手套使用完毕，应按有关规定将其保存好，以防老化造成其绝缘性能降低。使用一段时间后应复检，合格后方可使用。使用时要注意产品分类色标，如1kV手套为红色、7.5kV为白色、17kV为黄色。

在使用振动工具作业时，不能认为戴上防振手套就安全了。应注意在工作中安排一定的时间休息，随着工具自身振频提高，可相应将休息时间延长。对于使用的各种振动工具，最好测出振动加速度，以便挑选合适的防振手套，取得较好的防护效果。

在某些场合中，所有手套大小应合适，避免手套过长，被机械绞住或卷住，使手部受伤。

操作高速回转机械作业时，可使用防振手套。进行某些维护设备和注油作业时，应使用防油手套，以避免油类对手的侵害。

不同种类手套有其特定用途的性能，在实际工作时一定要结合作业情况来正确使用和区分，以保护手部安全。

4. **手部防护用品的注意事项**

(1)根据实际工作和工况环境选择合适的防护手套，并定期更换。

(2)使用前检查手套有无破损和磨蚀，绝缘手套还应检查其电绝缘性，不符合规定的手套不能使用。

(3)使用后的手套在摘取时要细心，防止手套上沾染的有害物质接触到皮肤或衣服而造成二次污染。

(4)橡胶、塑料材质的防护手套使用后应冲洗干净并晾干，保存时避免高温，必要时在手套上撒滑石粉以防粘连。

(5)带电绝缘手套用低浓度中性洗涤剂清洗。

(6)橡胶绝缘手套须保存于无阳光直晒、潮湿、臭氧、高温、灰尘、油、药品等环境，选择较暗的阴凉场所存储。

（六）足部防护用品

1. 足部防护用品的定义

足部防护用品是指防止作业人员足部受到物体的砸伤、刺割、灼烫、冻伤、化学性酸碱灼伤和触电等伤害的护具，又称为劳动防护鞋即劳保鞋（靴）。常用的防护鞋内衬为钢包头，柔性不锈钢鞋底，具有耐静压及抗冲击性能，防刺，防砸，内有橡胶及弹性体支撑，穿着舒适，保护足部的同时不影响日常劳动操作。

2. 足部防护用品的分类

按功能分为防尘鞋、防水鞋、防寒鞋、防足趾鞋、防静电鞋、防酸碱鞋、防油鞋、防烫脚鞋、防滑鞋、防刺穿鞋、电绝缘鞋、防振鞋等十三类。

3. 足部防护用品的使用方法

作业人员应根据实际工作和工况环境选择合适的防护鞋。如在存在酸、碱腐蚀性物质的环境中作业，需穿着耐酸碱的胶靴；在有易燃易爆气体的环境中作业，须穿着防静电鞋等。

使用前，要检查防护鞋是否完好，鞋底、鞋帮处有无开裂，出现破损后不得再使用。如使用绝缘鞋，应检查其电绝缘性，不符合规定的不能使用。

防护鞋应在进入工作环境前穿好。

对非化学防护鞋，在使用过程中应避免接触到腐蚀性化学物质，一旦接触应及时清除。

4. 足部防护用品的使用注意事项

（1）防护鞋应定期进行更换。

（2）勿随意修改安全鞋的构造，以免影响其防护性能。

（3）经常清理鞋底，避免积聚污垢物，特别是绝缘安全鞋，鞋底的导电性或防静电效能会受到鞋底污垢物的影响较大。

（4）防护鞋应定期进行更换。使用后清洁干净，放置于通风干燥处，避免阳光直射、雨淋和受潮，不得与酸、碱、油和腐蚀性物品存放在一起。

（七）躯干防护用品

1. 躯干防护用品的定义

躯干防护用品就是指防护服。防护服是替代或穿在个人衣服外，用于防止一种或多种危害的服装，是安全作业的重要防护部分，是用于隔离人体与外部环境的一个屏障。根据外部有害物质性质的不同，防护服的防护性能、材料、结构等也会有所不同。

2. 躯干防护用品的分类

我国防护服按用途分为：①一般作业工作服，用棉布或化纤织物制作而成，适用于没有特殊要求的一般作业场所。②特殊作业工作服，包括隔热服、防辐射服、防寒服、防酸服、抗油拒水服、防化学污染服、防 X 射线服、防微波服、中子辐射防护服、紫外线防护服、屏蔽服、防静电服、阻燃服、焊接服、防砸服、防尘服、防水服、医用防护服、高可视性警示服、消防服等。

3. 躯干防护用品的选择

防护服必须选用符合国家标准，并具有产品合格证的产品。防护服的类型应根据有限空间危险有害因素进行选择。例如，在硫化氢、氨气等强刺激性物质的环境中作业，应穿着防毒服；在易燃易爆场所作业，应穿着防静电防护服等。表2-2列举了几种有限空间作业常见的作业环境及适用的防护服种类。

表 2-2 有限空间作业常见的作业环境及适用的防护服种类

作业环境类型	可以使用的防护服
存在易燃易爆气体（蒸汽）或可燃性粉尘	化学品防护服、阻燃防护服、防静电服、棉布工作服
存在有毒气体（蒸汽）	化学防护服
存在一般污物	一般防护服、化学品防护服
存在腐蚀性物质	防酸（碱）服
涉水	防水服

4. 躯干防护用品的使用方法

作业人员应根据实际工作和工况环境选择合适的防护服。如在低温环境工作，应穿着防寒服，道路作业须穿着反光服等。防护服在使用前须检查其功能与待工作环境是否相符，检查是否有破损，确认完好后方可使用。进入工作环境前应先穿着好防护服，在工作过程中不得随意脱下。

1）化学品防护服的使用方法

由于许多抗油拒水防护服和化学品防护服的面料采用的是后整理技术，即在表面加入了整理剂，一般须经高温才能发挥作用。因此，在穿用这类服装时，要根据制造商提供的说明书，经高温处理后再穿用。

脱卸化学品防护服时，宜使内面翻外，减少污染物的扩散，且宜最后脱卸呼吸防护用品。

化学品防护服被化学物质持续污染时，应在规定的防护性能（标准透过时间）内更换。有限次数使用的化学品防护服已被污染时，应弃用。

受污染的化学品防护服应及时洗消，以免影响化学品防护服的防护性能。

严格按照产品使用与维护说明书的要求维护防护服，修理后的化学品防护服应满足相关标准的技术性能要求。

2）静电工作服的使用方法

凡是在正常情况下，爆炸性气体混合物连续地、短时间频繁地出现或长时间存在的场所，及爆炸性气体混合物有可能出现的场所，可燃物的最小点燃能量在 0.25mJ 以下时，应穿防静电服。

由于摩擦会产生静电，因此在火灾爆炸危险场所禁止穿、脱防静电服。

为了防止尖端放电，在火灾爆炸危险场所禁止在防静电服上附加或佩戴任何金属物件。

对于导电型的防护服，为了保持良好的电气连接性，外层服装应完全遮盖住内层服装。分体式上衣应足以盖住裤腰，弯腰时不应露出裤腰，同时应保证服装与接地体的良好连接。

在火灾爆炸危险场所穿防静电服时，必须与《个体防护装备职业鞋》(GB 21146—2007)中规定的防静电鞋配套穿用。

防静电服应保持清洁，保持防静电性能，使用后用软毛刷、软布蘸中性洗涤剂刷洗，不可损伤服装材料纤维。

穿用一段时间后，应对防静电服进行检验，若防静电性能不能符合标准要求，则不能再使用。

3)防水服的使用方法

防水服的用料主要是橡胶，使用时应严禁接触各种油类(包括机油、汽油等)、有机溶剂、酸、碱等物质。

5. 躯干防护用品的注意事项

穿戴劳保服时应避免接触锐器，防止受到机械损伤。

沾染有害物质的防护服在脱下时应仔细小心，防止有害物质碰触到皮肤造成二次污染。

防护服使用后应使用中性洗涤剂洗涤，洗后晾干，不可暴晒和火烤。

防护服存储时尽量避免折叠和挤压，应储存在避光、远离热源、温度适宜、通风干燥的环境中。化学品防护服应与化学物质隔离储存，已使用过的化学品防护服应与未使用的化学品防护服分开存储。

(八)防坠落用品

1. 防坠落用品的定义和分类

防坠落服务器是指用于防止坠落事故发生的防护用品，主要有安全带、安全绳和安全网。安全带主要用于高处作业的防护用品，由带子、绳子和金属配件组成。安全绳是在安全带中连接系带与挂点的辅助用绳。一般与缓冲器配合使用，起扩大或限制佩戴者活动范围、吸收冲击能量的作用。使用时，必须满足作业要求的长度和达到国家规定的拉力强度。安全网在高空进行建筑施工或设备安装时，在其下或其侧设置的起保护作用的网。

2. 防坠落用品的特点和使用方法

进行排水管道有限空间作业，应使用全身式安全带。全身式安全带由织带、带扣和其他金属部件组合而成，与挂点等固定装置配合使用。其主要作用是防止高处作业人员发生坠落或发生坠落后将作业人员安全悬挂，是一种可在坠落时保持坠落者正常体位，防止坠落者从安全带内滑脱，还能将冲击力平均分散到整个躯干部分，减少对坠落者下背部伤害的安全带，如图 2-19 所示。

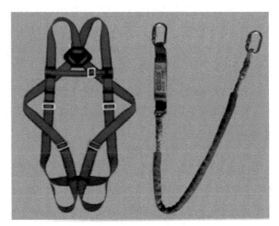

图 2-19　单挂点全身式安全带

1)安全带的选择

首先对安全带进行外观检查，看是否有碰伤、断裂和存在影响安全带技术性能的缺陷。检查织带、零部件等是否有异常情况。对防坠落用具重要尺寸和质量进行检查，包括规格、安全绳长度、腰带宽度等。

检查安全带上必须具有的标记，如制造厂名商标、生产日期、许可证编号、劳动安全标识和说明书中应有的功能标记等。检查防坠落用具是否有质量保证书或检验报告，并检查其有效性，即出具报告的单位是否为法定单位，盖章是否有效(复印无效)，检测有效期、检测结果和结论等是否符合规定。

安全带属特种劳动防护用品，因此应从有生产许可证的厂家或有特种防护用品定点经营证的商店购买。选择的安全带应适应特定的工作环境，并具有相应的检测报告。选择安全带时，应选择适合使用者身材的安全带，这样可以避免因安全带过小或过大而给工作造成不便和安全隐患。

2)安全带的检查

使用安全带前，应检查各部位是否完好无损，安全绳和系带有无撕裂、开线、霉变，金属配件是否有裂纹、腐蚀现象，弹簧弹跳性是否良好，以及其他影响安全带性能的缺陷。如发现存在影响安全带强度和使用功能的缺陷，则应立即更换。

对防坠落用具重要尺寸及质量进行检查。包括规格、安全绳长度、腰带宽度等。

检查安全带上必须具有的标记，如制造单位厂名商标、生产日期、许可证编号、安全防护标识和说明书中应有的其他功能标记等。

检查防坠落用具是否有质量保证书或检验报告，并检查其有效性，即出具报告的单位是否是法定单位，盖章是否有效（复印无效），检测有效期、检测结果及结论等。

安全带属特种劳动防护用品，因此应从有生产许可证的厂家或有特种防护用品定点经营销售资质的商店购买。

选择的安全带应适应特定的工作环境，并具有相应的检测报告。

选择安全带时一定要选择适合使用者身材的安全带，这样可以避免因安全带过小或过大而给工作造成不便或安全隐患。

3）安全带使用注意事项

安全带应拴挂于牢固的构件或物体上，应防止挂点摆动或碰撞；使用坠落悬挂安全带时，挂点应位于工作平面上方；使用安全带时，安全绳与系带不能打结使用。

高处作业时，如安全带无固定挂点，应将安全带挂在刚性轨道或具有足够强度的柔性轨道上，禁止将安全带挂在移动或带尖锐棱角的或不牢固的物件上。

使用中，安全绳的护套应保持完好，若发现护套损坏或脱落，必须加上新套后再使用。

安全绳（含未打开的缓冲器）不应超过2m，不应擅自将安全绳接长使用，如果需要使用2m以上的安全绳应采用自锁器或速差式自控器。

使用中，不应随意拆除安全带各部件，不得私自更换零部件；使用连接器时，受力点不应在连接器的活门位置。

安全带应在制造商规定的期限内使用，一般不应超过5年，如发生坠落事故，或有影响性能的损伤，则应立即更换。超过使用期限的安全带，如有必要继续使用，则应每半年抽样检验一次，合格后方可继续使用。如安全带的使用环境特别恶劣，或使用频率格外频繁，则应相应缩短其使用期限。

安全带应由专人保管，存放时，不应接触高温、明火、强酸、强碱或尖锐物体，不应存放在潮湿的地方，且应定期进行外观检查，发现异常必须立即更换，检查频次应根据安全带的使用频率确定。

二、安全防护设备的功能及使用方法

常用的安全防护设备主要包括：气体检测仪、三脚架、安全梯、通风设备、发电设备、照明设备、通信设备等。

（一）气体检测仪

气体检测仪是用于检测和报警工作场所空气中氧气、可燃气和有毒有害气体浓度或含量的仪器，由探测器和报警控制器组成，当气体含量达到仪器设置的警戒浓度时可发出声光报警信号。排水行业常用的气体检测仪有泵吸式和扩散式两种，由于其具有体积小、易携带、可一次性检测一种或多种有毒有害气体、显示数值速度快、数据精确度高、可实现连续检测等优点，成为有限空间作业时气体检测的主要设备。

1. 气体检测仪的种类

1）泵吸式气体检测仪

泵吸式气体检测仪是在仪器内安装采样泵或外置采样泵，通过采气管将远距离的有限空间内的气体"吸入"检测仪器中进行检测，因此其最大的特点就是能够使检测人员在有限空间外进行检测，最大程度保证人员生命安全。进入有限空间前的气体检测，以及作业过程中进入新作业面之前的气体检测，都应该使用泵吸式气体检测仪。

泵吸式气体检测仪的一个重要部件是采样泵，目前主要有三种类型的采样泵，表2-3简要列举了这三种采样泵的特点。使用泵吸式气体检测仪要注意三点：一是为将有限空间内气体抽至检测仪内，采样泵的抽力必须满足仪器对流量的需求；二是为保证检测结果准确有效，要为气体采集留有充足的时间；三是在实际使用中要考虑到随着采气导管长度的增加而带来的吸附损失和吸收损失，即部分被测气体被采样管材料吸附或吸收而造成浓度降低。

表2-3 不同形式采样泵的特点比较

采样泵形式		优点	缺点
内置采样泵		与采样仪一体，携带方便，开机泵体即可工作	耗电量大
外置采样泵	手动采样泵	无须电力供给，可实现检测仪在扩散式和泵吸式之间转换	采样速度慢；流量不稳定，影响检测结果的准确性
	机械采样泵	可实现检测仪在扩散式和泵吸式之间转换，还可更换不同流量采样泵	需要电力供给

2）扩散式气体检测仪

扩散式气体检测仪主要依靠空气自然扩散将气体样品带入检测仪中与传感器接触反应。此类气体检测仪仅能检测仪器周围的气体，可以检测的范围局限于一个很小的区域，也就是靠近检测仪器的地方。其优点是将气体样本直接引入传感器，能够真实反映环境中气体的自然存在状态；其缺点是无法进行远距离采样检测。因此，此类检测仪适合作业人员随身携带进入有限空间，在作业过程中实时检测作业周边的气体环境。

此外，扩散式检测仪加装外置采样泵后可转变为泵吸式气体检测仪，可根据作业需要灵活转变。在实际应用中，这两类气体检测仪往往相互配合、同时使用，从最大程度保证作业人员生命安全。

2. 气体检测仪的使用方法

每种气体检测仪的说明书中都详细地介绍了操作、校正等步骤，使用者应认真阅读，严格按照操作说明书进行操作。同时，气体检测仪应按照相关要求进行定期维护和强制检测。不同品牌型号的气体检测仪的使用方法大同小异，现以某一型号气体检测仪为例，介绍其作业中的操作规程。具体如下：

（1）检查气体检测仪外观是否完好，检查气管有无破损漏气，均检查完好后方可使用。

（2）在洁净空气环境中开机，完成设备的预热和自检。

（3）气体检测仪自检结束后若浓度值显示非初始值时应进行"调零"复位操作或更换仪器。

（4）气体检测仪自检正常后，开始进行实际环境监测。

（5）显示的检测数值稳定后，读数并记录。

（6）检测工作完成后，应在洁净的空气环境内待仪器内气体浓度值复位后关机。

（7）清洁仪器后妥善存放。

3. 气体检测仪的日常维护和储存

定期校准、测试和检验气体检测器。

保留所有维护、校准和告警事件的操作记录。

用柔软的湿布清洁仪器外表，勿使用溶剂、肥皂或抛光剂。

勿把检测器浸泡在液体中。

清洁传感器滤网时应摘下滤网，使用柔软洁净的刷子和洁净的温水进行清洁。滤网重新安装之前应处于干燥状态。

清洁传感器时应摘下传感器，使用柔软洁净的刷子进行清洁，勿用水清洁。

勿把传感器暴露于无机溶剂产生的气味（如油漆气味）或有机溶剂产生的气味环境下。

长时间不使用时，应将电池从气体检测仪中取出（充电电池应在电量充满后再取出）。

气体检测仪要放置在常温、干燥、密封环境中，避免暴晒。

气体检测仪的定期检验应由有资质单位进行，定检周期一般为一年，但在使用过程中若对数据有怀疑或更换了主要部件及维修后，应及时送检。只有检测合格后才可以使用。

4. 气体检测仪常见故障与排查处理

气体检测仪的常见故障和排查处理方法见表2-4。

表2-4 气体检测仪的常见故障和排查处理

故障现象	可能原因分析	处理方法
无输出	导线错接	重新接好
	电路故障	返厂维修
读数偏低	灵敏度下降	重新标定
	传感器失效	更换传感器
读数偏高	灵敏度上升	重新标定
	传感器失效	更换传感器
读数不稳	稳定时间不够	开机等待
	传感器失效	更换传感器
	电路故障	返厂维修
	干扰	检查探头接地是否良好
响应时间变慢	探头堵塞	清理探头

（一）三脚架

三脚架是有限空间作业中的重要设备，主要应用于竖向有限空间（如检查井）需要防坠或提升的装置，在没有可靠挂点的场所可作为临时设置的挂点。作业或救援时，三脚架应与绞盘、速差自控器、安全绳、安全带等配合使用。三脚架主要由三脚架主体、滑轮组、防坠器、安全绳、防滑链等部分组成，如图2-20所示。

图2-20 三脚架

1. 三脚架的安装与使用

取出三脚架，解开捆扎带，并将其直立放置。

在使用前要对设备各组成部分（速差器、绞盘、安全绳）的外观进行目测检查，检查各零部件是否完后、有无松动，检查连接挂钩和锁紧螺丝的状况、速差器的制动功能。检查必须由使用该设备的人员进行。一旦发现有缺陷，不得继续使用该设备。

移动三脚架至需作业的井口上（底脚平面着地）。将三支柱适当分开角度，底脚防滑平面着地，用定位链穿过三个底脚的穿孔。调整长度适当后，拉紧并相互勾挂在一起，防止三支柱向外滑移。必要时，可用钢钎穿过底脚插孔，砸入地下定位底脚。

拔下内外柱固定插销，分别将内柱从外柱内拉出。根据需要选择拔出长度后，将内外柱插销孔对正，插入插销，并用卡簧插入插销卡簧孔止退。

将防坠制动器从支柱内侧卡在三脚架任一个内柱上（面对制动器的支柱，制动器摇把在支柱右侧），并使定位孔与内柱上定位孔对正，将安装架上配备的插销插入孔内固定。

逆时针摇动绞盘手柄，同时拉出绞盘绞绳，并将绞绳上的定滑轮挂于架头上的吊耳上（正对着固定绞盘支柱的一个）。

装好滑轮组、防坠器，工作人员穿戴好安全带后与滑轮组连接妥当。将工作人员缓慢送入作业空间中。

作业完成后，通过滑轮组将工作人员缓慢拉出作业空间。拆下滑轮组、防坠器，拔出定位销，对整套设备清洁后入库存放。

2. 三脚架的使用注意事项

安装前必须检查三脚架安装是否稳定牢固，保证定位链限位有效，绞盘安装正确。

在负载情况下停止升降时，操作者必须握住摇把手柄，不得松手。无负载放长绞绳时，必须一人逆时针摇动手柄，一人抽拉绞绳；不放长绞绳时，不得随意逆时针转动手柄。

使用中绞绳松弛时，绝不允许绞绳折成死结，否则将造成绞绳损毁，再次使用时将发生事故。卷回绞绳时，尤其在绞绳放出较长时，应适当加载，并尽量使绞绳在卷筒上排列有序，以免再次使用受力时绞绳相互挤压受损。

必须经常检查设备，确保各零件齐全有效，无松脱、老化、异响；绞绳无断股、死结情况；发现异常，必须及时检修排除。

3. 三脚架的日常维护

三脚架的日常维护保养重点见表2-5。

表2-5　三脚架维护保养重点

内容	周期	标准
检查各部位螺栓、销钉等	1次/周	无丢失、无损坏、无生锈
清洁检查安全绳	1次/周	无断股、无缠绕，清洁无杂物
检查安全带	1次/周	干净整洁、无损坏、连接良好
绞盘等旋转部位加注润滑油	1次/月	转动灵活，润滑得当

（三）安全梯

安全梯是用于作业者上下地下井、坑、管道、容器等的通行工具，也是事故状态下逃生的通行工具。根据作业场所的具体情况，应配备相应的安全梯。有限空间作业，一般利用直梯、折梯或软梯。安全梯从制作材质上分为竹制、木制、金属制和绳木混合制；从梯子的形式上分为移动直梯、移动折梯和移动软梯。

使用安全梯时应注意以下几点：

（1）使用前，必须对梯子进行安全检查。首先，检查竹、木、绳、金属类梯子的材质是否出现发霉、虫蛀、腐烂、腐蚀等情况。其次，检查梯子是否有损坏、缺挡、磨损等情况，对不符合安全要求的梯子应停止使用；有缺陷的应修复后使用。对于折梯，还应检查其连接件、铰链和撑杆（固定梯子工作角度的装置）是否完好，如不完好应修复后使用。

（2）使用时，梯子应加以固定，避免接触油、蜡等易打滑的材料，防止梯子滑倒；也可设专人扶挡。在梯子上作业时，应设专人安全监护。梯子上有人作业时，不准移动梯子。除非专门设计为多人使用，否则梯子上只允许1人在上面作业。

（3）折梯的上部第二踏板为最高安全站立高度，应涂红色标志。梯子上第一踏板不得站立或超越。

（四）通风设备

有限空间作业情况比较复杂，一般要求在有毒有害气体浓度检测合格的情况下才能进行作业。但由于吸附在清理物中的有毒有害物质，在搅拌、翻动中被解析释放出来，如污水井中污泥被翻动时大量硫化氢被释放；或进行作业过程中产生有毒有害物质，如涂刷油漆、电焊等作业过程自身会散发出有毒有害物质。因此，在有限空间作业中，应配备通风设备对作业场所进行通风换气，使作业场所的空气始终处于良好状态。对存在易燃易爆的场所，所使用的通风机应采用防爆型，以保证安全。通风设备主要为风机，一般由风机机体、风管等部分组成，常与移动式发电机配合使用，如图2-21所示。

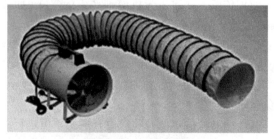

图2-21　防爆风机

1. 风机的选择和使用

(1)风机的选择：选择风机时必须确保能够提供作业场所所需的气流量。这个气流必须能够克服整个系统的阻力，包括通过抽风罩、支管、弯管机连接处的压损。风管过长、风管内部表面粗糙、弯管等都会增加气体流动的阻力，对风机风量的要求就会更高。

(2)使用前检查：在使用前还需要检查风管是否有破损，风机叶片是否完好，电线是否有裸露，插头是否有松动，风机是否能正常运转。

2. 风机的注意事项

风机使用时应该放置在洁净的气体环境中，以防止捕集到的腐蚀性气体或蒸汽，或者任何会造成磨损的粉尘对风机造成损害。风机还应尽量远离有限空间的出入口。目前没有一个统一的关于换气次数的标准，可以参考一般工业上普遍接受的每3min换气一次（即20次/h）的换气率，作为能够提供有效通风的标准。

3. 风机的日常维护与储存

保持叶轮的清洁状态，定期除尘防锈。经常检查轴承的润滑状态，及时足量加注润滑油。检查紧固件状态，出现松动时及时拧紧。风机应保存在洁净、干燥、避免阳光直射和暴晒的环境中，且不能与油漆等有挥发性的物品存储在同一密闭空间。

(五)小型移动发电设备

在有限空间作业过程中，经常需要临时性的通风、排水、供电照明等，这些设备往往是由小型移动发电设备来保障供电。

1. 使用前的检查

检查油箱中的机油是否充足，若机油不足，发电机不能正常启动；若机油过量，发电机也不能正常工作。检查油路开关和输油管路是否有漏油、渗油现象。检查各部分接线是否裸露，插头有无松动，接地线是否良好。

2. 使用中的注意事项

使用前，必须将底架停放在平稳的基础上，运转时不准移动，且不得使用帆布等物品遮盖。发电机外壳应有可靠接地，并应加装漏电保护器，防止工作人员发生触电。启动前，需断开输出开关，将发电机空载启动，运转平稳后再接电源带负载。应密切注意运行中的发电机的发动机声音，观察各种仪表指示是否在正常范围内，检查运转部分是否正常，发电机温升是否过高。应在通风良好的场所使用，禁止在有限空间内使用。

(六)照明设备

有限空间作业环境常是容器、管道、井坑等光线黑暗的场所，因此应携带照明设备才能进入有限空间作业。这些场所潮湿且可能存在易燃易爆物质，所以照明设备的安全性显得十分重要。按照有关规定，在这些场所使用的照明设备应用24V以下的安全电压；在潮湿容器、狭小容器内作业应用12V以下的安全电压；在有可能存在易燃易爆物质的作业场所，还必须配备达到防爆等级的照明器具，如防爆头灯、防爆照明灯等，如图2-22所示。

图2-22 防爆头灯

1. 防爆手电的功能和结构

防爆手电一般应用于光线较暗的工作场所，主要由LED光源、外壳、充电电池、开关、线路板等组成。

2. 防爆手电的使用方法

使用前检查防爆手电电量是否充足，外观是否有损坏，检查正常后进行使用。

防爆手电一般有普通光、强光、频闪模式，使用时根据需求选择合适的模式。

使用后及时清洁，使用眼镜布沾酒精等擦拭灯头。

充电时使用配套的充电器，长期不用时应每隔两个月充电一次。

严禁随意拆卸灯具的结构件，尤其是密封结构件。

防爆手电及其电池应存储于温度变化范围不大的地点，最低温不低于-20℃、最高温不高于40℃。存储地点应干燥，避免阳光直射暴晒。

(七)通信设备

在有限空间作业中，监护者与作业者往往因距离较远或存在转角而无法直接面对面沟通，监护者无法了解和掌握作业者的情况。因此必须配备必要的通信器材，使监护者与作业者保持定时联系。考虑到有毒有害危险场所可能具有易燃易爆的特性，所配置的通信器材也应该选用防爆型，如防爆电话、防爆对讲机等，如图2-23所示。

图2-23　防爆对讲机

通信设备的使用包括以下注意事项：

（1）工作中，通信设备必须随身携带且保持开机状态，不可随意关机或更改频段。

（2）严格按设备充电程序进行充电，以保障电池性能和寿命。

（3）更换设备电池时必须先将主机开关关闭，保护和延长其使用寿命。

（4）对讲机等通信设备应妥善保管，做好防尘、防潮工作。

（5）不要在雾气、雨水等高湿度环境下存放或使用。一旦设备进水，严禁按通话键，应立即关机并拆除电板。

（6）设备长时间不使用时，应每隔一段时间开机一次，以保护电池功能，延长使用寿命。

三、有限空间作业的安全知识

（一）有限空间相关概念与术语

1. 有限空间及其作业的概念

有限空间是指封闭或部分封闭，进出口较为狭窄有限，未被设计为固定工作场所，自然通风不良，易造成有毒有害、易燃易爆物质积聚或含氧量不足的空间。

有限空间作业是指作业人员进入有限空间实施的作业活动。

2. 其他相关概念

GBZ/T 205—2007《密闭空间作业职业危害防护规范》中对有限空间作业相关概念和术语进行了定义。

（1）立即威胁生命或健康的浓度（Immediately dangerous to life or health concentrations，IDLH）：是指在此条件下对生命立即或延迟产生威胁，或能导致永久性健康损害，或影响准入者在无助情况下从密闭空间逃生的浓度。某些物质对人产生一过性的短时影响，甚至很严重，受害者未经医疗救治而感觉正常，但在接触这些物质后12~72h可能突然产生致命后果，如氟烃类化合物。

（2）有害环境：是指在职业活动中可能引起死亡、失去知觉、丧失逃生及自救能力、伤害或引起急性中毒的环境，包括以下一种或几种情形：可燃性气体、蒸汽和气溶胶的浓度超过爆炸下限的10%；空气中爆炸性粉尘浓度达到或超过爆炸下限；空气中含氧量低于18%或超过22%；空气中有害物质的浓度超过职业接触限值；其他任何含有有害物浓度超过立即威胁生命或健康浓度的环境条件。

（3）进入：人体通过一个入口进入密闭空间，包括在该空间中工作或身体任何一部分通过入口。

（4）吊救装备：为抢救受害人员所采用的绳索、胸部或全身的套具、腕套、升降设施等。

（5）准入者：批准进入密闭空间作业的劳动者。

（6）监护者：在密闭空间外进行监护或监督的劳动者。

（7）缺氧环境：空气中，氧的体积百分比低于18%。

（8）富氧环境：空气中，氧的体积百分比高于22%。

（二）有限空间的分类

（1）地下有限空间：地下室、地下仓库、地窖、地下工程、地下管道、暗沟、隧道、涵洞、地坑、废井、污水池、井、沼气池、化粪池、下水道等。

（2）地上有限空间：储藏室、温室、冷库、酒糟池、发酵池、垃圾站、粮仓、污泥料仓等。

（3）密闭设备：船舱、贮罐、车载槽罐、反应塔（釜）、磨机、水泥筒库、压力容器、管道、冷藏箱（车）、烟道、锅炉等。

（三）有限空间危害因素及防控措施

常见的有限空间危害因素主要有缺氧、有毒气体、可燃气体。

1. 缺　氧

缺氧是指因组织的氧气供应不足或用氧障碍，而导致组织的代谢、功能和形态结构发生异常变化的病理过程。外界正常大气环境中，按照体积分数，平均的氧气浓度约为20.95%。氧是人体进行新陈代谢的关键物质，如果缺氧，人体的健康和安全就可能受到伤害，不同氧气浓度对人体的影响见表2-6。

在有限空间内，由于内部各种原因及其结构特点，导致通风不畅，致使有限空间内的氧气浓度偏低或不足，人员进入有限空间内作业时，会极易疲劳而影响作业或面临缺氧危险。

表 2-6　不同氧气浓度对人体的影响

氧气体积浓度	影响
23.5%	最高"安全水平"
20.95%	空气中的氧气浓度
19.5%	最低"安全水平"
17%~19.5%	人员静止无影响，工作时会出现喘息、呼吸困难现象
15%~17%	人员呼吸和脉搏急促，感觉及判断能力减弱以致失去劳动能力
9%~15%	呼吸急促，判断力丧失
6%~9%	人员失去知觉，呼吸停止，数分钟内心脏尚能跳动，不进行急救会导致死亡
6%以下	呼吸困难，数分钟内死亡

2. 中　毒

由于有限空间本身的结构特点，空气不易流通，造成内部与外部的空气环境不同，致命的有毒气体蓄积。

1）有毒有害气体物质的来源

（1）存储的有毒化学品残留、泄漏或挥发。

（2）某些生产过程中有物质发生化学反应，产生有毒物质，如有机物分解产生硫化氢。

（3）某些相连或接近的设备或管道的有毒物质渗漏或扩散。

（4）作业过程中引入或产生有毒物质，如焊接、喷漆或使用某些有机溶剂进行清洁。

作业环境中存在大量的有毒物质，人一旦接触后易引起化学性中毒可能导致死亡。常见的有毒物质包括：硫化氢、一氧化碳、苯系物、氯气、氮氧化物、二氧化硫、氨气、易挥发的有机溶剂、极高浓度刺激性气体等。

2）常见有毒有害气体

（1）硫化氢

硫化氢（H_2S）是无色、有臭鸡蛋味的毒性气体。相对分子质量 34.08，相对密度 1.19，沸点 -60.2℃、熔点 -83.8℃，自燃点 260℃；溶于水，0℃时 100mL 水中可溶 437mL 硫化氢，40℃时可溶 180mL 硫化氢；也溶于乙醇、汽油、煤油、原油中，溶于水后生成氢硫酸。

硫化氢的化学性质不稳定，在空气中容易爆炸。爆炸极限为 4.3%~45.5%（体积百分比）。它能使银、铜及其他金属制品表面腐蚀发黑，与许多金属离子作用，生成不溶于水或酸的硫化物沉淀。

硫化氢不仅是一种窒息性毒物，对黏膜还有明显的刺激作用，这两种毒作用与硫化氢的浓度有关。当硫化氢浓度越低时，对呼吸道及眼的局部刺激越明显。硫化氢的局部刺激作用，是由于接触湿润黏膜与钠离子形成的硫化钠引起。当浓度超高时，人体内游离的硫化氢在血液中来不及氧化，则引起全身中毒反应。目前认为硫化氢的全身毒性作用是被吸入人体的硫化氢通过与呼吸链中的氧化型细胞色素氧化酶的三价铁离子结合，抑制细胞呼吸酶的活性，从而影响细胞氧化过程，造成细胞组织缺氧。急性硫化氢中毒的症状表现如下：

①轻度中毒时以刺激症状为主，如眼刺痛、畏光、流泪、流涕、鼻及咽喉部烧灼感，还可能有干咳和胸部不适、结膜充血、呼出气有臭鸡蛋味等症状，一般数日内可逐渐恢复。

②中度中毒时中枢神经系统症状明显，头痛、头晕、乏力、呕吐、共济失调等刺激症状也会加重。

③重度中毒时可在数分钟内发生头晕、心悸，继而出现躁动不安、抽搐、昏迷，有的出现肺水肿并发肺炎，最严重者发生"电击型"死亡。

《工作场所有害因素职业接触限值　第1部分：化学有害因素》（GBZ 2.1—2019）中工作场所空气中化学物质容许浓度中明确指出，硫化氢最高容许浓度为 $10mg/m^3$，不同浓度的具体影响见表 2-7。

表 2-7　不同硫化氢浓度对人体的影响

浓度/（mg/m^3）	接触时间	影响
0.035	—	嗅觉阈，开始闻到臭味
30~40	—	臭味强烈，仍能忍受；是引起症状的阈浓度
70~150	1~2h	呼吸道及眼刺激症状；吸入 2~15min 后嗅觉疲劳，不再闻到臭味
300	1h	6~8min 出现眼急性刺激性，长期接触引起肺水肿
760	15~60min	发生肺水肿，支气管炎及肺炎；接触时间长时引起头痛，头昏，步态不稳，恶心，呕吐，排尿困难
1000	数秒钟	很快出现急性中毒，呼吸加快，麻痹而死亡
1400	立即	昏迷，呼吸麻痹而死亡

（2）沼　气

沼气是多种气体的混合物，由 50%~80% 的甲烷（CH_4）、20%~40% 的二氧化碳（CO_2）、0%~5% 的氮气（N_2）、小于 1% 的氢气（H_2）、小于 0.4% 的氧气

（O_2）与 $0.1\% \sim 3\%$ 的硫化氢（H_2S）等气体组成。空气中如含有 $8.6\% \sim 20.8\%$（按体积百分比计算）的沼气时，就会形成爆炸性的混合气体。

沼气的主要成分是甲烷，污水中的甲烷气体主要是其沉淀污泥中的含碳、含氮有机物质在供氧不足的情况下，分解出的产物。

甲烷是无色、无味、易燃易爆的气体，比空气轻，相对空气密度约 0.55，与空气混合能形成爆炸性气体。甲烷对人基本无毒，但浓度过量时使空气中氧含量明显降低，使人窒息，具体影响见表2-8。

表 2-8　甲烷的浓度危害

甲烷体积浓度	影响
$5\% \sim 15\%$	爆炸极限
$25\% \sim 30\%$	人出现窒息样感觉，若不及时逃离接触，可致窒息死亡

（3）一氧化碳

一氧化碳（CO）是一种无色、无味、易燃易爆、剧烈毒性气体，属于与空气混合能形成爆炸性混合物，遇明火、高热能引起燃烧与爆炸。

空气中一氧化碳含量达到一定浓度范围时，极易使人中毒，严重危害人的生命安全，具体影响见表2-9。中毒机理是一氧化碳与血红蛋白的亲和力比氧与血红蛋白的亲和力高 $200 \sim 300$ 倍，极易与血红蛋白结合，形成碳氧血红蛋白，使血红蛋白丧失携氧的能力和作用，造成组织窒息，对全身的组织细胞均有毒性作用，尤其对大脑皮质的影响为严重。

表 2-9　一氧化碳的浓度危害

一氧化碳浓度/（mg/L）	接触时间	影响
50	8h	最高容许浓度
200	3h	轻度头痛、不适
600	1h	头痛、不适
1000 ~ 2000	30min	轻度心悸
	1.5min	站立不稳、蹒跚
	2h	混乱、恶心、头痛
2000 ~ 5000	30min	昏迷，失去知觉

3. 爆炸与火灾

爆炸是物质在瞬间以机械功的形式释放出大量气体和能量的现象，压力的瞬时急剧升高是爆炸的主要特征。有限空间内，可能存在易燃或可燃的气体、粉尘，与内部的空气发生混合，可能处于爆炸极限的范围内，如果遇到电弧、电火花、电热、设备漏电、静电、闪电等点火源，将可能引起燃烧或爆炸。有限空

间发生爆炸、火灾，往往瞬间或很快耗尽有限空间的氧气，并产生大量有毒有害气体，造成严重后果。

（四）有限空间等级划分

根据有限空间可能产生的危害程度不同将有限空间分为三个等级。

（1）三级有限空间：正常情况下不存在突然变化的空气危险。在进入或撤离时存在障碍或坠落危险。在该有限空间中，虽然正常情况下不存在明显的空气危险，但需要进入前的气体初始确认和连续的气体监测，预防异常情况。

（2）二级有限空间：存在突然变化的空气危险。进入或撤离时存在障碍或坠落危险，但提供直接的入口，使得工作人员能够方便地佩戴安全带，并与入口的三脚架或悬挂点始终连接。需要连续的气体监测和特别的呼吸防护。

（3）一级有限空间：属于密闭或半密闭空间，存在突然变化的空气危险。进入或撤离时存在障碍/坠落危险，无法保持安全带始终连接在悬挂点上，无法保证及时对空间内工作人员的营救。必须制订翔实的施工作业方案，配置正压呼吸器或长管送风式呼吸器，工作人员佩戴安全带和足够长度的安全绳，必要时穿戴救生衣，安全绳必须在固定点固定，需要连续的气体监测。

（五）有限空间常见安全警示标识

警示标识可以有效预防事故的发生，常见与有限空间作业有关的警示标志有禁止标识、警告标识、指令标识、提示标识。

（1）禁止标识：禁止标识的含义是不准或制止某些行动，见表2-11。

表 2-11　禁止标识图形、名称及设置范围

标识图形	标识名称	设置范围和地点
	禁止入内	可能引起职业病危害的工作场所入口或泄险区周边

（2）警告标识：警告标识是指警告可能发生的危险，见表2-12。

表 2-12　警告标识图形、名称及设置范围

标识图形	标识名称	设置范围和地点
	当心中毒	使用有毒物品作业场所

（续）

标识图形	标识名称	设置范围和地点
	当心有毒气体	存在有毒气体的作业场所
	当心爆炸	存在爆炸危险源的作业场所
	当心缺氧	有缺氧危险的作业场所
	当心坠落	有坠落危险的作业场所
	注意安全	设置在其他警告标志不能包括的其他道路危险位置

（3）指令标识：指令标识是指必须遵守的行为，见表2-13。

表2-13　指令标识图形、名称及设置范围

标识图形	标识名称	设置范围和地点
	戴防毒面具	可能产生职业中毒的作业场所
	注意通风	存在有毒物品和粉尘等需要进行通风处理的作业场所

（4）提示标识：提示标识是指示意目标方向，见表2-14。

表2-14　提示标识图形、名称及设置范围

标识图形	标识名称	设置范围和地点
	救援电话	救援电话附近

（六）有限空间作业人员与监护人员安全职责

（1）作业负责人的职责：应了解整个作业过程中存在的危险危害因素；确认作业环境、作业程序、防护设施、作业人员符合要求后，授权批准作业；及时掌握作业过程中可能发生的条件变化，当有限空间作业条件不符合安全要求时，终止作业。

（2）监护人员的职责：应接受有限空间作业安全生产培训；全过程掌握作业者作业期间情况，保证在有限空间外持续监护，能够与作业者进行有效的操作作业、报警、撤离等信息沟通；在紧急情况时向作业者发出撤离警告，必要时立即呼叫应急救援服务，并在有限空间外实施紧急救援工作；防止未经授权的人员进入。

（3）作业人员的职责：应接受有限空间作业安全生产培训；遵守有限空间作业安全操作规程，正确使用有限空间作业安全设施和个人防护用品；应与监护者进行有效的操作作业、报警、撤离等信息沟通。

（七）典型的有限空间安全相关事故案例

以北京某市政工程有限公司"6.1"事故作为案例进行简要介绍。

1. 事故经过

2005年6月1日晚，北京某市政工程有限公司第三项目部项目经理王某安排承德某劳务有限责任公司项目经理姚某，于当晚对小红门污水顶管工程30#污水井进行降水，次日白天进行打堵作业。当天21时左右，王某到现场口头将工作交代给承德某劳务有限责任公司项目部领工员季某后，便离开现场。当晚，领工员季某带领工人（共7名，其中5名为临时工）基本完成管线降水后，违反《北京市市政工程施工安全操作规程》，在没有采取检测及防护措施的情况下，安排民工赵某于当晚23时45分提前进行打堵作业。赵某下井后被毒气熏倒，井上作业人员黄某在未采取任何措施的情况下下井施救，也晕倒在井下，造成2人死亡。

2. 事故分析

疏通污水管道的打堵作业是高风险作业。污水管道长期堵塞，与外界隔绝，由于微生物作用，污水中散发出大量硫化氢、甲烷等有毒有害气体。打堵作业中，当打通堵头的瞬间，高浓度的有毒有害气体涌出，极易发生中毒事故，造成作业人员伤亡。

（1）直接原因：井下有毒有害气体超标，作业人员在未进行气体检测、未采取安全防护措施的情况下擅自违章作业，是导致事故发生的直接原因。

（2）间接原因：①承德某劳务有限责任公司未对作业人员进行安全教育培训，作业人员安全素质不高。6月1日晚，在30#井进行打堵作业的7名工人中，有5名工人为临时工，即未办理劳务用工手续，也未进行安全教育。②北京某市政工程有限责任公司项目部未及时对施工班组进行书面交底。项目经理王某未将作业情况向劳务公司进行书面交底，导致领工员季某在没有接到交底的情况下，擅自进行打堵作业。

3. 事故定性

这是一起有毒有害气体浓度超标，因作业人员未进行气体检测、未采取任何安全防护措施、擅自违章作业而造成的一般安全生产责任事故。

4. 应采取的安全措施

生产经营单位应建立有限空间作业审批制度并严格执行，严禁擅自进入有限空间作业。

生产经营单位在进行有限空间作业时，必须对作业人员进行培训及作业前的安全交底。

当作业场所可能存在有毒有害气体时，必须在测定氧气含量的同时测定有毒有害气体的含量，并根据测定结果采取相应的措施。作业场所的空气质量达到标准后方可作业。

作业时，作业人员必须配备并使用正压隔绝式空气呼吸器；作业现场设专人监护，发生危险时，及时进行科学施救。

四、带水作业的安全知识

(一) 带水作业的危害

带水作业主要存在人员溺水和人员触电风险。溺水是由于人淹没于水中，呼吸道被水、污泥、杂草等杂质堵塞或喉头、气管发生反射性痉挛引起窒息和缺氧，也称为淹溺。淹没于水中以后，本能地出现反应性屏气，避免水进入呼吸道。由于缺氧，不能坚持屏气，被迫进行深吸气而极易使大量水进入呼吸道和肺泡，阻滞了气体交换，引起严重缺氧高碳酸血症（指血中二氧化碳浓度增加）和代谢性酸中毒。呼吸道内的水迅速经肺泡吸收到血液内。由于淹溺时水的成分不同，引起的病变也有所不同。淹溺还可引起反射性喉头、气管、支气管痉挛；水中污染物、杂草等堵塞呼吸道可发生窒息。

(二) 溺水的救援知识

坠落溺水事故发生时，应遵守如下原则进行抢救：

1. 施救坠落溺水者上岸

营救人员向坠落溺水者抛投救生物品。

如坠落溺水者距离作业点、船舶不远，营救人员可向坠落溺水者抛投结实的绳索和递以硬性木条、竹竿将其拉起。

为排水性较好的人员携带救生物品（营救人员必须确认自身处在安全状态下）下水营救，营救时营救人员必须注意从溺水者背后靠近，抱住溺水者将其头

部托出水面游至岸边。

2. 溺水者上岸后的应急处理

寻找医疗救护。求助于附近的医生、护士或打"120"电话，通知救护车尽快送医院治疗。

注意溺水者全身受伤情况，有无休克及其他颅脑、内脏等合并伤。急救时应根据伤情抓住主要矛盾，首先抢救生命，着重预防和治疗休克。

等待医护人员时，应对不能自主呼吸、出血或休克的伤者先进行急救，将溺水人员吸入的水空出后要及时进行人工呼吸，同时进行止血包扎等。

当怀疑有骨折时，不要轻易移动伤者。骨折部位可以用夹板或方便器材做临时包扎固定。

搬运伤员是一个非常重要的环节。如果搬运不当，可使伤情加重，方法视伤情而定。如伤员伤势不重，会采用扛、背、抱、扶的方法将伤员运走。如果伤员有大出血或休克等情况，一定要把伤员小心地放在担架上抬送。如果伤员有骨折情况，一定要用木板做的硬担架抬运。让其平卧，腰部垫上衣服垫，再用三四根皮带将其固定在木板做的硬担架上，以免在搬运中滚动或跌落。

3. 现场施救

在医务员的指挥下，工作人员将伤员搬运至安全地带并开展自救工作。及时联络医院，将伤员送往医院检查、救护。

五、带电作业的安全知识

低压是指电压在250V及以下的电压。低压带电作业是指在不停电的低压设备或低压线路上的工作。对于一些可以不停电的工作，没有偶然触及带电部分的危险工作，或作业人员使用绝缘辅助安全用具直接接触带电体及在带电设备外壳上的工作，均可进行低压带电作业。虽然低压带电作业的对地电压不超过250V，但不能将此电压理解为安全电压，实际上交流220V电源的触电对人身的危害是严重的，特别是低压带电作业很普遍。为防止低压带电作业对人身产生触电伤害，作业人员应严格遵守低压带电作业的有关规定和注意事项。

(一) 低压设备带电作业安全规定

在带电的低压设备上工作，应使用有绝缘柄的工具，工作时应站在干燥的绝缘垫、绝缘站台或其他绝缘物上，严禁使用锉刀、金属尺和带有金属物的毛刷、毛掸等工具。使用有绝缘柄的工具，可以防止人体直接接触带电体；站在绝缘垫上工作，人体即使触及带电体，也不会受到触电伤害。低压带电作业时使用金属工具，可能引起相同短路或对地短路事故。

在带电的低压设备上工作时，作业人员应穿长袖工作服，并戴手套和安全帽。戴手套可以防止作业时手触及带电体；戴安全帽可以防止作业过程中头部同时触及带电体及接地的金属盘架，造成头部接近短路或头部碰伤；穿长袖工作服可防止手臂同时触及带电和接地体引起短路和烧伤事故。

在带电的低压盘上工作时，应采取防止相间短路和单相接地短路的绝缘隔离措施。在带电的低压盘上工作时，为防止人体或作业工具同时触及两相带电体或一相带电体与接地体，在作业前，将相与相间或相与地(盘构架)间用绝缘板隔离，以免作业过程中发生短路事故。

严禁雷、雨、雪天气及六级以上大风天气时在户外带电作业，也不应在雷电天气时进行室内带电作业。雷电天气时，电力系统容易引起雷电过电压，危及作业人员的安全，不应进行室内外带电作业；雨雪天气时，气候潮湿，不宜带电作业。

在潮湿和潮气过大的室内，禁止带电作业；工作位置过于狭窄时，禁止带电作业。

低压带电作业时，必须有专人监护。带电作业时，作业场地、空间狭小、带电体之间、带电体与地之间绝缘距离小，或作业时的错误动作，均可能引起触电事故。因此，带电作业时，必须有专人监护；监护人应始终在工作现场，并对作业人员进行认真监护，随时纠正其不正确的动作。

(二)低压线路带电作业安全规定

在400V三相四线制的线路上带电作业时，应遵守下列规定：

(1)上杆前，应先分清相线、地线，选好工作位置。在登杆前，应在地面上先分清相线、地线，只有这样才能选好杆上的作业位置和角度。在地面辨别相线、地线时，一般根据一些标志和排列方向、照明设备接线等进行辨认。初步确定相线、地线后，可在登杆后用验电器或低压试电笔进行测试，必要时可用电压表进行测量。

(2)断开低压线路导线时，应先断开相线，后断开地线。搭接导线时，顺序应相反。三相四线制低压线路在正常情况下接有动力、照明及家电负荷。当带电断开低压线路时，如果先断开中性线，则会因各相负荷不平衡使该电源系统中性点出现较大偏移电压，造成中性线带电，断开时会产生电弧，因此，断开四根线均会带电断开。故应先断相线，后断地线。接通时，先接中性线，后接相线。

(3)人体不得同时接触两根线头。带电作业时，若人体同时接触两根线头，则人体会串入电路会造成

触电伤害。

(4)高低压同杆架设，在低压带电线路上作业时，应先检查与高压线的距离，采取防止误碰带电高压线或高压设备的措施。在低压带电导线未采取绝缘措施时(裸导线)，作业人员不得穿越。

(5)高低压同杆架设，在低压带电线路上作业时，作业人员与高压带电体的距离不小于表2-15的规定。还应采取以下措施：

①防止误碰、误接近高压导线的措施。

②登杆后在低压线路上作业，防止低压接地短路及混线的作业措施。

③作业时在低压导线(裸导线)上穿越的绝缘隔离措施。

④严禁雷、雨、雪天气及六级以上大风天气在户外低压线路上带电作业。

⑤低压线路带电作业，必须设专人监护，必要时设杆上专人监护。

表2-15 作业人员与高压带电体的距离

电压等级/kV	距离/m	电压等级/kV	距离/m
10	0.35	200	3
35	0.6	330	4
60~110	1.5	500	5

(三)低压带电作业注意事项

带电作业人员必须经过培训并考试合格，工作时不少于2人。

严禁穿背心、短裤、拖鞋带电作业。

带电作业使用的工具应合格，绝缘工具应试合格。

低压带电作业时，人体对地必须保持可靠的绝缘。

在低压配电盘上工作，必须装设防止短路事故发生的隔离措施。

只能在作业人员的一侧带电，若其他还有带电部分而又无法采取安全措施，则必须将其他侧电源切断。

带电作业时，若已接触一相相线，要特别注意不要再接触其他相线或地线(或接地部分)。

带电作业时间不宜过长。

六、占道作业的安全知识

(一)占道作业危害的特点

占道作业是指占用道路开展排水设施检查、养护、维修等作业活动，因此常见事故类型为车辆伤

害。占道作业危害的特点主要有：

（1）作业区域相对开放，流动性强，临时防护简易，社会车辆、人员等外部因素给作业区域施工安全带来一定影响。

（2）夜间作业环境照明不足、雨雪天气道路湿滑等不良环境因素可能导致生产安全事故。

（3）作业区域交通安全防护设施码放不规范易导致安全事故。

（4）社会车辆驾驶员参与交通活动的精神状态（酒后驾驶、疲劳驾驶等）不佳易导致交通安全事故。

（二）占道作业交通安全设施

占道作业交通安全设施主要包括：道路交通标志、锥形交通路标、路栏、水马、施工区挡板、消能桶、闪光箭头板、夜间照明灯及施工警示灯等。

1. 道路交通标志

道路交通标志分为作业区标志、警告标志、禁令标志、指示标志、可变信息标志。

作业区标志用以通告道路交通阻断、绕行等情况，设在作业区前适当位置；警告标志起到对车辆、行人提出警示警告的作用；禁令标志用以对车辆、行人起限制作用；指示标志用以对车辆、行人的行为提出指示；可变信息标志用以显示作业区及其附近道路的基本信息。主要道路交通标志见表2-16。

表2-16 典型道路交通标志一览表

交通标志类型	标志图案
作业区标志	右道封闭　道路施工 车辆慢行
警告标志	右侧变窄　左侧变窄
禁令标志	40
指示标志	
可变信息标志	标志

2. 其他交通安全设施

（1）锥形交通路标：锥形交通路标也可简称"锥

筒"，属于交通隔离防护装置的一种。设置在作业现场周围，自作业区前某距离处沿斜线放置至作业区侧面，侧面距离作业现场1~3m，渐变段锥筒最大间距不超过2m，非渐变段锥筒最大间距随限速由低到高可取2~10m，作业现场后方沿45°角放置。

（2）路栏：用以阻挡车辆及行人前进或指示改道，设于因作业被阻断路段的两端或周围，侧面距离作业现场0.5~1.5m。

（3）水马：于分割路面或形成阻挡的塑制壳体障碍物，通常是上小下大的结构，上方有孔以注水增重。

（4）施工区挡板：设置高度不应低于1.8m，距离交叉路口20m范围内的设置高度应降为0.8~1.0m，其上部应采用通透式围挡搭设至原设置高度。

（5）消能桶：色彩鲜明，能引起司机注意危险，并起到引导司机视线的良好作用，保证行车安全。对碰撞车辆有很好地吸收能量、衰减缓冲的作用，以减轻交通事故中车辆的损坏和事故损失。

（6）闪光箭头板：可安装于支撑架或车辆上，一般设置于上游过渡区或缓冲区的前端，起到警示和引导车辆改道的作用。

（7）夜间照明灯：夜间进行的道路施工设置的照明设施。对于施工操作所需的照明，在满足作业需求的前提下，应避免造成驾驶员眩目。

（8）施工警示灯：在夜间或能见度低时，所有障碍物或道路施工应采用规定的道路危险警告灯标示，使道路使用者明确工程区的范围。道路作业警示灯设置在作业区周围的锥形交通路标处，应能反映作业区的轮廓。常见交通安全防护设施样式见附表2-17。

表2-17 常见交通安全防护设施样式表

名称	实物样式
锥筒	
路栏	
水马	

（续）

名称	实物样式
施工区挡板	
消能桶	
闪光箭头板	
夜间照明灯	
施工警示灯	

（三）占道作业分类

占道作业按施工方式分为全天作业、限时作业、移动作业3种类型。

（1）全天作业：作业区的位置和布置自始至终均不发生变化的占道作业。如排水管道新建、改建、扩建工程；更新改造工程、工程抢险等。

（2）限时作业：作业区的位置不变但其布置仅在限定时间内呈现的占道作业。例如排水管道检查、清淤、井盖维护等。

（3）移动作业：作业区的位置和布置随工程操作的进行发生间歇性或连续性移动的占道作业。例如雨水口清掏、设施巡查等。

第二节　操作规程

一、安全管理制度

为了加强泵站安全管理，确保泵站安全稳定运行，使泵站安全管理工作更加标准化、制度化、规范化，结合泵站工作实际情况，泵站管理部门应制订以下安全管理制度，并确保操作人员熟练掌握、遵照执行。

（一）泵站设备维护安全管理规定

保养、检修人员必须穿戴好劳动保护用品，禁止吸烟、饮酒、打闹，检修人员不得带病工作。

在进行检修保养工作前，检修人员应首先通知现场泵站运行人员，由现场泵站运行人员配合检修人员进行检修保养工作。

在进行检修保养工作前，由现场泵站运行人员和检修人员一起关掉被检修保养机械的电源，并在控制柜处悬挂"禁止合闸"的安全警示牌。

上下机械时，应尽量使用梯子，同时注意梯子与地面的夹角，并由专人看护，防止梯子滑倒摔伤检修人员。

当必须蹬踏机械时，禁止蹬踏机械的转动、传动部件和电气部件。雨雪天气时，检修人员须先清理干净鞋底，然后再蹬梯子或设备。

工作之前，应检查使用工具是否完好，并尽量使用专用工具。上下传递工具时，不得抛掷，防止砸伤作业人员。

工作位置高出地面2m时，作业人员必须系好安全带，方可进行工作。在井边、池边作业时，作业人员应与池边保持0.5m的安全距离；在井口、池中作业时，作业人员应系好安全带，并设专人监护。

工作时，各种废弃物不得随意丢弃，防止绊倒、摔伤作业人员；使用工具不得随意放置，防止掉下砸伤作业人员。

工作中，作业人员应相互配合，分工明确，避免拥挤，听从指挥，安全顺利地完成检修保养工作。

工作完毕，应清理工作现场，做到场清、地净。并把使用工具擦拭干净，放回原来位置。

二、安全操作规程

泵站运行与维护应根据泵站设备设施实际情况，制订以下安全操作规程：

（一）干式泵安全操作规程

操作人员必须了解干式泵的机械性能及其在工艺中的用途，熟练掌握该泵的安全操作规程，方可操作。

1. 启动状态设置

（1）自动控制状态设置：将水泵的控制柜、PLC控制柜设置为自动控制状态，各台水泵将根据设置的启动水位分别启动。

(2)手动控制状态设置：将水泵的控制柜、PLC控制柜设置为手动控制状态，操作人员可以选择在水泵控制柜、PLC控制柜、就地控制箱进行手动启动。

设置为自动控制状态的水泵应确保阀门全部开启、进出水管路畅通；设置为手动控制状态的水泵，启动前应按照下述程序进行操作。

2. 启动前的准备工作

首先确认进水阀完全开启(正常情况下，进水阀应保持开启状态，由于检修、维护等工作需要关闭时，在相关工作完成后应及时开启)，使泵体和吸水管线充满水。

确认水泵、电动机转动部位润滑油、润滑脂符合要求。确认水泵泄空阀关闭。合上电源开关，启动水泵。每小时连续启动次数不能超过4次。

3. 启动后的检查工作

检查三相电压、电流是否平衡，是否符合规定值。

检查水泵出水口出水是否正常。检查水泵轴承、电动机轴承的温升情况。水泵运转时，水泵轴承温度不得超过70℃(手背触摸轴承盒外部，以不烫手为宜)。检查水泵填料函泄漏量是否符合规定值。水泵运转时，填料函应有水陆续滴出，一般以每分钟滴15滴左右为宜。

检查轴承槽内是否清洁、无污物，排水管路是否通畅。

检查水泵、电动机的振动、声音情况有无异常。水泵运转时，应无异响、无异常振动；各部位的螺栓应无缺损、无松动。

按要求对启动时间及有关项目予以记录。

4. 停车操作

按下停车按钮，停止水泵运转。水泵停车时，不应有骤然停车现象。如果水泵为备用泵，水泵进水阀应保持开启。

(二)潜水泵安全操作规程

操作人员必须了解潜水泵的机械性能及其在工艺中的用途，熟练掌握该泵的安全操作规程，方可操作。

1. 启动状态设置

(1)自动控制状态设置：将水泵的控制柜、PLC控制柜设置为自动控制状态，各台水泵将根据设置的启动水位分别启动。

(2)手动控制状态设置：将水泵的控制柜、PLC控制柜设置为手动控制状态，操作人员可以选择在水泵控制柜、PLC控制柜、就地控制箱进行手动启动。

设置为自动控制状态的水泵应确认阀门全部开启、进出水管路畅通；设置为手动控制状态的水泵，启动前应按下述程序进行操作。

2. 启动前的准备工作

首先确认进水阀完全开启(正常情况下，进水阀应保持开启状态，由于检修、维护等工作需要关闭时，在相关工作完成后应及时开启)，使泵体涡壳充满水。

检查潜水泵的淹没深度，保证水位淹没潜水泵的电动机部分。

检查水泵控制柜、就地控制箱电源指示是否正常。按下启动开关，启动水泵。每小时连续启动次数不能超过4次。

3. 启动后的检查工作

检查三相电压、电流是否平衡，是否符合规定值。检查各类指示灯、仪表指示是否正常。

检查水泵、电动机运转时有无异响、振动，检查水泵出水口出水是否正常。

检查出水管路振动是否异常，各部位的固定支架、螺栓有无缺损、松动。

按要求对启动时间及有关项目予以记录。

4. 停车操作

按下停车按钮，停止水泵运转。检查控制柜各类指示灯状态变化是否正常。

(三)机械格栅安全操作规程

泵站运行人员必须了解格栅的机械性能及其在工艺中的用途，熟练掌握格栅的安全操作规程，方可操作。

操作前，应检查链条松紧程度，若松弛应及时调整。检查链条、耙齿间是否有异物、污物，必要时应进行清理。

检查减速器的润滑油油位是否正常，是否有漏油及渗漏情况，必要时应添加。

遇雨时，应及时开启机械格栅，避免污物进入水泵。

格栅运转过程中，应按要求定期巡视。检查各转动部位、链条、链轮润滑情况，有无卡滞或异响。

运转过程中，应及时清理格栅耙齿、链条等部位的污物，以免污物对格栅造成损害。机耙运转时，严禁用手直接清理耙齿上的污物，严禁将手伸进传动链条中。

有较大的物体卡在耙齿或链条中时，须先停机，然后再清理。清理时，不得生拉硬拽，应保证工作人员的安全及设备的完好

格栅出现故障时，应停止运行，根据来水情况，

采用人工捞渣清理，防止栅渣淤积阻水，造成上游淹泡事故；并报告相关人员，等待处理。

(四)起重机安全操作规程

1. 操作前的准备工作

5t 以上起重设备，操作人员必须持证上岗。

操作前，对制动器、吊钩、钢丝绳和安全装置进行检查，发现异常应在操作前排除，确认安全可靠后，方可开始工作。

开车前，要确认行车范围内无闲杂人员和障碍物，起升高度和行程限位开关灵敏可靠。开车前要向现场工作人员示意。

合电源开关时，如电源断路装置上有锁或标牌，应由有关人员去除后才能合主电源。

进行维护保养时，应切断主电源并挂上安全警示标志牌或加锁。

2. 起吊作业"十不吊"

(1)超载或被吊物重量不清时不吊。

(2)指挥信号不明确时不吊。

(3)捆绑、吊挂不牢或不平衡，可能引起滑动时不吊。

(4)被吊物上有人或浮置物时不吊。

(5)结构或零部件有影响安全工作的缺陷或损伤时不吊。

(6)遇有拉力不清的埋置物件时不吊。

(7)工作场地昏暗，无法看清场地、被吊物和指挥信号时不吊。

(8)被吊物棱角处与捆绑钢绳间未加衬垫时不吊。

(9)歪拉斜吊重物时不吊。

(10)容器内装的物品过满时不吊。

3. 起吊操作要求

操作人员必须与指挥人员(起重工)密切配合，操作人员在得到指挥人员的指挥信号后方可操作。

操作时，对其他人员发出的危险信号，操作人员也应注意和听从，以免发生事故。操作人员应熟悉起重机的性能。

操作人员开车时，要手不离控制器，眼不离地面和起吊物件。起吊物件时要轻起、轻放。

起重机的钢丝绳若出现严重磨损、断股和扭成麻花现象，应暂停吊装作业。起重工作完成后，应将吊钩升到安全位置并切断电源。

(五)电动阀门安全操作规程

操作人员必须了解设备性能，熟练掌握电动、手动操作规程，准确判断阀门的开度，方可操作。

操作前，应了解设备适时的开闭状态，合上电源，检查信号灯及开度表的指示。禁止湿手操作按钮控制箱。

进行"开"或"关"操作时，必须先按"停止"按钮，再按"开"或"关"按钮。阀门在运行中处于敞开状态，可在"开""关"操作后断电，待操作时再接通电源。

长期不运转的水泵，进水管道阀门应每个月进行1次全程的开关操作，并做记录，以保持完好状态。

电动阀门须由 2 人操作，由专人看护。

操作过程中发现问题应及时上报，并做好相关记录。

(六)发电机组安全操作规程

1. 启动前的准备工作

全面检查柴油机各部分是否正常。检查水箱水位、机油油位是否在 2/3 以上。检查燃油是否充足，油箱有无渗漏。检查蓄电池电量是否充足，蓄电池内液体是否充足。

2. 启动及运行操作

启动电机连续工作时间不宜超过 10s，如第一次启动不成功，应于 2min 后再做第二次启动，第三次还无法启动应检查原因。

试运行时可手动启动，平时应自动启动。手动启动时，应将电压调整为 380~420V，将频率调整为 50~51Hz。试运行期间应做好各项记录。当达到额定电压、额定频率时，方可带动负载。

运行期间应随时观察发电机运行状态，包括电压、电流等。长期不运行的机组，应每 15d 试运行 1次，每次运行时间应不少于 15min。

3. 停机操作

停机前应先卸去负荷。应将转速降至怠速状态。按下停机按钮，让发电机停止运转，将开关转至自动状态。

(七)离子除臭设备安全操作规程

1. 控制系统操作要求

(1)自动模式：离子除臭系统在自动运行模式下，将除臭系统设定为与有害气体探头联动运行，如探头监测到的液体浓度达到该设定值，除臭系统将自行启动。每次运行时间为 2h，或有害气体小于设定最低值(即安全值)的时长超过 1h 后停止运行。每次运行时，控制箱指示灯状态均应显示为运行状态，停止时显示为停止状态。在自动控制模式下工人无须操作除臭系统。

(2)手动模式：手动模式即根据需要，由人工开、停设备。在需要开机时，按下"开始"按钮，则设备启动；在需要停机时，按下"停止"按钮，则设备停止运行。

（3）设备运行模式：除臭系统开机顺序已被编程为无论以何种方式开机，系统均自动按照以下顺序自行启动：排风机启动—送风机启动—离子除臭设备启动。

2. 风道附件操作要求

风道上全部阀门应处于正常使用位置，如果在操作中误将阀门转动，请将阀门调整至标志处。所有百叶风口均应调整为向下45°方向。

应定期维护离子除臭系统。送、排风系统应按常规要求进行定期保养。所有过滤网应每月清洗1次，晾干后可重复使用。离子管应每半年进行1次性能检测，一般每支电离子管累计运行5000h后须更换。

（八）植物液除臭系统安全操作规程

1. 操作注意事项

（1）手动（自动）运转时，最好不要超过1h。
（2）应选择正确的电源（380V，50Hz）。
（3）输液管正常压力为2~3MPa，最大工作压力不超过3MPa。
（4）植物液高压泵须定期添加机油。
（5）手动操作水泵时，在启动前或停止后，应先打开或后关闭对应的电磁阀。

2. 故障与检修（表2-18）

表2-18 植物液除臭系统的故障与检修

故障	原因	检修方法
循环控制器出现错误	设置出现错误	重新设置
	控制器故障	维修或更换
泵发出异响	轴承磨损或螺丝松动	维修泵轴承或拧紧螺丝
泵不运转	电线松脱	重新接好
	电动机烧坏，电动机温度过高	维修或更换，停机降温
	缺工作液，液面控制器自动关闭泵	添加工作液
喷嘴不喷雾	输液管泄漏	检查维修输液管
	喷嘴堵塞	维修喷嘴
	喷嘴腐蚀生锈	用盐酸浸泡去除腐蚀物或更换喷嘴
输液管爆裂	输液管老化	更换
	压力太大	调节压力（正常压力为4~7MPa）
控制器内不散热	排风电扇不转	维修或更换
报警指示灯亮起	缺工作液	添加工作液
	设备有故障	检查维修设备

3. 运行中的维护工作

在植物液除臭系统运行过程中，应随时观察储液箱内的植物液液位，根据植物液使用量情况，及时补充储液箱内的植物液，禁止无液工作。

每月应对喷头进行1次清洗，保证喷嘴畅通。

污水泵站的格栅间，植物液喷液的时间根据季节进行设定：冬季每间隔10min喷液6s；夏季每间隔5min喷液4s。冬季要做好对系统特别是储液箱内植物液的防冻工作。

（九）通风机安全操作规程

有人值守期间，每日进行1次通风，每次通风不少于1h。每次进入泵房前，须进行通风。潮湿环境、潮湿天气，应增加通风次数和通风时间。污水泵站应进行气体检测，并做好通风检测记录。

在高速运转情况下，通风机和管道的安装应保持稳定牢固。通风管接头应严密，口径不同的通风管不得混合连接，其转角处应做成大圆角。

启动前，应确认主机和管件的连接符合要求，风扇转动平稳，电气部分包括电流保护、过载保护等继电保护装置均齐全后，方可启动。

运行中，按要求定期巡视。运转应平稳无异响，如发现异常情况，应立即停机检修。

检查三相电压、电流是否平衡，是否符合规定值。当电动机温升超过铭牌规定时，应停机降温。

运行中不得进行检修。对无逆止装置的通风机，应待风道回风消失后再进行检修。

严禁在通风机和通风管上放置或悬挂任何物件。作业后，应切断电源。

（十）地漏泵安全操作规程

汛期有人值守时，地漏泵宜手动运行，运行前应先打开地漏泵出水截门，再开泵抽升，抽升完毕后关闭出水截门；无人值守时，宜设置为自动运行。地漏泵管路应安装逆止阀门。

非汛期无人值守期间，出水截门应保持开启状态，将水泵设置为自动运行状态。

按照《设备设施巡视管理规定》要求巡视、清掏地漏泵井。严禁带电移动、维修或清理地漏泵。地漏泵严禁脱水运转，必须保证地漏泵在水下运转，否则会造成泵和电动机被烧毁。

随时观察地漏泵的振动、噪声情况，流量是否正常。定期巡检地漏泵的井液位、出水管线情况，检查清扫电源箱。

（十一）泵站倒闸操作规程

操作前，由监护人和操作人共同填写操作票，操作时严格按操作票顺序执行。

倒闸操作必须由监护人和操作人共同进行,穿戴好绝缘劳保防护用品。其中电工技术等级高的作为监护人,另一人为操作人。操作电气设备的人员与带电导体应保持规定的安全距离。

操作前,应先在模拟图上进行核对性模拟预演,无误后,再进行操作。并先核对设备名称、编号和位置,操作中应认真执行监护复诵制度,并按操作票填写的顺序逐项操作。每操作完一步,应检查无误后做一个"√"记号,全部操作完毕后进行复查。

停电时,应先负荷侧,后电源侧。即先拉负荷侧的开关设备,后拉电源侧的开关设备。送电时,应先电源侧,后负荷侧。即先合电源闸的开关设备,后合负荷闸的开关设备。设备送电前,必须将有关继电保护投入。

操作隔离开关时,断路器必须在断开位置。送电时,应先合隔离开关,后合断路器;停电时,拉开顺序与此相反。在操作过程中,发现误合隔离开关时,不允许将误合的隔离开关再拉开,发现误拉隔离开关时,不允许将误拉的隔离开关重新合上。

断路器两侧的隔离开关的操作顺序规定如下:送电时,先合电源侧隔离开关,后合负荷侧隔离开关;停电时,先拉负荷侧隔离开关,后拉电源侧隔离开关。

不允许打开机械闭锁手动分、合断路器。封闭式配电装置进行操作时,对开关设备每一项操作均应检查其位置指示装置是否正确,发现位置指示有错误或怀疑有错误时,应立即停止操作,查明原因,排除故障后方可继续操作。

双路电源供电严禁倒闸并路。倒路时应先停常用电源,后合备用电源。雷电时,禁止进行倒闸操作。

三、应急救援预案

(一)安全生产应急预案的基本知识

1. 应急管理的相关概念

(1)突发事件:《中华人民共和国突发事件应对法》将"突发事件"定义为突然发生,造成或者可能造成严重社会危害,需要采取应急处置措施予以应对的自然灾害、事故灾难、公共卫生事件和社会安全事件。

按照社会危害程度、影响范围等因素,自然灾害、事故灾难、公共卫生事件分为特别重大、重大、较大和一般四级。

(2)应急管理:为了迅速、有效地应对可能发生的事故灾难,控制或降低其可能造成的后果和影响,

而进行的一系列有计划、有组织的管理,包括预防、准备、响应和恢复四个阶段。

(3)应急准备:针对可能发生的事故灾难,为迅速、有效地开展应急行动而预先进行的组织准备和应急保障。

(4)应急响应:事故灾难预警期或事故灾难发生后,为最大限度地降低事故灾难的影响,有关组织或人员采取的应急行动。

(5)应急预案:针对可能发生的事故灾难,为最大限度地控制或降低其可能造成的后果和影响,预先制定的明确救援责任、行动和程序的方案。

(6)应急救援:在应急响应过程中,为消除、减少事故危害,防止事故扩大或恶化,最大限度地降低其可能造成的影响而采取的救援措施或行动。

(7)应急保障:应急保障是指为保障应急处置的顺利进行而采取的各项保证措施,一般按功能分为人力保障、财力保障、物资保障、交通运输保障、医疗卫生保障、治安维护保障、人员防护保障、通信与信息保障、公共设施保障、社会沟通保障、技术支撑保障,以及其他保障。

2. 应急管理的意义

事故灾难是突发事件的重要方面,安全生产应急管理是安全生产工作的重要组成部分。全面做好安全生产应急管理工作,提高事故防范和应急处置能力,尽可能避免和减少事故造成的伤亡和损失,是坚持"以人为本",贯彻落实科学发展观的必然要求,也是维护广大人民群众的根本利益、构建和谐社会的具体体现。

3. 应急预案的分类

(1)综合应急预案:综合应急预案是生产经营单位应急预案体系的总纲,主要从总体上阐述事故的应急工作原则,包括生产经营单位的应急组织机构及职责、应急预案体系、事故风险描述、预警及信息报告、应急响应、保障措施、应急预案管理等内容。

(2)专项应急预案:专项应急预案是生产经营单位为应对某一类型或某几种类型事故,或者针对重要生产设施、重大危险源、重大活动等内容而定制的应急预案。专项应急预案主要包括事故风险分析、应急指挥机构及职责、处置程序和措施等内容。

(3)现场处置方案:现场处置方案是生产经营单位根据不同事故类型,针对具体的场所、装置或设施所制定的应急处置措施,主要包括事故风险分析、应急工作职责、应急处置和注意事项等内容。

(二)应急预案的基本要素

应急预案是针对各级可能发生的事故和所有危险

源制定的应急方案，必须考虑事前、事发、事中、事后的各个过程中相关部门和有关人员的职责，物资与装备的储备或配置等各方面需要。一个完善的应急预案按相应的过程可分为六个一级关键要素，包括：方针与原则、应急策划、应急准备、应急响应、现场恢复、预案管理与评审改进。其中，应急策划、应急准备和应急响应三个一级关键要素可进一步划分成若干二级小的要素，所有这些要素即构成了应急预案的核心要素。

1. 方针与原则

反映应急救援工作的优先方向、政策、范围和总体目标(如保护人员安全优先，防止和控制事故蔓延优先，保护环境优先)，体现预防为主、常备不懈、统一指挥、高效协调以及持续改进的思想。

2. 应急策划

应急策划就是依法编制应急预案，满足应急预案的针对性、科学性、实用性与可操作性的要求。主要任务如下：

(1)危险分析：目的是为应急准备、应急响应和减灾措施提供决策和指导依据，包括危险识别、脆弱性分析和风险分析。

(2)资源分析：针对危险分析所确定的主要危险，列出可用的应急力量和资源。

(3)法律法规要求：列出国家、省、地方涉及应急各部门职责要求以及应急预案、应急准备和应急救援有关的法律法规文件，作为预案编制和应急救援的依据和授权。

3. 应急准备

应急准备是根据应急策划的结果，主要针对可能发生的应急事件，做好各项准备工作，具体包括：组织机构与职责、应急队伍的建设、应急人员的培训、应急物资的储备、应急装备的配置、信息网络的建立、应急预案的演练、公众知识的培训、签订必要的互助协议等。

4. 应急响应

应急响应是在事故险情、事故发生状态下，在对事故情况进行分析评估的基础上，有关组织或人员按照应急救援预案所采取的应急救援行动。主要任务包括：接警与通知、指挥与控制、警报和紧急公告、通信、事态监测与评估、警戒与治安、人群疏散与安置、医疗与卫生、公共关系、应急人员安全、消防和抢险、泄漏物控制等。

5. 现场恢复(短期恢复)

现场恢复包括宣布应急结束的程序；撤点、撤离和交接程序；恢复正常状态的程序；现场清理和受影响区域的连续检测；事故调查和后果评价等。目的是控制此时仍存在的潜在危险，将现场恢复到一个基本稳定的状态，为长期恢复提供指导和建议。

6. 预案管理与评审改进

包括对预案的制定、修改、更新、批准和发布做出管理规定，并保证定期或在应急演习、应急救援后对应急预案进行评审，针对实际情况的变化以及预案中所暴露出的缺陷，不断地更新、完善和改进应急预案文件体系。

(三) 应急处置的基本原则

国务院发布的《国家突发事件总体应急预案》中提出了应急处置的六个工作原则，具体如下：

1."以人为本"，安全第一

以落实实践科学发展观为准绳，把保障人民群众生命财产安全，最大限度地预防和减少突发事件所造成的损失作为首要任务。

2. 统一领导，分级负责

在本单位领导统一组织下，发挥各职能部门作用，逐级落实安全生产责任，建立完善的突发事件应急管理机制。

3. 依靠科学，依法规范

科学技术是第一生产力，利用现代科学技术，发挥专业技术人员作用，依照行业安全生产法规，规范应急救援工作。

4. 预防为主，平战结合

认真贯彻安全第一、预防为主、综合治理的基本方针，坚持突发事件应急与预防工作相结合，重点做好预防、预测、预警、预报和常态下风险评估、应急准备、应急队伍建设、应急演练等项工作，确保应急预案的科学性、权威性、规范性和可操作性。

5. 快速反应，协同应对

加强以属地管理为主的应急处置队伍建设，建立联动协调制度，充分动员和发挥乡镇、社区、企事业单位、社会团体和志愿者队伍的作用，依靠公众力量，形成统一指挥、反应灵敏、功能齐全、协调有序、运转高效的应急管理机制。

6. 依靠科技，提高素质

加强公共安全科学研究和技术开发，采用先进的监测、预测、预警、预防和应急处置技术及设施，充分发挥专家队伍和专业人员的作用，提高应对突发公共事件的科技水平和指挥能力，避免发生次生、衍生事件；加强宣传和培训教育工作，提高公众自救、互救和应对各类突发公共事件的综合素质。

四、现场处置方案

(一) 触电事故现场处置方案

1. 事故特征

(1) 事故类型：分为电击事故和电伤事故。

(2) 危害程度：电流通过人体内部器官，会破坏人的心脏、肺部、神经系统等，使人体出现痉挛、窒息、心室纤维颤动、心搏骤停等现象，甚至造成死亡。电流通过体表时，会对人体外部组织或器官造成伤害，如电灼伤、金属溅出烫伤、电烙印。

(3) 事故征兆：用电不规范或者违章作业，可能导致触电。触电者会感到疼痛发麻，肌肉抽搐，严重的会引起强烈痉挛。触电事故一般多发生在每年空气湿度较大的7—9月。

2. 应急处置

1) 事故应急处置程序

事故现场人员应立即报告本公司安全部门负责人、本部门负责人及触电应急处置小组，触电应急处置小组接到报告后应立刻启动应急处置方案。事故现场除伤者外的人员，尤其是应急救援队成员，应尽快投入救援工作，在现场采取积极措施，保护伤员的生命，减轻伤员伤情，减少伤员痛苦，控制、降低事故损失及影响。当事故超出本应急处置小组的处置能力时，应向分公司经理汇报，并向当地政府有关部门及上级单位请求支援。

2) 事故应急处置措施

电流作用的时间越长，对伤员伤害越重，所以在发生触电事故后，应采取一切安全、可靠的手段迅速切断电源以解救触电者。使触电者脱离电源的方法如下。

(1) 低压触电事故脱离电源的方法：立即拉开电源开关或拔除电源插头，或用有绝缘柄的电工钳、干燥木柄的斧头切断电源；用带有绝缘胶柄的钢丝钳、绝缘物体或干燥不导电物体等工具将触电者迅速拉开，使其脱离电源。

(2) 高压触电事故脱离电源的方法：立即通知有关供电企业或用户停电；带上绝缘手套，穿上绝缘靴，用相应电压等级的绝缘工具按顺序拉开电源开关或熔断器；抛掷裸金属线使线路短路接地，迫使保护装置动作，断开电源。

(3) 当发现有人触电，现场有关人员应立即向周围人员呼救，采取相应的抢救措施，同时向安全部门负责人报告。如有人受伤，应拨打120向当地急救中心取得联系，详细说明事故地点、严重程度、联系电话，并派人到路口接应。

3) 注意事项

一旦发生触电事故，必须不失时机地对伤员进行急救，动作应迅速且正确。使触电者尽快脱离电源是救治触电者的首要条件。

救护人不可直接用手或其他金属及潮湿的构件作为救护工具，而必须使用适当的绝缘工具。救护人只能用一只手操作，以防自己触电。

防止触电者脱离电源后可能的摔伤，特别是当触电者在高处的情况下。即使触电者在平地，也要注意其触电倒下的方向，注意防摔。

如事故发生在夜间，应迅速解决临时照明，以利于抢救，并避免扩大事故。

人触电后，会出现神经麻痹、呼吸中断、心脏停止跳动等征象，外表上呈现昏迷不醒的"假死"状态。如此时不能马上将其送到医院，应立即进行现场急救，方法是人工呼吸和胸外心脏挤压法。

急救前，应备齐必要的应急救援物资，如车辆、医药箱、担架、氧气袋、止血带、通信设备、照明器材等。

应保护好事故现场，等待事故调查组进行调查处理。

(二) 高处坠落事故现场处置方案

1. 事故特征

(1) 事故类型：在进行临边、洞口、攀登、悬空等高处作业过程中，由于作业人员缺乏高处作业安全知识，作业人员患有高血压、心脏病、癫痫病、精神病等疾病，作业人员产生胆怯心理、手慌脚乱；作业时未系安全带或使用不正确，防高处坠落安全设施不完善，脚手架、吊篮、平台设施等不合格，室外作业时遇到风、雨、雪、冰等气象条件影响，等等，都可能造成作业人员高处坠落。

高处坠落事故类型主要有：高处作业行走时，失稳或踏空坠落；承重物体的强度不够，被压断坠落；作业人员站位不当或操作失误，被外力碰撞坠落。

(2) 危害程度：高处坠落事故可造成人肌体皮肤、肌肉及内脏损伤、骨折，严重可导致死亡。

(3) 事故征兆：高处作业人员没有佩戴防护用品或使用不正确。防护用品存在缺陷。作业人员精神状态不佳、疲劳作业。大风、大雨、大雾及下雪露天高处作业。没有安全设施或不完善。

2. 应急处置

1) 事故应急处置程序

事故发生后，事故现场有关人员应当立即报告高处坠落事故处置小组组长，高处坠落小组组长接到事故报告后，应立即报告分公司安全部门负责人与本部室负责人。事故超出现场处置能力，无法得到有效控制时，应立即报告本单位负责人，由单位负责人将事故信息上报政府和相关部门，同时拨打120、119报警求救。

应急处置小组赶到事故现场后，应立即对事故现场进行侦查、分析、评估，制定救援方案，各应急人员按照方案有序开展人员救助、工程抢险等有关应急救援工作。

2）事故应急处置措施

（1）发现有人高处坠落，应迅速赶赴现场，检查伤者情况，不要乱晃动伤者。

（2）立即拨打应急电话或120急救电话。

（3）发现坠落伤员，首先检查其是否清醒，能否自主活动，若能站起来或移动身体，则要让其躺下用担架抬送医院，或是用车送往医院，因为某些内脏伤害，当时可能感觉不明显。

（4）若伤员已不能动，或不清醒，切不可乱抬，更不能背起来送医院。这样极容易拉脱伤者脊椎，造成永久性伤害。此时应进一步检查伤者是否骨折，若有骨折，应采用夹板固定，找两三块比骨折的骨头稍长一点的木板，托住骨折部位，绑三道绳，使骨折处由夹板依托不产生横向受力，绑绳不能太紧，以能够在夹板上左右移动1~2cm为宜。

（5）送医院时，应先找一块能使伤者平躺的木板，然后在伤者一侧将小臂伸入伤者身下，并由人分别托住头、肩、腰、胯、腿等部位，同时用力，将伤者平稳托起，再平稳放在木板上，抬着木板将其送医院。

（6）若伤者坠落在地坑内，也要按上述程序救护。若地坑内杂物太多，应由几个人小心抬抱将其放在平板上抬出。若坠落在地井中，无法让伤者平躺，则应小心将伤者抱入筐中吊上来。施救时应注意无论如何也不能让伤者脊椎、颈椎受力。

3）注意事项

救护人在对伤者进行救治时，必须对伤情进行初步判断，不可盲目救护，避免因施救不当造成伤者伤情恶化。

受伤者在高处时，在救护中必须采取防止其再次高处坠落的安全措施，如救护人员登高时应随身携带必要的安全带和牢固的绳索等。

如事故发生在夜间，应设置临时照明灯，以便于抢救。

注意保护事故现场，因抢救伤员和防止事故扩大需要移动现场物件时，应做出标志并拍照，详细记录和绘制事故现场图。

（三）火灾事故现场处置方案

1. 事故特征

（1）事故类型

根据推荐性国家标准《火灾分类》（GB/T 4968—2008）规定，结合公司可燃物、易燃物、助燃物的使用及储存情况，可能发生如下的火灾事故：

A类火灾：固体物质火灾。

B类火灾：液体或可融化的固体物质火灾。

C类火灾：气体火灾。

D类火灾：金属火灾。

E类火灾：带电火灾。物体带电燃烧的火灾。

F类火灾：烹饪器具内的烹饪物（如动植物油脂）火灾。

（2）危害程度

按照公安部《调整火灾等级标准的通知》，根据《生产安全事故报告和调查处理条例》规定的生产安全事故等级标准，火灾等级标准分为4级：

特别重大火灾：是指造成30人以上死亡，或者100人以上重伤，或者1亿元以上直接财产损失的火灾。

重大火灾：是指造成10人以上30人以下死亡，或者50人以上100人以下重伤，或者5000万元以上1亿元以下直接财产损失的火灾。

较大火灾：是指造成3人以上10人以下死亡，或者10人以上50人以下重伤，或者1000万元以上5000万元以下直接财产损失的火灾。

一般火灾：是指造成3人以下死亡，或者10人以下重伤，或者1000万元以下直接财产损失的火灾（注："以上"包括本数，"以下"不包括本数）。

（3）事故征兆

绝缘皮线过热、发软、变色或者熔丝熔断；初期引（暗）燃产生的焦煳味；电、气焊火花（星）落在易燃物上，火灾开始出现明显的烟雾；燃烧的焦煳味变浓；已有开始燃烧的声响。

2. 应急处置

1）事故应急处置程序

（1）报警：所有职工应熟悉报警程序，发现事故征兆，如电源线产生火花，某个部位有烟气，闻到异味，等等，现场第一发现人员应立即报告火灾处置组组长并拨打119。火灾处置组组长立即启动处置方案并上报安全部门负责人与本部室负责人，现场人员进行自救、灭火，防止火情扩大。

（2）接报：火灾处置组接报后，应立即到达事故现场了解情况，组织人员进行自救灭火。并报告企业负责人或应急救援指挥部，做好现场灭火处置工作。

火情被扑灭后，做好现场保护工作，待有关部门对事故情况调查后，经同意，再做事故现场的清理工作。

2）事故应急处置措施

（1）听命令灭火：处置小组听到报警后，应立即到达着火地点，迅速就近接通水源或提起灭火器听命灭火，做到迅速、准确、有效，一切行动听指挥，随时向指挥人员汇报灭火情况，注意保护现场。

（2）建立警戒区：在指定范围内实行全面戒严，划出警戒线，设立明显标志，以各种方式和手段通知警戒区内和周边人员迅速撤离，禁止一切车辆和无关人员进入警戒区。

（3）消除火灾危险区域内所有火种：立即在危险区域内停电、停火，灭绝一切可能引发火灾和爆炸的火种。所有人员进入危险区前要采取可靠措施，确保不发生次生事故。

（4）控制危险源：在保证安全的情况下，一定要针对不同类型的火灾事故、不同的危险介质，分别采取不同的可靠控制措施，如关、停、堵、封、放、排、冷等手段，避免事态进一步扩大。

（5）现场监测：随时用可燃气体检测仪或一氧化碳气体检测仪监测警戒区内的气体浓度，人员随时做好撤离准备。

（6）清点人数：在灭火战斗结束后，各有关单位清点各自参战的人员，把人员情况向火灾应急处置小组汇报，由火灾应急处置小组宣布下一阶段的工作安排。

3）注意事项

定期对车间消防器材及应急设施进行维护保养，确保其有效性。

灭火现场工作人员必须服从现场指挥命令，小组成员相互协助。

非应急小组人员不得擅自进行灭火救援行动，免得现场由于人多杂乱，出现其他意外事故。

火灾消灭后，事故现场应拉好警戒线，做好标示，非权限人员不得进行。

事故现场解封后，须全面检查该区域安全情况（含天花板上面），确保安全后该区域生产才能恢复。

（四）机械伤害事故现场处置方案

1．事故特征

（1）事故类型：机械伤害事故是指在机械使用过程中，发生的撞伤、碰伤、绞伤、夹伤、打击、切削等伤害。

（2）危害程度：机械伤害会使人员手指绞伤、皮肤裂伤、断肢、骨折，严重的会使身体被卷入机械轧伤致死，或者部件、工件飞出，打击致伤，甚至死亡。

（3）事故征兆：设备存在隐患，经常"带病"作业，设备发出异常声音；安全防护不健全或形同虚设；修理、检查机械时，未断电检修，电源处未挂警示牌；作业人员违章作业，随便进入危险作业区；作业人员不熟悉操作规程，无证上岗，安全意识差，等等。

2．应急处置

1）事故应急处置程序

事故现场人员应立即报告机械伤害事故处置小组长，机械伤害事故处置小组组长立即启动处置方案，应急处置小组根据事故的大小和发展态势再向安全部门负责人与本部门负责人报告，当事故超出本部门应急处置能力时，应向分公司经理报告并与有关部门联系请求支援。

2）事故应急处置措施

（1）当发现有人受伤后，应立即关闭运转着的机械，现场有关人员立即向周围人员呼救，同时向应急处置小组负责人报告。

（2）立即对伤者进行包扎、止血、止痛、消毒、固定等临时措施，防止伤情恶化。

（3）如有断肢情况，及时用干净毛巾、手绢、布片包好，放在无裂缝的塑料袋或胶皮袋内，扎紧袋口，在口袋周围放置冰块、雪糕等降温物品，不得在断肢处涂酒精、碘酒及其他消毒液。同时，应派人拨打120并与公司急救中心取得联系，详细说明事故地点、严重程度、联系电话，并派人到路口接应。断肢随伤员一起运送。

（4）如受伤人员有骨折、休克或昏迷状况，应采取临时包扎、止血措施，进行人工呼吸或胸外心脏按压，尽量努力抢救伤员。

3）注意事项

机械外伤一般直接损伤有时并不严重，但由于伤后抢救处理不当，往往会加重损伤，造成不可挽回的严重后果。

运送重伤员应用担架。腹部创伤及脊柱损伤者，应用卧位运送；胸部受伤者一般取卧位；颅脑损伤者一般取仰卧偏头或侧卧位。

抢救失血者，应先进行止血；抢救休克者，应采取保暖措施，防止热损耗。

备齐必要的应急救援物资，如车辆、吊车、担架、氧气袋、止血带、通信设备等。

（五）雷击事故应急处置方案

1．事故特征

1）事故类型

（1）直击雷伤害事故：是指雷云对大地某点发生的强烈放电。它可以直接击中设备和人员，也可以击中架空线，如电力线、电话线等。

（2）感应雷伤害事故：它可以分为静电感应及电磁感应。

静电感应：当带电雷云（一般带负电）出现在导线上空时，由于静电感应作用，导线上束缚了大量的相反电荷。一旦雷云对某目标放电，雷云上的负电荷便会瞬间消失，此时导线上的大量正电荷依然存在，并以雷电波的形式沿着导线经设备入地，引起设备损坏和人员伤亡。

电磁感应：当雷电流沿着导体流入大地时，由于频率高、强度大，在导体的附近便会产生很强的交变电磁场。如果设备和人员在磁场中，便会感应出很高的电压，导致人员伤亡和设备损坏。

（3）地电位提高事故：雷电流入地时，强大的雷电电流反击到设备上，会造成设备损坏和人员伤亡。

2）危害程度

雷击会引发火灾、爆炸、人员伤亡、建筑物或设备损毁、公共服务系统（供水、供电、通信等）中断甚至瘫痪、生产中断甚至瘫痪，会造成巨大的财产损失与人员伤亡。

3）事故征兆

黑云压顶，越来越低；身上的毛发突然站起来，皮肤感到轻微的刺痛，甚至听到轻微的爆裂声，发出"叽叽"的声响；设备设施、建筑物未装设防雷接地装置，或防雷接地装置不符合相关规范。

2. 应急处置

1）事故应急处置程序

发生险情前，现场人员应立即组织危险区域作业人员撤离，迅速报告防雷击应急处置小组组长，防雷击应急处置小组组长迅速上报分公司安全部门负责人与本部室负责人。

当事故有扩大趋势时，应及时报告分公司经理，并与地方政府、应急救援队伍、公安、消防、医院等相关部门取得联系，确保24h联络畅通，联络方式可采用电话、传真、电子邮件等。

现场应急处置小组组长通过上述联络方式向有关部门报警，报警的内容主要是：雷击发生的时间、地点、背景，造成的损失（包括人员受灾情况、人员伤亡数量、雷击浪涌情况及造成的直接经济损失），已采取的处置措施和需要救助的内容。

2）事故应急处置措施

（1）现场负责人立即组织现场作业人员撤离危险地带，同时切断除照明以外重要的设施设备的电源。防雷击应急处置小组应落实好防雷设施的定期检测，

做好雷雨后的检查和日常的维护。对施工生产区和驻地周围的建筑物、给排水管路、电力线路、露天设备的避雷设施进行细致检查，应采用技术和质量均符合国家标准的防雷器材。

（2）雷电发生前，应立即切断除照明以外重要设备的电源，在室外作业的人应躲入建筑物内，切勿站立于山顶、楼顶上或其他接近导电性高的物体。在旷野无法躲入有防雷设施的建筑物内时，应远离树木和桅杆。不宜使用水龙头；切勿接触天线、水管、铁丝网、金属门窗、建筑物外墙。远离电线等带电设备或其他类似金属装置；减少使用电话和手提电话；不宜开摩托车、骑自行车等。

（3）防雷击应急处置小组组长应立即启动雷击应急现场处置方案，抢险组将遇险人员迅速撤离危险地点，并立即对抢救出的人员进行紧急处理，然后送往就近医院救治。

（4）遇险人员要积极自救，同时要想方设法通知救援人员自己所处的准确位置，以便得到及时救援。救援人员在保证自身安全的前提下，携带相关救援机具、物资（根据储备物资装备确定），对遇险人员进行抢救、搜救。

3）注意事项

所用的抢险救援物资及器材应在有效期内且无缺陷。

自救与互救注意事项如下：

（1）被雷电击中的人员身体不带电，抢救必须争分夺秒；若在4min内以心肺复苏法抢救，生还还有希望。

（2）遇到多人被雷电击中时，那些会发出呻吟的不要紧，要把抢救重点放在那些已经无法发出声声的人上面。

（3）如果发生人身雷击事故，并存在附近的高压线断裂或电气设备接地情况，救护人员此时应提高警惕，采取绝缘防护等措施才能施救（因为高压线断点附近存在跨步电压，救护人员应双脚并拢，跳离现场）。

（4）由于雷击伤员往往会出现失去知觉和"假死"症状，这时千万不要以为已停止呼吸和心跳就无救了；在未经医生确诊证实患者已经死亡之前，不应停止心肺复苏术。

（六）溺水事故现场处置方案

1. 事故特征

（1）事故类型：溺水伤害和溺水死亡。

（2）危害程度：导致呼吸道及肺部进水，造成呼吸受阻、窒息、心跳停止，甚至死亡。

（3）事故征兆：有高血压、心脏病等病史和病症的人员在进行防汛和带水进行清淤作业。带水拆除管堵或泵站泵池清淤过程中水位突然上涨，作业人员未及时采取措施或采取措施不当，导致呼吸道及肺部进水，造成呼吸受阻、窒息、心跳停止甚至死亡。

2. 应急处置

1）事故应急处置程序

事故现场人员应立即报告事故处置小组组长，小组组长立即启动处置方案，应急处置小组应当立即向安全部门负责人与本部室负责人报告并及时拨打120或119。当事故超出本部门应急处理能力时，应向分公司经理报告并与有关部门联系请求支援。

2）事故应急处置措施

（1）暴雨雷击来临前，应急小组成员应当加强巡视，并与上级有关部门保持联系，通知应急小组人员做好应急准备工作。

（2）采取现场应急行动对策。

（3）初步估计灾情，通过观察现场情况，判断事故扩展可能性，以及人员伤亡、财产损失，决定是否需要外援，并根据有效的信息迅速做出决定。

（4）探明危险源及危险物质，确定事故的致因或有害物质。

（5）建立现场工作区域，确定重点保护区域、人员、环境、财产及场外保护范围。采取有效措施，防止二次事故发生。当事故处理完毕，救援人员才能撤离现场。

3）注意事项

徒手救人时，要注意稳定被救者情绪，从侧面、后面接近被救人员，并采取合理的救助方法。

气温较低时，救援人员在下水前应做好身体活动准备，防止肌肉痉挛。

如车辆坠入水中，首先要击破车窗或打开车门救助车内人员，落水车辆应由消防抢险人员吊上路面。

在抢救溺水者时，不应因"倒水"而延误抢救时间，更不应仅"倒水"而不用心肺复苏法进行抢救。

（七）有限空间事故现场处置方案

1. 事故特征

（1）事故类型：中毒、窒息、物体打击、高空坠落、溺水、爆炸，以及其他有限空间事故。

（2）危害程度：面对与有限空间作业相关的安全事故，救援人员常常感到茫然和出乎意料，因为灾难就发生在瞬间，受害者无法自救，在场者难以施救。其实，这类瞬间灾难与有限空间通风不良、进出受限密切相关。有限空间很可能属于缺氧环境，而缺氧则会对作业人员造成致命伤害：当含氧量低于12%时，

人会在毫无预兆的情况下失去知觉，其速度之快让受害者根本无法自救；当含氧量为12%～14%时，受害者就会出现呼吸急促、身体抽搐等症状，同时动作协调性、感知能力和判断力明显变差；当含氧量为15%～19%时，除动作协调性受影响外，早期的冠状动脉、循环系统及肺部问题也会表现出来。如果有限空间作业环境存在可燃性气体，则会有火灾爆炸危险；如存在有毒有害气体，则会有中毒危险。

（3）事故征兆：作业人员未办理有限空间作业审批手续；作业人员缺少个体防护用品；作业前未采取送风设备对有限空间送风；虽送风但未检测有限空间氧气含量就进入作业；监护人员与作业人员未约定或缺少联络方式；救援人员未佩戴防护用具抢救。

2. 应急处置

1）事故应急处置程序

事故现场人员应立即报告事故处置小组组长，事故处置小组组长立即启动处置方案，应急处置小组应当立即向安全部门负责人与本部室负责人报告并及时拨打120或119。当事故超出本部门应急处置能力时，应向分公司经理报告并与有关部门联系请求支援。

2）事故应急处置措施

（1）及时组织危险区域内所有人员撤出危险区，尽可能地减少人员伤亡；及时抢救伤亡人员，尽力挽救生命，确保救援人员自身安全。

（2）防止事故、隐患的扩大，将危害、损失控制在最低程度。

（3）确保对危险场所实施隔离、标识、警戒等措施，并保护现场。

（4）社会车辆造成交通事故应及时拨打122，视人员伤害情况拨打120、119。

（5）遇有突发事件时应保护自身安全，并及时向作业区域内其他人员发出撤离警告。

3）注意事项

作业必须履行审批手续。作业前必须进行危险有害因素辨识，并将危险有害因素、防控措施和应急措施告知作业人员。

必须采取通风措施，保持空气流通。必须对有限空间的氧浓度、有毒有害气体（如一氧化碳、硫化氢等）浓度进行检测，检测结果合格后，方可作业。

作业现场必须配备呼吸器、通信器材、安全绳索等防护设施和应急装备。作业现场必须配备监护人员。作业现场必须设置安全警示标志，保持出入口畅通。

严禁在事故发生后盲目施救。

(八)物体打击事故现场处置方案

1. 事故特征

(1)事故类型:物体打击事故分为物体打击伤害和物体打击死亡两种。

(2)危害程度:物体打击可引起人员轻伤、重伤,甚至死亡事故。

(3)事故征兆:交叉作业时,传递物料,抛掷材料、工具等物件;作业人员未经过安全培训教育上岗作业;高处、临边作业时,使用的工具没有放入工具袋;机械设备的防护装置失效,无法确保作业人员安全;人员进入施工现场没有按规定佩戴安全帽;拆除或拆卸作业时未设置警戒区域,缺少专人进行监护。

2. 应急处置

1)事故应急处置程序

事故现场人员应立即报告物体打击事故处置小组组长,物体打击事故处置小组组长立即启动处置方案,应急处置小组根据事故的大小和发展态势立即向安全部门负责人与本部门负责人报告。当事故超出本部门应急处置能力时,应向分公司经理报告并与有关部门联系请求支援。

2)事故应急处置措施

(1)当发生物体打击事故,现场人员应立即向周围人员呼救并使受伤人员脱离危险区域,根据现场实际情况对受伤者进行现场急救。

(2)对于较浅的伤口,可用干净衣物或纱布包扎止血;动脉创伤出血,还应在出血位置的上方动脉搏动处用手指压迫或用止血胶管(或布带)在伤口近心端进行绑扎。

(3)对于较深创伤大出血,应在现场做好应急止血加压包扎后,立即准备救护车,将伤员送往医院进行救治。在止血的同时,还应密切关注伤员的神志、脉搏、呼吸等体征情况。

(4)对怀疑或确认有骨折的伤员,应询问其自我感觉情况及疼痛部位。对于昏迷者,要注意观察其体位有无改变,切勿随意搬动伤员,应先在骨折部位用木板条或竹板片于骨折位置的上下关节处做临时固定,使断端不再移位或避免刺伤肌肉神经或血管,然后拨打120等待救援。如有骨折断端外露在皮肤外的,应用干净的纱布复盖好伤口,固定好骨折上下关节部位,然后呼叫120等待救援。

(5)对于怀疑有脊椎骨折的伤员,搬运时应用夹板或硬纸皮垫在伤员的身下,以免受伤的脊椎移位、断裂造成伤员截瘫。如伤员不在危险区域,暂无生命危险的,最好待120医疗急救人员前来搬运。

(6)如怀疑有颅脑损伤的,首先必须维持伤员呼吸道通畅,昏迷伤员应侧卧位或仰卧偏头,以防舌根下坠或气管吸入分泌物、呕吐物,发生气道阻塞;对烦躁不安者,可因地制宜地予以手足约束,以防止伤及开放伤口,积极组织将其送往医院救治。

(7)如受伤人员呼吸和心跳均停止,应立即按心肺复苏法支持生命的3项基本措施,进行就地抢救。步骤为:通畅气道→口对口(鼻)人工呼吸→胸外接压。在抢救过程中,要每隔数分钟判定1次,每次判定时间均不得超过5~7s。在医务人员未接替抢救前,现场抢救人员不得放弃现场抢救。

3)注意事项

对于由于物体坠落造成的物体打击伤害,在人员得到可靠救治后,应在现场设置隔离警示标识,以防止其他人员误入后受到伤害。

进行心肺复苏救治时,必须注意受害者姿势的正确性,操作时不能用力过大或频率过快。

对于脊柱有骨折的伤员,必须用硬板担架运送,勿使其脊柱扭曲,以防途中颠簸使脊柱骨折或脱位加重,造成或加重脊髓损伤。

搬运伤员过程中,严禁只抬伤者的两肩或两腿。绝对不准单人搬运。必须将伤员连同硬板一起固定后再行搬动。

用车辆运送伤员时,最好把安放伤员的硬板悬空放置,以减缓车辆的颠簸,避免对伤员造成进一步的伤害。

第三节 安全培训与安全交底

一、安全培训

(一)培训形式及要求

安全培训由生产经营单位组织实施,采用理论学习与实际操作相结合的形式开展。生产经营单位应当进行安全培训的从业人员包括主要负责人、安全生产管理人员、特种作业人员和其他从业人员。

派遣劳动者也须进行岗位安全操作规程和安全操作技能的教育和培训。单位接收中等职业学校、高等学校学生实习的,应当对实习学生进行相应的安全生产教育和培训,提供必要的劳动防护用品。

新入职的从业人员上岗前需接受不少于24学时的安全生产教育和培训;单位主要负责人、安全生产管理人员、从业人员每年还应接受不少于8学时的在岗安全生产教育和培训;若存在换岗或离岗6个月以上再次回到原岗位的,上岗前应接受不少于4学时的安全生产教育和培训；若单位采用了新工艺、新技术、新设备，则相关人员在使用这些新工艺、新技术、新设备前，应接受相应的安全知识教育培训，培训不少于4学时。

(二)培训内容

1. 单位主要负责人培训内容

生产经营单位主要负责人安全培训应包括以下内容：

(1)国家安全生产方针、政策和有关安全生产的法律、法规、规章及标准。

(2)安全生产管理基本知识、安全生产技术、安全生产专业知识。

(3)重大危险源管理、重大事故防范、应急管理和救援组织以及事故调查处理的有关规定。

(4)职业危害及其预防措施。

(5)国内外先进的安全生产管理经验。

(6)典型事故和应急救援案例分析。

(7)其他需要培训的内容。

2. 安全生产管理人员培训内容

生产经营单位安全生产管理人员安全培训应当包括以下内容：

(1)国家安全生产方针、政策和有关安全生产的法律、法规、规章及标准。

(2)安全生产管理、安全生产技术、职业卫生等知识。

(3)伤亡事故统计、报告及职业危害的调查处理方法。

(4)应急管理、应急预案编制以及应急处置的内容和要求。

(5)国内外先进的安全生产管理经验。

(6)典型事故和应急救援案例分析。

(7)其他需要培训的内容。

3. 特种作业人员培训内容

生产经营单位特种作业人员安全培训应当包括熟悉有关安全生产规章制度和安全操作规程，具备必要的安全生产知识，掌握本岗位的安全操作技能，了解事故应急处理措施，知悉自身在安全生产方面的权利和义务。除此之外，特种作业人员还必须按照国家有关法律、法规的规定接受专门的安全培训，经考核合格，取得相关特种作业操作资格证书后，方可上岗作业。

4. 其他从业人员培训内容

其他从业人员应接受的安全培训内容包括本岗位安全操作、自救互救以及应急处置所需的相关技能。从业人员需经过厂级、车间级、班组级三级安全培训

教育。其中，厂级安全培训应包括以下内容：

(1)本单位安全生产情况及安全生产基本知识。

(2)本单位安全生产规章制度和劳动纪律。

(3)从业人员安全生产权利和义务。

(4)有关事故案例以及事故应急救援、事故应急预案演练及防范措施等内容。

车间级安全培训应包括以下内容：

(1)工作环境及危险因素。

(2)所从事工种可能遭受的职业伤害和伤亡事故。

(3)所从事工种的安全职责、操作技能及强制性标准。

(4)自救互救、急救方法、疏散和现场紧急情况的处理。

(5)安全设备设施、个人防护用品的使用和维护。

(6)本车间安全生产状况及规章制度。

(7)预防事故和职业危害的措施及应注意的安全事项。

(8)有关事故案例。

(9)其他需要培训的内容。

班组级安全培训应包括以下内容：

(1)岗位安全操作规程。

(2)岗位之间工作衔接配合的安全与职业卫生事项。

(3)有关事故案例。

(4)其他需要培训的内容。

(三)考核评价

生产经营单位应当坚持以考促学、以讲促学，确保从业人员熟练掌握岗位安全生产知识和技能。参加安全培训的人员在完成学习后必须参加相关的考试和考核，成绩合格方可上岗工作。

二、安全交底

(一)内　容

安全交底是指作业负责人在生产作业前对直接生产作业人员进行的该作业的安全操作规程和注意事项的培训，并通过书面文件方式予以确认。安全交底在作业前进行，交底时明确作业具体任务、作业程序、作业分工、作业中可能存在的危险因素及应采取的防护措施等内容。

(二)要　求

1. 交底原则

(1)根据指导性、可行性、针对性及可操作性原

则，提出足够细化可执行的操作及控制要求。

（2）确保与工作相关的全部人员都接受交底，并形成相应记录。

（3）交底内容要始终与技术方案保持一致，同时满足质量验收规范与技术标准。

（4）使用标准化的专业技术用语、国际制计量单位以及统一的计量单位；确保语言通俗易懂，必要时辅助插图或模型等措施。

（5）交底记录妥善保存，作为班组内业资料的内容之一。

2. 交底形式

安全交底可包括以下几种形式：

（1）书面交底：以书面交底形式向作业人员交底，通过双方签字，责任到人，有据可查。这种是最常见的交底方式，效果较好。

（2）会议交底：通过会议向作业人员传达交底内容，经过多工种的讨论、协商对技术交底内容进行补充完善，从而提前规避技术问题。

（3）样板或模型交底：根据各项要求，制作相应的样板或模型，以加深一线作业人员对工作的理解。

（4）挂牌交底：适用于人员固定的分项工程。将相关安全技术要求写在标牌上，然后分类挂在相应的作业场所。

以上几种形式的安全交底均需形成交底材料，由交底人、被交底人和安全员三方签字后留存备案。

（三）注意事项

安全交底过程需注意以下内容：

（1）作业人员到场后，必须参加安全教育培训及考核，考核不合格者不得进场。同时必须服从班组的安全监督和管理。

（2）进场人员必须按要求正确穿着和佩戴个人防护用品，严禁酒后作业。

（3）所有作业人员必须熟知本工种的安全操作规程和安全生产制度，不得违章作业，并及时制止他人违章作业，对违章指挥，有权拒绝。

（4）安全员须持证上岗，无证者不得担任安全员一职，坚持每天做好安全记录，保证安全资料的连续、完整，以备检查。

（5）作业班组在接受生产任务时，安全员必须组织班组全体作业人员进行安全学习，进行安全交底，未进行此项工作的，班组有权拒绝接受作业任务，并提出意见。

（6）安全员每日上班前，必须针对当天的作业任务，召集作业人员，结合安全技术措施和作业环境、设施、设备安全状况及人员的素质、安全知识，有针对性地进行班前教育，并对作业环境、设施设备认真检查，发现安全隐患，立即解决，有重大隐患的，立即上报，严禁冒险作业。作业过程中应经常巡视检查，随时纠正违章行为，解决新的隐患。

（7）认真查看作业附近的施工洞口、临边安全防护和脚手架护身栏、挡脚板、立网、脚手板的放置等安全防护措施，是否验收合格，是否防护到位。确认安全后，方可作业，否则，应及时通知有关人员进行处理。

第四节　特种作业的审核和审批

特种作业是指对操作者本人、他人及周围建（构）筑物、设备、设施、环境的安全可能造成危害的作业活动。危险作业主要包括：有限空间作业、动火作业、临时用电作业、高处作业、吊装作业及国家明确的其他危险作业。

危险作业实行"先审批、后作业；谁审批、谁负责；谁主管、谁负责；谁监护，谁负责"原则，建立"及时申报、措施到位，专业审批、重点控制，属地管理、分级负责"管理机制。

一、危险作业的职责分工

各单位安全管理部门是危险作业的安全监督管理部门，负责危险作业审核及措施落实情况的监督、检查。

各单位业务管理部门按照职责分工，对其管理业务范围内的危险作业进行条件审核并签署意见。

危险作业申请单位（部室、车间、班组或相关方）是危险作业的安全责任主体，负责制定作业方案并落实现场防护措施，负责作业现场安全教育、安全交底、安全监护等工作。

二、危险作业的基本要求

各单位应当对从事危险作业的作业负责人、监护人员、作业人员、应急救援人员进行专项安全培训，培训合格后方可上岗，特种作业人员及特种设备作业人员应持证上岗。

作业前，作业负责人应针对危险性较大的项目编制作业方案，此类项目包括如下：

（1）涉及一级动火作业的作业项目。

（2）涉及二级及以上高处作业的作业项目。

（3）涉及一级吊装作业的作业项目。

（4）同时涉及两种及以上危险作业的作业项目。

（5）其他危险性较大的作业项目。

作业前，作业负责人应办理作业审批手续，并由相关责任人签名确认，包括如下：

（1）危险作业应由作业负责人提出申请，经项目负责人确认，相关管理部门审核通过，单位领导批准后方可实施。

（2）同一作业涉及进入有限空间、动火、高处作业、临时用电、吊装中的两种或两种以上时，应同时办理相应的作业审批手续，执行相应的作业要求。

（3）同一危险作业可根据作业内容、危险有害因素等方面的相似性，实施某一阶段的批量作业审批，原则上时效不超过72h（有特殊情况说明的从其规定）。过程中作业的人员、环境、设备、内容、安全要求等任一条件可能或已经发生变化时，应重新办理审批。

（4）相关方开展危险作业时，属地单位要求执行本单位危险作业审批的，相关方应按属地单位要求执行，项目完成后，危险作业审批表由属地单位收回存档；属地单位未要求执行本单位危险作业审批的，相关方应按照其内部管理程序办理审批手续。

（5）在执行应急抢修、抢险任务等紧急情况时，在确保现场具备安全作业条件下，作业负责人应电话征得单位领导同意后方可实施危险作业。

（6）审批表不得涂改且应保存至少1年以上。

（7）未经审批，任何人不得开展危险作业。

在履行审批手续前，作业负责人应对作业现场和作业过程中可能存在的危险、有害因素进行辨识与评估，制定相应的安全措施。

作业前，应对安全防护设备、个体防护装备、安全警戒设施、应急救援设备、作业设备和工具进行安全检查，发现问题应立即处理。

作业前，作业负责人应根据工作任务特点有针对性地向全体作业人员进行书面交底，内容包括作业任务、作业分工、作业程序、危险因素、防护措施及应急措施等，并由作业负责人和全体作业人员签字确认。

作业人员应遵守有关安全操作规程，并按规定着装及正确佩戴相应的个体防护用品，多工种、多层次交叉作业应统一协调。

三、有限空间作业安全管理

作业环境中的有限空间主要包括：各类地下管线检查井、排水管道、暗沟、初期雨水池、集水池、泵前池、雨水调蓄池、封闭式格栅间、闸门井、化粪池、滚筒格栅、电缆沟等。

在有限空间场所出入口显著位置应设置安全警示标志。

作业单位应配置气体检测、通风、照明、通信等安全防护设备，呼吸防护用品、安全帽、安全带等个体防护装备，安全警戒设施及应急救援设备。设备设施应符合相应产品的国家标准或行业标准要求。防护设备以及应急救援设备设施应妥善保管，定期进行检验、维护，以保证设备设施的正常运行。

有限空间作业过程应按照《有限空间作业安全技术规范》（DB11/T 852—2019）执行，每个作业点监护人员不少于两人。

不具备有限空间作业安全生产条件的单位，不应实施有限空间作业，应将作业项目发包给具备安全生产条件的承包单位，并签订有限空间作业安全生产管理协议，明确双方安全职责。

根据作业事故风险特点，制定有限空间作业安全生产事故专项应急救援预案或现场处置方案，并至少每年进行1次应急演练。

有限空间作业过程中发生事故后，现场有关人员禁止盲目施救。应急救援人员实施救援时，应当做好自身防护，佩戴隔绝式呼吸器具、救援器材。

四、动火作业安全管理

应结合本单位实际情况划定动火区及禁火区，动火区不需办理动火作业审批手续，禁火区必须办理动火作业审批手续。

禁火区动火作业分为一级动火、二级动火两个级别，具体如下：

（1）一级动火作业是指在易燃易爆生产装置、输送管道、储罐、容器等部位及其他特殊危险场所进行的动火作业。如污泥消化罐区、沼气脱硫装置及气柜区、燃气锅炉房、甲醇及液氧等化学品罐区、热水解罐区、加油站、有限空间、档案室等重点防火部位。

（2）二级动火作业是指在厂区重要部位进行的除一级动火作业以外的动火作业。如变配电室、中控室、物资库房、化验室、地下管廊、污水泵站格栅间等重要场所。

（3）遇节日、假日或其他特殊情况，动火作业应升级管理。

作业前应进行动火分析，动火分析应符合以下要求：

（1）动火分析的监测点应有代表性，在较大的设备设施内动火，应对上、中、下各部位进行监测分析；在较长的物料管线上动火，应在彻底隔绝区域内分段分析。

（2）在设备外部动火，应在不小于动火点10m范围内进行动火分析。

（3）动火分析与动火作业间隔一般不超过30min，

如现场条件不允许，间隔时间可适当放宽，但不应超过 60min。

（4）作业中断时间超过 60min，应重新分析，每日动火前均应进行动火分析；作业期间应随时进行检测。

（5）使用便携式可燃气体检测仪或其他类似手段进行分析时，检测设备应经标准气体用品标定合格。

动火作业应符合以下规定：

（1）动火作业应有专人监火，作业前应清除动火现场及周围的易燃物品，或采取其他有效安全防火措施，并配备消防器材，满足作业现场应急需求。

（2）动火点周围或其下方的地面如有可燃物、孔洞、窨井、地沟、水封等，应检查分析并采取清理或封盖等措施；对于动火点周围有可能泄漏易燃、可燃物料的设备，应采取隔离措施。

（3）凡在盛有或盛装过危险化学品的容器、管道等生产、储存设施上动火作业，应将其与生产系统彻底隔离，并进行清洗、置换，分析合格后方可作业。

（4）拆除管线进行动火作业时，应先查明其内部介质及其走向，并根据所要拆除管线的情况制订安全防火措施。

（5）在有可燃物构件和使用可燃物做防腐内衬的设备内部进行动火作业时，应采取防火隔绝措施。

（6）在使用、储存氧气的设备上进行动火作业时，设备内含氧量不应超过 21%。

（7）动火期间距动火点 30m 内不应排放可燃气体；距动火点 15m 内不应排放可燃液体；在动火点 10m 范围内及用火点下方不应同时进行可燃溶剂清洗或喷漆等作业。

（8）使用气焊、气割动火作业时，乙炔瓶和氧气瓶均应直立放置，两者间距不应小于 5m，两者与作业地点间距均不应小于 10m，并应设置防晒设施。

（9）作业完毕应清理现场，确认无残留火种后方可离开。

（10）严禁带料、带压动火。

（11）5 级以上（含 5 级）大风天气，禁止露天动火作业。

五、临时用电安全管理

临时用电安全管理应符合以下规定：

（1）临时用电实行"三级配电、两级保护"原则，开关箱应符合一机、一箱、一闸、一漏。属地单位用电管理部门应校验电气设备，提供匹配的动力源，一次线必须由属地单位电工搭接，二次线由作业单位电工搭接。

（2）在开关上接引、拆除临时用电线路时，其上级开关应断电上锁并加挂安全警示标志。

（3）临时用电必须按电气安全技术要求进行，应由属地单位用电管理部门检查验收后方可通电使用。

（4）临时用电设施必须做到人走断电，同时将配电箱或操作盘锁好。

（5）临时用电作业单位不应擅自向其他单位转供电或增加用电负荷，以及变更用电地点和用途。

（6）临时线路一次线到期由属地单位电工负责拆除。

（7）临时线路使用期限一般不超过 15 天，特殊情况下需延长使用时应办理延期手续，但最长不能超过一个月。基建施工项目的临时线路使用期限可按施工期确定。

架设临时用电线路应符合以下规定：

（1）在爆炸和火灾危害的场所架设临时线路时，应对周围环境进行可燃气体检测分析。当被测气体或蒸汽的爆炸下限大于或等于 4% 时，其被测浓度应不大于 0.5%（体积分数）；当被测气体或蒸汽的爆炸下限小于 4% 时，其被测浓度应不大于 0.2%（体积分数）。同时应使用相应防爆等级的电源及电气元件，并采取相应的防爆安全措施。

（2）临时线路应有一总开关，每一分路临时用电设施应安装符合规范要求的漏电保护器，移动工具、手持式电动工具应逐个配置漏电保护器和电源开关。

（3）临时线路必须采用绝缘良好的导线，线型应与负荷匹配。

（4）临时线路必须沿墙或悬空架设，穿越道路铺设时应加设防护套管及安全标志；悬空架设时应加设限高标志，线路最大弧垂与地面距离，在作业现场不低于 2.5m，穿越机动车道不低于 5m。

（5）临时线路必须设置在地面上的部分，应采取可靠的保护措施，并设置安全警示标志。

（6）现场临时用电配电盘、箱应有电压标识和危险标识，应有防雨措施，盘、箱、门应能牢靠关闭并能上锁。

（7）临时线路与其他设备、门窗、水管保证一定的安全距离。

（8）临时线路不得沿树木捆绑。临时线路与支撑物间、线与线间应有良好绝缘。

（9）临时用电设备应有可靠的接地（零）。

六、高处作业安全管理

高处作业分为一级、二级、三级和特级高处作业。具体如下：

（1）作业高度在 2m ≤ h < 5m 时，称为一级高处作业。

（2）作业高度在 $5m \leqslant h < 15m$ 时，称为二级高处作业。

（3）作业高度在 $15m \leqslant h < 30m$ 时，称为三级高处作业。

（4）作业高度在 $h \geqslant 30m$ 时，称为特级高处作业。

高处作业应符合以下规定：

（1）在进行高处作业时，作业人员必须系好安全带、戴好安全帽，作业现场必须设置安全护梯或安全网（强度合格）等防护设施。同时应设监护人对高处作业人员进行监护，监护人应坚守岗位。

（2）高处作业的人员应熟悉现场环境和施工安全要求，患有职业禁忌证和年老体弱、疲劳过度、视力缺陷及酒后者等人员不得进行高处作业。

（3）进行高处作业的人员原则上不应交叉作业，凡因工作需要，必须交叉作业时，要设安全网、防护棚等安全设施，划定防护安全范围，否则不得作业。

（4）铺设易折、易碎、薄型屋面建筑材料（石棉瓦、石膏板、薄木板等）时，应铺设牢固的脚手板并加以固定，脚手板上要有防滑措施。

（5）高处作业所用的工具、零件、材料等必须装入工具袋，上下时手中不得拿物件，且必须从指定的路线上下，禁止从上往下或从下往上抛扔工具、物体或杂物等，不得将易滚易滑的工具、材料堆放在脚手架上，工作完毕时应及时将各种工具、零部件等清理干净，防止坠落伤人，上下输送大型物件时必须使用可靠的起吊设备。

（6）进行高处作业前，应检查脚手架、跳板等上面是否有水、泥、冰等，如果有，要采取有效的防滑措施，当结冰、积雪严重而无法清除时，应停止高处作业。

（7）在临近有排放有毒有害气体、粉尘的放空管线或烟囱的场所进行高处作业时，作业点的有毒物浓度应在允许浓度范围内，并采取有效的防护措施。发现有毒有害气体泄漏时，应立即停止工作，工作人员马上撤离现场。

（8）高处作业地点应与架空电线保持规定的安全距离，作业人员活动范围及其所携带的工具、材料等与带电导线的最短距离大于安全距离（电压不大于10kV，安全距离为1.7m；电压为35kV，安全距离为2m；电压等级65～110kV，安全距离为2.5m；电压为220kV，安全距离为4m；电压为330kV，安全距离为5m；电压为500kV，安全距离为6m）。

（9）高处作业所用的脚手架，必须符合《建筑安装工程安全技术规程》的规定。

（10）高处作业所用的便携式木梯和便携式金属梯时，梯脚底部应坚实，不得垫高使用。踏板不得有缺挡。梯子的上端应有固定措施。立梯工作角度以 $75° \pm 5°$ 为宜。梯子如需接长使用，应有可靠的连接措施，且接头不得超过1处。连接后梯梁的强度，不应低于单梯梯梁的强度。折梯使用时上部夹角以 $35° \sim 45°$ 为宜，铰链应牢固，并应有可靠的拉撑措施。

（11）夜间高处作业应有充足的照明。

（12）遇有5级以上（含5级）大风、暴雨、大雾或雷电天气时，应停止高处作业。

七、吊装作业安全管理

吊装作业按吊装重物的质量分为两级。具体如下：

（1）一级吊装作业吊装重物的质量大于5t。

（2）二级吊装作业吊装重物的质量不大于5t。

（3）吊件质量虽不大于5t，但具有形状复杂、刚度小、长径比大、精密贵重、施工条件特殊的情况，吊装作业应按一级吊装作业管理。

（4）吊件质量虽不大于5t，但作业地点位于办公楼宇、职工宿舍、危险化学品等场所周围或临近输电线路时，吊装作业应按一级吊装作业管理。

吊装作业应符合以下规定：

（1）二级吊装作业应严格落实各项安全措施，可不用办理作业审批手续。

（2）各种吊装作业前，应预先在吊装现场设置安全警戒标识并设专人监护，非施工人员禁止入内。

（3）吊装作业前必须对各种起重吊装机械的运行部位、安全装置以及吊具、索具进行详细的安全检查，吊装设备的安全装置灵敏可靠。吊装前必须试吊，确认无误后，方可作业。

（4）吊装作业时，必须分工明确、坚守岗位，并按规定的联络信号，统一指挥。必须按规定负荷进行吊装，吊具、索具经计算选择使用，严禁超负荷运行。所吊重物接近或达到额定起重吊装能力时，应检查抽动器，用低高度、短行程试吊后，再平稳吊起。

（5）严禁利用管道、管架、电杆、机电设备等作吊装锚点。

（6）任何人不得随同吊装物或吊装机械升降。

（7）吊装作业现场的吊绳索、揽风绳、拖拉绳等应避免同带电线路接触，并保持安全距离。

（8）悬吊重物下方严禁站人、通行或工作。

（9）吊装作业中，夜间应有足够的照明。

（10）室外作业遇到大雪、暴雨、大雾及5级以上（含5级）大风时，应停止作业。

（11）在吊装作业中，有下列情况之一者不准吊装：指挥信号不明；超负荷或物体质量不明；斜拉重物；光线不足、看不清重物；重物下站人；重物埋在地下;重物紧固不牢,绳打结、绳不齐;棱刃物体没有衬垫措施;重物越人头;安全装置失灵。

第五节　突发安全事故的应急处置

一、通　则

一旦发生突发安全事故,发现人应在第一时间向直接领导进行上报,视实际情况进行处理,并视现场情况拨打119、120、110等社会救援电话。

二、常见事故应急处置

操作人员必须熟知的应急救援预案包括:火灾应急预案;机械伤害应急预案;有毒有害气体中毒应急预案;淹溺应急预案;高处坠落应急预案;触电应急预案。以下就常见事故应急措施做简要说明。

(一)中毒与窒息

有毒有害气体种类主要为硫化氢、一氧化碳、甲烷。窒息主要原因为受限空间内含氧量过低。一般处置程序如下:

1. 预　防

操作人员应掌握有毒有害气体相关知识,正确佩戴合适的防护用品,操作中持续进行气体含量检测,气体检测报警时,应撤离现场,及时上报。操作过程中出现污泥或污水泄漏情况,在不明情况下不得进入现场。

2. 报　警

现场一旦发现有人员中毒窒息,应马上拨打120救护电话,报警内容应包括:单位名称、详细地址、发生中毒事故的时间、危险程度、有毒有害气体的种类,报警人及联系电话,并向相关负责人员报告。

3. 救　护

救援人员必须正确穿戴救援防护用品后,确保安全后方可进入施救,以免盲目施救发生次生事故。迅速将伤者移至空旷通风良好的地点。判断伤者意识、心跳、呼吸、脉搏。清理口腔及鼻腔中的异物。根据伤者情况进行现场施救。搬运伤者过程中要轻柔、平稳,尽量不要拖拉、滚动。

(二)淹　溺

1. 救援要点

(1)强调施救者的自我保护意识。所有的施救者必须明确:施救者自己的安全必须放在首位。只有首先保护好自己,才有可能成功救人。否则非但救不了

人,还有可能把自己的生命葬送。

(2)及时呼叫专业救援人员。专业救援人员的技能和装备是一般人所不具备的,因此发生淹溺时应该尽快呼叫专业急救人员(医务人员、涉水专业救生员等),让他们尽快到达现场参与急救以及上岸后的医疗救助。

(3)充分准备和利用救援物品。救援物品包括救援所用的绳索、救生圈、救生衣及其他漂浮物(如木板、泡沫塑料等)、照明设备、医疗装备等,良好的救援装备能使救援工作事半功倍地完成,其效果要比徒手救援好得多。

(4)救援前与淹溺者充分沟通。得不到淹溺者的配合的救援不但很难成功,而且还能增加救援者的危险,因此救援者应首先充分与淹溺者沟通,这一点十分重要。沟通的方式可以通过大声呼唤,也可以通过手势进行,其主要沟通内容包括:告诉淹溺者救援已经在进行,鼓励淹溺者战胜恐惧,要沉着冷静,不要惊慌失措,放弃无效挣扎,还可以告诉淹溺者水中自救的方法,如向下划水的方法、踩水方法、除去身上的负重物等,同时特别还要告诉溺水者听从救援者的指挥,冷静下来配合营救,这样能取得事半功倍的效果。

2. 救援方式

1)伸手救援(不推荐)

该方法是指救援者直接向落水者伸手将淹溺者拽出水面的救援方法。适用于营救者与淹溺者的距离伸手可及同时淹溺者还清醒的情况。使用该法救援时存在很大的风险,救援者稍加不慎就容易被淹溺者拽入水中,因此不推荐营救者使用该方式救援落水者。

2)借物救援(推荐)

该方法是或借助某些物品(如木棍等)把落水者拉出水面的方法,适用于营救者距淹溺者的距离较近(数米之内)同时淹溺者还清醒的情况。其操作方法及注意点包括:救援者应尽量站在远离水面同时又能够到淹溺者的地方,将可延长距离的营救物如树枝、木棍、竹竿等物送至落水者前方,并嘱其牢牢握住。此时要注意避免坚硬物体给淹溺者造成伤害,应从淹溺者身侧横向移动交给溺者,不可直接伸向淹溺者胸前,以防将其刺伤。在确认淹溺者已经牢牢握住延长物时,救助者方能拽拉淹溺者。其姿势与伸手救援法一样,首先采取侧身体位,站稳脚跟,降低身体重心,同时叮嘱落水者配合并将其拉出。在拽拉过程中救援者如突然失去重心时应立即放开手,以免被落水者拽入水中。尽管救援者丧失了延伸物,但避免了落水,保障了自己的安全。此时应再想办法营救。

3)抛物救援(推荐)

该方法是指向落水者抛投绳索及漂浮物(如救生圈、救生衣、木板等)的营救方法,适用于落水者与营救者距离较远且无法接近落水者、同时淹溺者还处在清醒状态的情况。其操作方法及注意点包括:抛投绳索前要在绳索前端系有重物,如可将绳索前端打结或将衣服浸湿叠成团状捆于绳索前端,这样利于投掷。此外必须事先大声呼唤与落水者沟通,使其知道并能够抓住抛投物。抛投物应抛至落水者前方。所有的抛投物均最好有绳索与营救者相连,这样有利于尽快把落水者救出。此时营救者也应注意降低体位,重心向后,站稳脚跟,以免被落水者拽入水中。

4)游泳救援(不推荐)

该方法也称为下水救援,这是最危险的、不得已而为之的救援方法,只有在上述4种施救法都不可行时,才能采用此法。因此不推荐营救者使用该方式救援落水者。

3. 上岸后的溺水者救治

迅速检查患者,包括意识、呼吸、心搏、外伤等情况,根据伤者状态进行下一步处置:

(1)对意识清醒患者实施保暖措施,进一步检查患者,尽快送医治疗。

(2)对意识丧失但有呼吸心跳患者实施人工呼吸,确保保暖,避免呕吐物堵塞呼吸道。

(3)对无呼吸患者实施心肺复苏术。

(三)机械伤害

发生机械伤害事故后,应及时报告相关负责人员,同时根据现场实际情况,大致判明受伤者的部位,拨打120或999急救电话,必要时可对伤者进行临时简单急救。

处置过程中应关注周边是否有有毒有害气体、是否可能引发触电等危险源,采取有针对性安全技术措施,避免发生次生灾害,引发二次伤害。

处理伤口的原则如下:

(1)立刻止血:当伤口很深,流血过多时,应该立即止血。如果条件不足,一般用手直接按压可以快速止血。通常会在1~2min止血。如果条件允许,可以在伤口处放一块干净且吸水的毛巾,然后用手压紧。

(2)清洗伤口:如果伤口处很脏,而且仅仅是往外渗血,为了防止细菌的深入,导致感染,则应先清洗伤口。一般可以清水或生理盐水。

(3)给伤口消毒:为了防止细菌滋生,感染伤口,应对伤口进行消毒,一般可以消毒纸巾或者消毒酒精对伤口进行清洗,可以有效地杀菌,并加速伤口

的愈合。

(四)触 电

1. 断开电源

发现有人触电时,应保持镇静,根据实际情况,迅速采取以下方式,尽快使触电者脱离电源,触电者未脱离电源前不可用人体直接接触触电者。

关闭电源开关、拔去插头或熔断器。

用干燥的木棒、竹竿等非导电物品移开电源或使触电者脱离电源。

用平口钳、斜口钳等绝缘工具剪断电线。

2. 紧急抢救

当触电者脱离电源后,如果触电者尚未失去知觉,则必须使其保持安静,并立即通知就近医疗机构医护人员进行诊治,密切注意其症状变化。

如果触电者已失去知觉,但呼吸尚存,应使其在通风位置仰卧,将上衣与腰带放松,使其容易呼吸,并立即拨打120或999急救电话呼叫救援。

若触电者呼吸困难,有抽筋现象,则应积极进行人工呼吸;如果触电者的呼吸、脉搏及心跳都已停止,此时不能认为其已死亡,应立即对其进行心肺复苏;人工呼吸必须连续不断地进行到触电者恢复自主呼吸或医护人员赶到现场救治为止。

(五)火灾的应急救援

1. 初期火灾扑救

初期火灾扑救的基本方法如下:

1)冷却灭火法

冷却灭火法,就是将灭火剂直接喷洒在可燃物上,使可燃物的温度降低到自燃点以下,从而使燃烧停止。用水扑救火灾,其主要作用就是冷却灭火。一般物质起火,都可以用水来冷却灭火。

火场上,除用冷却法直接灭火外,还经常用水冷却尚未燃烧的可燃物质,防止其达到燃点而着火;还可用水冷却建筑构件、生产装置或容器等,以防止其受热变形或爆炸。

2)隔离灭火法

隔离灭火法,是将燃烧物与附近可燃物隔离或者疏散开,从而使燃烧停止。这种方法适用于扑救各种固体、液体、气体火灾。

采取隔离灭火的具体措施很多。例如,将火源附近的易燃易爆物质转移到安全地点;关闭设备或管道上的阀门,阻止可燃气体、液体流入燃烧区;排除生产装置、容器内的可燃气体、液体,阻拦、疏散可燃液体或扩散的可燃气体;拆除与火源相毗连的易燃建筑结构,形成阻止火势蔓延的空间地带等。

3）窒息灭火法

窒息灭火法，即采取适当的措施，阻止空气进入燃烧区，或惰性气体稀释空气中的氧含量，使燃烧物质因缺乏或断绝氧而熄灭，适用于扑救封闭式的空间、生产设备装置及容器内的火灾。火场上运用窒息法扑救火灾时，可采用石棉被、湿麻袋、湿棉被、沙土、泡沫等不燃或难燃材料覆盖燃烧或封闭孔洞；用水蒸气、惰性气体（如二氧化碳、氮气等）充入燃烧区域；利用建筑物上原有的门以及生产储运设备上的部件来封闭燃烧区，阻止空气进入。但在采取窒息法灭火时，必须注意以下几点：

（1）燃烧部位较小，容易堵塞封闭，在燃烧区域内没有氧化剂时，适于采取这种方法。

（2）在采取用水淹没或灌注方法灭火时，必须考虑到火场物质被水浸没后所产生的不良后果。

（3）采取窒息方法灭火以后，必须确认火已熄灭，方可打开孔洞进行检查。严防过早地打开封闭的空间或生产装置，而使空气进入，造成复燃或爆炸。

（4）采用惰性气体灭火时，一定要将大量的惰性气体充入燃烧区，迅速降低空气中氧的含量，以达窒息灭火的目的。

4）抑制灭火法

抑制灭火法，是将化学灭火剂喷入燃烧区参与燃烧反应，中止链反应而使燃烧反应停止。采用这种方法可使用的灭火剂有干粉和卤代烷灭火剂。灭火时，将足够数量的灭火剂准确地喷射到燃烧区内，使灭火剂阻断燃烧反应，同时还要采取冷却降温措施，以防复燃。

在火场上，应根据燃烧物质的性质、燃烧特点和火场的具体情况，以及灭火器材装备的性能选择灭火方法。

2. 灭火设施的使用

1）灭火器的使用

灭火器是一种轻便、易用的消防器材。灭火器的种类较多，主要有水型灭火器、空气泡沫灭火器、干粉灭火器、二氧化碳灭火器以及1211灭火器等（图2-35）。

（1）空气泡沫灭火器的使用

空气泡沫灭火器主要适用于扑救汽油、煤油、柴油、植物油、苯、香蕉水、松香水等易燃液体引起的火灾。对于水溶性物质，如甲醇、乙醇、乙醚、丙酮等化学物质引起的火灾，只能使用抗溶性空气泡沫灭火器扑救。

作业人员可以手提或肩扛的形式迅速带灭火器赶到火场，在距离燃烧物6m左右的地方拔出保险销，一只手握住开启压把，另一只手紧握喷枪，用力捏紧开启压把，打开密封或刺穿储气瓶密封片，即可从喷枪口喷出空气泡沫。灭火方法与手提式化学泡沫灭火器相同。但在使用空气泡沫灭火器时，作业人员应使灭火器始终保持直立状态，切勿颠倒或横放使用，否则会中断喷射。同时作业人员应一直紧握开启压把，不能松手，否则也会中断喷射。

（2）手提式干粉灭火器的使用

手提式干粉灭火器适用于易燃、可燃液体、气体及带电设备的初起火灾，还可扑救固体类物质的初起火灾，但不能扑救金属燃烧的火灾。

（a）手持式干粉灭火器　（b）手持式泡沫灭火器　（c）手持式二氧化碳灭火器　（d）推车式干粉灭火器

图2-35　常用的灭火器

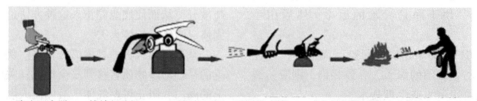

取出灭火器 → 拔掉保险销 → 一手握住压把一手握住喷管 → 对准火苗根部喷射（人站立在上风）

图2-36　干粉灭火器的使用

如图 2-36 所示，灭火时，作业人员可以手提或肩扛的形式带灭火器快速赶赴火场，在距离燃烧处 5m 左右的地方放下灭火器开始喷射。如在室外，应选择在上风方向喷射。

如果使用的干粉灭火器是外挂式储气瓶或储压式的储气瓶，操作者应一只手紧握喷枪，另一只手提起储气瓶上的开启提环；如果储气瓶的开启是手轮式的，则应沿逆时针方向旋开，并旋到最高位置，随即提起灭火器。当干粉喷出后，迅速对准火焰的根部扫射。

如果使用的干粉灭火器是内置式或储压式的储气瓶，操作者应先一只手将开启把上的保险销拔下，然后握住喷射软管前端的喷嘴部，另一只手将开启压把压下，打开灭火器进行灭火。在使用有喷射软管的灭火器或储压式灭火器时，操作者的一只手应始终压下压把，不能放开，否则会中断喷射。

灭火时，操作者应对准火焰根部扫射。如果被扑救的液体火灾呈流淌燃烧状态时，应对准火焰根部由近而远并左右扫射，直至把火焰全部扑灭。如果可燃液体在容器内燃烧，操作者应对准火焰根部左右晃动扫射，使喷射出的干粉流覆盖整个容器开口表面。当火焰被赶出容器时，操作者应继续喷射，直至将火焰全部扑灭。

（3）推车式干粉灭火器的使用

推车式干粉灭火器主要适用于扑救易燃液体、可燃气体和电器设备的初起火灾。推车式干粉灭火器移动方便、操作简单，灭火效果好。

作业人员把灭火器拉或推到现场，用右手抓住喷粉枪，左手顺势展开喷粉胶管，直至平直，不能弯折或打圈；接着除掉铅封，拔出保险销，用手掌使劲按下供气阀门；再左手把持喷粉枪管托，右手把持枪把，用手指扳动喷粉开关，对准火焰根部喷射，不断靠前左右摆动喷粉枪，使干粉覆盖燃烧区，直至把火扑灭。

（4）二氧化碳灭火器的使用

二氧化碳灭火器适用于扑灭精密仪器、电子设备、珍贵文件、小范围的油类等引发的火灾，但不宜用于扑灭钾、钠、镁等金属引起的火灾。

作业人员将灭火器提或扛到火场，在距离燃烧物 5m 左右的地方，放下灭火器，并拔出保险销，一只手握住喇叭筒根部的手柄，另一只手紧握启闭阀的压把。对于没有喷射软管的二氧化碳灭火器，操作者应把喇叭筒往上扳 70°～90°。使用时，操作者不能直接用手抓住喇叭筒外壁或金属连线管，防止手被冻伤。

灭火时，当可燃液体呈流淌状燃烧时，操作者将二氧化碳灭火剂的喷流由近而远对准火焰根部喷射。如果可燃液体在容器内燃烧，操作者应将喇叭筒提起，从容器一侧的上部向燃烧的容器中喷射，但不能将二氧化碳射流直接冲击可燃液面，以防止将可燃液体冲出容器而扩大火势。

（5）酸碱灭火器使用

酸碱灭火器适用于扑救木、棉、毛、织物、纸张等一般可燃物质引起的火灾，但不能用于扑救油类、忌水和忌酸物质及带电设备的火灾。

操作者应手提筒体上部的提环，迅速赶到着火地点，绝不能将灭火器扛在背上或过分倾斜灭火器，以防两种药液混合而提前喷射。在距离燃烧物 6m 左右的地方，将灭火器颠倒过来并晃动几下，使两种药液加快混合；然后一只手握住提环，另一只手抓住筒体下部的底圈将喷出的射流对准燃烧最猛烈处喷射。随着喷射距离的缩减，操作者应向燃烧处推进。

2）消火栓的使用

消火栓是一种固定的消防工具，主要作用是控制可燃物，隔绝助燃物，消除着火源。消火栓分为地上消火栓和地下消火栓。使用前需要先打开消火栓门，按下内部火警按钮。按钮主要用于报警和启动消防泵。使用步骤如图 2-37 所示，过程中需要人员配合使用，一人接好枪头和水带赶往起火点，另一人则接好水带和阀门口，再沿逆时针方向打开阀门使水喷出。

3. 电气灭火

由于电气火灾具有着火后电气设备可能带电，如不注意可能引起触电事故等特点，为此对电气灭火进行以下重要说明：

（1）电气灭火时，最重要的是先切断电源，随后采取必要的救火措施，并及时报警。

（2）进行电火处理时，必须选用合适的灭火器，并按要求进行操作，不得违规操作。应选用二氧化碳灭火器、1211 灭火器或用黄沙灭火，但应注意不要将二氧化碳喷射到人体的皮肤及身体其他部位上，以防冻伤和窒息。在没有确定电源已被切断时，绝不允许用水或普通灭火器灭火，否则很可能发次生事故。

（3）为了避免触电，人体与带电体之间应保持足够的安全距离。

（4）对架空线路等设备进行灭火时，要防止导线断落伤人。

（5）如果带电导线跌落地面，要划出一定的警戒区，防止跨步电压伤人。

（6）电气设备发生接地时，室内扑救人员不得进入距故障点 4m 以内的区域，室外扑救人员不得接近距故障点 8m 以内的区域。

（a）打开或击碎消防箱门　　（b）取出并展开消防水带　　（c）一端连接消防栓

  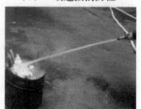

（d）另一端连接消防枪头　　（e）打开消防栓阀门　　（f）对准火焰根部进行灭火

图 2-37　消火栓的使用

4. 火速报警

火灾初起，一方面要积极扑救，另一方面要迅速报警。

1）报警对象

（1）召集周围人员前来扑救，动员一切可以动员的力量。

（2）本单位消防与保卫部门，迅速组织灭火。

（3）公安消防队，报告火警电话 119。

（4）出警报，组织人员疏散。

2）报警方法

（1）本单位报警利用呼喊、警铃等平时约定的方式。

（2）利用广播、固定电话和手机。

（3）距离消防队较近的可直接派人到消防队报警。

（4）消防部门报警。

3）火灾逃生自救

（1）火灾袭来时要迅速逃生，不要贪恋财物。

（2）平时就要了解掌握火灾逃生的基本方法，熟悉多条逃生路线。

（3）受到火势威胁时，要当机立断披上浸湿的衣物或被褥等向安全出口方向冲出去。

（4）穿过浓烟逃生时，要尽量使身体贴近地面，并用湿毛巾捂住口鼻。

（5）身上着火，千万不要奔跑，可就地打滚或用厚重的衣物压灭火苗。

（6）遇火灾不可乘坐电梯，要向安全出口方向逃生。

（7）室外着火，门已发烫，千万不要开门，以防大火蹿入室内，要用浸湿的被褥、衣物等堵塞门窗缝，并泼水降温。

（8）若所逃生线路被大火封锁，要立即退回室内，用打手电筒、挥舞衣物、呼叫等方式向窗外发送求救信号，等待救援。

（9）千万不要盲目跳楼，可利用疏散楼梯、阳台、落水管等逃生自救。也可用绳子把床单、被套撕成条状连成绳索，紧系在窗框、暖气管、铁栏杆等固定物上，用毛巾、布条等保护手心，顺绳滑下，或下到未着火的楼层脱离险境。

（六）高处坠落

事故发现人员，第一时间报告相关责任人，并根据情况拨打 120 或 999 救护电话。

高处坠落的应急措施如下：

（1）发生高空坠落事故后，现场知情人应当立即采取措施，切断或隔离危险源，防止救援过程中发生次生灾害。

（2）当发生人员轻伤时，现场人员应采取防止受伤人员大量失血、休克、昏迷等紧急救护措施。

（3）遇有创伤性出血的伤员，应迅速包扎止血，使伤员保持在头低脚高的卧位，并注意保暖。

（4）如果伤者处于昏迷状态但呼吸心跳未停止，应立即进行口对口人工呼吸，同时进行胸外心脏按压。昏迷者应平卧，面部转向一侧，维持呼吸道通畅，防止分泌物、呕吐物吸入。

（5）如果伤者心跳已停止，应进行心肺复苏。

（6）发现伤者骨折，不要盲目搬运伤者。

（7）持续救护至急救人员到达现场，并配合急救人员进行救治。

（七）危险化学品烧伤和中毒

危险化学品具有易燃、易爆、腐蚀、有毒等特点，在使用过程中容易发生烧伤与中毒事故。化学危险品事故急救现场，一方面要防止受伤者烧伤和中毒程度的加深；另一方面又要使受伤者维持呼吸。

1. 化学性皮肤烧伤

对化学性皮肤烧伤者，应立即移离现场，迅速脱去受污染的衣裤、鞋袜等，并用大量流动的清水冲洗创面 20～30min（如遇强烈的化学危险品，冲洗的时间要更长），以稀释有毒物质，防止继续损伤和通过伤口吸收。

新鲜创面上不要随意涂抹油膏或红药水、紫药水，不要用脏布包裹。

黄磷烧伤时应用大量清水冲洗、浸泡或用多层干净的湿布覆盖创面。

2. 化学性眼烧伤

化学性眼烧伤者，应在现场迅速用流动的清水进行冲洗，冲洗时将眼皮掰开，把裹在眼皮内的化学品彻底冲洗干净。

现场若无冲洗设备，可将头埋入盛满清水的清洁盆中，翻开眼皮，让眼球来回转动进行清洗。

若电石、生石灰颗粒溅入眼内，应当先用蘸有石蜡油（液状石蜡）或植物油的棉签去除颗粒后，再用清水冲洗。

3. 危险化学品急性中毒

沾染皮肤中毒时，应迅速脱去受污染的衣物，并用大量流动的清水冲洗至少 15min，面部受污染时，要首先冲洗眼睛。

吸入中毒时，应迅速脱离中毒现场，向上风方向移至空气新鲜处，同时解开中毒者的衣领，放松裤带，使其保持呼吸道畅通，并要注意保暖，防止受凉。

口服中毒，中毒物为非腐蚀性物质时，可用催吐方法使其将毒物吐出。误服强碱、强酸等腐蚀性强的物品时，催吐反而会使食道、咽喉再次受到严重损伤，这时可服用牛奶、蛋清、豆浆、淀粉糊等。此时不能洗胃，也不能服碳酸氢钠，以防胃胀气引起胃穿孔。

现场如发现中毒者心跳、呼吸骤停，应立即实施人工呼吸和体外心脏按压术，使其维持呼吸、循环功能。

三、防护用品及应急救援器材

操作人员必须熟练使用防护用品及应急救援器材，具体包括：救援三脚架、正压式呼吸器、四合一气体检测仪、汽油抽水泵、排污泵（电泵）、对讲机、灭火器、消防栓及消防水带、五点式安全带、复合式洗眼器、防化服等。

四、事故现场紧急救护

(一)事故现场紧急救护的原则

1. 紧急呼救

当紧急灾害事故发生时，应尽快拨打电话 120、999、110 呼叫。

2. 先救命后治伤，先重伤后轻伤

在事故的抢救过程中，不要因忙乱或受到干扰，被轻伤员喊叫所迷惑，使危重伤员被耽误最后救出，本着先救命后治伤的原则。

3. 先抢后救、抢中有救，尽快脱离事故现场

在可能再次发生事故或引发其他事故的现场，如失火可能引起爆炸的现场、有害气体中毒现场，应先抢后救，抢中有救，尽快脱离事故现场，确保救护者与伤者的安全。

4. 先分类再后送

不管轻伤重伤，甚至对大出血、严重撕裂伤、内脏损伤、颅脑损伤伤者，如果未经检伤和任何医疗急救处置就急送医院，后果十分严重。因此，必须坚持先进行伤情分类，把伤员集中到标志相同的救护区，有的伤员需等待伤势稳定后方能运送。

5. 医护人员以救为主，其他人员以抢为主

救护人员应各负其责，相互配合，以免延误抢救时机。通常先到现场的医护人员应该担负现场抢救的组织指挥职责。

(二)事故现场紧急救护方法

1. 人工呼吸

人工呼吸适用于触电休克、溺水、有害气体中毒、窒息或外伤窒息等引起呼吸停止、假死状态者。

在施行人工呼吸前，要先将伤员运送到安全、通风良好的地点，将伤员领口解开，放松腰带，注意保持体温。腰背部要垫上软的衣服等。应先清除口中脏物，把舌头拉出或压住，防止堵住喉咙，妨碍呼吸。各种有效的人工呼吸必须在呼吸道畅通的前提下进行。

1）口对口或（鼻）吹气法

此法操作简便容易掌握，而且气体的交换量大，接近或等于正常人呼吸的气体量，效果较好。如图 2-38 所示，操作方法如下：

图 2-38　口对口人工呼吸法

（1）病人取仰卧位，即胸腹朝天，颈后部（不是头后部）垫一软枕，使其头尽量后仰。

（2）救护人站在其头部的一侧，自己深吸一口

气，对着伤病人的口（两嘴要对紧不要漏气）将气吹入，造成吸气。为使空气不从鼻孔漏出，此时可用一手将其鼻孔捏住，在病人胸壁扩张后，即停止吹气，让病人胸壁自行回缩，呼出空气。这样反复进行，每分钟进行 14~16 次。如果病人口腔有严重外伤或牙关紧闭时，可对其鼻孔吹气（必须堵住口），即为口对鼻吹气。注意吹起时切勿过猛、过短，也不宜过长，以占一次呼吸周期的 1/3 为宜。

2）俯卧压背法

该方法气体交换量小于口对口吹气法，但抢救成功率较高。目前，在抢救触电、溺水时，现场多用此法。如图 2-39 所示，操作方法如下：

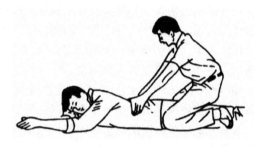

图 2-39　俯卧压背法

（1）伤病人取俯卧位，即胸腹贴地，腹部可微微垫高，头偏向一侧，两臂伸过头，一臂枕于头下，另一臂向外伸开，以使胸廓扩张。

（2）救护人面向伤头，两腿屈膝跪于伤病人大腿两旁，把两手平放在其背部肩胛骨下角（大约相当于第七对肋骨处）、脊柱骨左右，大拇指靠近脊柱骨，其余 4 指稍开。

（3）救护人俯身向前，慢慢用力向下压缩，用力的方向是向下、稍向前推压。当救护人的肩膀与病人肩膀将成一直线时，不再用力。在这个向下、向前推压的过程中，即将肺内的空气压出，形成呼气，然后慢慢放松全身，使外界空气进入肺内，形成吸气。

（4）按上述动作，反复有节律地进行，每分钟14~16 次。

3）仰卧压胸法

此法便于观察病人的表情，而且气体交换量也接近于正常的呼吸量，但最大的缺点是，伤员的舌头由于仰卧而后坠，阻碍空气的出入，在淹溺、胸外伤、二氧化硫中毒、二氧化氮中毒时，不宜采用此法。如图 2-40 所示，操作方法如下：

（1）病人取仰卧位，背部可稍垫起，使胸部凸起。

（2）救护人员屈膝跪地于病人大腿两旁，把双手分别放于乳房下（相当于第六七对肋骨处），大拇指向内，靠近胸骨下端，其余四指向外。放于胸廓肋骨之上。

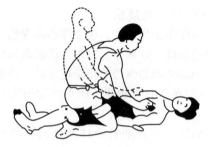

图 2-40　仰卧压胸法

（3）向下稍向前压，其方向、力量、操作要领与俯卧压背法相同。

2. 心脏复苏

首先判断患者有无脉搏。操作者跪于患者一侧，一手置于患者前额使头部保持后仰位，另一手以食指和中指尖置于喉结上，然后滑向颈肌（胸锁乳突肌）旁的凹陷处，触摸颈动脉。如果没有搏动，表示心脏已经停止跳动，应立即进行胸外心脏按压（图 2-41）。

（1）确定正确的胸外心脏按压位置：先找到肋弓下缘，用一只手的食指和中指沿肋骨下缘向上摸至两侧肋缘于胸骨连接处的切痕迹，以食指和中指放于该切迹上，将另一只手的掌根部放于横指旁，再将第一只手叠放在另一只手的手背上，两手手指交叉扣起，手指离开胸壁。

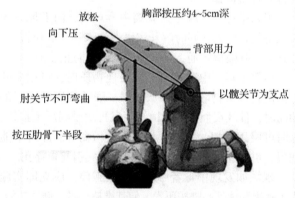

图 2-41　心脏复苏

（2）施行按压：操作者前倾上身，双肩位于患者胸部上方正中位置，双臂与患者的胸骨垂直，利用上半身的体重和肩臂力量，垂直向下按压胸骨，使胸骨下陷 4~5cm，按压和放松的力量和时间必须均匀、有规律，不能猛压、猛松。放松时掌根不要离开按压处。

3. 心肺复苏

无心搏患者的现场急救，需采用心肺复苏术，现场心肺复苏术主要分为三个步骤：打开气道、人工呼吸和胸外心脏按压。一般称为 ABC 步骤，即：A——患者的意识判断和打开气道；B——人工呼吸；C——胸外心脏按压。

按压的频率为 80~100 次/min，按压与人工呼吸的次数比例为：单人复苏 15∶2，双人复苏 5∶1，依照此频次按 A-B-C 的顺序持续循环，周而复始进行，直至苏醒或医护人员到位。

4. 外伤止血

出血有动脉出血、静脉出血和毛细血管出血。动脉出血呈鲜红色，喷射而出；静脉出血呈暗红色，如泉水样涌出；毛细血管出血则为溢血。

出血是创伤后主要并发症之一，成年人出血量超过 800mL 或超过 1000mL 就可引起休克，危及生命；

若为严重大动脉出血，则可能在 1min 内即告死亡。因此，止血是抢救出血伤员的一项重要措施，它对挽救伤员生命具有特殊的意义。应根据损伤血管的部位和性质具体选用，常用的暂时性止血方法如下：

1）指压止血法（图 2-42）

紧急情况下用手指、手掌或拳头，根据动脉的分布情况，把出血动脉的近端用力压向骨面，以阻断血流，暂时止血。注意：此类方法只适用于头面颈部及四肢的动脉出血急救，压迫时间不能过长。

颈总动脉压迫（头面部出血）　　面动脉压迫（头顶部出血）　　颞浅动脉压迫（颜面部出血）

尺桡动脉压迫（手部出血）　　锁骨下动脉压迫（肩腋部出血）　　肱动脉压迫（前臂出血）

指动脉压迫（手指出血）　　股动脉压迫（大腿以下出血）　　胫前后动脉压迫（足部出血）

图 2-42　指压止血法

2）屈肢加垫止血法（图 2-43）

当前臂或小腿出血时，可在肘窝、腋窝内放以纱布垫、棉花团或毛巾、衣服等物品，屈曲关节，用三角巾作 8 字形固定，使肢体固定于屈曲位，可控制关节远端血流，但骨折或关节脱位者不能使用。

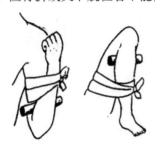

图 2-43　屈肢加垫止血法

3）止血带止血法（图 2-44）

一般用于四肢大动脉出血。可就地取材，使用软胶管、衣服或布条作为止血带，压迫出血伤口的近心端进行止血。止血带使用方法如下：

（1）在伤口近心端上方先加垫。

（2）急救者左手拿止血带，上端留 5 寸（约 16.5cm），紧贴加垫处。

（3）右手拿止血带长端，拉紧环绕伤肢伤口近心端上方两周，然后将止血带交左手中、食指夹紧。

（4）左手中、食指夹止血带，顺着肢体下拉成环。

（5）将上端一头插入环中拉紧固定。

（6）在上肢应扎在上臂的 1/3 处，在下肢应扎在大腿的中下 1/3 处。

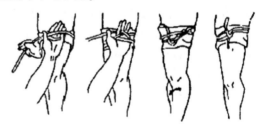

图 2-44　止血带止血法

使用止血带时应注意以下事项：

（1）上止血带的部位要在创口上方（近心端），尽量靠近创口，但不宜与创口面接触。

（2）在上止血带的部位，必须先衬垫绷带、布块，或绑在衣服外面，以免损伤皮下神经。

（3）绑扎松紧要适宜，太紧损伤神经，太松不能止血。

（4）绑扎止血带的时间要认真记录，每隔 0.5h（冷天）或者 1h 应放松 1 次，放松时间 1~2min。绑扎时间过长则可能引起肢端坏死、肾功能衰竭。

5. 创伤包扎

包扎的目的：保护伤口和创面，减少感染，减轻痛苦；加压包扎有止血作用；用夹板固定骨折的肢体时需要包扎，以减少继发损伤，也便于将伤员运送医院。

包扎时使用的材料主要包括绷带、三角巾、四头巾等，现场进行创伤包扎可就地取材，用毛巾、手帕、衣服撕成的布条等进行。包扎方法如下：

1）布条包扎法

（1）环形绷带包扎法：在肢体某一部位环绕数周，每一周重叠盖住前一周。主要用于手、腕、足、颈、额部等处以及在包扎的开始和末端固定时使用。

（2）螺旋形绷带包扎法：包扎时，作单纯的螺旋上升，每一周压盖前一周的 1/2。主要用于肢体、躯干等处的包扎。

（3）8 字形绷带包扎法：本法是一圈向上一圈向下的包扎，每周在正面和前一周相交，并压盖前一周的 1/2。多用于肘、膝、踝、肩、髋等关节处的包扎。

（4）螺旋反折绷带包扎法：开始先用环形法固定一端，再按螺旋法包扎，但每周反折一次，反折时以左手拇指按住绷带上面正中处，右手将绷带向下反折，并向后绕，同时拉紧。主要用于粗细不等部位，如小腿、前臂等处的包括。

2）毛巾包扎法

（1）下颌包扎法：先将四头带中央部分托住下颌，上位两端在颈后打结，下位两端在头顶部打结。

（2）头部包扎法：如图 2-45 所示，将三角巾的底边折叠两层约二指宽，放于前额齐眉以上，顶角拉向枕后部，三角巾的两底角经两耳上方，拉向枕后，先作一个半结，压紧顶角，将顶角塞进结里，然后再将左右底角拉到前额打结。

（3）面部包扎法：在三角巾顶处打一结，套于下颌部，底边拉向枕部，上提两底角，拉紧并交叉压住底边，再绕至前额打结。包完后在眼、口、鼻处剪开小孔。

（4）手、足包扎法：如图 2-46 所示，手（足）心向下放在三角巾上，手指（足趾）指向三角巾顶角，

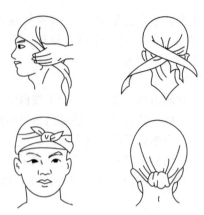

图 2-45　头部包扎法

两底角拉向手（足）背，左右交叉压住顶角绕手腕（踝部）打结。

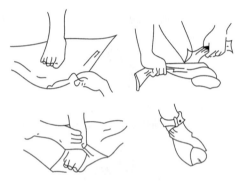

图 2-46　足部包扎法

（5）胸部包扎法：如图 2-47 所示，将三角巾顶角向上，贴于局部，如系左胸受伤，顶角放在右肩上，底边扯到背后在后面打结；再将左角拉到肩部与顶角打结。背部包扎与胸部包扎相同，仅位置相反，结打于胸部。

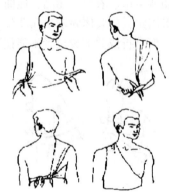

图 2-47　胸部包扎法

（6）肩部包扎法：如图 2-48 所示，单肩包扎时，将毛巾折成鸡心状放在肩上，腰边穿带在上臂固定，前后两角系带在对侧腋下打结；双肩包扎时，将毛巾两角结带，毛巾横放背肩部，再将毛巾两下角从腋下拉至前面，然后把带子同角结牢。

图 2-48　肩部包扎法

(7)腹部包扎法：将毛巾斜对折，中间穿小带，小带的两部拉向后方，在腰部打结，使毛巾盖住腹部。将上、下两片毛巾的前角各扎一小带，分别绕过大腿根部与毛巾的后角在大腿外侧打结。

6. 骨折固定

骨折固定可减轻伤员的疼痛，防止因骨折端移位而刺伤临近组织、血管、神经，也是防止创伤休克的有效急救措施。操作要点如下：

(1)急救骨折固定：常常就地取材，如各种木板、竹竿、树枝、木棍、硬纸板、棉垫等，均可作为固定代用品。

(2)锁骨骨折固定：最常用的方法是用三角巾将伤侧上肢托起固定。也可用 8 字形固定方法。即用绷带由健侧肩部的前上方，再经背部到患侧腋下，向前绕到肩部，如此反复缠绕 8~10 次。在缠绕之前，两侧腋下应垫棉垫或布块，以保护腋下皮肤不受损伤，血管、神经不受压迫。

(3)上臂骨折夹板固定：长骨骨折固定原则上是必须包括骨折两端的上下关节，其方法是就地取材，用木板、竹片等。根据伤员的上臂长短，取 3 块即可。上臂前面放置短板一块，后面放一块，上平肩下平肘，用绷带或布条上下固定。另将一块板托住前臂，使肘部屈曲 90°，把前臂固定，然后悬吊于颈部。倘若没有木板等材料，可用伤员自己的衣服进行固定。即把伤侧衣服的腋中线剪开至肘部，衣服前片向上托起前臂，用别针固定在对侧胸部前。

(4)前臂骨折固定：常采用夹板固定法。即取 3 块小木板，根据前臂的长短分别置于掌、背面，在其下面托一块直(或平直)的小木板，上下用绷带或布条固定，然后将肘部屈曲 90°，保持医生常说的"功能位"，用绷带悬吊于颈部。

(5)大腿的骨折固定：常用夹板固定法。即将两块有一定长度的木板，分别置于外侧自腋下至足跟，内侧自会阴部至踝部，然后分段用绷带固定。若现场无木板时也可采用自身固定法，即将伤肢与健肢捆扎在一起，两腿中间根据情况适当加些软垫。

(6)小腿骨折夹板固定：根据伤者的小腿的长度，取两块小木板，分别置于小腿的内、外侧，长度略过膝部，然后绷带或者绳子予以固定。固定前应该在踝部、膝部垫以棉花、布类，以保护局部皮肤。

(7)脊柱骨折固定：脊柱骨折伤情较重，转送前必须妥善固定。对胸、腰椎骨折须取一块平肩宽的长木板垫在背部、胸部，用宽布带予以固定。颈椎骨折伤员的头部两侧位置以沙袋，或用枕头固定头部，使头部不能左右摆动，以防止或加重脊髓、神经的损伤。

7. 伤员搬运

搬运时应尽量做到不增加伤员的痛苦，避免造成新的损伤及并发症。现场常用的搬运方法有担架搬运法、单人或双人徒手搬运法等。

1)担架搬运法

担架搬运是最常用的方法，适用于路程长、病情重的伤员。担架的种类很多，有帆布担架(将帆布固定在两根长木棒上)、绳索担架(用一根长的结实的绳子绕在两根长竹竿或木棒上)、被服担架(用两件衣服或长大衣翻袖向内成两管，插入两根木棒后再将纽扣仔细扣牢)等。搬运时由 3~4 人将病人抱上担架，使其头向外，以便于后面抬的人观察其病情变化。

(1)如病人呼吸困难、不能平卧，可将病人背部垫高，让病人处于半卧位，以利于缓解其呼吸困难。

(2)如病人腹部受伤，要叫病人屈曲双下肢、脚底踩在担架上，以松弛肌肉、减轻疼痛。

(3)如病人背部受伤则使其采取俯卧位。

(4)对脑出血的病人，应稍垫高其头部。

2)徒手搬运法

当在现场找不到任何搬运工具而病人伤情又不太重时，可用此法搬运。常用的主要有单人徒手搬运和双人徒手搬运。

(1)单人徒手搬运法：适用于搬运伤病较轻、不能行走的伤员，如头部外伤、锁骨骨折、上肢骨折、胸部骨折、头昏的伤病员。

(2)双人徒手搬运法：一人搬托双下肢，一人搬托腰部。在不影响病伤的情况下，还可用椅式、轿式和拉车式。

第三章

基础知识

第一节　流体力学

流体力学是研究液体机械运动规律及其工程应用的一门学科。本节中介绍的流体力学知识主要包括在排水管渠水力计算、运行管理和防汛抢险中经常用到的基础概念和基础知识。

一、水的主要力学性质

物体运动状态的改变都是受外力作用的结果。分析水的流动规律，也要从分析其受力情况入手，所以研究水的流动规律，首先须对其力学性质有所了解。

(一)水的密度

密度是指单位体积物体的质量，常用符号 ρ 表示。物体密度 ρ 与物体质量 m、体积 V 的关系可用公式 $\rho = m/V$ 表示，密度单位为千克每立方米(kg/m^3)。

水的密度随温度和压强的变化而变化，但这种变化很小，所以一般把水的密度视为常数。采用在一个标准大气压下，温度为4℃时的蒸馏水密度来计算，此时 $\rho_{水} = 1.0 \times 10^3 kg/m^3$。排水工程中，雨污水的密度一般也以此为常数，进行质量和体积的换算。

因为万有引力的存在，地球对物体的引力称为重力，以 G 表示，$G = mg$，其中 g 为重力加速度。而单位体积水所受到的重力称为容重，以 γ 表示，$\gamma = G/V = mg/V = \rho g$，单位为牛每立方米($N/m^3$)。

(二)水的流动性

自然界的常见物质一般可分为固体、液体和气体三种形态，其中液体和气体统称为流体。固体具有确定的形状，在确定的剪切应力作用下将产生确定的变形。而水作为一种典型流体，没有固定的形状，其形状取决于限制它的固体边界。水在受到任意小的剪切应力时，就会发生连续不断的变形即流动，直到剪切应力消失为止。这就是水的易变形性，或称流动性。

(三)水的黏滞性与黏滞系数

水受到外部剪切力作用发生连续变形即流动的过程中，其内部相应要产生对变形的抵抗，并以内摩擦力的形式表现出来，这种运动状态下的抵抗剪切变形能力的特性称为黏滞性。黏滞性只有在运动状态下才能显示出来，静止状态下内摩擦力不存在，不显示黏滞性。

水的这种抵抗剪切变形的能力以黏滞系数 $\nu_{水}$ 表示，也称黏度。黏滞系数随温度和压强的变化而变化，但随压强的变化甚微，对温度变化较为敏感。因此一般情况下，不同水温时的运动黏滞系数可按经验公式 $\nu_{水} = 0.01775/(1 + 0.0337t + 0.000221t^2)$ 计算。其中，t 为水温，以摄氏温度(℃)计，$\nu_{水}$ 以平方厘米每秒(cm^2/s)计。

在排水管渠中，由于雨污水具有黏滞性的缘故，距离管渠内壁不同距离位置的水流流速不同。一般情况下，距离管渠内壁越近的水流速越小，距离管渠内壁越远的水流速越大，如圆形管道管中心处流速最大，管内壁处流速最小。

(四)水的压缩性与压缩系数

固体受外力作用发生变形，当外力撤除后(外力不超过弹性限度时)，有恢复原状的能力，这种性质称为物体的弹性。

液体不能承受拉力，但可以承受压力。液体受压后体积缩小，压力撤除后也能恢复原状，这种性质称为液体的压缩性或弹性。液体压缩性的大小以体积压缩系数 β 或体积弹性系数 K 来表示。

水在10℃下时，每增加一个大气压，体积仅压缩约十万分之五，压缩性很小。因此在排水工程中，一般不考虑水的压缩性。但在一些特殊情况下，必须考虑水受压后的弹力作用。如泵站或闸阀突然关闭，造成压力管道中水流速度急剧变化而引起水击等现象，应予以重视。

(五)水的表面张力

自由表面上的水分子由于受到两侧分子引力不平衡，而承受的一个极其微小的拉力，称为水的表面张力。表面张力仅在自由表面存在，其大小以表面张力系数 σ 来表示，单位为牛每米(N/m)，即自由表面单位长度上所承受的拉力值。水温 20℃ 时，$\sigma = 0.074N/m$。

在排水工程中，由于表面张力太小，一般来说对液体的宏观运动影响甚微，可以忽略不计，只在某些特殊情况下才予以考虑。

二、水流运动的基本概念

(一)水的流态

水的流动有层流、紊流和介于上述两者之间的过渡流三种流态，不同流态下的水流阻力特性不同，在水力计算前要先进行流态判别。流态采用雷诺数 Re 表示。当 $Re<2000$ 时，一般为层流；当 $Re>4000$ 时，一般为紊流；当 $2000 \leqslant Re \leqslant 4000$ 时，水流状态不稳定，属于过渡流态。

一般情况下，排水管渠内的水流雷诺数 Re 远大于4000，管渠内的水流处于紊流流态。因此，在对排水管网进行水力计算时，均按紊流考虑。

紊流流态又分为三个阻力特征区：阻力平方区(又称粗糙管区)、过渡区和水力光滑管区。在阻力平方区，管渠水头损失与流速平方成正比；在水力光滑管区，管渠水头损失约与流速的1.75次方成正比；而在过渡区，管渠水头损失与流速的1.75~2.0次方成正比。紊流三个阻力区的划分，需要使用水力学的层流底层理论进行判别，主要与管径(或水力半径)及管壁壁粗糙度有关。

在排水工程中，常用管渠材料的直径与粗糙度范围内，水流均处于紊流过渡区和阻力平方区，不会到达紊流光滑管区。当管壁较粗糙或管径较大时，水流多处于阻力平方区。当管壁较光滑或管径较小时，水流多处于紊流过渡区。因此，排水管渠的水头损失是水力计算中重要的内容。

(二)压力流与重力流

压力流输水通过封闭的管道进行，水流阻力主要依靠水的压能克服，阻力大小只与管道内壁粗糙程度、管道长度和流速有关，与管道埋设深度和坡度等无关。

重力流输水通过管道或渠道进行，管渠中水面与大气相通，且水流常常不充满管渠，水流的阻力主要依靠水的位能克服，形成水面沿水流方向降低，称为水力坡降。重力流输水时，要求管渠的埋设高程随着水流水力坡度下降。

在排水工程中，管渠的输水方式一般采用重力流，特殊情况下也采用压力流，如提升泵站或调水泵站出水管、过河倒虹管等。另外，当排水管渠的实际过流超过设计能力时，也会形成压力流。

从水流断面形式看，由于圆管的水力条件和结构性能好，在排水工程中采用最多。特别是压力流输水，基本上均采用圆管。圆管也用于重力流输水，在埋于地下时，圆管能很好地承受土壤的压力。除圆管外，明渠或暗渠一般只能用于重力流输水，其断面形状有多种，以梯形和矩形居多。

(三)恒定流与非恒定流

恒定流与非恒定流是根据运动要素是否随时间变化来划分的。恒定流是指水体在运动过程中，其任一点处的运动要素不随时间而变化的流动；非恒定流是指水体在运动过程中，其任一点处有任何一个运动要素随时间而变化的流动。

由于用水量和排水量的经常性变化，排水管渠中的水流均处于非恒定流状态，特别是雨水及合流制排水管网中，受降雨的影响，水力因素随时间快速变化，属于显著的非恒定流。但是，非恒定流的水力计算特别复杂，在排水管渠设计时，一般也只能按恒定流计算。

近年来，由于计算机技术的发展与普及，国内外已经有人开始研究和采用非恒定流计算给水排水管网的水力问题，而且得到了更接近实际的结果。

(四)均匀流与非均匀流

均匀流与非均匀流是根据运动要素是否随位置变化来划分的。均匀流是指水体在运动过程中，其各点的运动要素沿流程不变的流动；非均匀流是指水体在运动过程中，其任一点的任何一个运动要素沿流程变化的流动。

在排水工程中，管渠内的水流不但多为非恒定流，且常为非均匀流，即水流参数往往随时间和空间变化。特别是明渠流或非满管流，通常都是非均匀流。

对于满管流动，如果管道截面在一段距离内不变且不发生转弯，则管内流动为均匀流；而当管道在局部分叉、转弯与截面变化时，管内流动为非均匀流。

均匀流的管道对水流阻力沿程不变，水流的水头损失可以采用沿程水头损失公式计算；满管流的非均匀流动距离一般较短，采用局部水头损失公式计算。

对于非满管流或明（暗）渠流，只要长距离截面不变，也可以近似为均匀流，按沿程水头损失公式进行水力计算；对于短距离或特殊情况下的非均匀流动则运用水力学理论按缓流或急流计算，或者用计算机模拟。

（五）水流的水头与水头损失

1. 水头

水头是指单位重量的水所具有的机械能，一般用符号 h 或 H 表示，常用单位为米水柱（mH_2O），简写为米（m）。水头分为位置水头、压力水头和流速水头三种形式。位置水头是指因为水流的位置高程所得的机械能，又称位能，以水流所处的高程来度量，用符号 Z 表示。压力水头是指水流因为压强而具有的机械能，又称压能，以压力除以相对密度所得的相对高程来度量，用符号 p/γ 表示。流速水头是指因为水流的流动速度而具有的机械能，又称动能，以动能除以重力加速度所得的相对高程来度量，用符号 $v^2/2g$ 表示。

位置水头和压力水头属于势能，它们两者的和称为测压管水头；流速水头属于动能。水在流动过程中，三种形式的水头（机械能）总是处于不断转换之中。排水管渠中的测压管水头较之流速水头一般大得多，因此在水力计算中，流速水头往往可以忽略不计。

2. 水头损失

因黏滞性的存在，水在流动中受到固定界面的影响（包括摩擦与限制作用），导致断面的流速不均匀，相邻流层间产生切应力，即流动阻力。水流克服阻力所消耗的机械能，称为水头损失，用符号 h_w 表示。当水流受到固定边界限制做均匀流动时，流动阻力中只有沿程不变的切应力，称为沿程阻力。由沿程阻力所引起的水头损失称为沿程水头损失，用符号 h_f 表示。当水流固定边界发生突然变化，引起流速分布或方向发生变化，从而集中发生在较短范围的阻力称为局部阻力。由局部阻力所引起的水头损失称为局部水头损失，用符号 h_m 表示。实际应用中，水头损失应包括沿程水头损失 h_f 和局部水头损失 h_m，即 $h_w = \Sigma h_f + \Sigma h_m$。

从产生的原理可以看出，水头损失的大小与管渠过水断面的几何尺寸和管渠内壁的粗糙度有关。

粗糙度一般用粗糙系数 n 来表示，其大小综合反映了管渠内壁对水流阻力的大小，是管渠水力计算中的主要因素之一。

管渠过水断面的特性几何尺寸，称之为水力半径，用符号 R 来表示，单位为米（m），其计算公式为 $R = A/\chi$。其中，A 为过水断面面积，单位为平方米（m^2）；χ 为过水断面与固定界面表面接触的周界，即湿周，单位为米（m）。当水流为圆管满流时，其湿周 χ 与圆管断面周长一致，$R = 0.25d$，d 为圆管直径，单位为米（m）。水力半径是一个重要的概念，在面积相等的情况下，水力半径越大，湿周越小，水流所受的阻力越小，越有利于过流。

在排水工程中，由于管渠长度较长，沿程水头损失一般远远大于局部水头损失。所以在进行水力计算时，一般忽略局部水头损失，或将局部阻力转换成等效长度的沿程水头损失进行计算。

三、水静力学

液体静力学主要是讨论液体静止时的平衡规律和这些规律的应用。所谓"液体静止"指的是液体内部质点间没有相对运动，也不呈现黏性，至于盛装液体的容器，不论它是静止的、匀速运动的还是匀加速运动的都没有关系。

（一）液体静压力及其特性

当液体静止时，液体质点间没有相对运动，故不存在切应力，但却有压力和重力的作用。液体静止时产生的压力称为静水压力，即在静止液体表面上的法向力。

液体内单位面积 ΔA 上所受到的法向力为 ΔF，如图 3-1，则 ΔF 与 ΔA 之比，称为 ΔA 表面的平均静压强 p。当微小面积 ΔA 无限缩小为一点时，则其平均静压强的极限值就是该点的静压强，见式（3-1）：

$$p = \lim_{\Delta A \to 0} \frac{\Delta F}{\Delta A} \qquad (3\text{-}1)$$

式中：p——液体内单位面积上的平均静压强，Pa；

ΔA——液体内的单位面积，m^2；

ΔF——液体内单位面积上受到的法向力，N。

由此可见，液体的静压力是指作用在某面积上的总压力，而液体的静压强则是作用在单位面积上的压力（图 3-1）。由于液体质点间的凝聚力很小，不能受拉，只能受压，所以液体的静压强具有两个重要特性：①静压强的方向指向受压面，并与受压面垂直；②静止液体内任一点的静压强在各个方向上均相等。

图 3-1　单位面积上的受力示意图

（二）水静力学基本方程

1. 静压基本方程式

在静止的液体中，取出一垂直的小圆柱体，如图3-2所示。已知自由液面（指液体与气体的交界面）压强为p_0，圆柱体顶面与自由液面重合，高为h，端面面积为$\triangle A$。

平衡状态下，$p\triangle A = p_0\triangle A + F_G$。这里的$F_G$即为液柱的重量，$F_G = \rho g h\triangle A$。由上述两式得出式（3-2）：

$$p = p_0 + \rho g h = p_0 + \gamma h \qquad (3-2)$$

式中：p——静止液体内某点的压强，Pa；

p_0——液面压强，Pa；

g——重力加速度，N/kg；

h——小圆柱体高度，m；

γ——液体重力密度，N/m³。

式（3-2）即为液体静力学的基本方程。

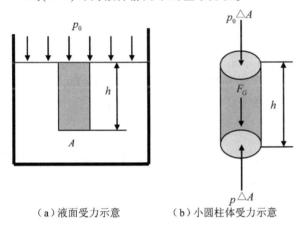

（a）液面受力示意　　　（b）小圆柱体受力示意

图3-2　静止液体的受力示意

由液体静压力基本方程可知：

（1）静止液体内任一点处的压强由两部分组成，一部分是液面上的压强p_0，另一部分是γ与该点离液面深度h的乘积。当液面上只受大气压强p_0作用时，点A处的静压强则为$p = p_0$。

（2）同一容器中同一液体内的静压强随液体深度h的增加而线性地增加。

（3）连通器内同一液体中深度h相同的各点压强都相等。由压强相等的组成的面称为等压面。在重力作用下静止液体中的等压面是一个水平面。

2. 静压力基本方程的物理意义

静止液体中单位质量液体的压力能和位能可以互相转换，但各点的总能量却保持不变，即能量守恒。

3. 帕斯卡原理

根据静力学基本方程，盛放在密闭容器内的液体，其外加压强p_0发生变化时，只要液体仍保持其原来的静止状态不变，液体中任一点的压强均将发生同样大小的变化。也就是说，在密闭容器内，施加于静止液体上的压强将以等值同时传到各点，这就是静压传递原理或称帕斯卡原理。

（三）静水压强的表示方法和单位

1. 表示方法

压强的表示方法有两种：绝对压强和相对压强。绝对压强是以绝对真空作为基准所表示的压强；相对压强是以大气压力作为基准所表示的压强。由于大多数测压仪表所测得的压强都是相对压强，故相对压强也称表压强。绝对压强与相对压强的关系为绝对压强=相对压强+大气压强。

如果液体中某点处的绝对压强小于大气压强，这时在这个点上的绝对压强比大气压强小的部分数值称为：真空度，即：真空度=大气压强−绝对压强。

2. 单　位

我国法定压强单位为帕斯卡，简称帕，符号为Pa，$1Pa = 1N/m^2$。由于Pa太小，工程上常用其倍数单位兆帕（MPa）来表示，$1MPa = 10^6 Pa$。

压强单位和其他非法定计量单位的换算关系为：

1at（工程大气压）$= 1 kg\cdot f/cm^2 = 9.8\times10^4 Pa$

$1 mH_2O$（米水柱）$= 9.8\times10^3 Pa$

1mmHg（毫米汞柱）$= 1.33\times10^2 Pa$

1bar（巴）$= 10^5 Pa \approx 1.02 kg\cdot f/cm^2$

（四）液体静压力对固体壁面的作用力

静止液体和固体壁面相接触时，固体壁面上各点在某一方向上所受静压作用力的总和，便是液体在该方向上作用于固体壁面上的力。在液压传动计算中质量力可以忽略，静压处处相等，所以可认为作用于固体壁面上的压力是均匀分布的。

当固体壁面是一个曲面时，作用在曲面各点的液体静压力是不平行的，但是静压力的大小是相等的，因而作用在曲面上的总作用力在不同的方向也就不一样。因此，必须首先明确要计算的曲面上的力。

如图3-3所示，在曲面上的液压作用力F，就等

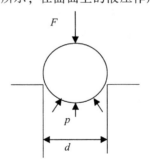

图3-3　曲面液压作用力示意

于压力作用于该部分曲面在垂直方向的投影面积 A 与压力 p 的乘积，其作用点在投影圆的圆心，其方向向上，即 $F=pA=p(\pi d^2/4)$。其中，d 为承压部分曲面投影圆的直径。

由此可见，曲面上液压作用力在某一方向上的分力等于静压力和曲面在该方向的垂直面内投影面积的乘积。

四、水动力学

(一)基本概念

1. 理想液体、实际液体、平行流动和缓变流动

(1)理想液体：既无黏性又不可压缩的液体称为理想液体。

(2)实际液体：实际的液体，既有黏性又可压缩。

(3)平行流动：流线彼此平行的流动。

(4)缓变流动：流线夹角很小或流线曲率半径很大的流动。

2. 迹线、流线、流束和通流截面

(1)迹线：流动液体的某一质点在某一时间间隔内在空间的运动轨迹。

(2)流线：表示某一瞬时，液流中各处质点运动状态的一条条曲线。

(3)流管和流束：封闭曲线中的这些流线组合的表面称为流管。流管内的流线群称为流束。

(4)通流截面：流束中与所有流线正交的截面称为通流截面。截面上每点处的流动速度都垂直于这个面。

3. 流量和流速

(1)流量：单位时间内通过某通流截面的液体的体积称为流量。

(2)流速：单位面积内通过某通流截面的流量称为流速。

4. 流体压力

考虑流体内部某一平面，当该平面两侧流体无相对运动时，面上任一单位面积所受到的作用力称为流体压力。从微观上看，压力是分子运动对容器壁面碰撞所产生的平均作用力的表现。

(二)连续性方程

质量守恒是自然界的客观规律，不可压缩液体的流动过程也遵守质量守恒定律。假设液体作定常流动，且不可压缩，任取一流管，根据质量守恒定律，在 dt 时间内流入此微小流束的质量应等于此微小流束流出的质量，如图3-4所示。

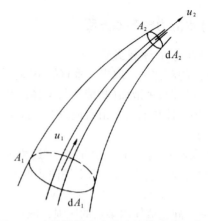

图 3-4 液体的微小流束连续性流动示意图

液体的连续性方程见式(3-3)：

$$\left.\begin{array}{l}\rho u_1 dA_1 dt = \rho u_2 dA_2 dt \\ u_1 dA_1 = u_2 dA_2 \end{array}\right\} \quad (3-3)$$

式中：ρ——液体的密度，kg/m^3；

u_1、u_2——分别表示流束两端的液体的黏度，$Pa \cdot s$；

A_1、A_2——分别表示流束两端的截面面积，m^2；

t——液体通过微小流束所用的时间，s。

对整个流管积分，得出式(3-4)：

$$\int_{A_1} u_1 dA_1 = \int_{A_2} u_2 dA_2 \quad (3-4)$$

其中，不可压缩流体作定常流动的连续性方程见式(3-5)：

$$v_1 A_1 = v_2 A_2 \quad (3-5)$$

由于通流截面是任意取的，则得出式(3-6)：

$$q = v_1 A_1 = v_2 A_2 = v_3 A_3 = \cdots\cdots = v_n A_n = 常数 \quad (3-6)$$

式中：v_1——流管通流截面 A_1 上的平均流速，m/s；

v_2——流管通流截面 A_2 上的平均流速，m/s；

q——流管的流量，m^3/s。

此式表明通过流管内任一通流截面上的流量相等，当流量一定时，任一通流截面上的通流面积与流速成反比。则任一通流断面上的平均流速为式(3-7)：

$$v_i = \frac{q}{A_i} \quad (3-7)$$

(三)伯努利方程

能量守恒是自然界的客观规律，流动液体也遵守能量守恒定律，这个规律是用伯努利方程的数学形式来表达的。

1. 理想液体微小流束的伯努利方程

为了研究方便，一般将液体作为没有黏性摩擦力的理想液体来处理。理想液体微小流束的伯努利方程见式(3-8)：

$$\frac{p_1}{\rho g} + z_1 + \frac{u_1^2}{2g} = \frac{p_2}{\rho g} + z_2 + \frac{u_2^2}{2g} \qquad (3-8)$$

式中：$\frac{p}{\rho g}$——单位重量液体所具有的压力能，称为比

压能，也叫作压力水头，m；

z——单位重量液体所具有的势能，称为比位

能，也叫作位置水头，m；

$\frac{u^2}{2g}$——单位重量液体所具有的动能，称为比

动能，也叫作速度水头，m。

对伯努利方程可作如下的理解：

（1）伯努利方程式是一个能量方程式，它表明在空间各相应通流断面处流通液体的能量守恒规律。

（2）理想液体的伯努利方程只适用于重力作用下的理想液体作定常活动的情况。

（3）任一微小流束都对应一个确定的伯努利方程，即对于不同的微小流束，它们的常量值不同。

伯努利方程的物理意义为：在密封管道内作定常流动的理想液体在任意一个通流断面上具有三种形成的能量，即压力能、势能和动能。三种能量的总和是一个恒定的常量，而且三种能量之间是可以相互转换的，即在不同的通流断面上，同一种能量的值是不同的，但各断面上的总能量值都是相同的。

2. 实际液体流束的伯努利方程

实际液体都具有黏性，因此液体在流动时还需克服由于黏性所引起的摩擦阻力，这必然要消耗能量。设因黏性而消耗的能量为 h_w，则实际液体微小流束的伯努利方程见式（3-9）：

$$\frac{p_1}{\rho} + z_1 g + \frac{u_1^2}{2} = \frac{p_2}{\rho} + z_2 g + \frac{u_2^2}{2} + h_w g \quad (3-9)$$

式中：p_1、p_2——液体的压强，Pa；

ρ——液体的密度，kg/m³；

z_1、z_2——单位重量液体所具有的势能，称为

比位能，也叫作位置水头，m；

g——重力加速度，m/s²；

u_1、u_2——液体的黏度，Pa·s；

h_w——由液体黏性引起的能量损失，m。

3. 实际液体总流的伯努利方程

将微小流束扩大到总流，由于在通流截面上速度 u 是一个变量，若用平均流速代替，则必然造成动能偏差，故必须引入动能修正系数。于是实际液体总流的伯努利方程为式（3-10）：

$$\frac{p_1}{\rho} + z_1 g + \frac{\alpha_1 v_1^2}{2} = \frac{p_2}{\rho} + z_1 g + \frac{\alpha_2 v_2^2}{2} + h_w g \quad (3-10)$$

式中：α_1、α_2——动能修正系数，一般在紊流时 $\alpha = 1$，层流时 $\alpha = 2$。

4. 动量方程

动量方程是动量定理在流体力学中的具体应用。流动液体的动量方程是流体力学的基本方程之一，它是研究液体运动时作用在液体上的外力与其动量的变化之间的关系。液体作用在固体壁面上的力，用动量定理来求解比较方便。动量定理：作用在液体上的力的大小等于液体在力作用方向上的动量的变化率，见式（3-11）：

$$\sum F = \frac{d(mu)}{dt} \qquad (3-11)$$

式中：F——作用在液体上作用力，N；

m——液体的质量，kg；

u——液体的流速，m/s。

假设理想液体作定常流动。任取一控制体积，两端通流截面面积为 A_1、A_2，在控制体积中取一微小流束，流束两端的截面面积分别为 dA_1 和 dA_2，在微小截面上各点的速度可以认为是相等的，且分别为 u_1 和 u_2。动量的变化见式（3-12）：

$$d(mu) = d(mu)_2 - d(mu)_1 = \rho dq dt (u_2 - u_1)$$
$$(3-12)$$

式中：ρ——液体的密度，kg/m³；

q——液体的流量，m³/s；

t——液体通过微小流速所用的时间，s；

u_1、u_2——液体在两端通流截面上的流速，m/s。

微小流束扩大到总流，对液体的作用力合力见式（3-13）：

$$\sum F = \rho q (u_2 - u_1) \qquad (3-13)$$

将微小流束扩大到总流，由于在通流截面上速度 u 是一个变量，若用平均流速代替，则必然造成动量偏差，故必须引入动量修正系数 β。故对液体的作用力合力为式（3-14）：

$$\sum F = \rho q (\beta_2 v_2 - \beta_1 v_1) \qquad (3-14)$$

式中：β_1、β_2——动量修正系数，一般在紊流时 $\beta = 1$，层流时 $\beta = 1.33$。

五、基础水力

（一）沿程水头损失计算

管渠的沿程水头损失常用谢才公式计算，其形式见式（3-15）：

$$h_f = \frac{l v^2}{C^2 R} \qquad (3-15)$$

式中：h_f——沿程水头损失，m；

l——管渠长度，m；

v——过水断面的平均流速，m/s；

C——谢才系数，$\sqrt{m}$/s；

R——过水断面水力半径，m。

对于圆管满流，沿程水头损失也可用达西公式计算，表示为式（3-16）：

$$h_f = \lambda \frac{l}{d} \frac{v^2}{2g} \tag{3-16}$$

式中：d——圆管直径，m；

g——重力加速度，m/s²；

λ——沿程阻力系数，$\lambda = 8g/C^2$，m。

沿程阻力系数或谢才系数与水流流态有关，一般只能采用经验公式或半经验公式计算。目前，国内外较为广泛使用的主要有舍维列夫公式、海曾-威廉公式、柯尔勃洛克-怀特公式和巴甫洛夫斯基公式等，其中国内常用的是舍维列夫公式和巴甫洛夫斯基公式。

（二）局部水头损失计算

局部水头损失见式（3-17）：

$$h_j = \zeta \frac{v^2}{2g} \tag{3-17}$$

式中：h_j——局部水头损失，m；

ζ——局部阻力系数，无量纲；

v——过水断面的平均流速，m/s。

不同配件、附件或设施的局部阻力系数详见表3-1。

表3-1 局部阻力系数（ζ）

配件、附件或设施	ζ	配件、附件或设施	ζ
全开闸阀	0.19	90°弯头	0.9
50%开启闸阀	2.06	45°弯头	0.4
截止阀	3~5.5	三通转弯	1.5
全开蝶阀	0.24	三通直流	0.1

（三）非满流管渠水力计算

非满流管渠水力计算的目的在于确定管渠的流量、流速、断面尺寸、充满度、坡度之间的水力关系。非满流管渠内的水流状态基本上都处于阻力平方区，接近于均匀流。所以，在非满流管渠的水力计算中一般都采用均匀流公式，即式（3-18）：

$$\left.\begin{array}{l} v = C\sqrt{Ri} \\ Q = Av = AC\sqrt{Ri} = K\sqrt{i} \end{array}\right\} \tag{3-18}$$

式中：v——过水断面的平均流速，m/s；

C——谢才系数，$\sqrt{m}$/s；

R——水力半径，m；

i——水力坡度（等于水面坡度，也等于管底坡

度），m/m；

Q——过水断面的平均流量，m³/s；

A——过水断面面积，m²；

K——流量模数，$K = AC\sqrt{R}$，其值相当于底坡等于1时的流量。

式（3-18）中的谢才系数 C 如采用曼宁公式计算，则可表示为式（3-19）：

$$\left.\begin{array}{l} v = \frac{1}{n}\sqrt[3]{R^2}\sqrt{i} \\ Q = A\frac{1}{n}\sqrt[3]{R^2}\sqrt{i} \\ R = R(D, h/D) \\ A = A(D, h/D) \end{array}\right\} \tag{3-19}$$

式中：n——粗糙系数，无量纲。

D——过水管道管径，m；

H——过水断面水深，m；

h/D——充满度，%。

上述速度和流量的计算公式即为非满流管渠水力计算的基本公式。

在非满流管渠水力计算的基本公式中，有 Q、d、h、i 和 v 共5个变量，已知其中任意3个，就可以求出另外2个。由于计算公式的形式很复杂，所以非满流管渠水力计算比满流管渠水力计算要繁杂得多，特别是在已知流量、流速等参数求其充满度时，需要解非线性方程，手工计算非常困难。为此，必须找到手工计算的简化方法。常用简化计算方法有利用水力计算图表进行计算和借助满流水力计算公式并通过一定的比例变换进行计算等。

（四）无压圆管的水力计算

所谓无压圆管，是指非满流的圆形管道。在排水工程中，圆形断面无压均匀流的例子最为普遍，一般污水管道、雨水管道和合流管道中大多属于这种流动。这是因为它们既是水力最优断面，又具有制作方便、受力性能好等特点。由于这类管道内的流动都具有自由液面，所以常用明渠均匀流的基本公式对其进行计算。

圆形断面无压均匀流的过水断面如图3-5所示。设其管径为 d，水深为 h，定义 $\alpha = h/d = \sin(\theta/4)$，$\alpha$ 称为充满度，所对应的圆心角 θ 称为充满角（°）。

由几何关系可得各水力要素之间的关系为：

（1）过水断面面积 $A = \dfrac{d^2}{8}(\theta - \sin\theta)$。

（2）湿周 $\chi = \dfrac{d}{2}\theta$。

（3）水力半径 $R = \dfrac{d}{4}\left(1 - \dfrac{\sin\theta}{\theta}\right)$。

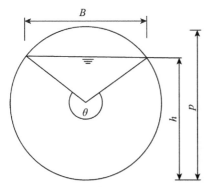

图3-5　无压圆管均匀流的过水断面

代入式(3-19)，得出式(3-20)：

$$v = \frac{1}{n}\sqrt[3]{R^2}\sqrt{i}$$
$$Q = \frac{1}{n}A\sqrt[3]{R^2}\sqrt{i} \quad\quad (3-20)$$

为便于计算，表3-2列出不同充满度时，圆形管道过水断面面积 A 和水力半径 R 的值。

表3-2　不同充满度时圆形管道过水断面面积和水力半径

充满度 (α)	过水断面面积 $(A)/\text{m}^2$	水力半径 $(R)/\text{m}$	充满度 (α)	过水断面面积 $(A)/\text{m}^2$	水力半径 $(R)/\text{m}$
0.05	$0.0147d^2$	$0.0326d$	0.55	$0.4426d^2$	$0.2649d$
0.10	$0.0400d^2$	$0.0635d$	0.60	$0.4920d^2$	$0.2776d$
0.15	$0.0739d^2$	$0.0929d$	0.65	$0.5404d^2$	$0.2881d$
0.20	$0.1118d^2$	$0.1206d$	0.70	$0.5872d^2$	$0.2962d$
0.25	$0.1535d^2$	$0.1466d$	0.75	$0.6319d^2$	$0.3017d$
0.30	$0.1982d^2$	$0.1709d$	0.80	$0.6736d^2$	$0.3042d$
0.35	$0.2450d^2$	$0.1935d$	0.85	$0.7115d^2$	$0.3033d$
0.40	$0.2934d^2$	$0.2142d$	0.90	$0.7445d^2$	$0.2980d$
0.45	$0.3428d^2$	$0.2331d$	0.95	$0.7707d^2$	$0.2865d$
0.50	$0.3927d^2$	$0.2500d$	1.00	$0.7845d^2$	$0.2500d$

注：表中 d 的单位为 m。

第二节　水化学

一、概　述

(一)水的含义

水(H_2O)是由氢、氧两种元素组成的无机物，在常温常压下为无色无味的透明液体。水是最常见的物质之一，是包括人类在内所有生命生存的重要资源，也是生物体最重要的组成部分。水在生命演化中起到了重要的作用。

(二)水化学的基本内容

水化学是研究和描述水中存在的各种物质(包括有机物和无机物)与水分子之间相互作用的物理化学过程。涉及化学动力学、热力学、化学平衡、酸碱化学、配位化学、氧化还原化学和它们之间相互作用等理论与实践，同时也会涉及有关物理学、地理学、地质学和生物学等相关知识。

(三)水化学的意义

研究水化学的意义主要包括：了解天然水的地球化学；研究水污染化学；开发给水工程；污水处理实现水的回归；发展水养殖；进行水资源保护和合理利用；研究海洋科学工程；研究腐蚀与防腐科学；进行水质分析与水环境监测；制定水质标准；研究水利工程与土木建筑等。

二、水化学反应

(一)中和反应

(1)中和反应：是指酸与碱作用生成盐和水的反应。例如氢氧化钠(俗称烧碱、火碱、苛性钠)可以和盐酸发生中和反应，生成氯化钠和水。

(2)实际应用：改变土壤的酸碱性、用于医药卫生、调节人体酸碱平衡、调节溶液酸碱性、处理工厂的废水等。

污水处理厂里的废水常呈现酸性或碱性，若直接排放将会造成水污染，所以需进行一系列的处理。碱性污水需用酸来中和，酸性污水需用碱来中和，如硫酸厂的污水中含有硫酸等杂质，可以用熟石灰来进行中和处理，生成硫酸钙沉淀物和水。

例如氢氧化钠被广泛应用于水处理。在污水处理厂，氢氧化钠可以通过中和反应减小水的硬度。在工业领域，是离子交换树脂再生的再生剂。氢氧化钠具有强碱性，且在水中具有相对高的可溶性。由于氢氧化钠在水中具有相对高的可溶性，所以容易衡量用量，被方便地使用在水处理的各个领域。

氢氧化钠被使用在水处理的方向有：消除水的硬度；调节水的 pH；对废水进行中和；通过沉淀消除水中重金属离子；离子交换树脂的再生。

(二)混　凝

混凝是指通过某种方法(如投加化学药剂)使水中胶体粒子和微小悬浮物聚集的过程，是水和废水处理工艺中的一种单元操作。凝聚和絮凝总称为混凝。凝聚主要指胶体脱稳并生成微小聚集体的过程，絮凝主要指脱稳的胶体或微小悬浮物聚结成大的絮凝体的过程。

影响混凝效果的主要因素如下:

(1)水温:水温对混凝效果有明显的影响。

(2)pH:对混凝的影响程度,视混凝剂的品种而异。

(3)水中杂质的成分、性质和浓度。

(4)水力条件。

混凝剂可归纳为如下两类:

(1)无机盐类:有铝盐(硫酸铝、硫酸铝钾、铝酸钾等)、铁盐(三氯化铁、硫酸亚铁、硫酸铁等)和碳酸镁等。

(2)高分子物质:有聚合氯化铝,聚丙烯酰胺等。

常用的混凝剂介绍如下:

(1)硫酸铝

硫酸铝常用的是 $Al_2(SO_4)_3 \cdot 18H_2O$,其分子量为 666.41,相对密度 1.61,外观为白色,光泽结晶。硫酸铝易溶于水,水溶液呈酸性,室温时溶解度大致是 50%,pH 在 2.5 以下。沸水中溶解度提高至 90%以上。硫酸铝使用便利,混凝效果较好,不会给处理后的水质带来不良影响。当水温低时硫酸铝水解困难,形成的絮体较松散。

硫酸铝在我国使用最为普遍,大都使用块状或粒状硫酸铝。根据其中不溶于水的物质的含量可分为精制和粗制两种。硫酸铝易溶于水可干式或湿式投加。湿式投加时一般采用 10%~20% 的浓度(按商品固体重量计算)。硫酸铝使用时水的有效 pH 范围较窄,约在 5.5~8,其有效 pH 随原水的硬度的大小而异,对于软水 pH 在 5.7~6.6,中等硬度的水 pH 为 6.6~7.2,硬度较高的水 pH 则为 7.2~7.8。在控制硫酸铝剂量时应考虑上述特性。有时加入过量硫酸铝会使水的 pH 降至铝盐混凝有效 pH 以下,既浪费了药剂,又使处理后的水浑浊。

(2)三氯化铁

三氯化铁($FeCl_3 \cdot 6H_2O$)是一种常用的混凝剂,是黑褐色的结晶体,有强烈吸水性,极易溶于水,其溶解度随温度上升而增加,形成的矾花沉淀性能好,处理低温水或低浊水效果比铝盐好。我国供应的三氯化铁有无水物、结晶水合物和液体三种。液体、结晶水合物或受潮的无水物腐蚀性极大,调制和加药设备必须用耐腐蚀器材(不锈钢的泵轴运转几星期也即腐蚀,用钛制泵轴有较好的耐腐性能)。三氯化铁加入水后与天然水中碱度起反应,形成氢氧化铁胶体。

三氯化铁的优点是形成的矾花密度大,易沉降,低温、低浊时仍有较好效果,适宜的 pH 范围也较

宽,缺点是溶液具有强腐蚀性,处理后的水的色度比用铝盐高。

(3)硫酸亚铁

硫酸亚铁($FeSO_4 \cdot 7H_2O$)是半透明绿色结晶体,俗称绿矾,易溶于水,在水温 20℃时溶解度为 21%。

硫酸亚铁通常是生产其他化工产品的副产品,价格低廉,但应检测其重金属含量,保证其在最大投量时,处理后的水中重金属含量不超过国家有关水质标准的限量。

固体硫酸亚铁需溶解投加,一般配置成 10% 左右的重量百分比浓度使用。

当硫酸亚铁投加到水中时,离解出的二价铁离子只能生成简单的单核络合物,因此,不如含有三价铁的盐那样有良好的混凝效果。残留于水中的 Fe^{2+} 会使处理后的水带色,当水中色度较高时,Fe^{2+} 与水中有色物质反应,将生成颜色更深的不易沉淀的物质(但可用三价铁盐除色)。根据以上所述,使用硫酸亚铁时应将二价铁先氧化为三价铁,然后再起混凝作用。通常情况下,可采用调节 pH、加入氯、曝气等方法使二价铁快速氧化。

当水的 pH 在 8.0 以上时,加入的亚铁盐的 Fe^{2+} 易被水中溶解氧氧化成 Fe^{3+},当原水的 pH 较低时,可将硫酸亚铁与石灰、碱性条件下活化的活化硅酸等碱性药剂一起使用,可以促进二价铁离子氧化。当原水 pH 较低而且溶解氧不足时,可通过加氯来氧化二价铁。

硫酸亚铁使用时,水的 pH 的适用范围较宽,为 5.0~11。

(4)碳酸镁

铝盐与铁盐作为混凝剂加入水中形成絮体随水中杂质一起沉淀于池底,作为污泥要进行适当处理以免造成污染。大型水厂产生的污泥量甚大,因此不少人曾尝试用硫酸回收污泥中的有效铝、铁,但回收物中常有大量铁、锰和有机色度,以致不适宜再作混凝剂。

碳酸镁在水中产生 $Mg(OH)_2$ 胶体和铝盐、铁盐产生的 $Al(OH)_3$ 与 $Fe(OH)_3$ 胶体类似,可以起到澄清水的作用。石灰苏打法软化水站的污泥中除碳酸钙外,尚有氢氧化镁,利用二氧化碳气可以溶解污泥中的氢氧化镁,从而回收碳酸镁。

(5)聚丙烯酰胺(PAM)

聚丙烯酰胺为白色粉末或者小颗粒状物,密度为 1.32g/cm³(23℃),玻璃化温度为 188℃,软化温度接近 210℃,为水溶性高分子聚合物,具有良好的絮凝性,可以降低液体之间的摩擦阻力,不溶于大多数有机溶剂。本身及其水解体没有毒性,聚丙烯酰胺的

毒性来自其残留单体丙烯酰胺（AM）。丙烯酰胺为神经性致毒剂，对神经系统有损伤作用，中毒后表现出肌体无力，运动失调等症状。因此各国卫生部门均有规定聚丙烯酰胺工业产品中残留的丙烯酰胺含量，一般为 0.05%～0.5%。聚丙烯酰胺用于工业和城市污水的净化处理方面时，一般允许丙烯酰胺含量 0.2% 以下，用于直接饮用水处理时，丙烯酰胺含量需在 0.05% 以下。聚丙烯酰胺产品用途如下：

①用于污泥脱水可有效在污泥进入压滤之前进行污泥脱水，脱水时，产生絮团大，不粘滤布，压滤时不散，泥饼较厚，脱水效率高，泥饼含水率在 80% 以下。

②用于生活污水和有机废水的处理，在酸性或碱性介质中均呈现阳电性，这样对污水中悬浮颗粒带阴电荷的污水进行絮凝沉淀，澄清很有效。如生产粮食酒精废水、造纸废水、城市污水处理厂的废水、啤酒废水、纺织印染废水等，用阳离子聚丙烯酰胺要比用阴离子、非离子聚丙烯酰胺或无机盐类效果要高数倍或数十倍，因为这类废水普遍带阴电荷。

③用于以江河水作水源的自来水的处理絮凝剂，用量少，效果好，成本低，特别是和无机絮凝剂复合使用效果更好，它将成为治理长江、黄河及其他流域的自来水厂的高效絮凝剂。

聚丙烯酰胺可以应用于各种污水处理，针对生活污水处理使用聚丙烯酰胺一般分为两个过程，一是高分子电解质与粒子表面的电荷中和；二是高分子电解质的长链与粒子架桥形成絮团。絮凝的主要目的是通过加入聚丙烯酰胺使污泥中细小的悬浮颗粒和胶体微粒聚结成较粗大的絮团。随着絮团的增大，沉降速度逐渐增加。

（6）聚合氯化铝（PAC）

聚合氯化铝颜色呈黄色或淡黄色、深褐色、深灰色，树脂状固体。有较强的架桥吸附性能，在水解过程中，伴随发生凝聚、吸附和沉淀等物理化学过程。聚合氯化铝与传统无机混凝剂的根本区别在于传统无机混凝剂为低分子结晶盐，而聚合氯化铝的结构由形态多变的多元羧基络合物组成，絮凝沉淀速度快，适用 pH 范围宽，对管道设备无腐蚀性，净水效果明显，能有效去除水中色度、悬浮物（SS）、化学需氧量（COD）、生化需氧量（BOD）及砷、汞等重金属离子，广泛用于饮用水、工业用水和污水处理领域如下：

①净水处理：生活用水、工业用水。

②城市污水处理。

③工业废水、污水、污泥的处理及污水中某些杂质回收等。

④对某些处理难度大的工业污水，以聚合氯化铝为母体，掺入其他药剂，调配成复合聚合氯化铝，处理污水能得到良好的效果。

（三）氧化还原

1. 臭氧消毒

臭氧由三个氧原子组成，在常温下为无色气体，有腥臭。臭氧极不稳定，分解时产生初生态氧。

臭氧 $O_3 = O_2 + [O]$，$[O]$ 具有极强氧化能力，是氯以外的最活泼氧化剂，对具有较强抵抗能力的微生物如病毒、芽孢等都具有强大的杀伤力。$[O]$ 除具有强大杀伤力外，还具有很强的渗入细胞壁的能力，从而破坏细菌有机体结构导致细菌死亡。臭氧不能贮存，需现场边生产边使用。

臭氧在污水处理过程中除可以杀菌消毒外，还可以除色。

臭氧是一种强氧化剂，它能把有机物大分子分解成小分子，把难溶解物分解为可溶物，把难降解物质转化为可降解物质，把有害物质分解为无害物，从而达到污水净化的作用。污水处理中臭氧的特点如下：

（1）臭氧是优良的氧化剂，可以彻底分解污水中的有机物。

（2）可以杀灭包括抗氯性强的病毒和芽孢在内的所有病原微生物。

（3）在污水处理过程中，受污水 pH、温度等条件的影响较小。

（4）臭氧分解后变成氧气，增加水中的溶解氧，改善水质。

（5）臭氧可以把难降解的有机物大分子分解成小分子有机物，提高污水的可生化性。

（6）臭氧在污水中会全部分解，不会因残留造成二次污染。

2. 紫外线消毒

紫外线具有杀菌消毒作用。其消毒优点如下：

（1）消毒速度快，效率高。

（2）不影响水的物理性质和化学成分，不增加水的臭和味。

（3）操作简单，便于管理，易于实现自动化。

紫外线消毒的缺点是：不能解决消毒后在管网中再污染问题，电耗较大，水中悬浮物杂质妨碍光线透射等。

3. 氯消毒

氯是一种黄绿色气体，在标准状态下，氯的密度约为空气密度的 2.5 倍，有特殊的强烈的刺鼻臭味，在常温常压下是气体，加压到 5～7 个大气压时就会变成液体。氯气极易溶于水。氯对人的呼吸器官有刺激性，浓度大时，起初引起流泪，每升空气中含有0.25mg 浓度的氯气时，在其间停留 30min 即可致死，超过 2.5mg/L 浓度时，能短时间致死。氯气中毒能引起气管炎症，直至引起肺脏气肿、充血、出血和水肿，为防止氯气泄漏和中毒，需注意有关安全事项和操作规程。

氯消毒的目的是使致病的微生物失去活性，一般利用氯气或次氯酸。在再生水输向用户时要加入一定量的氯，以保证在运输过程中水不会被微生物污染，到达用户家中的余氯符合相关标准。

（四）气 提

气提即气提法，是指通过让废水与水蒸气直接接触，使废水中的挥发性有毒有害物质按一定比例扩散到气相中去，从而达到从废水中分离污染物的目的。

气提的基本原理：将空气或水蒸气等载气通入水中，使载气与废水充分接触，导致废水中的溶解性气体和某些挥发性物质向气相转移，从而达到脱除水中污染物的目的。根据相平衡原理，一定温度下的液体混合物中，每一组分都有一个平衡分压，当与之液相接触的气相中该组分的平衡分压趋于零时，气相平衡分压远远小于液相平衡分压，则组分将由液相转入气相。

（五）离子交换

离子交换是指借助于固体离子交换剂中的离子与稀溶液中的离子进行交换，以达到提取或去除溶液中某些离子的目的，是一种属于传质分离过程的单元操作。离子交换是可逆的等当量交换反应。

离子交换主要用于水处理（软化和纯化）；溶液（如糖液）的精制和脱色；从矿物浸出液中提取铀和稀有金属；从发酵液中提取抗生素以及从工业废水中回收贵金属等。

离子交换在水处理的应用如下：

（连续电除盐技术 EDI）是一种将离子交换技术、离子交换膜技术和离子电迁移技术（电渗析技术）相结合的纯水制造技术。该技术利用离子交换能深度脱盐来克服电渗析极化而脱盐不彻底，又利用电渗析极化而使水发生电离产生 H^+ 和 OH^- 实现树脂再生，来克服树脂失效后通过化学药剂再生的缺陷。EDI 装置包括阴/阳离子交换膜、离子交换树脂、直流电源等设备。

EDI 装置属于精处理水系统，一般多与反渗透（RO）配合使用，组成预处理、反渗透、EDI 装置的超纯水处理系统，取代了传统水处理工艺的混合离子交换设备。EDI 装置进水电阻率要求为 0.025 ～

0.5MΩ·cm，反渗透装置完全可以满足要求。EDI 装置可生产电阻率 15MΩ·cm 以上的超纯水，具有连续产水、水质高、易控制、占地少、不需酸碱、环保等优点，具有广泛的应用前景。

第三节　水微生物学

一、概　述

（一）微生物的分类和特点

1. 分　类

根据一般概念，水中的微生物分成两类，即非细胞形态的微生物和细胞形态的微生物。非细胞形态的微生物主要指病毒包括噬菌体。细胞形态的微生物主要有原核生物和真核生物。原核生物主要包括细菌、放线菌和蓝藻。真核生物主要包括藻类、真菌（酵母菌和霉菌）、原生生物（肉足虫、鞭毛虫、纤毛类）和后生动物。

上述微生物中，大部分是单细胞的，其中藻类在生物学中属于植物学的范围，原生动物及后生动物属于无脊椎动物范围。严格地说，其中个体较大者，不属于微生物学范围。此外，还需注意一种用光学显微镜看不见的生物，例如病毒，一般显微镜无法分辨小于 0.2μm 的物体，而病毒个体一般小于 0.2μm，可称为超显微镜微生物。

2. 特　点

微生物除具有个体非常微小的特点外，还具有下列几个特点：一是种类繁多。由于微生物种类繁多，因而对于营养物的要求也不相同。它们可以分别利用自然界中的各种有机物和无机物作为营养，使各种有机物合成分解成无机物，或使各种无机物合成复杂的碳水化合物、蛋白质等有机物。所以，微生物在自然界的物质过程中起着重要作用。二是分布广。微生物个体小而轻，可随着灰尘四处飞扬，因而广泛分布于土壤、空气和水体等自然环境中。因土壤中含有丰富的微生物所需的营养物质，所以土壤中微生物的种类或数量特别多。三是繁殖快。大多数微生物在几十分钟内可繁殖一代，即由一个分裂为两个，如果条件适宜，经过 10h 就可繁殖为数亿个。四是容易发生变异。这一特点使微生物较能适应外界环境条件的变化。

微生物的生理特性以及上述的四个特点，是废水生物处理法的依据，废水和微生物在处理构筑物中接触时，能作为养料的物质（大部分的有机化合物和某些含硫、磷、氮等的无机化合物），即被微生物利用、转化，从而使废水的水质得到改善。当然，在废水排入水体之前，还必须除去其中的微生物，因为微生物本身也是一种有机杂质。

在各类微生物中，细菌与水处理的关系最密切。细菌是微小的、单细胞的，没有真正细胞核的原核生物，其大小一般只有几微米大。一滴水里，可以包含好几万个细菌。所以要观察细菌的形态，必须要使用显微镜。但由于细菌本身是无色透明的，即使放在显微镜下看，还是比较模糊的，为了清楚地观察到细菌，目前已使用了各种细菌的染色法，把细菌染成红的、紫色或者其他颜色，这样在显微镜下，细菌的轮廓就很清楚了。细菌的外形和结构如下：

1）细菌的外形

细菌从外观、形状来看，可分为球菌、杆菌和螺旋菌三大类。

球菌按照排列的形式，又可分为单球菌、链球菌。细菌分裂后各自分散独立存在的，称单球菌；细菌分裂后成串的，称链球菌。产甲烷八叠球菌等都是球状细菌。球菌直径一般为 $0.5\sim2\mu m$。

杆菌一般长 $1\sim5\mu m$，宽 $0.5\sim1\mu m$。布氏产甲烷杆菌、大肠杆菌、硫杆菌等都属于这一类细菌。

螺旋菌的宽度常在 $0.5\sim5\mu m$，长度各异。常见的有霍乱弧菌、纤维弧菌等。

各类细菌在其初生时期或适宜的生活条件下，呈现它的典型形态，这些形态特征是鉴定菌种的依据之一。

2）细菌的结构

细菌的内部结构相当复杂。一般来说，细菌的构造分为基本结构和特殊结构两种。特殊结构只为一部分细菌所具有。

细菌的基本结构包括细胞壁和原生质体两部分。原生质体位于细胞壁内，包括细胞膜、细胞质、核质和内含物。细胞壁是细菌分类中最重要的依据之一。根据革兰氏染色法，可将细菌分为两大类，革兰氏阳性菌和革兰氏阴性菌。革兰氏阳性菌的细胞壁较厚，为单层，其组分比较均匀，主要由肽聚糖组成。革兰氏阴性菌的细胞壁分为两层。

（1）细胞壁：细胞壁是包围在细菌细胞最外面的一层富有弹性的结构，是细胞中很重要的结构单元，在细胞生命活动中的作用主要有：保持细胞具有一定的外观形状；可作为鞭毛的支点，实现鞭毛的运动；与细菌的抗原特性、致病性有关。

（2）细胞膜：细胞膜是一层紧贴着细胞壁而包围着细胞质的薄膜，其化学组成主要是脂类、蛋白质和糖类。这种膜具有选择性吸收的半渗透性，膜上具有

与物质渗透、吸收、转送和代谢等有关的许多蛋白酶或酶类。

细胞膜的主要功能有：一是控制细胞内外物质的运送和交换；二是维持细胞内正常渗透压；三是合成细胞壁组分和荚膜的场所；四是进行氧化、磷酸化或光合磷酸化的产能基地；五是许多代谢酶和运输酶以及电子呼吸链主组分的所在地；六是鞭毛着生和生长点。

（3）细胞质：细胞质是一种无色透明而黏稠的胶体，其主要成分是水、蛋白质、核酸和脂类等。根据染色特点，可以通过观察染色均匀与否来判断细菌处于幼龄还是衰老阶段。

（4）核质：一般的细菌仅具有分散而不固定形态的核质。核或核质内几乎集中有全部与遗传变异有密切相关的某些核酸，所以常称核是决定生物遗传性的主要部分。

（5）内含物：内含物是细菌新陈代谢的产物，或是贮存的营养物质。内含物的种类和量随着细菌种类和培养条件的不同而不同，往往在某些物质过剩时，细菌就将其转化成贮存物质，当营养缺乏时，它们又被分解利用。常见的内含物颗粒有异染颗粒、硫粒等。例如，在生物除磷过程中，不动杆菌在好氧条件下利用有机物分解产生的大量能源，可过度摄取周边溶液中磷酸盐并转化成多聚偏磷酸盐，以异染颗粒的方式贮存于细胞内。许多硫磺细菌都能在细胞内大量积累硫粒，如活性污泥中常见的贝氏硫细菌和发硫细菌都能在细胞内贮存硫粒。

（6）细菌的特殊结构：荚膜、芽孢和鞭毛。

① 荚膜：在细胞壁的外边常围绕着一层黏液，厚薄不一。比较薄时称为黏液层，相当厚时，便称为荚膜。当荚膜物质相融合成一团块，内含许多细菌时，称为菌胶团。并不是所有的细菌都能形成菌胶团。凡是能形成菌胶团的细菌，则称为菌胶团细菌。不同的细菌形成不同形状的菌胶团。菌胶团细菌包藏在胶体物质内，一方面对动物的吞噬起保护作用，同时也增强了它随不良环境的抵抗能力。菌胶团是活性污泥中细菌的主要存在形式，有较强的吸附和氧化有机物的能力，在废水生物处理中具有较为重要的作用。一般来说，处理生活污水的活性污泥，其性能的好坏，主要可依据所含菌胶团多少、大小及结构的紧密程度来定。

② 芽孢：在部分杆菌和极少数球菌的菌体内能形成圆形或椭圆形的结构，称为芽孢。一般认为芽孢是某些细菌菌体发育过程中的一个阶段，在一定的环境条件下由于细胞核和核质的浓缩凝聚所形成的一种特殊结构。一旦遇上合适的条件可发育成新的营养

体。因此，芽孢是抵抗恶劣环境的一个休眠体。处理的有毒废水都有芽孢杆菌生长。

③鞭毛：是由细胞质而来的，起源于细胞质的最外层即细胞膜，穿过细胞壁伸出细菌体外。鞭毛也不是一切细菌所共有，一般的球菌都无鞭毛，大部分杆菌和所有的螺旋菌都有鞭毛。有鞭毛的细菌能真正运动，无鞭毛的细菌在液体中只能呈分子运动。

(二)微生物的生理特性

微生物的生理特性，主要从营养、呼吸、其他环境因素三方面来分析，微生物的营养是指吸收生长所需的各类物质并进行代谢生长的过程。营养是代谢的基础，代谢是生命活动的表现。

(1)微生物细胞的化学组分及生理功能：微生物细胞中最重要的组分是水，约占细胞总重量的85%，一般为70%～90%，其他10%～20%为干物质。干物质中有机物占90%左右，其主要代表元素是碳、氢、氧、氮、磷，另外约10%为无机盐分(或称灰分)。水分是最重要的组分之一，它的生理作用主要有溶剂作用、参与生化反应、运输物质的载体、维持和调节一定的温度等。无机盐，主要指细胞内存在的一些金属离子盐类。无机盐类在细胞中的主要作用是构成细胞的组成成分，酶的激活剂，维持适宜的渗透压，自氧型细胞的能源。

(2)碳源：凡是能提供细胞成分或代谢产物中碳素来源的各种营养物质称之为碳源。它分有机碳源和无机碳源两种，前者包括各种糖类、蛋白质、脂肪酸等，后者主要指 CO_2。碳源的作用是提供细胞骨架和代谢物质中碳素的来源以及生命活动所需的能量。碳源的不同是划分微生物营养类型的依据。

(3)氮源：凡是能提供细胞组分中氮素来源的各种物质称为氮源。氮源也可分为两类：有机氮源(如蛋白质、氨基酸)和无机氮源。氮源的作用是提供细胞新陈代谢所需的氮素合成材料。极端情况下(如饥饿状态)，氮素也可为细胞提供生命所需的能量。这是氮源与碳源的不同。

(三)微生物的营养类型

微生物种类不同，它们所需的营养材料也不一样。根据碳源不同，微生物可分为自氧型和异养型两大类，有的微生物营养简单，能在完全含无机物的环境中生长繁殖，这类微生物属于自氧型。它们以二氧化碳或碳酸盐为碳素养料的来源(碳源)，铵盐或者硝酸盐作为氮素养料的来源(氮源)，用来合成自身成分，它们生命活动所需的能源则来自无机物或者阳光。有的微生物需要有机物才能生长，这类微生物属

于异养型。它们主要以有机碳化物，如碳水化合物、有机酸等作为碳素养料的来源，并利用这类物质分解过程中所产生的能量作为进行生命活动所必需的能源。微生物的氮素养料则是无机的或有机氮化物。在自然界，绝大多数微生物都属于异养型。

根据生活所需能量来源不同，微生物又分为光能营养和化能营养两类。结合碳源的不同，则有光能自氧、化能自氧、化能异氧和光能异氧四类营养类型。

在应用微生物进行水处理过程中，应充分注意微生物的营养类型和营养需求，通过控制运行条件，尽可能地提供微生物所需的各类营养物质，最大限度地培养微生物的种类和数量，以实现最佳的工艺处理效果。如水处理中要注意进水中 BOD：N：P 比例。好氧生物处理中对 BOD：N：P 的比例要求一般为 100：5：1。

(四)微生物的新陈代谢

微生物要维持生存，就必须进行新陈代谢。即指微生物必须不断地从外界环境摄取其生长与繁殖所必需的营养物质，同时，又不断地将自身产生的代谢产物排泄到外部环境中的过程。微生物的新陈代谢主要是通过呼吸作用来完成的。

根据与氧气的关系，微生物的呼吸作用分为好氧呼吸和厌氧呼吸两大类。由于呼吸类型的不同，微生物也就分为好氧型(需氧型或好气型)、厌氧型(厌气型)和兼性(兼气)型三类。好氧微生物生长时需要氧气，没有氧气就无法生存。它们在有氧的条件下，可以将有机物分解成二氧化碳和水，这个物质分解的过程称为好氧分解。厌氧微生物只有在没有氧气的环境中才能生长，甚至有了氧气还对其有毒害作用。它们在无氧条件下，可以将复杂的有机物分解成较简单的有机物和二氧化碳等，这个过程称为厌氧分解。兼性微生物既可在有氧环境中生活，也可在无氧环境中生长。在自然界中，大部分微生物属于这一类。

微生物新陈代谢的代谢产物有以下几种：气体状态，如二氧化碳、氢、甲烷、硫化氢、氨及一些挥发酸；有机代谢产物，如糖类、有机酸；分解产物，如氨基酸等；其他还有亚硝酸盐、硝酸盐等。

(五)微生物的生长繁殖

微生物在适宜的环境条件下，不断地吸收营养物质，并按照自己的代谢方式进行代谢活动，如果同化作用大于异化作用，则细胞质的量不断增加，体积得以加大，于是表现为生长。简单地说，生长就是有机体的细胞组分与结构在量方面的增加。

单细胞微生物如细菌，生长往往伴随着细胞数目

的增加。当细胞增长到一定程度时，就以二分裂方式，形成两个基本相似的子细胞，子细胞又重复以上过程。在单细胞微生物中，由于细胞分裂而引起的个体数目的增加，称为繁殖。在一般情况下，当环境条件适合，生长与繁殖始终是交替进行的。从生长到繁殖是一个由质变到量变的过程，这个过程就是发育。

微生物生长最重要的因素是温度和 pH。根据最适宜生长温度的不同，微生物可分为低温、中温和高温三大类。一般来说，微生物在 pH 为中性（6～8）的条件下生长最好。微生物处于一定的物理、化学条件下，生长发育正常，繁殖速率也高；如果某一或某些环境条件发生改变，并超出了生物可以适应的范围时，就会对机体产生抑制乃至杀灭作用。

（六）影响微生物生长的环境因素

微生物的生长除了需要营养物质外，还需要适宜的生活条件，如温度、酸碱度、无毒环境等。

温度对微生物影响较大。大多数微生物生长的适宜温度在 20～40℃，但有的微生物喜欢高温，适宜的繁殖温度是 50～60℃，污泥的高温厌氧处理就是利用这一类微生物来完成的。按照温度不同，可将微生物（主要是细菌）分为低温性、中温性和高温性三类，见表3-3。

表 3-3　水处理中不同微生物的适用工艺

类别	适宜生长温度/℃	适宜工艺
低温性微生物	10～20	水处理工艺
中温性微生物	20～40	污泥中温厌氧消化
高温性微生物	50～60	污泥好氧堆肥 污泥高温厌氧消化

对于微生物来说，只要加热超过微生物致死的最高温度，微生物就会死亡。因为，在高温下，构成微生物细胞的主要成分和推动细胞进行新陈代谢作用的生物催化剂，都是由蛋白质构成的，蛋白质受到高温，其机体会发生凝固，导致微生物死亡。

各类微生物都有适合自己的酸碱度。在酸性太强或碱性太强的环境中，一般不能生存。大多数微生物适宜繁殖的 pH 为 6～8。

各类微生物活时要求的氧化还原电位条件不同。氧化还原条件的高低可用氧化还原电位 E 表示。一般好氧微生物要求 E 在 +0.3～+0.4V 左右；而 E 值在 +0.1V 以上均可生长；厌氧微生物则需要 E 值在 +0.1V 以下才能生活。对于兼性微生物，E 值在 +0.1V 以上，进行好氧呼吸；E 值在 +0.1V 以下，进行无氧呼吸。在实际生产中，对于好氧分解系统，如活性污泥系统，E 值常在 200～600mV。对于厌氧分解处理构筑物，如污泥消化池，E 值应保持在 -200～-100mV 的范围内。

除光合细菌外，一般微生物都不喜欢光。许多微生物在日光直接照射下容易死亡，特别是病原微生物。日光中具有杀菌作用的主要是紫外线。

二、水处理微生物

自然界中许多微生物具有氧化分解有机物的能力。这种利用微生物处理废水的方法称为生物处理法。由于在水处理过程中微生物对氧气要求不同，水的生物处理可分为好氧生物处理和厌氧生物处理两类。生物处理单元基本分为附着生长型和悬浮生长型两类。在好氧生物处理中，附着生长型所用反应器可以生物滤池为代表；而悬浮生长型则可以活性污泥法中的曝气池为代表。

（一）用于好氧处理的微生物

活性污泥中的微生物主要有假单胞菌、无色杆菌、黄杆菌、硝化菌等，此外还有钟虫、盖纤虫、累枝虫、草履虫等原生生物以及轮虫等后生生物。

生物滤池中的细菌主要有无色杆菌、硝化菌。原生动物中常见有钟虫、盖纤虫、累枝虫、草履虫等原生动物。此外，还有一些轮虫、蠕虫、昆虫的幼虫等。

（二）用于厌氧处理的微生物

厌氧生物处理是在无氧条件下，借助厌氧微生物（包括兼性微生物），主要是靠厌氧菌（包括兼性菌）作用来进行的。起作用的细菌主要有两类，发酵菌和产甲烷菌。

发酵菌，是有兼性的，也有厌氧的，在自然界中数量较多，而产甲烷菌则是严格的厌氧菌，且专业性强，其对温度和酸碱度的反应都相当敏感。温度变化或环境中的 pH 稍过适宜的范围时，就会在较大程度上影响到有机物的分解。

一般的产甲烷菌都是中温的，最适宜的温度在 25～40℃，高温性产甲烷菌的适宜温度则在 50～60℃。产甲烷菌生长最适宜的 pH 范围约为 6.8～7.2，如 pH 低于 6 或高于 8，细菌的生长繁殖将受到极大影响。

产甲烷细菌有多种形态，有球形、杆形、螺旋形和八叠球形。《伯杰氏系统细菌学手册》第九版，将近年来的产甲烷菌的研究成果进行进行总结，建立以系统发育为主的甲烷菌最新分类系统，产甲烷菌可分为 5 个大目，分别为甲烷杆菌目、甲烷球菌目、甲烷微菌目、甲烷八叠球菌目、甲烷火菌目。上述 5 个目的产甲烷菌可继续分为 10 个科与 31 个属。

目前，在厌氧消化反应器中，研究应用较多的是甲烷菌中的甲烷鬃毛菌属（*Methanosaeta*）和甲烷八叠球菌（*Methanosarcina*）这两种菌属。在工业应用中，*Methanosaeta* 在高进液量、快流动性的反应器（如 UASB）中适用广泛，而 *Methanosarcina* 对于液体流动性比较敏感，主要用于固定和搅动的罐反应器。

此外，温度不同，甲烷菌属也不同。在高温厌氧消化器中就多见甲烷微菌目和甲烷杆菌目的甲烷菌。

（三）用于厌氧氨氧化的细菌

在缺氧条件下，以亚硝酸氮为电子受体，将氨氮为电子供体，将亚硝酸氮和氨氮同时转化为氮气的过程，称为厌氧氨氧化。执行厌氧氨氧化的细菌成为厌氧氨氧化菌。目前已发现的厌氧氨氧化菌均属于浮霉状菌目。

厌氧氨氧化菌形态多样，呈球形、卵形等，直径 $0.8 \sim 1.1 \mu m$。厌氧氨氧化菌是革兰氏阴性菌，细胞外无荚膜，细胞壁表面有火山口状结构，少数有菌毛。

厌氧氨氧化菌为化能自养型细菌，以二氧化碳作为唯一碳源，通过将亚硝酸氧化成硝酸来获得能量，并通过乙酰辅酶 A（乙酰-CoA）途径同化二氧化碳。虽然有的厌氧氨氧化菌能够转化丙酸、乙酸等有机物质，但它们不能将其用作碳源。

厌氧氨氧化菌对氧敏感，只能在氧分压低于 5% 氧饱和的条件下生存，一旦氧分压超过 18% 氧饱和，其活性即受抑制，但该抑制是可逆的。

厌氧氨氧化菌的最佳生长 pH 为 $6.7 \sim 8.3$，最佳生长温度为 $20 \sim 43℃$。厌氧氨氧化菌对氨和亚硝酸的亲和力常数都低于 $1 \times 10^{-4} g/(N \cdot L)$。基质浓度过高会抑制厌氧氨氧化菌活性，见表3-4。

表 3-4　基质对厌氧氨氧化菌的抑制浓度

基质	抑制浓度/（mmol/L）	半抑制浓度/（mmol/L）
NH_4^+-N	70	55
NO_2^--N	7	25

注：半抑制浓度代表抑制 50% 厌氧氨氧化活性的基质浓度。

由于厌氧氨氧化同时需要氨和亚硝酸 2 种基质，在实验室反应器中或在污水处理厂构筑物中，当溶解氧浓度较低时，厌氧氨氧化菌可与好氧氨氧化菌共同存在，互惠互利。好氧氨氧化菌产生的亚硝酸用作厌氧氨氧化菌的基质，而厌氧氨氧化菌消耗亚硝酸，则可解除亚硝酸对好氧氨氧化菌的抑制。

厌氧氨氧化菌是一种难培养的微生物，生长缓慢。据科学家研究表明，在 $30 \sim 40℃$ 下，其倍增时间为 $10 \sim 14 d$。如果对培养条件优化，可以缩短培养时间。但由于至今未能成功分离到纯的菌株，在某种方面制约了其应用。

（四）用于堆肥的微生物

堆肥本质上是在微生物的作用下，将废弃的有机物中的有机质，分解并转化，合成腐殖质的过程。

按照堆肥过程中的需氧程度可分为好氧堆肥和厌氧堆肥。在堆肥的不同时期，微生物种类和数量不同。

好氧堆肥的过程如图 3-6 所示。

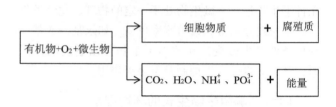

图 3-6　好氧堆肥过程

1. 好氧堆肥微生物

好氧堆肥中，参与有机物生化降解的微生物包括两类：嗜温菌和嗜热菌。嗜温菌的适宜温度范围为 $25 \sim 40℃$，嗜热菌的适宜温度单位为 $40 \sim 50℃$。好氧堆肥按照温度变化，主要分为三个阶段：升温、高温和腐熟阶段。各阶段的微生物见表 3-5。

表 3-5　堆肥常见的微生物

堆肥阶段	优势微生物	种类
升温期	假单胞菌	细菌
	芽孢杆菌	
	酵母菌	真菌
	丝状真菌	
高温期	芽孢杆菌	细菌
	卡诺菌	
	链霉素	放线菌
	单孢子菌	
降温期	担子菌	真菌
	子囊菌	
	芽孢杆菌	细菌
	假单胞菌	

堆肥初期，堆层呈中温，故称中温阶段。此时，嗜温性微生物活跃，主要增殖的微生物为细菌、真菌和放线菌。堆层温度上升到 45℃ 以上，进入高温阶段，此时，嗜温性微物受到抑制，甚至死亡，而嗜热性微生物逐渐替代嗜温性微生物的活动。在 50℃ 左右活动的主要是嗜热性真菌和放线菌；60℃ 时，仅有嗜热性放线菌与细菌活动；70℃ 以上，微生物大量死亡进入休眠状态，进入降温阶段。主要是在内源呼吸

期，微生物活性下降，发热量减少，温度下降，嗜温性微生物再占优势，使残留难降解的有机物进一步分解，腐殖质不断增多且趋于稳定，堆肥进入腐熟阶段。

堆肥方式不同，堆肥中的优势微生物种类也不同，见表3-6。

表 3-6 不同堆肥方式中的菌落情况

堆肥方式	初期优势菌	中期优势菌	后期优势菌
条垛式	蛭弧菌、梭菌细菌、芽孢杆菌属	β-变形菌、硝化细菌、梭状芽孢杆菌	β-变形菌、梭状芽孢杆菌、类芽孢杆菌
槽式	海洋底泥食冷菌、腐生螺旋体属、丝孢菌属	类链球菌、柱顶孢霉	类链球菌

由于微生物在堆肥过程中的角色非常重要，所以，在工程实践中，也有添加微生物菌剂的实例。通过添加微生物菌剂，提高优势菌群数量，提升有机质降解率，缩短熟化周期，提升系统效率。

2. 厌氧堆肥微生物

厌氧堆肥中复杂有机物降解的步骤包括水解、酸化、产乙酸和产甲烷四个步骤，参与反应的微生物有水解菌、酸化菌、产乙酸菌、氢甲烷菌和乙酸甲烷菌等几个主要类群。

据研究，在厌氧堆肥中，厌氧菌将污泥中的氮转化成植物可吸收的氨氮，所以可以用厌氧堆肥过程中污泥中氨氮的变化来衡量厌氧堆肥的效果。如图3-7所示。

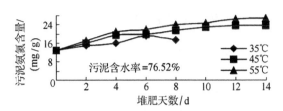

图 3-7 厌氧堆肥中不同堆肥时间污泥中氨氮的变化

此外，实验表明，污泥厌氧堆肥的最佳温度为55℃，污泥含水率为80%左右，堆肥时间在6d左右。

第四节 工程识图

一、识图基本概念

（一）投影概念

物体在光源的照射下会出现影子。投影的方法就是从这一自然现象中抽象出来，并随着科学技术的发展而发展起来的。在制图中，把光源称为投射中心，光线称为投射线，光线的射向称为投射方向，落影的平面（如地面、墙面等）称为投影面，影子的轮廓称为投影，用投影表示物体的形状和大小的方法称为投影法。

由一点放射的投影线所产生的投影称为中心投影，由相互平行的投影线所产生的投影称为平行投影。根据投影线与投影面的角度关系，平行投影又分为正投影和斜投影，如图3-8、图3-9所示。

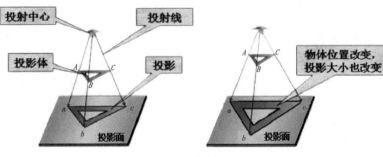

图 3-8 中心投影

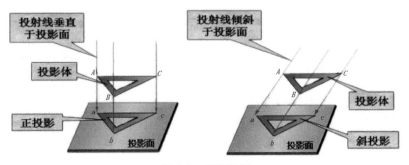

图 3-9 平行投影

(二) 正投影与三视图

1. 正投影原理

正投影属于平行投影的一种，如前所述，如有一束平行光线垂直照射在一个平面上，在光线和平面之间放置一个平行于平面的物体，那么这个物体必然在这个平面上留下一个与这个物体形状相同，大小相等的影子。在工程制图中把这束平行的光线称为投影线，把这个平面称为投影面，把这个物体称为投影体，而且这个影子就是该物体的正投影。将物体用平行投影法分别投到一个或多个互相垂直的投影面上，这样所得到的图形称为正投影图。

2. 正投影性质

一般的工程图纸都是按照正投影的原理绘制的，即假设投影线互相平行并垂直于投影面。正投影具有以下基本性质：

（1）全等性：当空间直线或平面平行于投影面时，其投影反映直线的实长或平面的实形，这种投影性质称为全等性（图 3-10）。

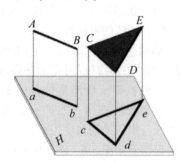

图 3-10 正投影的全等性

（2）积聚性：当直线或平面垂直于投影面时，其投影积聚为一点或一条直线，这种投影性质称为积聚性（图 3-11）。

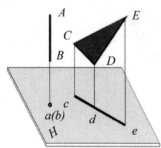

图 3-11 正投影的积聚性

（3）类似性：当空间直线或平面倾斜于投影面时，其投影仍为直线或与之类似的平面图形，其投影的长度变短或面积变小，这种投影性质称为类似性（图 3-12）。

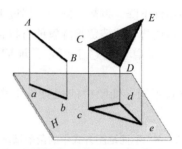

图 3-12 正投影的类似性

3. 三视图

由几何学可知，一个物体由长、宽、高三维的量构成，因此可用三个正投影面分别反映出物体含有长度的正立面（V）、含有宽度的水平面（H）、含有高度的侧立面（W）的三维不同外形表面，分别表示出物体形状，称为该物体三面投影。其正面投影称正视图、水平投影称俯视图、侧面投影称侧视图。而投影面之间交线称为投影轴。H 面与 V 面交线为 X 轴，H 与 W 面交线为 Y 轴，V 与 W 面交线为 Z 轴，X、Y、Z 三轴交于一点 O 称为原点。

该物体三面投影可完全表达出某工程构筑物可见部分的轮廓外部形状；并可根据各部位尺寸，按照一定比例画在图纸上，这就是工程图中的三视图，如图 3-13 所示。三视图特性见表 3-8。

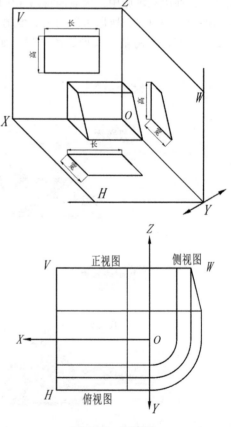

图 3-13 正视图

表 3-8 三视图特性

名称	特征	三视图	简化视图
长方体	各表面是长方形且相邻各面互相垂直		
六棱柱	顶、底面是正六边形，六个棱面是长方形且与顶、底面垂直		
圆柱	两端面是圆，表面四周是柱面，且和两端面垂直		
圆锥	端面是点、底面是圆、表面是锥面，轴线和底面垂直		
圆台	两端面是大小不同的圆，表面是锥面，轴线与端面垂直		
球	球体从各方面看都是圆		
圆筒	它可看成圆柱体中间再去掉一个圆柱体		

（1）正视图：由物体正前方向，反映物体表面形状的投影面，称为正面图或正视图。在此投影面上，能反映出物体长度、高度尺寸和形状。

（2）俯视图：由物体上面俯视，反映出物体宽度表面形状的投影面，称为平面图或俯视图。在此投影图上，能反映出物体宽度与长度尺寸和形状。

（3）侧视图：由物体侧面方向反映物体高度表面形状的投影面，称为侧面图或侧视图，在此投影图上，能反映出物体高度和宽度尺寸与形状。

（三）轴测投影原理与方法

1. 轴测投影原理

正投影可以表达物体的长、宽、高的尺寸与形状，为此通常分别画出三个方向（立、平、侧）视图。而每一种视图又分别表示物体某一方向尺寸与表面形状，但整个物体形状与尺寸不能完整地表示出来。轴测投影和正投影一样，是物体对于一个平面采用平行投影法画出的立体图形，但可以直接表示出物体形状和长、宽、高三个方向的尺寸。因此其直观性强，缺点是量度性差，一般只用于指导少数特殊或新构筑物的施工。

2. 轴测投影方法

轴测图的关键是"轴"和"测"的两个问题。"轴"是用三个方向坐标反映物体放置的位置方向。"测"是在各方向坐标轴上，按照一定比例量测物体尺寸，反映出物体的尺寸状况。如果三测比例相同称为等测投影。其中二测比例相同称为二测投影。三测比例均不相同称为三测投影。一般轴测投影有两种表示方法，即正轴测投影和斜轴测投影。现分述如下：

1）正轴测投影

正轴测投影或称为等角轴测投影，其原理是 X、Y、Z 三根坐标轴的轴间角相等，均为 120°。其轴向变形系数相等，均为 1:1，如图 3-14 所示。

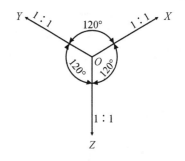

图 3-14 正轴测投影图

例如：物体的三视图如图 3-15 所示，用正轴测投影表示此物体，如图 3-16 所示。

2）斜轴测投影

斜轴测投影原理是 X、Y、Z 三根坐标轴的轴间角不等，轴变形系数也不同。即其中有轴方向坐标尺寸，按其余两轴的 1/2、2/3 或 3/4 比例来反映实物

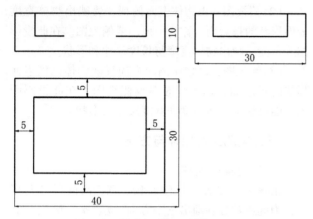

图 3-15 物体三视图(单位：mm)

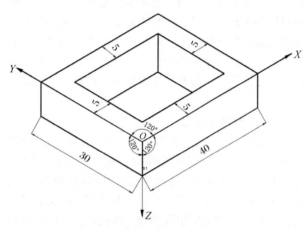

图 3-16 物体正轴测图(单位：mm)

尺寸。根据物体不同面平行于轴测投影面状况，可分为正面斜轴测投影和水平斜轴测投影两种，现分述如下：

（1）正面斜轴测投影

物体的正立面平行于轴测投影面，其投影反映为实形，X、Z 轴平行于投影面均不变形为原长，其轴间角为 90°，Y 轴斜线与水平线夹角为 30°、45° 或 60°，轴变形系数一般考虑定为 1/2，如图 3-17 所示。

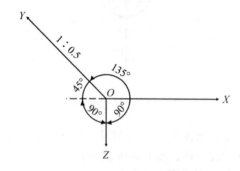

图 3-17 正面斜轴测投影图

例如：将图 3-15 对应的物体用正面斜轴测投影表示，如图 3-18 所示。

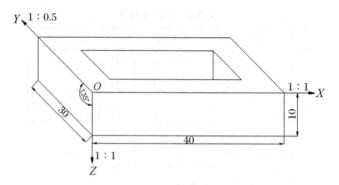

图 3-18 正面斜轴测图(单位：mm)

（2）水平斜轴测投影

物体的水平面平行于轴测投影面，其投影反映实形，X、Y 轴平行轴测投影面均不变形为原长，其轴间角为 90°，与水平线夹角为 45°，Z 轴为垂直线，轴变形系数一般考虑定为 1/2，如图 3-19 所示。

若平面垂直于投影面，其投影成为直线。

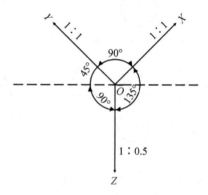

图 3-19 水平斜轴测投影

依上所述，当给出投影条件在投影面上时，可以得出投影体与投影相互几何图形特性和变化。

例如：将图 3-15 对应的物体用水平斜轴测投影表示，如图 3-20 所示。

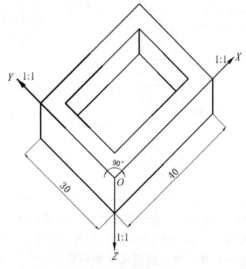

图 3-20 水平斜轴测图(单位：mm)

（四）标高投影

1. 投影概念

在排水工程中，经常需要在一个投影面上给出地面起伏和曲面变化形状，即给出物体垂直与水平两个方向变化情况。这就需要用标高投影方法来解决。一般物体水平投影确定后，它的立面投影主要是提供投影物体的高度位置。如果投影物体各点高度已知后，将空间的点按正投影法投影到一个水平面上，并标出高度数值，使在一个投影面上表示出点的空间位置，即可确定物体形状与大小，此种方法称为标高投影。

如图 3-21 所示，若空间 A 点距水平面(H)有 4 个单位，则 A 点在 H 面投影 a_4 按其水平基准面的尺寸单位和绘图比例就可确定 A 点空间位置，即自 a_4 引水平基准面(H)垂直线按比例大小量取 4 个单位定出空间 A 点的高度。

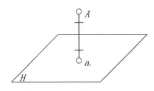

图 3-21　点标高投影

2. 地面标高投影——等高线

物体相同高度点的水平投影所连成的线，称为等高线。一般采用一个水平投影面，用若干不同的等高线来显示地面起伏或曲面形状(图 3-22)。

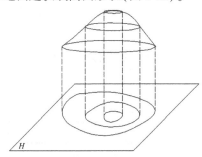

图 3-22　地形图

地面标高投影特性如下：

(1)等高线是某一水平面与地面交线，因此它必是一条闭合曲线。

(2)每条等高线上高程相等。

(3)相邻等高线之间的高度差都相等。

(4)相邻等高线之间间隔疏远程度，反映着地表面或物体表面倾斜程度。

（五）剖面图

三视图可以清楚地表示出构造物可见部分的外形轮廓与尺寸。其构造物内部看不见的部分一般用虚线来表示；但是当物体内部比较复杂，在三视图上用大量虚线来表示，会使图形不清晰。因此采用切断开的办法，把物体内部需要的部分的构造状况暴露出来，使大多数虚线变成实线，采用这种方法绘出所需要物体某一部位切断面的视图称为剖视图。只表示出切断面的图形称为剖面图，简称剖面。所以剖面图是用来表示物体某一切开部分断面形状的。因此剖面与剖视的区别在于：剖面图只绘出切口断面的投影，而剖视图则即绘出切口断面又绘出物体其余有关部分结构轮廓的投影。现将剖视情况分述如下。

1. 按剖开物体方向分类

可分为纵剖面和横剖面，如图 3-23 所示。

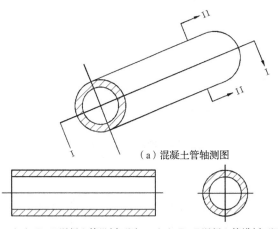

（a）混凝土管轴测图

（b）Ⅰ-Ⅰ混凝土管纵剖面图　　（c）Ⅱ-Ⅱ混凝土管横剖面图

图 3-23　物体纵剖面和横剖面图

2. 按剖视物体的方法分类

(1)全剖视：由一个剖切平面，把某物体全部剖开所绘出的剖视图。它能清楚地表示出物体内部构造。一般当物体外形比较简单，而内部构造比较复杂时，采用全剖视(图 3-24)。

(2)半剖视：当物体有对称平面时，垂直于对称平面的投影面上的投影，可以由对称中心线为界，一半画出剖视图来表示物体内部构造情况，另一半画出物体原投影图，用以表示外部形状，这种剖面方法叫半剖视。如图 3-25 所示，有一混凝土基础，其三面图左右都对称，为了同时表示基础外形与内部构造情况，采用半剖视方法。

(3)局部剖视：如只表示物体局部的内部构造，不需全剖或半剖，但仍保存原物体外形视图，则采取局部剖视方法，称为局部剖视图。

(4)斜剖视：当物体形状与空间有倾斜度时，为了表示物体内部构造的真实形状，可采用斜剖视方法来表示。

(5)阶梯剖视：由两个或两个以上的相互平行的剖切平面进行剖切，用这种方法所绘出的图形叫阶梯

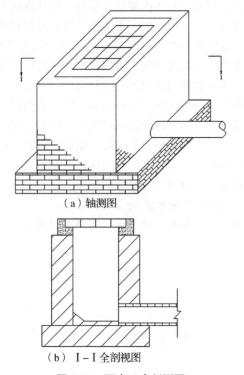

（a）轴测图

（b）Ⅰ-Ⅰ全剖视图

图 3-24　雨水口全剖面图

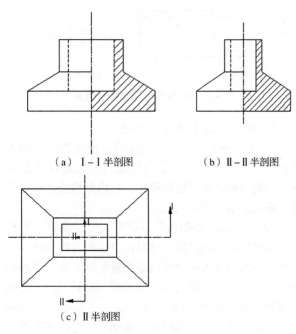

（a）Ⅰ-Ⅰ半剖图　　　（b）Ⅱ-Ⅱ半剖图

（c）Ⅱ半剖图

图 3-25　半剖面

剖视图。

（6）旋转剖视：用两个相交的剖切平面，剖切物体后，并把它们旋转到同一平面上，用这种剖视方法所得到的剖视图，称为旋转剖视图。

3.按剖面图在视图上的位置分类

（1）移出剖面：剖面图绘在视图轮廓线外，称为移出剖面。

（2）重合剖面：剖面图直接绘在视图轮廓线内，

称为重合剖面。

二、识图基本知识

（一）图纸尺寸、比例、方向

在工程图纸上除绘出物体图形外，还必须注明各部分的尺寸大小。我国统一规定，工程图一律采用法定计量单位。由于排水工程以及构筑物各部分实际尺寸很大，而图纸尺寸有限，这就必须把实际尺寸加以缩小若干倍数后，才能绘在图纸上并加以注明。而图纸比例尺寸大小，以图纸上所反映构造物的需要而定，一般情况下采用以下比例：

（1）排水系统总平面图比例为 1：2000 或 1：5000。

（2）排水管道平面图比例为 1：500 或 1：1000。

（3）排水管道纵断面图比例纵向为 1：50 或 1：100。

（4）排水管道横断面图比例横向为 1：500 或 1：1000。

（5）附属构筑物图比例为 1：20～1：100。

（6）结构大样比例为 1：2～1：20。

图纸上地形、地物、地貌的方向，以图纸指北针为准，一般为上北、下南、左西、右东。

（二）线　条

为了使图纸上地形地物主次清晰，应用各种粗、细、实、虚线条来加以区分。一般常用的线条双有下数种，见表 3-9。

表 3-9　常用的线条

线条类型	线型	符号
构筑物中心线	点细线	—·—·—·—·—
构筑物隐蔽轮廓线	虚粗线	▬ ▬ ▬ ▬ ▬
构筑物主要轮廓线	实粗线	▬▬▬▬▬▬
地物地貌现状和标注尺寸线	最细线	————

（三）图　例

为了便于统一识别同一类型图纸所规定出统一的各种符号来表示图纸中反映的各种实际情况。

1.地形图符号

在地形图中一般可分地物符号、地貌符号和注记符号三种。

1）地物符号

地面上铁路、道路、水渠、管道、房屋、桥梁等地物，在图上按比例缩小后标注出来，被称为比例符号。它反映地物尺寸、方向、位置。但有些地物按比例缩小后画不出来而且又很重要，如独立树木、水井、窑洞、路口等，只能标注位置、方向，不能反映出尺寸大小称为非比例符号。然而比例符号和非比例符号不是固定不变的，它们与图纸选用的比例大小有关，一般地物符号有下列数种，见表 3-10。

表 3-10　地物符号

类型		符号	类型	符号
三角点		点号/标高	台阶	
导线点		点号/标高	地下管道检查井	
水准点		点号/标高	消火栓	
雨水口	平算式	□单 □□双 □□□多	边坡	
	偏沟式	单 双 多	堤	
	联合式	单 双 多	地下管线：街道规划管线	
	平立结合式	单 双 多	地下管线：上水管道	
房屋建筑物			地下管线：污水管道	
临时建筑物			地下管线：雨水管道	
一般照明杆			地下管线：燃气管道	
高压电力杆			地下管线：热力管道	
铁路			地下管线：电信管道	
道路			地下管线：电力管道	
水渠			电缆：照明	
桥梁			电缆：电信	
窑洞			电缆：广播	
围墙			工业管道	
临时围墙		—X—X—		

2）地貌符号

表示地形起伏变化和地面自然状况的各种符号，一般有以下数种，见表3-11。

3）注记符号

在工程图上，用文字表示地名、专用名称等；用数字表示屋层层数、地势标高和等高线高程；用箭头表示水流方向等都称为注记符号。

2.地形图图例

在地形图中图例一般分为建筑材料图例和排水附件图例。

1）建筑材料图例

用以表示构筑物的材料结构情况，见表3-12。

表3-11 地貌符号

类型	符号	类型	符号
一般土路		土埂	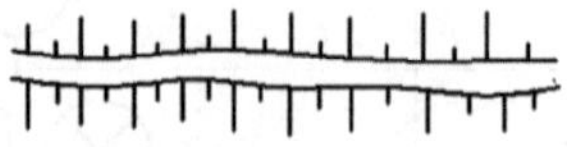
人行小道		沟渠	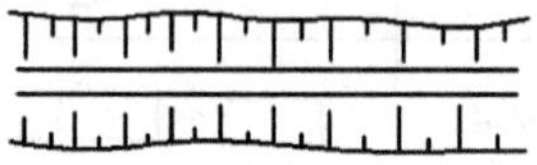
坟地	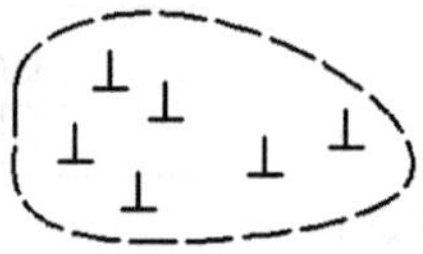	固然边坡	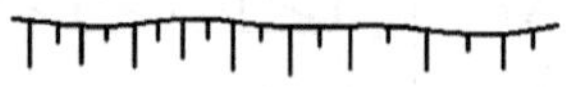
土坡梯田	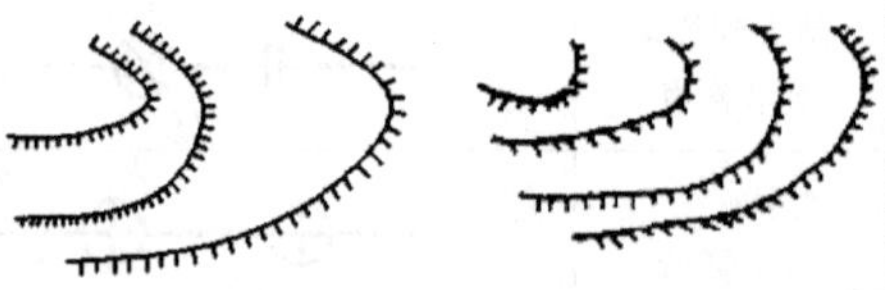	等高线	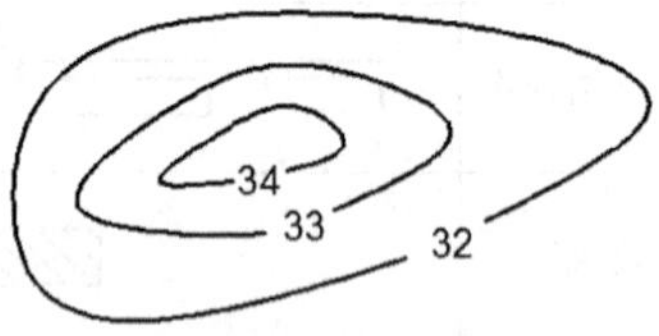

表3-12 建筑材料图例

类型	符号	类型	符号
素土夯实（密实土壤）		块石砌体	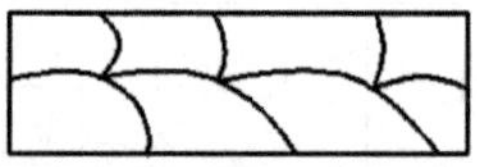
级配砂石	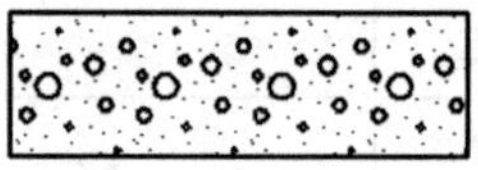	碎石底层	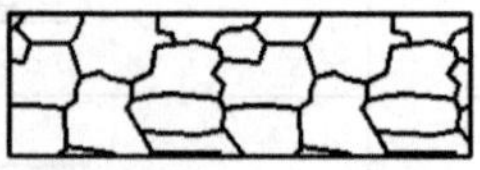
水泥混凝土	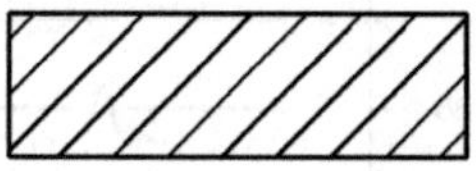	沥青路面	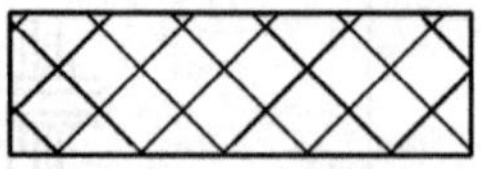
砂土		砖、条石砌体	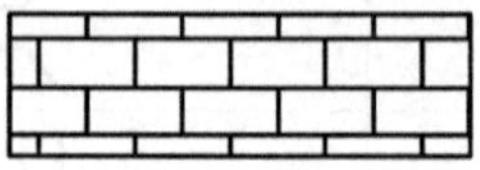
石灰石	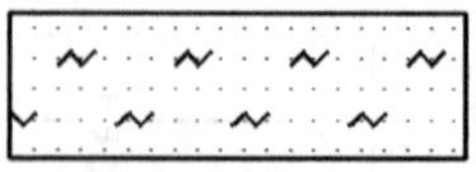	木材	
石材	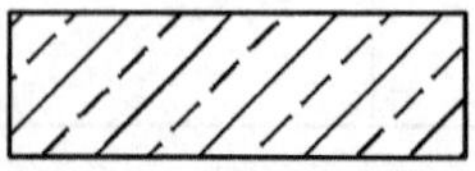		

2）排水附件图例

（1）管道附件的图例（表3-13）

表3-13　管道附件的图例

名称	图例
管道固定支架	
管道滑动支架	
挡墩	
Y型除污器	

（2）管道连接的图例（表3-14）。

表3-14　管道连接的图例

名称	图例	备注
法兰连接		
管堵		
法兰堵盖		
三通连接		
四通连接		
盲板		
管道交叉		在下方和后面的管道应断开

（3）阀门的图例（表3-15）。

表3-15　阀门的图例

名称	图例	备注	名称	图例	备注
闸阀			气动阀		
角阀			减压阀		左侧为高压端
三通阀			旋塞阀	平面　　系统	
四通阀			底阀		
截止阀	DN≥50　　DN<50		球阀		
电动阀			隔膜阀		
液动阀			气开隔膜阀		

（续）

名称	图例	备注	名称	图例	备注
气闭隔膜阀			弹簧安全阀		
温度调节阀			平衡锤安全阀		
压力调节阀			自动排气阀	平面　　　系统	
电磁阀			浮球阀	平面　　　系统	
止回阀			延时自闭冲洗阀		
消声止回阀			吸水喇叭口	平面　系统	
蝶阀			疏水器		

（4）排水构筑物的图例（表 3-16）。

表 3-16　排水构筑物

名称	图例	备注
雨水口		单口
		双口
阀门井检查井		
水封井		
跌水井		
水表井		

（5）排水专用所用仪表的图例（表 3-17）。

表 3-17　排水专用所用仪表的图例

名称	图例
温度计	

（续）

名称	图例
压力表	
自动记录压力表	
压力控制器	
水表	
自动记录流量计	
转子流量计	
真空表	

（续）

名称	图例
温度传感器	— — —[T]— — —
压力传感器	— — —[P]— — —

（四）尺寸标注

工程图中，除了依比例画出建筑物或构筑物等的形状外，还必须标注完整的实际尺寸，以作为施工的依据。图样的尺寸应由尺寸界线、尺寸线、尺寸起止符号和尺寸数字组成。

尺寸标注由有以下几点组成：

（1）尺寸界线：表明所标注的尺寸的起止界线。

（2）尺寸线：用来标注尺寸的线称为尺寸线。

（3）尺寸起止符号：尺寸线与尺寸界线的交点为尺寸的起止点，起止点上应画出尺寸起止符号。

（4）尺寸数字：图上标注的尺寸数字是物体的实际尺寸，它与绘图所用的比例无关；尺寸数字字高一般为 3.5mm 或 2.5mm。尺寸线的方向有水平、竖直和倾斜三种。

基本几何体一般应标注长、宽、高三个方向的尺寸。具有斜截面和缺口的几何体，除应注出基本几何体的尺寸外，还应标注截平面的定位尺寸。截平面的位置确定后，立体表面的截交线是也就可以确定，所以截交线必标注尺寸。

三、排水工程识图

排水管道工程图一般有排水系统总平面图、管道平面图、管道纵断面图、管道横断面图和排水管道附属构筑物结构图五种。

（一）排水系统总平面图

排水系统总平面图表示某一区域范围内，排水系统的现状和管网布置情况，其具体内容包括：

（1）流域面积：在地形总平面图上，反映出总干管流域面积范围，确定出水流方向。

（2）流域面积范围内水量分布：依地形状况，划分出各管段的排水范围，水流方向。各段支线排水面积之和应等于总干管的流域面积。

（3）管网布置和干支线设置情况：根据流域面积和水量分布，确定出管网布置和支干线设置。总平面图示例如图 3-26 所示。

（二）管道平面图

管道平面图主要表示管道和附属构筑物在平面上的位置，其示例如图 3-27 所示，具体内容如下：

1）排水管道的位置及尺寸：管道的管径和长度，排水管道与周围地物的关系。

2）管道桩号：桩号排列自下游开始，起点为 K 0+000，向上游依次按检查井间距排列出管道桩号，直到上游末端最后一个检查井作为管道终点桩号。

3）检查井位置与编号如下：

（1）检查井位置一般应用三种方法来表示：栓点法、角度标注法、直角坐标法。

（2）检查井的井号编制是自上游起始检查井开始，依次顺序向下游方向进行编号，直到下游末端检查井为止。

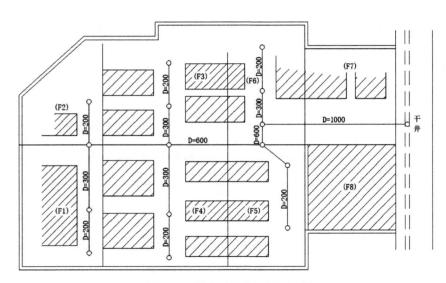

图 3-26　排水系统总平面图示例

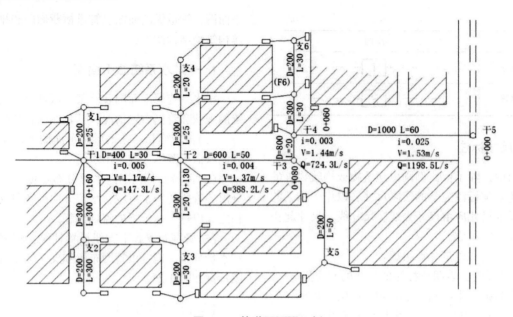

图 3-27　管道平面图示例

图 3-28　排水管道纵断面示意图

4)进、出水口的内容如下：

（1）进、出水口的地点位置与结构形式。

（2）雨水口的地点位置、数量与形式。

（3）雨水口支管的位置、长度、方向与接入的井号。

（4）管道及其附属构筑物与地上、地下各种建筑物、管线的相对位置（包括方向与距离尺寸）。

（5）沿线临时水准点设置的位置与高程情况。

（三）管道纵断面图

主要表示管道及附属构筑物的高程与坡降情况，如图3-28所示。具体内容如下：

1)排水管道的各部分位置与尺寸

（1）管径与长度：管道总长度与各种管径长度，决定于管网布置中干管与各支管的长度，它取决于汇水区域的水量分布情况。各种井距间的管道长度，取决于检查井的设置情况。

（2）高程与坡度：高程包括地面高程和管底高程，表示管道埋深与覆土情况。坡降表示管道中水力坡降与合理坡降的情况。

2)管道结构状况

（1）管道种类与接口处理：所使用的管道材料及断面形式包括普通混凝土管、钢筋混凝土管、砖砌方沟等。接口处理方法包括钢丝网水泥砂浆抹带接口、沥青卷材接口、套环接口等。

（2）管道基础和地基加固处理：管道基础包括混凝土通基（90°、135°、180°）等。地基加固处理包括人工灰土、砂石层、河卵石垫层等。

3)检查井的井号、类型与作用

（1）检查井的井号：自上游向下游顺序排列，区分出干线井与支线井的井号。

（2）检查井类型：如圆形井、方形井、扇形井。并区分出雨水井、污水井与合流井。

（3）检查井作用：如直线井、转弯井、跌水井、截流井等。

4)管道排水能力：表示出各井距间管道的水力元素即流量（Q）、流速（V）的状况，给使用与养护管理方面提供出最基本数据。

5)进出水口、雨水口、支线接入检查井的井号、标高、位置与预留管线的方向、管径等。

6)管道与各种地下构筑物和管线的标高、相互位置关系。

7)临时设置的水准点位置与高程等。

（四）管道横断面图

主要表示排水管道在城市街道上水平与垂直方向具体位置。反映排水管道同地上、地下各种建筑物和管线相对位置与相互关系的状况，以及排水管道合理布置的程度（图3-29）。

（五）管道与附属构筑物示意图

建筑物排放的污水和雨水的管道结构图，一般都是利用三视图原理和各种剖视方法来反映下水道构筑物的结构状况，一般常用下列结构图：

（1）管道基础与管道接口结构图（图3-30）

（2）进出水口、雨水口示意图（图3-31）

（3）检查井示意图（以矩形为例、图3-32）

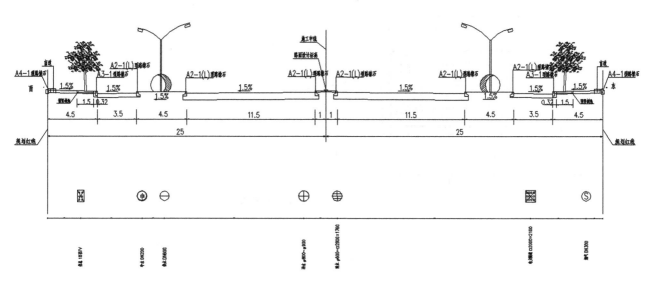

图3-29 管道横断面示意图

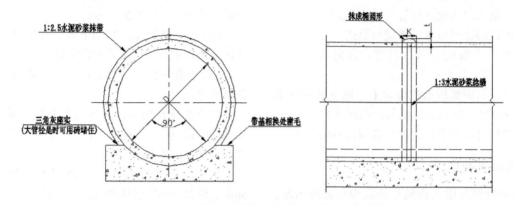

图 3-30　90°混凝土基础水泥砂浆抹带接口示意图

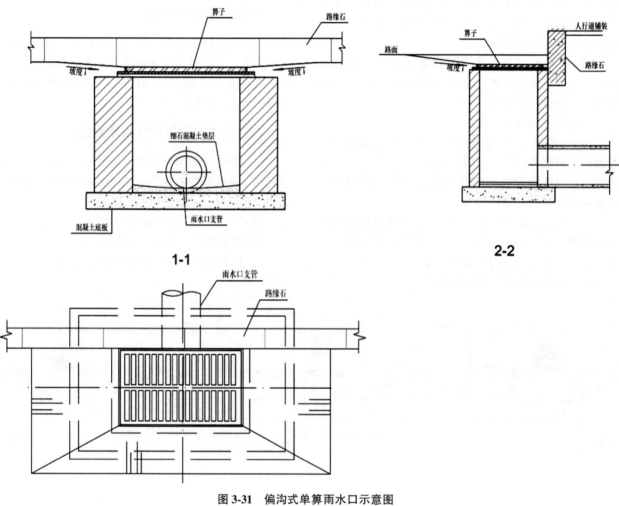

图 3-31　偏沟式单箅雨水口示意图

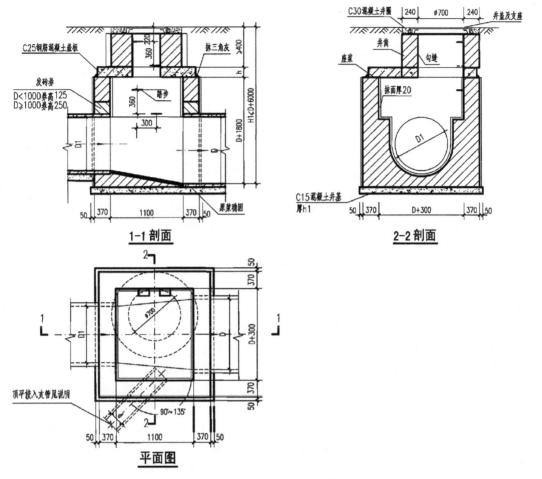

图 3-32 矩形检查井示意图

（4）钢筋混凝土盖板配筋示意图（图3-33）。

（5）管道加固示意图（图3-34）。

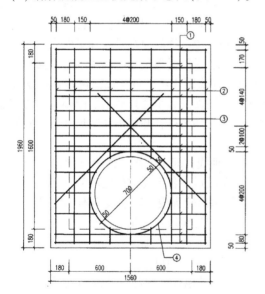

图 3-33 矩形检查井盖板配筋示意图

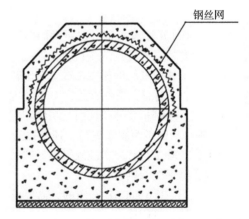

图 3-34 普通混凝土管满包混凝土加固示意图
（覆土<0.7m，$H=6\sim8$m）

四、排水工程制图

(一)制图的步骤

（1）图面布置：首先考虑好在一张图纸上要画几个图样，然后安排各个图样在图纸上的位置。图面布置要适中、匀称，以获得良好的图面效果。

（2）画底图：常用 H～3H 等铅笔，画时要轻、细，以便修改。目前多数制图者已采用计算机绘图，因此，画底稿时用细线即可。

（3）加深图线：底稿画好后要检查一下，是否有错误和遗漏的地方，改正后再加深图线。常用 HB、B 等稍软的铅笔加深，并应正确掌握好线型。计算机绘图时将细线加粗即可。

（二）排水管道工程图绘制方法及要点

排水管道工程图的绘制，是在已经掌握了制图的基本原理与规定画法的基础上，根据排水管道工程的设计要求、设计思想而用工程图的形式书面表达的一种方法。下面就以排水管道工程图的平面图、纵断图及结构图为例，简述其绘制方法及步骤。

1. 平面图

（1）选择绘图比例，布置绘图位置：根据确定的绘图比例和图面的大小，选用适当的图幅。制图前还应考虑图面布置的均称，并留出注写尺寸、井号、指北针、说明及图例等所需的位置。

（2）绘制主干线：根据设计意图及上、下游管线位置，确定主干线位置，并绘于图纸上。

（3）绘制支线及检查井：根据现况确定支线接入位置，根据干线管径大小确定检查井井距，并将支线及检查井绘制于图面上。

（4）加粗图线：将绘制完的图线检查一下，将不需要的线条除去，按国标规定的线型及画法加粗图线。

（5）标注尺寸及注写文字：按照平面图所应包括的内容，注写井号、桩号、管线长度、管径等；标注管线与其他建筑物或红线的相对位置，对于转折点的检查井应有栓桩；标注与管线相连的上下游现况管线的名称及管径；绘制指北针、说明及图例。

（6）检查：当图纸绘制完成后，还要进行一次全面的检查工作，看是否有画错或画得不好的地方，然后进行修改，确保图纸质量。

（7）出图：使用 AutoCAD 画图的，需要设置适当的出图比例，然后打印输出。

2. 纵断图

（1）确定绘图比例：根据管线长度及管径大小，确定纵断图绘制的横向及纵向比例。

（2）确定并绘制高程标尺：根据所确定的纵向比例及下游管的埋深，绘制高程标尺。

（3）绘制现况地面线：按照实测的地面高程，根据不同的纵横向比例，绘出现况地面线。

（4）绘制管线纵断面：根据下游管底高程，按照

所确定的坡度，计算出各检查井的管底高程，并标于图上，将其连接起来，即为管线的管底位置。根据管径大小及纵向比例，即可绘出管线的纵断面图。

（5）绘制与管线交叉或顺行的其他地下物的横、纵断面。

（6）加粗图线：将绘制完的图线检查一下，看看有没有同现状地下物相互影响的地方，上下游相接处是否合乎标准，并及时调整。然后按国标规定的线型及画法加粗图线。

（7）标注尺寸及注写文字：注写管径、长度、坡度、高程及桩号等。标注检查井井号及井型。注写水准点及说明性文字。

（8）确定管道种类及接口形式：根据管道材料、管径（或断面）及埋深，确定管道基础形式、接口方法，并标于图上。

（9）标注水力元素：根据管道种类、管道坡度等，确定水力元素即流量、流速、充满度，并将其标注在图中。

（10）检查：图纸绘制完成后，进行一次全面的检查工作，看是否有画错或画得不好的地方，然后进行修改，确保图纸质量。

（11）出图：使用 AutoCAD 画图的，需要设置适当的出图比例，然后打印输出。建议在图纸空间布局中，打印输出在模型空间中各个不同视角下产生的视图。

3. 结构图

（1）选择最能表达设计要求的视图：根据构筑物的特点，选适宜的剖视图。任何剖视图都要确定剖切位置，剖切位置选择的原则是选择最能表达结构物几何形状特点、最能反映尺寸距离的剖切平面。

（2）选择绘图比例，布置视图位置：根据确定的绘图比例和图面的大小选择适当的图幅，制图前还应考虑图面布置的匀称，并留出注写尺寸、代号等所需的位置。

（3）画轴线：即定位线。轴线可确定单个图形的位置，以及图形中各个几何体之间的互相位置。

（4）画图形轮廓线：以轴线为准，按尺寸画出各个几何图形的轮廓线，画轮廓线时，先用淡铅笔轻轻画出，待细部完成后再加深。如用计算机制图，先使用细线，最后加粗即可。

（5）画出其他各个细部：凡剖切的部分及可见到的各个部分，均需一一绘出。

（6）加深图线：底稿完成以后要检查一下，将不需要的线条擦去，按国标规定的线型及画法加深图线。例如：凡剖切到的轮廓线为 0.6～0.8mm 的粗实线，未剖到的轮廓线为 0.4mm 的中实线，尺寸标注

线为 0.2mm 的细实线等。总的要求是轮廓清楚、线型准确、粗细分明。

(7)标注尺寸及注写文字：尺寸标注必须做到正确、完整、清晰、合理。不论图形是缩小还是放大，图样中的尺寸仍应按实物实际的尺寸数值注写，标注尺寸应先画尺寸界线，尺寸线和起止点，再注写尺寸数字。

(8)检查：当图样完成后，还要进行一次全面的检查工作，看是否有画错或画得不好的地方，然后进行修改，确保图纸质量。

(9)出图：使用 AutoCAD 画图的，需要设置适当的出图比例，然后打印输出。建议在图纸空间布局中打印输出在模型空间中各个不同视角下产生的视图。

五、排水工程竣工图绘制

目前，大部分竣工图的编制是利用施工图来编制的。竣工图的编制工作，可以说是以施工图为基础，以各种设计变更文件及实测实量数据为补充修改依据而进行的。竣工图反映的实际施工的最终状况。

(一)绘制排水管道竣工图的技术要求

平面图的比例尺一般采用 1∶500~1∶2000。平面图中应包括平面图绘制一般要素外，还应绘制以下内容：

(1)管线走向、管径(断面)、附属设施(检查井、人孔等)、里程、长度等，以及主要点位的坐标数据。

(2)主体工程与附属设施的相对距离及竣工测量数据。

(3)现状地下管线及其管径、高程。

(4)道路永中、路中、轴线、规划红线等。

(5)预留管、口及其高程、断面尺寸和所连接管线系统的名称。

纵断面图内容，应包括相关的现状管线、构筑物(注明管径、高程等)，及根据专业管理的要求补充必要的内容。

(二)竣工图的绘制方法

绘制竣工图以施工图为基本依据，按照施工图改动的不同情况，采用重新绘制或利用施工图改绘成竣工图。

1. 重新绘制

有以下情况应重新绘制竣工图：

(1)施工图纸不完整，而具备必要的竣工文件资料。

(2)施工图纸改动部分，在同一幅图中覆盖面积超过 1/3，以及不宜利用施工图改绘清楚的图纸。

(3)各种地下管线(小型管线除外)。

2. 利用施工图改绘竣工图

有以下情况可利用施工图改绘成竣工图：

(1)具备完整的施工图纸。

(2)局部变动，如结构尺寸、简单数据、工程材料、设备型号等及其他不属于工程图形改动，并可改绘清楚的图纸。

(3)施工图图形改动部分，在同一幅图中覆盖图纸面积不超过 1/3。

(4)小区支、户线工程改动部分，不超过工程总长度的 1/5。

利用施工图改绘竣工图的基本方法有如下两种：

(1)杠改法：对于少量的文字和数字的修改，可用一条粗实线将被修改部分划去。在其上方或下方(一张图纸上要统一)空白行间填写修改后的内容(文字或数字)。如行间空白有限，可将被修改点全部划去，用线条引到空处，填写修改后的情况。对于少量线条的修改，可用"×"号将被修改掉的线条划去，在适当的位置上画上修改后的线条，如有尺寸应予标注。

(2)贴图更改法：施工图由于局部范围内文字、数字修改或增加较多、较集中，影响图面清晰；线条、图形在原图上修改后使图面模糊不清，宜采用贴图更改法。即将需修改的部分用别的图纸书写绘制好，然后粘贴到被修改的位置上。重大工程一般宜采用贴图更改法。

不论用何种方法绘制排水管道工程的竣工图，如设计管道轴线发生位移、检查井增减、管底标高变更或管径发生变化等，除均应注明实测实量数据外，还应在竣工图中注明变更的依据及附件，共同汇集在竣工资料内，以备查考。

当检查井仍在原设计管线的中心线位置上，只是沿中心线方向略有位移，且不影响直线连接时，则只需在竣工图中注明实测实量的井距及标高即可。

(三)竣工图编制的注意事项

竣工图的编制必须做到准确、完整和及时，图面应清晰，并符合长期安全保管的档案要求，具体应注意以下几点：

(1)完整性：即编制范围、内容、数量应与施工图相一致。在施工图无增减的情况下，必须做到有一张施工图，就有一张相应的竣工图；当施工图有增加时，竣工图也应相应增加；当施工图有部分被取消时，则需在竣工图中反映出取消的依据；当施工图有变更时在竣工图中应得到相应的变更。如施工中发生质量事故，而作处理变更的，亦应在竣工图中明确表示。

（2）准确性：增删、修改必须按实测实量数据或原始资料准确注明。数据、文字、图形要工整清晰，隐蔽工程验收单、业务联系单、变更单等均应完整无缺，竣工图必须加盖竣工图标记章，并由编制人及技术负责人签证，以对竣工图编制负责。标记章应盖在图纸正面右下角的标题栏上方空白处，以便于图纸折叠装订后的查阅。

（3）及时性：竣工图编制的资料，应在施工过程中及时记录、收集和整理，并作妥善的保管，以便汇集于竣工资料中。

第五节　电气识图

电气工程图是按照统一规范规定绘制的，采用标准图形符号和文字符号表示的实际电气工程的安装、接线、功能、原理及供配电关系等简图。上述简图的"简"是指用标准图形符号和文字符号简化表示实际的电路元器件。以下介绍电气工程图中的图形、文字符号以及常用的电气图类型。

一、电气图的图形、文字符号

(一)图形符号

1. 图形符号的构成

图形符号是用于电气图中表示一个设备（如电动机、开关）或一个概念（如接地、电磁效应）的图形、标记或字符。用于电气图的图形符号主要由符号要素、限定符号和一般符号组成，在某些特殊情况下也用到电气设备方框符号。

2. 图形符号的种类

20 世纪 80 年代，我国参照国际通用标准，颁布了一套新的电气图形符号，之后不断修订标准，目前执行的为《电气简图用图形符号》（GB/T 4728—2018）。这一标准将电气图形符号分为如下几类：

（1）导体和连接器件：如电线电缆、接线端子、导线的连接和连接件等。

（2）基本无源元件：如电阻器、电容器、电感器等。

（3）半导体管和电子管：如二极管、三极管、晶闸管、电子管等。

（4）电能的发生和转换器件：如绕组、发电机、电动机、变压器、变流器等。

（5）开关、控制和保护器件：如开关、启动器、继电器、熔断器、避雷器等。

（6）测量仪表、灯和信号器件：如仪表、传感器、灯、音响电器等。

（7）电信传输、交换和外围设备：如通信电路、天线、无线电台及各种电信传输设备，包括交换系统、选择器、电话机、电报和数据处理设备、传真机、换能器、记录和播放器等。

（8）电力、照明和电信布置：如发电站，变电所，开关、插座、灯具安装和布置。

（9）二进制逻辑元件：如逻辑单元、计数器、存储器等。

（10）模拟元件：如放大器、函数器、电子开关等。

表 3-18 是电气图中常用的一些符号要素、限定符号和其他符号。

表 3-18　电气图中常用符号

符号名称	符号图形	符号名称	符号图形	符号名称	符号图形	符号名称	符号图形
单极控制开关		常开触头		手动开关一般符号		常闭触头	
三极控制开关		复合触头		三极隔离开关		常开按钮	
三极负荷开关		常闭按钮		组合旋钮开关		复合按钮	
低压断路器		急停按钮		控制器或操作开关		钥匙操作式按钮	

（续）

符号名称	符号图形	符号名称	符号图形	符号名称	符号图形	符号名称	符号图形
线圈操作器件		热元件		常开主触头		常闭触头	
常开辅助触头		线圈		常闭辅助触头		常开主触头	
通电延时（缓吸）线圈		常闭主触头		断电延时（缓放）线圈		过电流线圈	$I>$
故障		绝缘击穿		等电位		理想电压源	
接机壳或接底板	或	理想电压源		保护接地		接地	

（二）文字符号

图形符号提供了一类设备或元件的共同符号，为了更好、更明确地区分不同的设备、元件，尤其是区分同类设备或元件中不同功能的设备或元件，还必须在图形符号旁标注相应的文字符号。文字符号通常由基本文字符号、辅助文字符号和数字组成。

1. 基本文字符号

基本文字符号用以表示电气设备、装置和元器件，以及线路的基本种类、名称。基本文字符号分为单字母符号和双字母符号两种。

（1）单字母符号

单字母符号用拉丁字母将各种电子设备、装置、元器件划分为23大类。每大类用一个大写字母表示，对标准中未列入大类分类的各种电气元件、设备，则可用字母"E"表示；"I""O"容易与阿拉伯数字"1""0"混淆，不允许使用；字母"J"也未采用，具体见表3-19。

（2）双字母符号

双字母符号由一个表示大类的单字母符号与另一个字母（通常选用该类设备、装置和元器件的英文名称的首字母，或常用缩略语及约定俗成的惯用字母）组成，组合形式以单字母符号在前，另一字母在后的次序标出，见表3-20。

表3-19　电气设备常用单字母文字符号

字母符号	设备和装置类别	举例
A	组件、部件	分离元件放大器、磁放大器、微波激射器、印制电路板，本表其他提及的组件、部件
B	变换器（从非电量到电量或相反）	热电传感器、热电池、光电池、测功计、晶体换能器、送话器、扬声器、耳机、自整角机、旋转变压器
C	电容器	电容器、电力电容器
D	二进制单元、延迟器件、存储器件	数字集成电路和器件、延迟线、双稳态元件、单稳态元件、磁芯存储器
E	其他元件	光器件、热器件，本表其他地方未提及的元件
F	保护器件	熔断器、过电压放电器件、避雷器
G	发电机电源	旋转发电机、旋转变频机、电池振荡器、石英晶体振荡器
H	信号器件	光指示器、声指示器
K	继电器、接触器	瞬时通断继电器、电流继电器、热继电器、接触器
L	电感器、电抗器	感应线圈、线路陷波器、电抗器（串联和并联）
M	电动机	直流电动机、交流电动机
P	测量设备、试验设备	电流表、电压表、温度计、功率表

（续）

字母符号	设备和装置类别	举例
Q	电力电路开关	断路器、隔离开关
R	电阻器	可变电阻器、电位器、变阻器、分流器、热敏电阻
S	控制电路开关选择器	控制开关、开关按钮、选择器、拨号接触器、限制开关
T	变压器	电压互感器、电流互感器
U	调制器、变换器	鉴频器、解调器、变频器、编码器、逆变器、电报译码器
V	电真空器件、半导体器件	电子管、气体放电管、晶体管、晶闸管、二极管
W	传输导线、波导、天线	导线、电缆、母线、抛物面天线
X	端子、插头、插座	插头、插座、测试塞孔、端子板、连接片、电缆封端和接头
Y	电气操作的机械装置	电磁铁、电动阀、电动执行器、电磁阀、气阀
Z	终端设备、滤波器、混合变压器、均衡器	网络、定向耦合器、均衡器、分配器

表 3-20　电气设备常用双字母文字符号

双字母符号	设备和装置类别	英文名称	双字母符号	设备和装置类别	英文名称
AA	天线放大器	Antenna amplifier	QL	负荷开关	Load switch
AC	控制屏	Control panel	QS	隔离开关	Disconnect
AH	高压开关柜	High voltage switch gear	RP	电位器	Potentiometer
AS	仪表柜、模拟信号板、稳压器、信号箱	Instrument cubicle, Analog panel, Voltage stabilizer, Signal box	RS	分流器	Shunt
BR	扬声器、送话器、测速发电机	Loudspeaker, Microphone, Techogenerator	RT	热敏电阻	Thermistor
CP	电容器、电力电容器	Capacitor, Power capacitor	RV	压敏电阻	Voltage
EH	发热器件	Heating Device	SA	控制开关	Control switch
EV	空气调节器	Ventilator	SB	开关按钮	Button
FA	具有瞬时动作的限流保护器件	Current-limiting protecter with deferred action	SM	主令开关	Master switch
FD	放电器	Discharger, Arcarrester	SP	压力传感器	Pressure sensor
FL	避雷器	Arrester	ST	温度传感器	Temperature sensor
FR	具有延时动作的限流保护器件	Current-limiting protecter with instant and deferred action	ST	温感探测器	Temperature detector
FS	具有瞬时和延时动作的限流保护器件	Current-limiting protecter with instant and deferred action	TA	电流互感器	Current transformer
GB	蓄电池	Storage battery	TC	控制电路电源用变压器	Transformer for control circuit supply
GD	柴油发电机	Diesel generator	TM	电力变压器	Power transformer
GV	稳压装置	Constant voltages equipment	UD	解调器	Demodulator
GU	不间断电源设备	Uninterrupted power source	UM	调制器	Modulator
HA	声响指示器	Acoustic indicator	UV	逆变器	Inverter
HB	电铃	Electric bell	VD	二极管	Diode
HZ	蜂鸣器	Buzzer	VC	控制电路用电源整流器	Rectifier for control circuit supply
KA	瞬时通断继电器	Relay	VR	晶闸管	Thyristor
KA	电流继电器	Current relay	VT	晶体管	Transistor
KH	热继电器	Thermal relay	WC	控制母线	Control bus
KM	接触器	Contactor	WP	抛物天线	Parabolic aerial

（续）

双字母符号	设备和装置类别	英文名称	双字母符号	设备和装置类别	英文名称
KT	时间继电器	Time relay	WT	滑触线	Trolley wire
LE	励磁线圈	Excitation coil	XA	输出口	Output port
LP	消弧线圈	Petersen coil	XC	分支器	Tee-unit
MD	直流电动机	DC motor	XS	插座	Socket
MS	同步电动机	Synchronous motor	XU	串接单元	Series unit
PA	电流表	Ammeter	YA	电磁铁	Electromagnet
PF	功率因数表	Power factor meter	YM	电动阀	Motor operated valve
PH	温度计	Thermometer	YS	电动执行器	Electric actuator
PV	电压表	Voltmeter	YV	电磁阀	Electromagnetically operated valve
PW	功率表	Wattmeter	ZD	定向耦合器	Directional coupler
QF	断路器	Circuit breaker	ZQ	均衡器	Equalizer
QK	刀开关	Knife switch	ZS	分配器	Splitter

2. 辅助文字符号

辅助文字符号是用以表示电气设备、装置和元器件，以及线路的功能、状态和特征的符号。辅助文字符号通常由英文单词的前一个或两个字母构成，也可采用缩略语和约定俗成的惯用字母构成，一般不超过3位字母。例如，表示"启动"采用"START"的前两位字母"ST"作为辅助文字符号；而表示"停止（STOP）"的辅助文字符号必须再加一个字母"P"，记为"STP"。辅助文字符号也可以放在表示种类的单字母符号后面，组成双字母符号，此时，辅助文字符号一般采用表示功能、状态和特征的英文单词的首字母，如用"GS"表示同步发电机，用"YB"表示制动电磁铁。

某些辅助文字符号本身具有独立、确切的意义，也可单独使用，如"N"表示电源中性线，"DC"表示直流电，"AC"表示交流电，"AUT"表示自动，"ON"表示开启，"OFF"表示关闭，等等。电气工程图中常用的辅助文字符号见表3-21。

表3-21 电气工程图中常用辅助文字符号

辅助文字符号	含义	辅助文字符号	含义	辅助文字符号	含义	辅助文字符号	含义
A	电流、模拟	ACC	加速	AC	交流	ADD	附加
A、AUT	自动	ADJ	可调	AUX	辅助	LA	闭锁
ASY	异步	M	主、中、中间线	B、BRK	制动	MAN	手动
BK	黑	N	中性线	BL	蓝	OFF	断开
GN	绿	ON	闭合	RD	红	OUT	输出
WH	白	P	压力、保护	YE	黄	PE	保护接地
BW	向后	PEN	保护接地与中性线共用	C	控制	PU	不接地保护
CW	顺时针	R	记录、右、反	CCW	逆时针	R、RST	复位
D	延时、差动、数字、降	RES	备用	DC	直流	RUN	运转
DEC	减	S	信号	E	接地	ST	启动
EM	紧急	S、SET	置位、定位	F	快速	SAT	饱和
FB	反馈	STE	步进	FW	正、向前	STP	停止
H	高	SYN	同步	IN	输入	T	温度、时间
INC	增	TE	无噪声	IND	感应	V	真空、速度、电压
L	左、限制、低						

3. 文字符号组合

在电路图中，文字符号组合形式一般为：基本文字符号+辅助文字符号+数字符号。例如：KT1 表示电路中第一个时间继电器，FU2 表示电路中第 2 个熔断器。

4. 特殊用途文字符号

在电气工程图中，一些特殊用途的接线端子、导线等，通常采用一些专用文字符号。例如：交流系统电源的第一相、第二相、第三相分别用文字符号 L1、L2、L3 表示；交流系统设备的第一相、第二相、第三相分别用文字符号 U、V、W 表示；直流系统电源的正极、负极分别用文字符号 L+、L-表示；交流电、直流电分别用文字符号 AC、DC 表示；接地、保护接地、不接地保护分别用文字符号 E、PE、PU 表示。常用的特殊用途文字符号见表 3-22。

表 3-22 电气工程图中常用特殊用途文字符号

文字符号	含义	文字符号	含义
L1	交流系统电源第一相	E	接地
L2	交流系统电源第二相	PE	保护接地
L3	交流系统电源第三相	PU	不接地保护
N	中性线	PEN	保护接地线和中性线共用
U	交流系统设备第一相	TE	无噪声接地
V	交流系统设备第二相	MM	机壳和机架
W	交流系统设备第三相	CC	等电位
L+	直流系统电源正极	AC	交流电
L-	直流系统电源负极	DC	直流电
M	直流系统电源中间线		

5. 电气技术中的项目代号

《工业系统、装置与设备以及工业产品 结构原则与参照代号 第 1 部分：基本规则》（GB/T 5094.1—2018）、《工业系统、装置与设备以及工业产品 结构原则与参照代号 第 2 部分：项目的分类与分类码》（GB/T 5094.2—2018）规定了在电气图和其他技术文件中关于项目代号的组成方法和应用原则，这是与电气图密切相关的 2 个新标准。为了更方便地阅读电气工程图，很有必要了解项目代号的含义和组成。

在电气系统中，项目是可以用一个完整的图形符号表示的、可单独完成某种功能的、构成系统的组成成分。项目可包括子系统、功能单元、组件、部件和基本元件等。在项目代号分配之前，首先就得将项目按其所属关系划分为各个层次，建立项目代号的结构系统，项目结构系统划分原则分为两种：按功能原则划分结构、按位置原则划分结构。

按功能原则划分结构时，是按项目之间的功能关系进行划分的。一个系统可以按照功能划分为功能系统、功能分系统、功能单元、器件、元件等。

按位置原则划分结构时，是按项目之间的位置关系进行划分的。如一个厂的系统可以按照位置划分为厂区、分区、楼号、层号、房间、组合件、组件段、模块等。

可以将项目代号理解成一个搜寻项目的路径。一个复杂的电气系统中的项目可以有很多，可以通过项目代号提供的信息找寻具体项目。项目代号主要部分由字符和阿拉伯数字构成，一般开始用一个或几个字符，末尾用一个或几个数字。字符为大写正体，字母"I"和"O"以及各民族特有的字符不应采用。

一个完整的项目代号由 4 个代号段组成，分别为：高层代号、位置代号、种类代号、端子代号。

（1）高层代号：高层代号是指系统或设备中，对任何较高层次（对于给予代号的项目而言）的项目代号。如电力系统、电力变压器、电动机等。高层代号其前缀符号为"="，其后面的字符代码由字母和数字组合而成，如"=D2"。

（2）位置代号：位置代号是指项目在组件、设备、系统或者建筑物中实际位置的代号，位置代号其前缀符号为"+"，其后面的字符代码可以是字母或数字，也可以是字母与数字的组合。在使用位置代号时，应画出表示该项目位置的示意图。

（3）种类代号：种类代号是用于识别所指项目属于什么种类的一种代号，是项目代号的核心部分。标注种类代号时，只须考虑项目的种类属性，无须考虑项目的功能。种类代号的前缀符号为"-"，其后面的字符代码由专门的国家标准规定。种类代号有 3 种表达方式：①字母+数字；②给每个项目规定一个统一的数字符号；③按不同种类的项目分组编号。

（4）端子代号：端子代号是反映项目（如成套柜、屏）内外电路在进行电气连接时的接线端子的代号，其前缀符号为"："，其后面一般用数字表示端子序号，也可为字母和数字的组合。电气图中端子代号的字母必须大写。

二、电气图

电气图所表达的对象不同，提供信息的类型及表达方式也不同，因此电气图具有多样性。常用的电气图包括电气系统图、电气原理图、电气元件布置图、电气安装接线图等。

（一）电气系统图

1. 电气系统图的作用

一般电气用户的供电都是由变压器降压或发电机发电，经过配电室，由配电室引出若干条线路分别送到各用电点的配电屏（箱），再由配电屏（箱）将电能送到各用电设备上。表示上述这种将电能从电源输送并分配到用户的电气系统图，称为电气系统图。电气系统图形象地表示了电能的输送关系，所以这种图又可称为电能输送图。

电气系统图中的各元件，如发电机、变压器、导线、开关设备、用电设备等，流过的电流都是主电流或一次电流，这些设备亦称为一次设备（注意：这里的一次并不是指变压器的一次侧）。所以，又可以说，电气系统图是一次设备按一定次序连成的电路图，也称为电气主接线图。

电气系统图只显示各元件的连接关系，不显示元件的具体形状、具体安装位置和具体接线方法。为了简明起见，电气系统图采用单线图，只有某些380V/220V低压配电系统图才部分地采用三线图或三相四线图。电气系统图可以反映一项大工程（例如一个工厂）的供电关系，也可以反映某一小区域、一项小工程（例如一个车间、一个村镇）的供电关系，甚至是某一用电设备的供电关系。电气系统图能清楚地说明某一工程电能的输送、控制、分配关系和设备运行的关系，它是供电规划设计、有关电气计算、主要电气设备选择、配电装置布置和安装位置拟定的主要依据。通过阅读电气系统图，能清楚地看出整个电气工程的规模和电气工程量的大小，能从中理顺电气工程各部分之间的关系。同时，电气系统图也是之后电气运行中操作和倒换电路的主要依据。在配电室、控制室、调度指挥中心等场所，电气系统图是必备图纸之一，有的还要放大后张贴在墙上，甚至制成模拟电路板。由此可见，电气系统图在整个电气工程图中具有十分重要的地位，它往往也是某套电气工程图纸的首张图纸。认真地阅读这张电气系统图是非常必要的。

2. 常用一次设备及其表示方法

1）常用电源及图例

在电气系统中提供电能的主要设备是各种类型的发电机，但电力用户的用电一般不是直接从发电机获得的，而是取自电力网，通常是经过变压器降压后获得的，在某些情况下还需用到直流电源。直流电源可以通过直流发电机获得，也可以通过硅整流器将交流电变成直流电，小型直流电源也可使用蓄电池等。各种电源在电气系统图中的图形符号如图3-35所示。

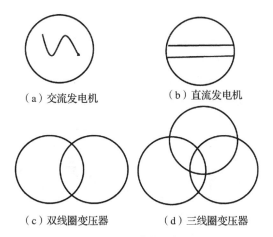

（a）交流发电机　　（b）直流发电机

（c）双线圈变压器　　（d）三线圈变压器

图3-35　电源图例

一般工矿企业供电系统中的发电机多为三相交流同步发电机，它主要作为备用电源或临时供电电源。发电站的类型有柴油机发电站、小型汽轮机发电站、小型水轮机发电站等。在电气直流发电机系统图中，对于发电机除了需标注符号以外，还应标注发电机的容量。发电机的容量是指发电机在额定工况下输出的功率，单位为千瓦（kW）。小型发电机的额定容量等级有50kW、75kW、90kW、100kW、120kW、200kW、300kW、400kW、500kW等。

供电电源用的变压器一般为三相电力变压器。三相电力变压器的基本型号是S或SL、SCB（S表示三相，L表示铝线圈，铜线不表示）。例如"SL$_7$"，就是指三相铝线圈变压器第7系列。工矿企业供电的35kV变电所一般采用35kV/10.5kV的变压比，Y/△的连接方式；380V低压配电所多采用10（6）kV/0.4kV的变压比，Y/Y的连接方式（图3-36）。Y/Y连接方式的变压器的低压侧由于引出了一根中性线，成为三相四线供电方式，可同时提供380V/220V两

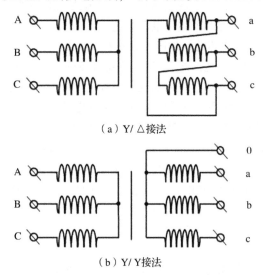

（a）Y/△接法

（b）Y/Y接法

图3-36　三相电力变压器绕组的两种连接方式

种电压等级，供动力设备和照明设备用电。随着硅整流技术的发展，直流电源多采用整流变压器和硅整流管组成的硅整流电源，硅整流管有硅二极管和可控硅三极管，可分别连接成多种形式。图 3-37 是电气系统图中常见的硅整流直流电源基本整流电路。

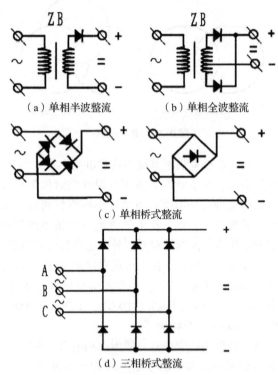

（a）单相半波整流　（b）单相全波整流

（c）单相桥式整流

（d）三相桥式整流

图 3-37　硅整流直流电源基本整流电路

2）常用电缆及图例

在线芯外有一定绝缘层或完全没有绝缘层的导线称为电线。电线的敷设固定一般应有绝缘体支撑，如用瓷瓶固定等。除了有一定绝缘层外，还有多层保护层的导线称为电缆。电缆一般为多芯，可以直接敷设在地下、沟中，甚至水中。常用电线电缆的种类有：裸导线、绝缘电线、电力电缆。

（1）线芯的标称截面积及表示方法

电线电缆的线芯多采用铝芯和铜芯，国家有关部门对铜芯和铝芯截面积规定了若干等级，这一线芯截面积称为标称截面积。常用的电线电缆线芯的标称截面积为 0.5mm²、0.75 mm²、1.0mm²、1.5mm²、2.5mm²、4.0mm²、6.0mm²、10mm²、16mm²、25mm²、35mm²、50mm²、70mm²、95mm²、120mm²、185mm²、240mm² 等。

标称截面积在 1.5mm² 以下的线芯一般没有铝芯。在三相四线制供电系统中，三根相线的截面积一般是相同的，中性线的截面积一般不小于相线截面积的 50%。

电线电缆及截面积在工程图上一般按以下方式标注：$a-b-c \times d + 1 \times f$。其中：$a$ 为电线电缆的型号；b

为额定电压（V 或 kV）；c 为相线根数；d 为每根相线截面积（mm²）；f 为中性线截面积（mm²）。

（2）电线、电缆在电气系统图上的图形符号（表 3-23）

表 3-23　电线、电缆在电气系统图上的图形符号

图形符号	含义	图形符号	含义
▬▬▬▬	母线或干线	— — —	事故供电线
- - - - -	直流配电线	┼	线路交叉连接
————	控制及信号线	▬●▬	支线与母线交叉连接
————	交流配电线	┼	线路交叉而不连接
◁▷	电缆		

3）常用开关设备

开关设备的种类繁多，主要有高压开关和低压开关。高低压开关按其所具有的灭弧能力，又分为隔离开关、负荷开关、断路器等。

3. 基本电气系统图的阅读方法

一张复杂的电气系统图是由许多基本接线图组成的。掌握基本接线图的特点及其阅读方法是阅读比较复杂的电气系统图的基础。由各种开关设备、电工仪表、信号装置等集中组成的柜（屏），称为开关柜（屏），它被广泛地用作工矿企业的变电所、配电室的成套配电装置。开关柜（屏）绝大部分是标准产品，其内部接线也是标准化的。这些标准化的开关柜（屏）的一次接线被广泛地应用到各种电气系统图中。常用高压开关柜（屏）的额定电压一般为交流 3kV、6kV、10kV，低压配电屏的额定电压一般为交直流 500V 以下。高低压开关柜（屏）的标准化接线可查阅有关的图册。

1）3~10kV 高压配电电气系统图

一些大中型厂矿企业的用电量很大，高压线必须深入厂区，采用 3kV、6kV、10kV 高压配电。根据负荷的大小和重要程度，3~10kV 高压配电系统分别采用放射式、树干式、环式等接线形式。由各个分支点引出的回路称为分支回路或分支；从电源引入口到分支点的配线称为干线，俗称树干。

放射式配线是由电源母线直接向各用电点分出支线的配电系统，如图 3-38（a）所示。在放射式配线系统中，支线发生故障后影响范围较小，切换操作方便，保护简单，供电可靠性较高。树干式配线是由同一干线分出若干支线的配电系统，如图 3-38（b）所示。树干式配线用导线较少、投资小，但故障发生后

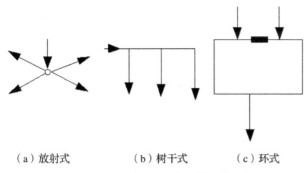

|（a）放射式|（b）树干式|（c）环式|

图 3-38　3~10kV 配电系统示意图

影响范围较大，供电可靠性较差。环式配线是用两个支路（或两个电源）共同向一级负荷供电，构成一个环状的配电系统，如图 3-38（c）所示。环式配线一般采用开路环式，即正常情况下由一个电源供电，当其中一个电源出现故障，立即改由另一电源供电。环式配线供电可靠性高，运行比较灵活，但造价较高。

2）6~10kV/0.4kV 低压配电电气系统图

广大城镇乡村、车间用电，大多采用 6~10kV/0.4kV，一台或多台变压器组成小型配变电所进行供电。这种电气系统主要由高压进线、主变压器、低压母线、低压侧出线及高低压开关设备、防雷设备等组成。根据不同的情况，高压侧采用不同的控制方式。

当变压器容量在 630kV·A 及以下且周围环境条件正常时，可采用户外露天变电所形式。如果变压器容量在 315kV·A 以下时，还可采用杆架式变电台。当变压器装在户外或杆上时，高压侧可采用跌落式熔断器控制。跌落式熔断器可以通断一定容量变压器的空载电流，并在变压器检修时起隔离作用；同时它在变压器发生短路故障时可断开短路电流，起保护作用。如果变压器安装在户内且容量在 630kV·A 以下，高压侧可采用隔离开关与熔断器组合的控制方式。隔离开关在检修变压器时起隔离电源的作用，同时也能通断一定容量的变压器的空载电流；而熔断器则在变压器短路时，起到保护作用。

当变压器容量在 500~1000kV·A 或变压器需要经常操作（每天至少 1 次）时，高压侧可采用负荷开关或断路器控制。负荷开关可以带负荷通断变压器，短路保护则依靠其附加的熔断器。采用高压断路器来通断变压器更方便，而且适用的变压器容量可以更大（超过 1000kV·A），同时在发生短路时可以自动跳闸，但高压断路器成本较高。变压器低压侧出线总开关配置的基本形式如下：当变压器容量在 315 kV·A 及以上时，一般采用自动空气开关。低压自动空气开关能带负荷操作，而且能在过负荷、短路、失压时自动跳闸，操作比较方便。当变压器容量为 315 kV·A 以下，且操作保护要求不高的情况下，低压侧出线总

开关也可采用刀开关与熔断器组合的控制方式。变压器低压侧出线一般每组都安装一个电流互感器，主要用于测量电流、功率、电能等，必要时还可装 380kV/100V 的低压电压互感器，与仪表配套使用。

3）380kV/220kV 低压电气系统图

380kV/220kV 低压电气系统一般是指从 6~10kV/0.4kV 配电变压器或 400V 低压发电机的出线母线送到各低压配电箱的供电系统。按照负荷大小、设备容量、供电可靠性、经济技术指标等不同要求，分别采用放射式、树干式、链式、变压器干线式等供电方式。放射式主要用于用电点较分散的场合，供电可靠性较高；树干式比较经济，但供电可靠性低，主要用于用电设备布置比较均匀、容量较小又无特殊要求的场合；链式与树干式类似，但连接的设备一般不能超过 3~4 台；变压器干线式主要供电容量较大、比较偏僻的孤立负荷，如离村镇、工厂较远的抽水泵站。

（二）二次设备接线图

1. 二次设备接线图的定义与特性

（1）二次设备接线图的定义

为了保证一次设备运行的可靠与安全，需要有许多辅助电气设备为之服务。对一次设备的运行状态进行监视、测量、保护与控制的设备称为二次设备或辅助设备。二次设备的工作电压是比较低的，工作电流也比较小。将二次设备按照一定次序连接起来的线路图，称为二次接线图或辅助接线图。

（2）二次设备接线图的特性

二次接线图是电气工程图的重要组成部分，它与其他电气图，特别是电气系统图相比往往显得更复杂一些。其复杂性主要表现为：①二次设备数量多；②连接导线多；③二次设备工作电源种类多。

也正是上述这些特点，决定了二次接线图的多样性。一般来说，一套完整的二次接线图通常应由如下部分组成：整体式原理接线图、展开式原理接线图、屏面布置图、屏后安装接线图、端子排接线图、二次电线布置图等。

2. 常用二次设备及其标注方法

二次设备种类繁多，在二次接线图上二次设备的标注方法多种多样，在这里主要介绍各种二次接线图中常会遇到的一些二次设备的标注方法。

（1）继电器

继电器是一种电子控制器件，是当输入量（激励量）的变化达到规定要求时，在电气输出电路中使被控量发生预定的阶跃变化的一种电器。当给继电器输入某一信号（电流、电压、温度、压力等）达到预定

值时，继电器便自动地接通或断开所控制的电路，以达到控制或保护电路的目的。继电器主要由3个部件组成：感受元件、比较元件、执行元件。继电器动作原理如图3-39所示。

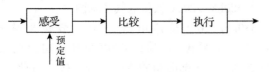

图 3-39　继电器动作原理图

常用的继电器有电流继电器、电压继电器、中间继电器、时间继电器。常用继电器的图形符号如图3-40所示。

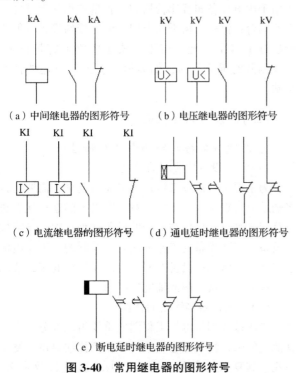

（a）中间继电器的图形符号　（b）电压继电器的图形符号

（c）电流继电器的图形符号　（d）通电延时继电器的图形符号

（e）断电延时继电器的图形符号

图 3-40　常用继电器的图形符号

（2）互感器

互感器又称仪用变压器，是电流互感器和电压互感器的统称。能将高电压变成低电压、大电流变成小电流，用于测量或保护系统。其功能主要是将高电压或大电流按比例变换成标准低电压（100V）或标准小电流（5A或1A，均指额定值），以便实现测量仪表、保护设备及自动控制设备的标准化、小型化。同时互感器还可用来隔开高电压系统，以保证人身和设备的安全。

互感器的一次绕组属于一次设备，二次绕组属于二次设备，一般分别画在电气系统图和二次接线图中。互感器分为电压互感器和电流互感器两大类，电压互感器又分为单相电压互感器、三相电压互感器。互感器类型及图形、文字符号见表3-24。

表 3-24　互感器类型及图形符号、文字符号

类型	图形符号		文字符号
电压互感器	1	2	TV
电流互感器	1	2	TA

（3）电工仪表

电工仪表的种类很多，在电气工程图上主要按仪表的用途、仪表所具有的感受线圈的类型、读数方式以及内部接线等，用图形符号与文字符号对其加以标注。

从感受线圈的类型来看：只有一个电流线圈的仪表有电流表；只有一个电压线圈的仪表有电压表、频率表；有电压和电流两种线圈的仪表有功率表、电度表、功率因数表、相位表等。按读数方式分类，分为直读式仪表、比较式仪表。电工仪表的文字符号见表3-25。

表 3-25　电工仪表的文字符号

仪表名称	文字符号	仪表名称	文字符号
安培表	A	千瓦表	PW
毫安表	mA	电度表	PJ
微安表	μA	无功电度表	PJR
千安表	kA	频率表	PF
伏特表	V	功率因素表	PPF
毫特表	mV	相位表	PPA
千伏表	kV	无功功率表	PR
瓦特表	W	电压表	PV

（4）信号设备

信号设备通常分为电气设备正常运行信号设备、非正常运行信号设备、指挥信号设备等。

正常运行信号设备一般以不同颜色的灯光显示，包括开关通断位置信号、电源指示信号等。

非正常运行信号设备包括事故信号和预告信号两部分，在有的系统中也被称为中央信号设备。当设备或系统发生事故，导致开关跳闸而发出的信号称为事故信号；当设备或系统出现了一些其他事故或不正常运行情况（如绝缘不良、设备过负荷、单相接地而未形成单相短路、温度过高等）但尚未造成设备或系统停止运行的严重程度时所发出的信号称为预告信号。事故信号与预告信号都由灯光信号和音响信号两部分组成。

指挥信号主要用于位于不同工作地点之间的指挥与联络，多采用灯光显示的光字牌及音响等。

常用信号设备的名称及图形符号见表3-26。

表 3-26　信号设备示意符号

设备名称	图形符号	设备名称	图形符号
电警笛		蜂鸣器	
电铃		电喇叭	

(三)原理接线图

原理接线图是主要用来反映二次设备、装置与系统(如继电保护、电气测量、信号、自动控制等)工作原理的图纸，通常有两种表达方式：整体式原理接线图和展开式原理接线图。

1. 整体式原理接线图

将二次设备以整体形式表示，并按它们之间的相互联系，将其电流电路、电压电路、直流电路等组合在一张图中，称为整体式原理接线图(图3-41)。

整体式原理接线图具有如下特点：

(1)在整体式原理接线图中，二次设备采用整体的形式表示，即用较为形象的整体式图例标注。例如，继电器的线圈与接点是画在一起的，电工仪表的电压线圈与电流线圈也是画在一起的，等等。二次设备之间相互的连接关系也比较直观。所以，整体式原理接线图能让看图者对整个二次系统有一个明确的整体概念。

(2)整体式原理接线图也要画出与二次接线有关的一次设备及其接线。

(3)在整体式原理接线图中，无论是一次设备还是二次设备(主要是那些带有接点的开关、继电器、

按钮等)，所表示的状态均是未带电的运行状态，如果接线图表示的不是这一状态，则必然另有注明。

(4)整体式原理接线图主要用于表示二次接线装置的工作原理和构成这套装置所需要的设备。在这种图上，各设备之间的联系是以设备的整体连接来表示的，没有给出设备的内部接线，也没有给出设备引出端子的编号和引出线的编号；控制电源仅标出电源的极性和符号，如"+""-""A""O"等，没有具体表示是从何处引来的；信号部分也只标出"去信号"，并没有画出具体接线。因而，这种图还不具备完整的使用价值，还不能用来进行安装接线、查找故障等。特别是对某些复杂的装置，二次设备很多、接线复杂，若每个设备都用整体形式表示，对于图纸的阅读及使用都不是很方便的。因此，实际工作中还需要另一种形式的原理接线图，那就是展开式原理接线图。

2. 展开式原理接线图

将二次设备的各种线圈、电器以及继电器的线圈、接点分开，分别画在所属的电路(亦称回路)中，并将整个电路按电流电路、电压电路、直流电路和不同的电压等级，画成几个独立的部分，这种图称为展开式原理接线图(图3-42)。

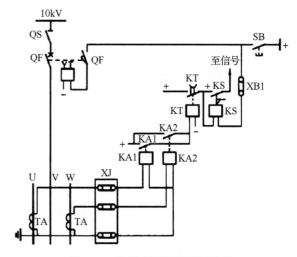

图 3-42　展开式原理接线图示例

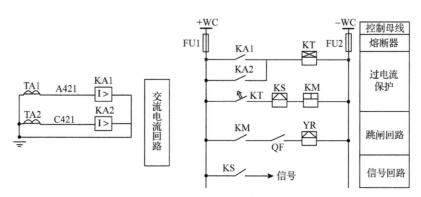

图 3-41　整体式原理接线图示例

以图 3-42 为例，这个接线图包括以下几个独立电路：①交流电流电路，由电流互感器向二次绕组供电，负载是电流继电器线圈构成的电路；②过电流保护回路；③跳闸回路；④信号电路。

展开式原理接线图接线清晰，易于阅读，便于读图者了解整套装置的运行程序和工作原理，特别是在表现一些复杂装置的接线原理时，其优点更为突出。所以，展开式原理接线图是二次接线图中最常见的图纸。许多电气工作者都有这样的体会：读图还不熟练时，觉得读整体式原理图方便；一旦熟练了，还是读展开式原理接线图方便。当然，这两类图各有特点，是相辅相成的，在许多情况下，二者都是不可或缺的。

3. 阅读二次原理接线图的方法

二次原理接线图是电气工程图中较难阅读的一类图，阅读这类图的基本方法及应注意的问题可概括为以下几个方面：

一张图上往往标注了许多设备与线路的图形符号和文字符号，要熟悉这些符号所代表的意义，还要对照着查一下设备明细表，搞清其名称、型号、规格，要善于将纸上的抽象符号转化为具体设备。设备明细表不一定都画在同一张图纸上，可能分散在不同的图纸上。

在二次原理接线图中，同一设备的各个电气元件画在不同的电路中，这种情况比较普遍，尤其是在展开式原理接线图中。例如，继电器和接触器的线圈和接点、开关的主接点和辅助接点、仪表的电流线圈和电压线圈、转换开关的各对接点等，对这类电气元件应注意从整体观念了解其作用。在阅读某一个回路时，不要遇见一个线圈就去找它的全部接点，因为此时对那些接点的作用和所处的回路还不了解，全面"出击"必然碰壁。一般来说，应该是遇到接点去找线圈，判断出接点是通还是断。

在二次原理接线图中，各种接点都是按起始位置绘制的，例如，按开关未合闸、按钮未按下、线圈未通电等状态表示。但读图时，不能都按这种起始状态来阅读，而必须按图纸所表现的内容选择某一状态来阅读。

阅读比较复杂的二次原理接线图时，一定要注意读图顺序。应先看主电路，再看二次电路。看二次电路时，一般是从上至下一行一行地读，或者一个部分、一个部分"化整为零"地读。在阅读基本电路时，可能有个别问题一时很难弄清楚，可以暂时将其放下，去接着阅读其他电路，这些问题之后可能就迎刃而解了。阅读较复杂的二次原理接线图切忌"眉毛胡子一把抓"，那样势必无从下手，降低工作效率。

(四) 电气控制接线图

在电气工程中，大量的是电气动力工程，其基本形式是电动机拖动工作机械完成一定的工作任务。工作机械的运动方式是多种多样的，例如：启动、停止，上升、下降，前进、倒退，减速、加速。因此要对拖动它的电动机的运行方式进行控制。

1. 电气控制接线图的定义

一般而言，对电动机及其他用电设备的供电和运行方式进行控制的电气接线图，称为电气控制接线图。另外，电动机及其他用电设备在其运行过程中，有可能产生短路、断路、接地、过载等各种电气故障。所以，对控制线路来说，还担负着保护电动机及其他用电设备的任务。当其发生故障时，控制线路应该发出信号或自动切除其供电电源，以免事故扩大。在自动化程度较高的工作机械上，工作机械的各道工序都是通过控制线路运行状态的不断变化来实现的，这种情况下的控制线路不仅对被控制设备起保护作用，还要在工作机械的某道工序处于异常状态时发出指示信号，并根据异常状态的严重程度，做出是继续工作还是停止的选择。

总体来说，电气控制接线图属于二次接线图的一种，但这种图纸除了具有二次接线图的一般特点外，还具有本身的许多特点。另外，在通常情况下，控制接线不限于一般的二次接线，往往还将被控制设备的供电一次接线图画在一起。从某种意义上讲，控制接线图是一次接线图、二次接线图合二为一的综合性图纸。

2. 电气控制原理接线图的特点

将各种电气元件用一定的符号表示，并按各元件的运行顺序所绘制的，用以表明电气控制的图纸，称为电气控制原理接线图。电气控制原理接线图具有以下特点：

(1)电气控制原理接线图的主电路与辅助电路是既分开又有联系地画在同一张图纸上(某些较复杂的电路也有不画在同一张图纸上的)的。主电路一般画在辅助电路的左侧或上面。主电路用粗线描绘，辅助电路用细线描绘。主电路按电气系统图方式表现，在低压系统中，一般不用单线图而用多线图表示；辅助电路则多用展开式原理图表示。

(2)图中各种电气元件，如接触器、继电器、开关、按钮等的接点，均以吸引线圈未通电、手柄置于零位、没有受到外力作用或工作机械处于原始位置时的情况来表示的。然而，一个电路为了达到控制电动机等不同的运行方式，它必须具有多种相应的工作状态。为了读图的方便，有时候必须画出其中一种状态分析图，这一点，在二次接线图一节已做介绍。阅读电气控制原理接线图，尤其是较复杂的图，画出状态分析图显得很重要。

(3)为了方便安装及检修，在电气控制原理接线图中各元件的连接导线往往都要编号。辅助电路的编号方法与前面介绍的二次接线原理图的编号方法是一致的，它以接触器线圈、电磁铁线圈、继电器电压线圈、信号灯等电压降落最大的元件作为分界点，左侧标奇数，右侧标偶数。

3. 电气控制安装接线图的特点

电气控制安装接线图是指各种电气设备在机械设备和电气控制柜中的实际安装位置及接线方式。它将提供电气设备各个单元的布局和安装工作所需数据的图样。按照导线连接的表达方法，分为以下几种类型：

1）线束法表示的电气控制安装接线图

走向相同的各元件之间的连接导线用一根线表示，即图上的一根线代表实际的一束线，按照这一原则绘制出的盘后或盘前的接线图称为线束法（也称单线法）表示的安装接线图（图3-43）。阅读电气控制安装接线图必须以原理图为基础，这里也不例外，线束法表示的安装接线图有如下特点：

（1）主电路和辅助电路分别用不同的线束表示，主电路用粗实线，辅助电路用细实线。每一个线束都应标注导线的根数、型号、截面积，以及导线的敷设方法和穿线管的种类、管径。

（2）线束两端及中间分支出去的每一根导线与元件相连，在接线端子处都应标号，属于同一根导线的若干段标注同一个标号，并与原理图上标号完全一致。端子排上的标号与经过此端子的导线标号相同。

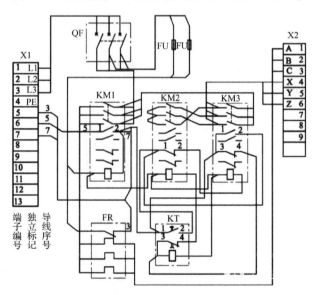

图3-43　线束法表示的电气控制安装接线图示例

2）散线法表示的电气控制安装接线图

散线法是相对于线束法而言的，也称为多线法，它表示元件之间的连线是按照导线的走向一根一根地分别画出来的（图3-44），其余各种表示方法与线束法相同。

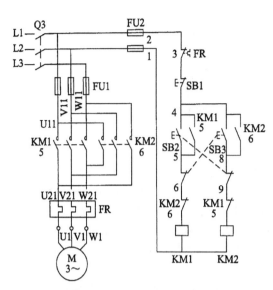

图3-44　散线法表示的电气控制安装接线图示例

3）相对编号法表示的电气控制安装接线图

电气控制安装接线图的相对编号法与其类似，但也有许多区别。这种安装接线图与前面所述的二次接线安装接线图相比，有以下不同点：

（1）元件一般不编安装单位，也不编号，而是采用与原理接线图相一致的符号标志，如1C、2C、RJ等，符号标志标注在表示元件的框线内或框线外一侧。

（2）元件的接线端子和端子排的接线端子按元件、端子排的接线端子间连线编号。

（3）元件之间、元件与端子排之间的连线，采用以下方法标注：甲乙两元件相连，甲元件的接线端子上标乙元件的符号和端子编号，乙元件的接线端子上标注甲元件的符号和端子编号。

上述3种形式的电气控制安装接线图都是比较常用的形式，各有优缺点：线束法表示的安装接线图，用一根线条代表一束线，这与实际布线时走向相同的线往往扎成一束相似；同时标出了导线型号、规格、穿线管类型、管径，为安装接线创造了条件；但对每一根线的来龙去脉表现得不够明显，在元件较多的情况下也显得不够清晰。散线法表示的安装接线图最接近实际，在元件较少的情况下采用显得比较直观；但元件较多时，线条太多，则不易分辨清楚。相对编号法表示的安装接线图对元件接线端子间的连线表现得最清楚，给接线和查线带来了方便，但不够直观，线路走向没有明确表示。

4. 控制电路的基本环节

能够完成某项工作任务的若干电气元件的组合，称为一个环节。控制电路一般包括若干个环节，阅读电气控制安装接线图首先就必须分清环节。控制电路一般包括以下基本环节：

（1）电源环节：包括主电路供电电源和辅助电路工作电源，由电源开关、电源变压器、整流装置、稳压装置、控制变压器、照明变压器等装置组成。

（2）保护环节：对设备和线路进行保护的装置，由熔断器、热继电器、失压线圈及各种保护继电器等组成。

（3）信号装置：为设备和线路提供正常与非正常工作状态信息的装置，如信号灯、音响设备等。

（4）手动工作环节：电气控制线路一般都能实现自动控制，为了提高线路工作的可靠性，以及满足设备安装完毕及事故处理后试车的需要，在控制线路中往往还设有手动工作环节，它一般由转换开关、组合开关等组成。

（5）启动环节：包括直接启动与减压启动等。

（6）运行环节：是电路正常运行的基本组成部分，如电动机的正反转、调速装置等。

（7）停止环节：切断电路供电电源的设备，由控制按钮、开关等组成。

（8）制动环节：使电动机在切断电源以后迅速停止运转的装置。

（9）联锁环节：由某些工艺要求所决定的设备工作程序的需要而设置的电气联锁装置，主要由各种继电器接点和辅助开关等组成。

（10）点动环节：瞬时启动或停止的装置。

每一种控制接线图中不一定都具备以上环节。一般来说，复杂的控制接线图所具备的基本环节多一些，或者说，控制线路的复杂性就主要表现在环节的多样性和完成功能的齐备性上。因此，正确地区分控制接线图的基本环节，对于理解、分析线路的工作原理具有十分重要的意义。

（五）安装接线图

原理接线图是二次设备、二次电路安装与接线的重要依据。然而，要对二次设备及电路进行具体布置、安装、接线、查线、调试、维修等工作，仅有原理图是不够的，还必须有一套二次接线施工图，这种施工图统称为安装接线图。安装接线图是二次接线图的重要组成部分，主要包括屏面布置图、端子排图、屏背面接线图、二次电缆敷设图、小母线布置图等。安装接线图是一种实际施工图，阅读这种图并不需要太多的电气理论知识，但这种图有许多特点及其特殊的表现手法，需要读图者认真领会与掌握。

1. 屏面布置图

屏面布置图是主要表现二次设备在屏面及屏内的具体布置的图纸。它是制造厂用来做屏面布置设计、开孔及安装的依据，施工现场则用这种图来核对屏内的设备名称、用途和进行拆装维修等。

常见的二次设备屏主要有两种类型：一种是纯二次设备屏，如各种控制操作屏、继电器屏，这类屏主要用于电站、变电所、大型用电设备的控制室中；另外一种为屏内装一次设备、屏面装二次设备和开关操作手柄，如高压开关柜、低压发电机控制屏等。这两类屏在二次设备布置方面所遵循的原则是基本一致的，屏面布置图的画法也是基本一致的。

屏面布置图上成比例地画出了屏上各设备的安装位置，并标注了它们的基本外形尺寸和中心线尺寸，还要与原理图及其他图相对应地标注文字符号或数字符号，但并不表示设备的具体结构，因此，这种图与地面设备的平面布置图类似。

屏内设备布置的基本格式如下：屏顶装控制、信号电源小母线，屏后两侧装端子排、熔断器，屏背面上方钢架上安装少量的电阻、小刀闸、警铃、蜂鸣器和个别继电器。屏面上合理、紧凑、整齐地布置各种二次设备，通常从上至下依次布置指示仪表、继电器信号灯、光字牌、按钮、控制开关和必要的模拟线路，如图3-45所示。

2. 端子排图

接线端子（简称端子）是二次接线中不可缺少的配件，许多端子组合在一起构成端子排。表示端子排的各端子与内外设备之间导线连接关系的图纸，称为端子排接线图，简称端子排图。端子排图的基本式样如图3-46所示。

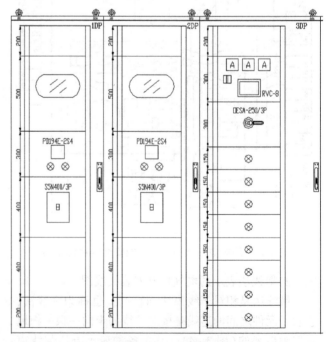

图3-45 配电屏面示意图

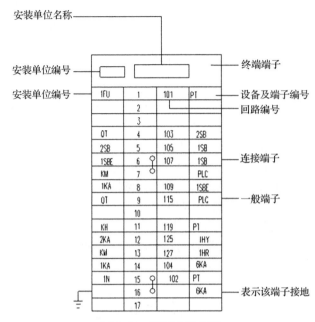

图 3-46 端子排图示例

1）安装单位及编号

在二次接线图上经常见到"安装单位"这个名词，在端子排图上也都标有"安装单位"的字样，这一名词不能与常说的"某施工安装单位"混淆，它是二次接线图上的一个专用名词。所谓安装单位，是指二次设备安装时所划分的单元。一般按主设备划分，即将为某一主设备服务（监视、测量、控制等）的二次设备作为一个安装单位，按主设备取名；如属于公用设备，则按装置套数来划分，如信号装置、保护装置等。在二次接线图上，安装单位都用一个代号表示，一般采用罗马数字Ⅰ、Ⅱ、Ⅲ等编号。这一编号既是这一安装单位用的端子排的代号，也是这一单位中各种二次设备的总代号。

2）端子的种类及标注方法

端子按用途可分为以下几类：

（1）普通型端子：用来连接屏内外的导线。

（2）连接型端子：端子间可互相连接，用于从一个接点向外引出多根导线。

（3）试验型端子：对屏上仪表或继电器进行调试时，用这种端子可在不断开电源的情况下接入监视仪表或试验电器等。

（4）特型端子：用于需要很方便地断开的回路中。

（5）终端型端子：用于固定端子或分隔不同安装单位的端子排。

端子的基本型号是 D1（旧型号为 B），额定电流有 10A 和 20A 两种。

3）端子的排列方法及编号

端子的排列方法一般遵循以下原则：

（1）屏内设备与屏外设备之间的连接，必须经过端子排，其中的交流电流回路应经过试验型端子，音响信号回路为便于断开试验，应经过特型端子或试验型端子。

（2）屏内的设备与直接接至小母线的设备一般应经过端子排，各安装单位的控制电源的正极或交流相线均由端子排引接。

（3）负极及中性线应在屏内设备形成环形后，环的两端分别经过端子排引接。

（4）同一屏上各安装单位之间的连接应经过端子排，每一个安装单位应有一个独立的端子排。端子排安装分为垂直布置和水平布置两种，垂直布置时，由上而下；水平布置时，由左至右，分别按下列回路顺序排列：

①交流电流回路按测量和保护用电流互感器分组，同一组电流互感器又按数字从小到大和 A、E、C、N 顺序排列。

②交流电压回路按电压互感器分组，排列顺序同前。

③信号回路按预告、指挥、位置和事故信号分组，每组按数字大小排列。

④控制回路按各熔断器控制的回路分组，先排正极或交流相线，再排负极或中性级，数字由小到大。

端子上的编号方法如下：

左侧一般与配电柜内设备相连，标注设备编号，如"L1-2"，有的还标注设备符号。右侧一般与屏外设备或小母线相连，写二次展开图上该设备的符号和编号，端子排的中间有 1、2、3……顺序号。在编至最后 2~5 个备用端子号时，正、负电源端子间一般编一个空端子号，以免造成短路。向外引出的电缆，按其去向分别编号，并用一根线条表示。

3. 屏背面接线图

屏背面接线图（又称盘后接线图）是根据展开式原理接线图、屏面布置图、端子排图为主要依据而绘制的图，它是屏内设备配线、接线、查线的重要参考图纸，也是安装图中最重要的图纸。

1）屏背面接线图的式样

在屏背面接线图上，设备的排列是与屏面布置图相对应的，但屏背面接线图为背视图，看图者相当于站在屏后，所以设备左右布置正好与屏面布置图相反。安装于屏后上部的设备，如附加电阻、警铃、蜂鸣器等，相当于板前接线，应画正视图。端子排画在两侧，端子排上面画小母线。对安装在正屏面的设备，从屏后看不见轮廓者应画虚线。屏背面接线图如图 3-47 所示。

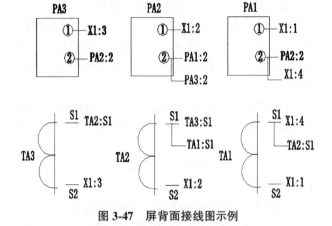

图 3-47 屏背面接线图示例

屏背面接线图主要表现屏内设备的连线，它虽称为背视图，但又不严格遵守投影图的原则。其特点如下：

（1）设备安装位置与实际位置严格符合。

（2）设备轮廓与实际形状尽量相似，但不严格，有的实际上是用图例表示的，几何外形尺寸一般不是按比例画的。

（3）设备的引出端子是按实际排列顺序画出的。

（4）设备的内部接线，简单的如电流表、电压表，不必画出，复杂的则应画出，但相当复杂的晶体管电路则不用详细画出来。

（5）实际上，对各种标准的二次设备，各设计单位都是用现成的图章直接印在描图纸上的。

2）屏内设备的标注方法

屏背面接线图中所画的设备很多，必须用一定的文字符号和数字符号对设备的名称、型号、用途等加以区别，一般在图形上方圆圈内标注。标注的内容应符合"三对应原则"：

（1）与屏面布置图相一致的安装单位编号和该安装单位内的设备顺序号，如 I1、I2、I3。

（2）与电气控制接线图相一致的该设备的文字符号。

（3）与设备明细表相一致的该设备的型号。

3）屏内设备间连线的相对编号法

屏后安装接线图上设备之间的连线一般不直接画出每一根导线，多采用相对编号法表示。所谓相对编号法，是指甲、乙两设备两个接线柱之间连线，在甲设备的接线柱上编乙设备的代号和接线柱号码，在乙设备的接线柱上则编甲设备的代号与接线柱号码。

端子排的代号一般是按安装单位的代号来规定的，屏内设备与端子排的连线的编号应是屏内设备的接线柱上标端子排的代号与端子的顺序号；在该端子上则标注屏内设备的代号与接线柱号码。掌握了端子排、屏内设备的标注方法，以及设备间、设备与端子

排间的连线的相对编号法，在基本读懂了原理接线图的基础上，就可以较熟练地阅读屏背面接线图了。

三、电力线路工程图

电力线路包括电力架空线路和电力电缆线路，是担负电力输送任务的重要设备，也是构成工矿企业电气工程的重要组成部分。因此，电力架空线路工程图和电力电缆敷设工程图也是常见的电气工程图纸。下面主要介绍常见的 35kV 以下电力架空线路工程图和 10kV 以下的电力电缆工程图的阅读方法。

1. 架空线路工程图

1）架空线路的基本构成

电力架空线路的基本构成如图 3-48 所示，它主要包括以下几个主要部分：

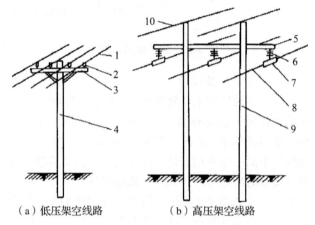

（a）低压架空线路　　（b）高压架空线路

1-低压导线；2-针式绝缘子；3-横担；4-低压电杆；5-横担；
6-绝缘子串；7-线夹；8-高压导线；9-高压电杆；10-避雷线。

图 3-48 架空线路的基本构成

（1）导线和避雷线

导线的作用是传送电流，架空线路的导线除了承受正常拉力外，还要受到各种气候因素（气温、风、雨、覆冰等）的影响。架空线路常用的导线是铝绞线（型号为 LJ）和钢芯铝绞线（型号为 LGJ）。铝绞线主要用于低压线路，钢芯铝绞线主要用于高压线路。

避雷线也叫架空地线，安装在电杆顶部、导线的上方，并与大地相连。10kV 以下的线路只在雷电活动强烈的个别地段安装避雷线，35kV 线路一般也只在进入变电所 1~2km 的线段安装避雷线，避雷线一般采用锌钢绞线（型号为 GJ）。

（2）杆　塔

杆塔（只有一根杆时，一般称为电杆）是用来支承导线和避雷线的，它由电杆、横担、拉线等部件组成。在电杆的种类中，应用最广的是圆形钢筋混凝土杆，杆高有 21m、18m、15m、12m、10m、9m、8m 等规格。在架空线路中，由于杆塔的受力情况不同，

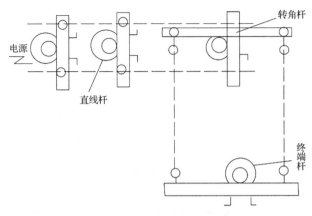

图 3-49 杆塔杆型示意图

它们的结构形式也不同，按其作用可分为直线杆、耐张杆、转角杆、终端杆、分支杆、特种杆等（图 3-49），除直线杆外，其他的杆型又称为承力杆。

①直线杆：又叫中间杆，位于线路的直线段上，它一般不承受顺线路方向的导线拉力。线路中的电杆，大多数为直线杆，约占全部电杆数量的 80%。

②耐张杆：线路在运行过程中可能发生断线事故，而使电杆承受一侧的拉力，为了防止故障的扩大，必须在一定距离内装设机械强度大、能承受一侧拉力的电杆，这种电杆叫作耐张杆。这样，就可以将断线故障限制在两个耐张杆之间，提高了线路供电的可靠性。

③转角杆：在线路转角处设立的电杆叫转角杆，按照转角的度数，用于 15°、30°、60° 和 90° 以下的转角杆，分别称为 15°杆、30°杆、60°杆和 90°杆。

④终端杆：设在线路起端和终端的电杆，称为终端杆。

⑤分支杆：设在分支线路和干线连接处的电杆，称为分支杆。

⑥特种杆：用于跨越铁路、公路、河流、电力线路等需要加强的地方的电杆，称为特种杆。

（3）绝缘子

导线经过杆塔，是由绝缘子支持的，绝缘子是用来使三相导线之间、导线与杆塔之间保持一定绝缘水平的瓷质或钢化玻璃质元件，习惯上称为瓷瓶。

电力线路上常用的绝缘子主要是两大类：针式和悬式。针式绝缘子的基本型号是 P，悬式绝缘子的基本型号是 X。针式绝缘子主要用于直线杆上。多个悬式绝缘子组合起来成为绝缘子串。绝缘子串用在直线杆上呈悬吊式；用在耐张杆等承力杆上，则要受到导线的水平拉力，呈接近水平的状态。电压越高，绝缘子串的片数越多（表 3-27）。

表 3-27 不同电压条件下悬式绝缘子串的片数

线路电压/kV	悬式绝缘子串的片数/片	
	用于直线杆	用于承力杆
3~10	1~2	2~3
35	2~3	3~4

（4）金具

金具是用来连接导线和绝缘子、绝缘子和杆塔以及拉线和拉线等的金属附件，其种类很多，如绝缘子与杆塔相连的结合金具、导线连接用的连接金具、拉线连接用的拉线金具、减少导线振动的防振保护金具等。

2）架空线路工程图的组成

架空电力线路的结构虽然不复杂，但所占空间位置较大，与其他电气工程相比，是比较特殊的一类电气工程。一份完整的架空线路工程图纸，既要表明线路的某些细部结构，又要反映线路的全貌，如线路经过地域的地理、地质情况，杆位的布置情况，导线的松紧程度，等等。因而需要采用多张图纸，从不同的侧面去表现线路。一般工矿企业 35kV 及以下的架空线路工程图主要由以下图纸组成：杆塔安装图、线路平面图、线路纵断面图、安装曲线（即放线曲线）图。杆塔安装图主要表现杆塔上横担、瓷瓶、金具、拉线等元件的组装情况，与一般机械工程图无太大区别，这里就不详细说明了，以下主要介绍线路平面图和线路纵断图的阅读方法。

（1）架空线路常用工程术语

①耐张段：为了控制线路断线事故的范围，需要用耐张杆将线路分成若干段。相邻两耐张杆自成区间，称为耐张段。

②档距与跨距：相邻两杆之间的水平距离，称为档距，用 L 表示。档距的大小对线与杆塔受力有很大的影响。不同电压等级的线路在通常情况下的档距参考值见表 3-28。一个耐张段的总的水平距离称为这个耐张段的跨距，它显然等于耐张段内各档距的和。

表 3-28 不同电压等级的线路档距的参考值

电压等级/kV	档距/m
0.38	30~50
6~10	50~80
35	150 以上

③代表档距：一个耐张段内的各档导线，由于杆塔高度不同、档距不同，各档导线所受的拉力略有差异。假定有那么一个档，导线所受的拉力适中，这个档的档距就称为这个耐张段的代表档距，也称规律档距。

④限距:为了保证架空线路的安全运行,防止行人触电,有关规程规定了架空线路导线对地及各种构筑物之间的垂直与水平最小距离,这一距离称为限距。

⑤驰度:两杆塔之间的导线一定有一个弧度,相邻两杆导线悬挂点的假想连线与导线最低点的垂直距离,称为该挡导线的驰度(也称弧垂),以 f 表示。

⑥典型气候区:架空线路是根据一定的气象条件设计的,阅读线路工程图时,应了解架空线路所在地区的气象条件,根据我国的气象情况,有关部门将其划分为7个典型气候区,见表3-29。

表3-29 7个典型气候区

气象区	分布位置	举例	最大风速/(m/s)	最低温度/℃
I	南方沿海	广东、广西、福建、浙江、上海等	30	-5
II	华东地区		25	-10
III	西南地区	福建、广东	25	-5
IV	西北大部分地区及华北京津唐地区		25	-20
V	华北平原、湖北、湖南、河南		25	-20
VI	华北、西北大部分地区	张家口、承德一带	25	-40
VII	覆冰严重地区	山东、河南部分地区,湘中、鄂北、粤北地带	25	-20

(2)架空线路平面图和纵断图

架空线路平面图就是线路在地平面上的走向与布置图,也就是线路的俯视图。在平面图上用线条表示导线。在杆塔的图形符号旁边,往往还用文字符号标注杆塔的基本情况,图形符号见表3-30。

表3-30 杆塔图形符号

杆塔名称	图形符号
水泥杆	
钢管杆	
铁塔	
更换杆塔	
拆除杆塔	
杆塔移位	
带撑杆的杆塔	

对一般10kV以下的配电架空线路,尤其是线路经过地段地形不太复杂的情况下,一张平面图可基本上满足施工的要求。但对于10kV以上的线路,尤其是在线路经过地段的地形比较复杂的情况下,一张平面图还不足以反映线路的全貌,还应有纵断图。

架空线路的纵断图是沿线路中心线的剖面图。通过纵断图可以看出线路经过地段的地形断面情况,各杆位之间的平面的相对高差,导线对地的距离 驰度及交叉跨越的立面情况。纵断图对指导施工具有重要的意义。

不过,这种情况下的平面图与前面所介绍的平面图略有差异,它是沿线路中心线的展开平面图。平断面相结合的图纸称为平断面图。

平面图只画出线路沿线十几米宽的狭窄地域的地形、地物和交叉跨越等简单情况,这些地形、地物一般都用图例表示。在平面图上导线一般全部画出,并标出杆位。平面图虽然比较简略,但与断面图相互对应着阅读,还是显得比较清楚的。

断面图是平断面图的主要组成部分,其特点与所表现的主要内容如下:

①桩位:测量线路时所标的定位桩,称为标桩,标桩位置称为桩位。线路桩位一般有几种,一是转角桩,用 J 表示;二是直线桩,用 C 表示,J 桩与 C 桩都应标注高程;三是里程桩,是每隔100m所测定的桩,故又称为100m桩,由于里程桩,不需要标注高程,所以在断面图上一般不表示,在图纸下方里程一栏里所表示的就是里程桩的位置。此外,还有拉线桩、方向桩、杆位桩等,在图面上一般不详细标注。

②桩位与杆位的高程。

③在断面图上按比例画出杆高与交叉跨越物的高度,并大致地画出导线的驰度及其各种限距。

2. 电力电缆工程图

电缆的基本结构是线芯、绝缘层、保护层。电力电缆承受的电压高、载流量大,由于线芯之间距离很小,因此,防止电缆密封被破坏、电缆绝缘损伤、电缆过热,是电缆敷设中最主要的问题,也是电力电缆工程图上所要表现的最主要的方面。在阅读电力电缆工程图时,应注意到以下几个方面:

(1)电缆的弯曲半径:电缆不允许过度弯曲,油浸纸绝缘电力电缆的弯曲半径一般不得小于 $15D$~$25D$,交联聚乙烯电力电缆弯曲半径不小于 $15D$~$20D$,橡皮绝缘和塑料绝缘电力电缆的弯曲半径不得小于 $10D$。这里的 D 是指电缆的外径。

(2)电缆的敷设高差:对于油浸式电缆,为了防止上部电缆油压和下部的油压过大,电缆两端的高差有一定的限制,一般不得超过 15~25m,否则应采取堵油措施。

（3）电缆与其他地下管道之间的距离：电力电缆与热力管道平行敷设时，其水平距离不得小于2m，交叉跨越时水平距离不得小于0.5m；电力电缆与其他管道的水平、垂直距离一般也不得小于0.5m。

（4）电缆的松弛：为了防止电缆因热胀冷缩而受力过大，电力电缆在敷设时不能拉得太直，电缆的实际长度应比电缆沟的实际长度长0.5%～1%，并每隔一定的距离（一般在电缆接头处）设立松弛区，松弛长度一般为0.5m，如果因接头需要可松弛2～3m。

（5）电缆的机械保护：埋在地下的电缆应有一定的保护措施，如电缆埋设深度一般不得小于0.7m，电缆沟应铺细砂、加盖板，穿越公路、铁路等设施的电缆应穿入钢管或混凝土管加以保护。

（6）电缆接头：电缆敷设完毕，各段必须连接起来，两端还应与电气设备或架空线路相连，使其成为一个连续的整体，这些连接装置称为电缆接头，简称电缆头。电缆两端的接头称为终端接头，电缆中间连接的接头称为中间头，电缆干线与分支线的连接头称为分支头。

电力电缆工程图主要表现电缆敷设、安装、连接的具体布置与工艺要求，其图纸主要有电缆头施工工艺图、电缆敷设平面图等。电缆敷设平面图如图3-50所示。

3. 防雷与接地工程图

防雷是电气线路、电气设备和现代建筑物必须采取的重要的安全保护措施，防雷工程图几乎是任何电气工程图纸中必不可少的图纸。

1）防雷设备的表示方法

防雷设备主要有：①防止雷电直击的设备，如避

雷针、避雷线、避雷带；②防止雷电波沿架空线路侵入电气设备和建筑物内部的设备，如避雷器、放电间隙等。

上述这些常用的防雷设备在电气系统图和电气平面图上的图形符号见表3-31。

表3-31　常用的防雷设备图形符号

名称	图形符号	名称	图形符号
避雷针		管型避雷器	
避雷带			
火花间隙			
击穿保险器		阀型避雷器	
一般避雷器			

2）建筑物的防雷工程图

建筑物防止直击雷的措施除了采用避雷针以外，大多还采用避雷带进行保护。避雷带安装在建筑物顶部凸出的部位上，如屋脊、女儿墙等，避雷带一般采用ø8的钢筋，可以互相焊连也可与建筑物混凝土内钢筋焊连，之后一并接地。图3-51是某房屋避雷带布置图。

由图3-51可知，避雷带在屋顶沿四周布置，且与凸出的出气孔等相连，然后从中间引下并接地，避雷带与引下线均采用ø8的镀锌圆钢。

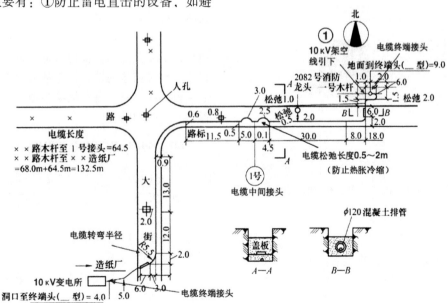

图3-50　10kV地下电缆敷设平面图示例

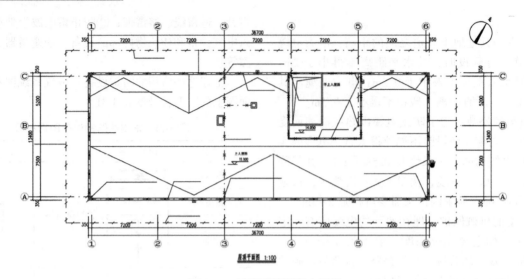

图 3-51　某房屋避雷带布置图

3) 配电系统防雷保护接线图

为防止雷击，变、配电设备和建筑物的防雷除了应采用避雷针以外，还应有防止高压雷电波沿架空线路、电缆线路进入的措施，其中最主要的措施就是安装避雷器。避雷器相当于一个阀门，它被并接在被保护设备进线接线柱与外壳（即地）之间，如图 3-52 所示。当高压雷电波沿线路袭来时，避雷器内的间隙被击穿，相当于"阀门"开通，雷电流便经此"阀门"流入地下（如图 3-52 中虚线所示），使接在线路上的电气设备免遭高压雷电波的袭击。雷电波过后，放电间隙断开，避雷器又恢复对地的高绝缘状态。根据构造和保护性能的不同，避雷器又分为阀型避雷器、管型避雷器、金属氧化锌避雷器等。

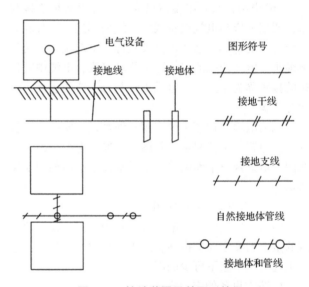

图 3-53　接地装置及其图形符号

其图形符号如图 3-53 所示。

接地工程图（图 3-54）主要包括接地系统图和接地装置平面布置图。接地系统图主要表现各接地设备与接地装置相连的情况，通常只用接地符号表示；接地装置平面布置图是指描绘接地体、接地线的具体布置与安装的图纸。

四、动力及照明工程图

1. 动力及照明工程图的组成

动力及照明工程是现代建筑工程中最基本的电气工程，也是电气工程图中最基本的图纸之一。动力及照明工程图一般由动力及照明电气系统图、动力及照明平面图等部分组成。

动力及照明电气系统图表示建筑物内外的动力、照明。在电气系统图上，集中反映了动力及照明的安装容量、计算容量、计算电流、配电方式、导线与电

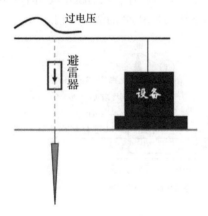

图 3-52　避雷器对变电所设备的保护示意图

4) 电气接地工程图的示例

电气设备或其他设备的某一部位，通过金属导体与大地的良好接触称为接地。电气设备安装在地上或墙上，由于不与大地良好接触的，不能被认为是接地。按照接地目的不同，接地分为保护接地、工作接地、保护接零、防雷接地、防静电接地。接地装置及

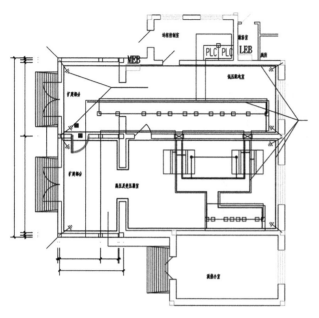

图 3-54　配电室接地工程图示例

缆的型号和截面积、导线与电缆的基本敷设方式和穿管管径、开关与熔断器的型号规格等。

动力及照明平面图是表示建筑物内的动力、照明设备和线路平面布置的图纸。

2. 动力及照明设备在平面图上的表示方法

动力及照明线路在电气平面图上的表示方法是画一条线条，在线条旁标注一定的文字符号，文字符号的基本标注格式是：$a{-}b\dfrac{c{\times}d{\times}l}{e}f$。其中：$a$ 表示线路编号或用途编号；b 表示导线型号；c 表示导线根数；

d 表示导线截面积，不同截面积分别标注；e 表示配线方式；f 表示敷设部位的符号。

动力系统图（图 3-56）显示编号为 AP11 配电箱的外部尺寸为 600mm×500mm×200mm，描述电箱回路数量及内部配件规格尺寸，动力系统图描述动力配电箱回路去向及设备容量，方便施工、技术人员进行核对。

照明平明图（图 3-57）显示两间管理用房和派接小室内照明灯具、开关插座位置的示意，照明平面图显示线路的走向、分组方式，通过照明平面图可以了解照明线路控制分组，一般由照明配电箱（AL12）统一引出。

照明系统图（图 3-58）是新建附属用房照明系统图，显示编号为 AL12 配电箱的外部尺寸为（500mm×600mm×180mm），描述照明配电箱回路数量及内部配件规格尺寸，照明系统图描述配电箱回路去向及设备容量，方便施工、技术人员进行核对。

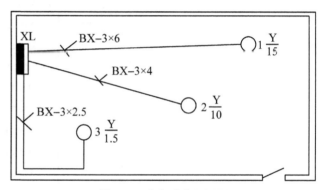

图 3-55　电气动力平面图

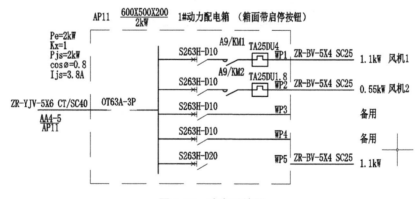

图 3-56　动力系统图

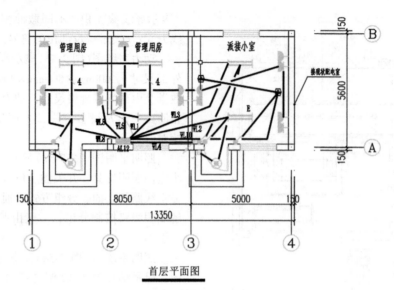

首层平面图

图 3-57 照明平面示意图

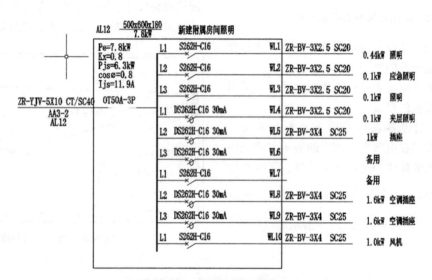

图 3-58 照明系统示意图

第四章
城镇排水系统概论

第一节　排水系统的作用与
　　　　发展概况

一、排水系统的作用

人们在生活和生产中，使用着大量的水。水在使用过程中会受到不同程度的污染，改变原有的化学成分和物理性质，这些水称作污水或废水。废水按照来源可以分为生活污水、工业废水和降水。工业废水和生活污水含有大量有害、有毒物质和多种细菌，严重污染自然环境，传播各种疾病，直接危害人民身体健康。自然降水若不能及时排除，也会淹没街道而中断交通，使人们不能正常进行生活和生产。在城市和工业企业中，应当有组织且及时地排除上述废水和雨水，否则可能污染和破坏环境，甚至形成公害，影响生活和生产以及威胁人民健康。废水和雨水的收集、输送、处理和排放等设施以一定方式组合成的总体，称为排水系统。

二、城镇排水系统发展概况

（一）国外排水行业的发展概况

1. 创建阶段

19 世纪，中期西方国家先后发展了现代城市给水排水系统。英国早期的排水工艺只是建造管渠工程，将污水、废水和雨水直接排入水体。到 1911 年德国已建成 70 座污水处理厂，在其后的半个世纪里城市排水系统的发展较为缓慢，例如，1957 年西德的家庭污水入网率仅 50%，1961 年日本东京仅为 21.2%。

2. 发展和治理阶段

20 世纪 60—70 年代开始，西方国家投入大量财力铺设污水管道，修建污水处理厂，提高污水的收集率和处理率，并对工业污水、污水处理厂尾水的排放

作了严格的控制（又称"点源"治理）。例如：1979 年东京污水入网率达到 70%；1987 年前西德污水的入网率已达到 95%，污水处理率达到 86.5%，城市居民人均污水管长达 4m。然而城市水环境的质量仍然不尽人意，研究中发现，传统的排水观念造成人们长期以来认为，合流管渠中的污水被暴雨稀释（稀释比约 1∶5~1∶7），溢流后不会再危害水体，事实上并非如此。1960—1962 年，在英国北安普敦的调查发现，暴雨之初，原沉淀在合流管渠内的污泥被大量冲起，并经溢流井溢入水体即所谓的"第一次冲刷"。此后，人们提高了溢流井内的堰顶高程以减少溢流量，但这样做又增加了管渠内的沉积物，一旦被更大暴雨冲起、挟入溢流，进入水体仍然会造成污染。

3. 暴雨管理阶段

为了进一步改善城市水体的水质，自 20 世纪 70 年代起都在致力于此项工作。首先是对雨污混合污水在溢流前进行调节、处理及处置，使之溢流后对水体的水质影响在控制的目标之内。例如美国一些州，要求混合污水在溢流之前就地做一级处理，并对每个溢流口因超载而未加处理的混合污水溢流次数加以限制（如华盛顿州每个溢流口每年 1 次，旧金山市为 4 次）；其次是对污染严重地区雨水径流的排放做了更严格的要求，如工业区、高速公路、机场等处的暴雨雨水要经过沉淀、撇油等处理后才可以排放。在已有二级污水处理厂的合流制排水管网中，适当的地点建造新型的调节、处理设施（滞留池、沉淀池等）是进一步减轻城市水体污染的关键性补充措施。它能拦截暴雨初期"第一次冲刷"出来的污染物送往污水处理厂处理，减少混合污水溢流的次数、水量和改善溢流的水质，以及均衡进入污水处理厂混合污水的水量和水质，它也能对污染物含量较多的雨水作初步处理。

国外的实践表明，为了进一步改善受纳水体的水质，将合流制改造为分流制，其费用高昂且效果有限，而在合流制系统中建造上述补充设施则较为经济

而有效。国外排水体制的构成中带有污水处理厂的合流制仍占相当高的比例，如西德1987年其比例为71.2%，且该国专家认为通常应优先采用合流制，分流制要建造两套完整的管网，耗资大、困难多，只在条件有利时才采用。至20世纪80年代末，西德建成的调节池已达计划容量的20%，虽然其效果难以量化，但是送到处理厂的污泥量增加了、河湖的水质有了显著的改善。据估计，用这种方式处理雨水的费用与用污水处理厂不相上下。

为了实现对暴雨雨水的管理，必须对雨水径流过程有更深入的认识、准确的预测和模拟。目前常用的排水系统水力模拟软件有：①英国环境部及全国水资源委员会的沃林福特软件（Wallingford），它是在20世纪60年代的过程线方法——TRRL程序的基础上发展起来的，可用于复杂径流过程的水量计算和模拟、管理设计优化，并含有修正的推理方法。②美国陆军工程师兵团水文学中心的"暴雨"模型（Storage，Treatment，Over flow，Runoff Model，简称STORM），该程序可以计算径流过程、污染物的浓度变化过程，适用于工程规划阶段对流域长期径流过程的模拟。③美国环保局的雨水管理模型（Storm Water Management Model，简称SWMM），它能模拟降雨和污染物质经过地面、排水管网、蓄水和处理设施，最终到达受纳水体的整个运动、变化的复杂过程，可作单一事件或长期连续时期的模拟。④德国汉诺威水文研究所的HE软件（HYSTEM-EXTRAN，简称HE），可用于模拟排水管网中的降雨径流过程和污染物扩散过程，是全德国境内使用最广泛的流体动力学排水管网计算程序，可以计算水力基础数据如径流量和水位，以及污染物在地表和管网中的扩散过程。这些雨水模型软件在西方国家城市排水工程中的应用已非常普遍。例如，早在1975年英国就有96%的雨水管渠设计使用了TRRL程序，而在现阶段的暴雨雨水管理中更是离不开计算机和相关软件了。

（二）中国古代排水事业的发展概况

1. 中国古代排水管渠的起源与发展

人类在公元前2500年创造了古代的排水管道，在20世纪初期创造了污水处理，在20世纪中期创造了水回用技术。排水工程的内涵由排水管道发展到水处理，由水处理发展到再生水循环回用，前后有将近4500多年的历史。在此期间中国的先民们首先在史前龙山文化时期造就了陶土排水管道，开创了人类的排水工程事业。城垣排水是古代文化的重要组成部分，也是人类文明的重要进程。

2. 中国古代排水管道种类及特点

中国最早的城垣遗址，出现在史前新石器时代的晚期。当时城垣内的排水系统，主要是地面自流，明沟排水。

进入了铜石并用时代的晚期时，由于封闭型城垣的长期发展以及民们物质文化水平的提高，河南省淮阳市平粮台的先民们（约为公元前2500年），首先将城垣中的雨水，由地面自流排水发展为采用小型地下陶土排水管。从此在排水系统中开创性地增加了排水管道的内涵。

随着历史的变革与社会的发展，社会生产力得到了解放，排水管道逐步得到了发展。偃师商城是商代前期（其年代约为公元前1600—公元前1400年）的都城遗址，城垣内开始出现了石砌排水暗沟；有较狭窄的全部用石块垒砌的小型石砌排水暗沟遗迹；也有沿城内的路网、贯通全城完整的大型石、木结构排水暗沟遗迹。

到了西汉时，已步入封建社会，并已进入铁器时代。社会生产力又有了长足的发展，城垣规模不断扩大。汉长安城的排水管道设施种类繁多，有圆形陶土排水管、五角形陶土排水管，并首次出现了拱形砖结构的砖砌排水暗沟，这是中国最早修建的大型砖砌排水暗沟。

由此可见，排水管道在城垣建设中已经形成不可缺少的一项基础设施。

为了纵观古代排水管道发展的历程，表4-1按照纪年体系整理出"中国古代排水管道遗迹资料表"。

依照表4-1的资料及有关史料、考古的报道，从公元2500年到公元前190年，前后约2300年，排水管道先后出现了陶土排水管道、木结构排水暗沟、石砌排水暗沟、卵石排水暗沟以及砖砌排水暗沟等5个种类，现依次叙述如下。

表4-1 中国古代排水管道遗迹资料表

时代分期	朝代与纪年	排水管道名称	管道种类概要
铜石并用时代晚期	相当文献记载的史前帝喾时代（约公元前2500年，河南龙山文化时期）	平粮台陶土排水管道	三孔圆形陶土排水管（倒品字形）、每孔断面0.04m²、总断面0.12m²
青铜时代早期	夏王朝中、后期，商代前期（公元前1900—公元前1500年）	二里头木结构排水暗沟	木结构排水暗沟、石砌排水暗沟及圆形陶土排水管

（续）

时代分期	朝代与纪年	排水管道名称	管道种类概要
青铜时代中期	商代前期（公元前1600—公元前1400年）	偃师商城石砌排水暗沟	石砌排水暗沟（木盖板）、断面3.0m² 及木结构排水暗沟、圆形陶土排水管
	商代前期（公元前1600—公元前1400年）	郑州商城石砌排水暗沟	石砌排水暗沟及圆形陶土排水管
	商代后期（公元前1300—公元前1046年）	安阳殷墟陶土排水管道	圆形陶土排水管
青铜时代晚期	西周时期（公元前11世纪）	沣京陶土排水管道	圆形陶土排水管
	西周时期（约公元前1045年）	琉璃河燕都卵石排水暗沟	卵石排水暗沟、断面0.84m² 及圆形陶土排水管
	西周时期（约公元前900年）	周原卵石排水暗沟	卵石排水暗沟及圆形陶土排水管
	西周时期（约公元前850年）	齐国故城石砌排水暗沟	15孔石砌排水暗沟（每孔断面0.2m²）、总断面3.0m² 及圆形陶土排水管
	东周时期（公元前770—公元前256年）	雒邑陶土排水管道	圆形陶土排水管
	东周时期（公元前403—公元前221年）	燕下都陶土排水管道	圆形陶土排水管
铁器时代	战国末期至秦王朝时期（公元前247—公元前208年）	秦皇陵陶土排水管道	五孔五角形陶土排水管（每孔断面0.11m²）、总断面0.55m² 及圆形陶土排水管
	秦王朝时期（公元前221—公元前206年）	阿房宫陶土排水管道	三孔圆形陶土排水管（品字形）、总断面0.12 m² 及五角形陶土排水管
	汉朝时期（公元前195—公元前190年）	汉长安城砖砌排水暗沟	砖砌排水暗沟（顶部发砖券）、断面2.24m² 及五角形陶土排水管、圆形陶土排水管
	隋唐时期（581—582年）	唐长安城砖砌排水暗沟	砖砌排水暗沟（顶部发砖券）、断面1.04m² 及圆形陶土排水管

1）陶土排水管道

已发现的陶土排水管道有两种类型陶土排水管道：一种为圆形陶土管，另一种为五角形陶土管。

圆形陶土管，此管道很原始，从没有榫口，发展到有管套承插接口。从每节管长35～45cm，到每节管长100cm。从直管到三通管，再到直角弯管。经过漫长的岁月，陶土管逐步得到改进与完善。

圆形陶土管的内径一般为22cm，断面面积约为0.04m²。它的管径小，能够排泄的雨水流量也少，所以只适宜用于排除流量较小的地区。

由于大型圆形陶土管制作困难，也易压碎，为增大排水流量，先民们巧妙地拼装成三孔圆形陶土管，用以排除大流量。这种三孔圆形陶土管，前后发掘出正"品"字形和倒"品"字形两种拼装的形式，如图4-1、图4-2所示。

图4-2 阿房宫三孔圆形陶土排水管道（正"品"字形）

除了圆形陶土管，另一类型是五角形陶土管。五角形陶土管是在秦汉时期形成的，该管道通高45～47cm，底边宽40～43cm，管壁厚7cm，全长65～68cm。它的单孔断面面积约为0.11m²。它是圆形陶土管断面面积的3倍，相应排水的流量也较大，并且可以简单地拼装成两孔、三孔、四孔、五孔等形式（单孔构造如图4-3所示）。从而进一步提高排水流量，适应不同层次的流量需求。这种陶土管采用的是预制装配式结构，构思非常独特巧妙。它的缺点是制造复杂、管壁厚、成本高。

图4-1 平粮台三孔圆形陶土排水管道（倒"品"字形）

图4-3　咸阳市西汉帝陵五角形陶土排水管道(单孔)

2) 木结构排水暗沟

这是继"平粮台陶土排水管道"之后，发掘出最早的另一种排水暗沟。这是在当时的生产条件下，采用丰富的天然木材，巧妙搭建成的排水暗沟，以便适应大流量排水时的需求。这种排水暗沟，显然比较原始，不能耐久，流水也不顺畅。

3) 石砌排水暗沟

石砌排水暗沟，在夏商周时期主要是采用天然石块即毛石垒砌而成，有如下三种形式：

第一种形式是较狭窄的石砌排水暗沟；暗沟的两侧沟墙及盖板，均采用天然石块垒砌，如"二里头石砌排水暗沟"及"郑州商城石砌排水暗沟"。

第二种形式是沟体较宽的石砌排水暗沟，暗沟的两侧沟墙用天然石块垒砌，并且在沟墙中夹砌木桩，支撑上面的木梁，木梁上再铺木材作为沟顶盖板，形成暗沟。贯通偃师商城的石砌排水暗沟就是这种类型。

第三种形式是多孔石砌排水暗沟。在原齐国故城，发掘出一座15孔石砌排水暗沟。15个矩形石砌水孔，分上、中、下3层排列。水孔一般高50cm、宽40cm。每孔的两侧沟墙、盖板、底板均是采用天然石块互相搭接、垒砌而成。下层水孔的沟顶盖板，是上层水孔的底板(图4-4)。齐国先民们巧妙地采用

图4-4　原齐国故城15孔石砌排水暗沟

多孔石砌暗沟，使过水总面积达到了$3m^2$，满足了排除大流量雨水时的需求。避开由于排水流量大，若采用大型单孔暗沟，带来沟顶盖板建筑结构的技术难题。这座石砌排水暗沟，水力条件合理、石材耐久，说明设计是成功的。缺点是体积庞大、不易清理。

4) 卵石排水暗沟

这也是利用天然材料砌筑的排水暗沟。它是采用天然鹅卵石作为暗沟底部与侧墙的建筑材料，木材作为沟顶盖板，堆砌而形成较大的排水管道。

5) 砖砌排水暗沟

汉长安城的砖砌排水暗沟，是中国目前发掘出最早的一座砖砌排水暗沟。暗沟的两侧墙体和底板、采用砖石混合结构，石材采用料石。顶部用发砖券，为拱形砖结构。这种拱形砖顶科学地解决了大型排水暗沟顶部的建筑结构问题。这在排水管道建筑结构的发展，是一项很有意义的突破。

根据以上的阐述，中国古代排水管道发展中的特点，大致有以下3个：

(1) 圆形陶土管，一直是延续应用最广泛的一种排水管道，在各个朝代、各个时期、不同地区的城垣、皇宫以及庭院中，都曾发掘出许多这种管道。

(2) 早期的矩形排水暗沟，由于缺乏有效的生产技术手段，大多数是采用天然木材、天然石块、天然鹅卵石等建造而成。夏商周时期，在一些古城遗址中，出现了许多木结构排水暗沟、石砌(毛石)排水暗沟以及卵石排水暗沟的遗迹。

(3) 为适应排除大流量雨水的需求，人们一直在追求排水管道的变革和改进。由于城垣在不断扩大、建筑规模在增大、排水流量也在大幅增加。为了适应排除城垣中出现的大流量雨水，先民们对排水管道采取了许多加大管道、增加排水断面的工程措施；从三孔圆形陶土排水管到五孔五角形陶土排水管道，再到15孔石砌排水暗沟，再到采用天然材料建造矩形排水暗沟，一直到建造拱形砖顶的砖砌排水暗沟等变化。显然，先民们一直在探求解决能够排除大流量雨水，而且又性能最佳的排水管道。

砖砌排水暗沟的出现，是排水管道发展中的重要突破。西汉初年(公元前195—公元前190年)，在汉长安城遗址中，出现了最早的砖砌排水暗沟。为了分析砖砌排水暗沟形成及其发展的历史背景，表4-2将汉代以来砖砌排水暗沟的遗迹状况予以整理。

表 4-2　砖砌排水暗沟发掘资料表

朝代	时间	地点	排水管道概要
西汉	公元前 202—公元 9 年	西安	西面城墙至城门附近的城墙下，发掘出断面尺寸宽约 1.2m，高约 1.4m 的砖砌排水暗沟；另外在南面城墙西安门附近的城墙下，也发掘出一座宽约 1.6m，高约 1.4m 的砖砌排水暗沟。两座暗沟的沟墙、底板是用砖和石材砌筑。顶部都用发砖券，为拱形砖结构的砖砌排水暗沟
六朝(吴、东晋、宋、齐、梁、陈)	229—589 年	南京	在建康宫城遗址中，发现了一条穿过道路的拱顶砖砌排水暗沟，可能是东晋时修建
隋、唐	581—582 年	西安	含光门遗址以西的城墙下，发掘出一座大型砖砌排水暗沟，其沟顶采用的是拱形结构，沟宽 0.6m，全高 1.8m，沟墙与拱顶的砖砌体结构厚度均为 0.95 m。沟内设有三根 10cm 方铁粗柱作为铁栅，防范外人穿过
	618—907 年	洛阳	在唐东都洛阳定鼎门遗址的西城墙下部，也发现了一处相同类型的砖砌排水暗沟，其沟顶也是采用拱形结构，暗沟内也设有铁栅防范外人穿过
北宋	960—1127 年	赣州	著名的福寿砖排水暗沟，简称福寿沟。福寿沟宽约 0.9m，高约 1.8m，其中福沟长约 11.6km，寿沟长约 1 km，福寿沟的主沟总长约 12.6km，沟墙为砖砌体，沟顶为石盖板，全城采用地下管道排除雨水。这是古代赣州的重要排水基础设施，且直到 20 世纪 50 年代仍然在养护、维修使用中
南宋	1127—1279 年	杭州	南宋临安御街遗址(今杭州中山中路南段)中，发掘出两处砖砌排水暗沟。一处内宽 0.3m，高 0.9m，长约 2.15m。沟壁为砖砌体，沟顶覆盖石板。另一处内宽 0.15m，高 0.15m，长约 2.15m。沟壁用长方砖平砌，再用相同规格的长方砖封盖，长方砖的规格为 33cm×10cm×5cm
	1162—1233 年		南宋临安恭圣仁烈皇后庭院遗迹中，发掘出一条砖砌排水暗沟和庭院以外相通。暗沟为方形，宽 0.3m，高 0.29m。沟底、沟壁均为砖砌体，沟顶用透雕的方砖封堵。透雕花纹为假山、松枝和两只猴子
元	1206—1368 年	北京	健德门以西(今花园路段)发掘出一处砖砌排水暗沟的水关，基础由 7 层条石垒砌而成，顶部的拱券和两壁均为青砖砌筑，洞高 3.45m。其中有一块条石上刻有"至元五年(1268 年)二月石匠作头"的标记
			肃清门以北(今学院路西端)也发掘出一处砖砌排水暗沟水关，暗沟宽 2.5m，直墙高 1.25m；全高 2.5m，暗沟顶部的拱券直径 2.5m。沟底和两壁用条石铺砌，拱顶为砖砌体。暗沟按照宋代"营造法式"设计、施工。暗沟内设有菱形铁栅棍，铁栅棍的间距为 10~15cm，防范外人穿过
			光照门以南(今东土城转角楼处)也发掘出一处与肃清门处相同的拱券砖砌排水暗沟水关遗址
明清	1368—1911 年	北京	所有排水主干渠，穿过城墙下的水关排入护城河时，大部分也是采用砖砌排水暗沟。在内城就有 6 座排水水关，其中 5 座采用拱顶式砖砌排水暗沟，另外 1 座采用过梁式砖砌排水暗沟，沟墙均为砖砌体，沟顶为条石盖板。每座水关均设 2~3 层铁栅栏，防范外人穿过。根据乾隆五十一年(1786 年)的丈量统计数据，明清时期北京城区的砖砌暗沟和排水明渠等，当时总计长达 429km
		汉口	乾隆四年(1739 年)汉口开埠时，首先在汉正街修建了一条长 3441m，宽、高各 1.66m 的砖砌方形排水暗沟，上盖花岗岩长条石，条石的顶面作为路面，每隔 20m 留一窨井，上盖铁板，便于清掏
		上海	19 世纪开埠初，租界在辟路的同时，在路旁挖明沟或建暗渠。同治元年(1862 年)起，英租界先从当时的中区(今黄浦区东部)开始进行规划和建设雨水排水管道；其中延安东路前身为洋泾浜(即小河沟)。19 世纪 60 年代起，在其系统内，工部局在广东路、山东路、云南南路等地区修建了砖砌排水暗沟。19 世纪中叶，工部局在泥城浜(今西藏中路)排水系统内，修建了芝罘路、劳合路(今六合路)和广西路等砖砌排水暗沟
		天津	光绪二十七年(1901 年)开埠期间，拆毁了旧城墙，改建为四条环城马路，同时填平了城濠。于光绪二十九年(1903 年)，为解决填平后城内排水出路，在南城濠建造了第一条大型砖砌排水暗沟，名"官沟"

从上述的资料中可以看出：砖砌排水暗沟在古代城垣排水系统中，已逐渐发展成为重要的通用排水设施。

3. 古代城垣排水系统的布局及特点

由于城垣文化的发展，社会经济的需求，导致排水管道的出现与增多，同时又陆续充实、组成了比较完整的排水系统。

1) 排水系统的主要功能及设施

史前城垣中的排水系统，主要是采用地面自流的排水方式。自从龙山文化时期平粮台出现了陶土排水管以后，古代城垣中的排水系统开始进入采用明渠和地下排水管道两者相结合的阶段。

古代，在生活过程中产生的沺水一般是随意洒泼到庭院或排入渗井。粪便排除的方式，从宫廷到平民，大多地区都采用干厕。粪便的收集和清运，或背或挑，或车运或船运至粪场，经简易处置后多作农肥。潜水、粪便的这种传统清除方式，一直沿用到清朝末年，也很少有水冲厕所，更没有排除生活污水、粪便的专用污水管道。因此，古代城垣中的排水系统，其主要功能是排除雨水。

当时的城区，人口密度一般都较低，与排水系统相关联的河湖水体，自然净化的能力较强，水质清澈，基本未受污染。

2) 城垣排水系统的布置方式

古代在城垣中布置的排水系统，在商周时期已经逐步形成两种基本方式。第一种方式是排水系统的主干线采用明渠，沿主干线接收两旁的排水管道、支沟的排水后，当主干线的排水明渠，在穿过城墙下的水关时采用排水暗沟，然后再接入尾闾河段。第二种方式是排水系统的主干线采用管道、暗沟，沿干管接收支线的排水后，直接穿过城墙排入护城河。

古代城垣中的排水系统，常用的是第一种布置方式，并一直沿用到近代。

由于城垣的扩大与发展，各种排水设施也日趋完善，雨水经城区路网中的明渠或排水干管将宫廷、院落、街道的排水支管以及支沟的雨水汇流后，再通过预埋在城墙下的管道、暗沟，排入护城河，形成排水系统与路网系统相互结合的布局。并逐步发展为与引水系统、湖泊雨水调蓄等系统互相结合、更为完整的规划布置。

3) 古代排水系统中的雨水调蓄方式

在汉长安城中，排水系统与之相连的湖泊雨水调蓄系统，主要是进行径流调节，其作用是拦洪削峰，以保持下游管渠的流量在一定的范围内正常运行。这是在古代湖泊雨水调蓄系统中出现的第一种调蓄方式，也是通用的一种调蓄方式。另外还有第二种调蓄方式，调蓄目的是待机排水，古城赣州的调蓄系统就是采用了这种调蓄方式。

如前所述，北宋赣州古城的福寿沟是全城排除雨水的主要地下管道，其设施非常完整。赣州位于江西省的章江与贡江的交汇处，排水暗沟共有 12 个出口，就近分别进入章、贡两江。在各个出口处，共建造了 12 座"水窗"。"水窗"即为拍门，它是一种单向阀。

它的功能是：当章、贡两江水位高时自动关闭拍门面板，防止江水倒灌。两江水位低时自动打开拍门面板，将暗沟中的雨水排入章、贡两江。在福寿沟所经之处又和沿线众多的湖泊，池塘连成一体，组成了排水网络中的蓄水库，形成湖泊雨水调蓄系统。调蓄的目的是当江河水位达到一定的高度时，利用"水窗"临时将雨水拦蓄在湖泊、池塘以及管渠中，待江河水位下降后再行排除，形成待机排水系统。巧妙地根据章、贡两江水位适时地排除城区的积水。

另外赣州古城是宋代一座封闭型的砖砌城垣。当发生水灾时，可以阻挡洪水进入城内。而章、贡两江的洪水，由于排水暗沟出口处造有"水窗"，可以阻挡江水倒流到城内，因而古城可以减轻或避免灾害，使城内保持稳定。赣州古城的各种排水设施，构思独特、设计巧妙，形成了有特点的、可调蓄的排水系统。

从以上的资料可以看出：古代当时对排水系统和与之相连的湖泊雨水调蓄系统，已具备了完整的、科学的规划设计手段。

4) 古代排水系统中的附属设施

随着排水管道的应用与发展，排水系统中的附属设施也逐渐增多，如在二里头古城遗址中发掘出石砌渗水井。在齐国故城出现了排水明渠穿过城墙下的"水关"。在秦咸阳发现有排水池，池中有地漏，下接 90° 弯曲的陶土管，弯曲的陶土管再与排水管道相连。在汉长安城长乐宫的皇宫庭院遗址中，发现其管线中设置有沉砂井。在唐长安城含光门遗址的砖砌排水暗沟水关内，设有 3 根 10cm 方铁粗柱作为铁栅，防范外人穿过铁栅水关设施(图 4-5)。在赣州古城的砖砌排水暗沟出口处造有"水窗"，可防止江水倒灌。

在北京故宫的庭院排水系统中，发现有"沟眼""钱眼"。"沟眼"是地面明沟遇有台阶或建筑物，在

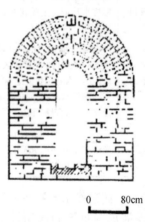

0   80cm

图 4-5　唐长安城含光门砖砌排水暗沟
（左图为砖砌体结构断面示意图）

其下设置的过水涵洞设施，"钱眼"是雨水由地面流进地下管道的入口设施，这种入水口多为方石板雕成明、清铜币形，即外圆中方的5个空洞，可以进水，也就是雨水口。在乾隆年代，汉口汉正街的砖砌排水暗沟中，每隔20m有一座窨井（检查井），上盖铁板，便于清掏等。

5）中国古代排水管道在世界文明进展中的历史意义

中国是世界上最早出现排水管道的国家，早期在世界各地，先后出现了三种陶土管道：在公元前2500年左右，中国河南省的平粮台古城遗址，首先出现了圆形陶土排水管。在公元前1650—公元前1450年，文明古国希腊的克里特岛出现了圆锥形陶土排水管道。在公元前211年左右时，中国陕西省西安市的秦始皇陵，出现了五角形陶土排水管道。很明显中国是世界上最早出现这种承插管道接口的国家。平粮台出现的圆形陶土排水管，它的连接方式，采用的是承插接口。这种接口方式，设计工艺非常巧妙，彼此套接，就可成为一条管道。是一个非常先进的接口方式，它在制作上有特殊的要求。管体和管头接口的同心度、管壁厚度等，必须按设计规定严格执行。陶土管的承插接口方式，已经延续使用了数千年，一直沿用至今。目前在许多其他管材的圆形管道接口中，如铸铁管道、塑料管道、预应力钢筋混凝土管道、球墨铸铁管道等，也都是采用这种接口方式。

（三）中国当代排水事业的发展概况

中华人民共和国成立以后，随着城市和工业建设的发展，城市排水工程的建设有了很大的发展。为了改善人民居住区的卫生环境，中华人民共和国成立初期，除对原有的排水管渠进行疏浚外，曾先后修建了北京龙须沟、上海肇家浜、南京秦淮河等十几处管渠工程。在其他许多城市也有计划地新建或扩建了一些排水工程。在修建排水管渠的同时，还开展了污水、污泥的处理和综合利用的科学研究工作，修建了一些城市污水处理厂。

改革开放以后，随着城市化进程的加快和国家对环境保护重视程度的不断加强，城市水环境污染问题日益得到重视。国家适时调整政策，规定在城市政府担保还贷条件下，准许使用国际金融组织、外国政府和设备供应商的优惠贷款，推动了一大批城市新建排水设施，较好的控制了城市水污染。同时，立法要求建设、完善城市排水管网和污水处理设施，并对社会环境质量标准，以及结合中国经济、技术条件，对制定国家及地方的污染物排放标准等工作做出了规定。并制定排污收费制度，开始征收排污费和城市排水设施有偿使用费，明确要求城市排水设施有偿使用费专款专用，用于排水设施的维修养护、运行和建设。城市排水设施建设得到较快发展，各城市修建的排水工程数量不断增加，工程规模不断加大，我国城市排水管道总量有了大幅地提高。

进入21世纪以来，我国排水事业有了长足进步，在环境保护和污水治理方面也取得了一定的经验，但由于历史欠账太多，总体水平仍然比较落后，与发达国家相比尚有差距。

第二节　排水系统体制

一、排水系统体制

在城市和工业企业中的生活污水、工业废水和雨水可以采用同一管道系统来排除，也可采用两个或两个以上各自独立的管道系统来排除，这种不同的排除方式所形成的排水系统称为排水体制。排水体制一般分为合流制、分流制和混流制。

（一）合流制排水体制

合流制排水体制指将生活污水、工业废水和雨水混合在同一个管渠内排除的系统。最早出现的合流制排水系统，是将收集的混合污水不经处理直接就近排入水体，国内外很多老城市以往几乎都是采用这种合流管道系统。

但由于污水未经无害化处理就排放，使受纳水体遭受严重污染。现在常采用末端截流方式对合流制排水系统进行分流改造。这种系统是在临河岸边建造一条截流干管，同时在合流干管与截流干管相交前或相交处设置截流井和溢流井，并在截流干管下游修建污水处理厂。晴天和降雨初期所有污水和雨污混合水可通过截流管道输送至污水处理厂，经处理后排入水体。随着降雨的延续，雨水径流量也逐渐增加，当雨污混合水的流量超过截流管的截流能力后，将有部分雨污混合水经溢流井溢出，直接排入水体（图4-6）。截流式合流制排水系统实现了晴天和降雨初期污水不入河，但降雨过程中仍会有部分雨污混合水未经处理直接排放入河，对受纳水体造成污染，这是它的严重缺点。

图 4-6　合流制排水体制

目前，国内外在对合流制排水系统实施分流制改造时，普遍采用末端截流式分流方式，但在条件允许的情况下，应对采取末端截流式分流的合流制系统的溢流污染进行调蓄控制。

（二）分流制排水体制

分流制排水体制是指将生活污水、工业废水和雨水分别在两个或两个以上各自独立的管道内排除的系统。由于排除雨水方式的不同，分流制排水系统又分为分流制和不完全分流制两种排水系统。

1. 完全分流制

按污水性质，采用两个各自独立的排水管渠系统进行排除。生活污水与工业废水流经同一管渠系统，经过处理，排入外界水体；而雨水流经另一管渠系统，直接排入外界水体。新建大中城市多采用完全分流排水体制（图4-7）。

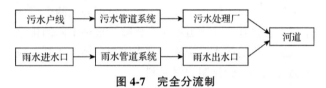

图 4-7 完全分流制

2. 不完全分流制

完全分流制具有污水排水系统和雨水排水系统，而不完全分流只具有污水排水系统，未建完整雨水排水系统。雨水沿天然地面、街道边沟、原有沟渠排泄，或者为了补充原有雨水渠道输水能力的不足而建部分雨水管道，待城市进一步发展完善后，再修建雨水排水系统，变成完全分流制（图4-8）。

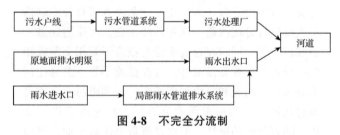

图 4-8 不完全分流制

（三）混流制排水体系

混流制排水体制是指在同一城市内，有时因地制宜的分成若干个地区，采用各不相同的多种排水体制。

合理地选择排水系统的体制，是城市和工业企业排水系统规划和设计的重要问题。它不仅从根本上影响排水系统的设计、施工、维护管理，而且对城市和工业企业的规划和环境保护影响深远，同时也影响排水系统工程的总投资和初期投资费用，以及维护管理费用。通常，排水系统体制的选择应首先满足环境保护的需要，根据当地条件通过技术、经济比较后确定。因此，应当根据城市和工业企业发展规划、环境保护、地形现状、原有排水工程设施、污水水质与水量、自然气候与受纳水体等因素，在满足环境卫生条件下，综合考虑确定。

二、排水系统组成

（一）城市污水排水系统

城市污水排水系统包括室内污水管道系统及设备、室外污水管道系统、污水泵站及压力管道、污水处理厂、出水口及事故排出口。

1. 室内污水管道系统及设备

其作用是收集生活污水，并将其送至室外居住小区的污水管道中。在住宅及公共建筑内，各种卫生设备既是人们用水的容器，也是承受污水的容器，还是生活污水排水系统的起端设备。生活污水从这里经水封管、出户管等室内管道系统流入室外居住小区管道系统。

2. 室外污水管道系统

分布在地面下的依靠重力流输送污水至泵站、污水处理厂或水体的管道系统。它包括居住小区管道系统和街道管道系统，以及管道系统上的附属构筑物。

居住小区污水管道系统（亦称专用污水管道系统）指敷设在居住小区内，连接建筑物出户管的污水管道系统。它分为接户管、小区支管和小区干管。接户管是指布置在建筑物周围接纳建筑物各污水出户管的污水管道。小区污水支管是指布置在居住组团内与接户管连接的污水管道，一般布置在组团内道路下。小区污水干管是指在居住小区内接纳各居住组团内小区支管流来污水的污水管道。一般布置在小区道路或市政道路下。居住小区污水排入城市排水系统时，其水质必须符合《污水排入城镇下水道水质标准》。居住小区污水排出口的数量和位置，要取得城镇排水主管部门的同意。

街道污水管道系统（亦称公共污水管道系统）指敷设在街道下，用以排除从居住小区管道排出的污水，一般由支管、干管、主干管等组成。支管是承受居住小区干管流来的污水或集中流量排出污水的管道。干管是汇集输送支管流来污水的管道。主干管是汇集输送由两个或两个以上干管流来污水，并把污水输送至泵站、污水处理厂或通至水体出水口的管道。

污水管道系统上常设的附属构筑物有检查井、跌水井、倒虹管等。

3. 污水泵站及压力管道

污水一般以重力流排除，但往往受地形等条件的限制而无法排除，这时就需要设泵站。压送从泵站出来的污水至高地自流管道的承压管段称为压力管道。

4. 污水处理厂

处理和利用污水、污泥的一系列构筑物及附属构筑物的综合体称为污水处理厂。城市污水处理厂一般设置在城市河流的下游地段，并与居民点或公共建筑保持一定的卫生防护距离。

5. 出水口及事故排出口

污水排入水体的渠道和出口称为出水口，它是整个城市污水排水系统的终点设施。事故排出口是指在污水排水系统的途中，在某些易于发生故障的组成部分前，所设置的辅助性出水渠，一旦发生故障，污水就通过事故排出口直接排入水体。

(二)工业废水排水系统

1. 车间内部管道系统和设备

主要用于收集各生产设备排出的工业废水，并将其排送至车间外部的厂区管道系统中。

2. 厂区管道系统

敷设在工厂内，用以收集并输送各车间排出的工业废水的管道系统。厂区工业废水的管道系统，可根据具体情况设置若干个独立的管道系统。

3. 污水泵站及压力管道

主要用于将厂区管道系统内的废水提升至废水处理站。

4. 废水处理站

废水处理站是厂区内回收和处理废水与污泥的场所。在管道系统上，同样也设置检查井等附属构筑物。在接入城市排水管道前宜设置检测设施。

(三)雨水排水系统

1. 建筑物的雨水管道系统和设备

主要用于收集工业、公共或大型建筑的屋面雨水，将其排入室外雨水管渠系统中。

2. 居住小区或工厂雨水管渠系统

用于收集小区或工厂屋面和道路雨水，并将其输送至街道雨水管渠系统中。

3. 街道雨水管渠系统

用于收集街道雨水和承接输送用户雨水，并将其输送至河道、湖泊等水体中。

4. 排洪沟

排洪沟指为了预防洪水灾害而修筑的沟渠。在遇到洪水灾害时能够起到泄洪作用。一般多用于矿山企业生产现场，也可用于保护某些建筑物或者工程项目的安全，提高抵御洪水侵害的能力。

5. 出水口

出水口是指管渠排入水体的排水口，有多种形式，常见的有一字式、八字式和门字式。

第三节　常见排水设施

一、排水管渠

排水管渠是城市排水系统的核心组成部分，一般分为管道和沟渠两大类。

二、检查井

检查井是连接与检查管道的一种必不可少的附属构筑物，其设置的目的是为了使用与养护管渠的需要。

(一)检查井设置条件

检查井的设置条件如下：

(1)管道转向处。

(2)管道交汇处。

(3)管道断面和坡度变化处。

(4)管道高程改变处。

(5)管道直线部分间隔距离为30~120m。其间距大小决定于管道性质、管径断面、使用与养护上的要求而定。

检查井在直线管渠段上的最大间距，一般可按表4-3选用。

表4-3　检查井最大间距

管径或暗渠	最大间距/m	
净高/mm	污水管道	雨水(合流)管道
200~400	40	50
500~700	60	70
800~1000	80	90
1100~1500	100	120
1500~2000	120	120

注：数据参照 GB 50014—2006。

(二)检查井类型

(1)圆形(井直径 $\Phi=1000~1100mm$)：一般用于管径 $D<600$ mm 管道上。

(2)矩形(井宽 $B=1000~1200mm$)：一般用于管径 $D>700mm$ 管道上。

(3)扇形(井扇形半径 $R=1000~1500mm$)：一般用于管径 $D>700mm$ 管道转向处。

（三）检查井与管道的连接方法

（1）井中上下游管道相衔接处：一般采取工字式接头，即管内径顶平相接和管中心线相接（流水面平接）。不论何种衔接都不允许在井内产生壅水现象。

（2）流槽设置：为了保持整个管道有良好的水流条件，直线井流槽应为直线型，转弯与交汇井流槽应成为圆滑曲线型，流槽宽度、高度、弧度应与下游管径相同，至少流槽深度不得小于管径的1/2，检查井底流槽的形式如图4-9所示。

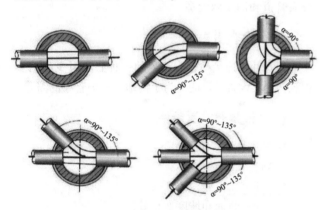

图4-9　检查井底流槽的形式

（四）检查井构造及材料

检查井井身的构造一般有收口式和盖板式两种。收口式检查井，是指在砌筑到一定高度以后，逐行回收渐砌渐小直至收口至设计井口尺寸的形式，一般可分为井室、渐缩部和井筒三部分。盖板式检查井，是指直上直下砌筑到一定高度以后，加盖钢筋混凝土盖板，在盖上留出与设计井口尺寸一致的圆孔的形式，可分为井室和井筒两部分。

为了便于人员检修出入安全与方便，其直径不应小于0.7m，井室直径不应小于1m，其高度在埋深许可时一般采用1.8m。

检查井井身可采用砖、石、混凝土或钢筋混凝土、砌块等材料。检查井井盖一般为铸铁或钢筋混凝土材料，在车行道上一般采用铸铁。为防止雨水流入，盖顶略高出地面。井座采用铸铁、钢筋混凝土或混凝土材料制作。

三、雨水口

雨水口是在雨水管渠或合流管渠上收集雨水的构筑物。雨水口的设置位置应能保证迅速有效的收集地面雨水。一般应在交叉路口、路侧边沟的一定距离处以及没有道路边石的低洼地方设置，以防止雨水漫过道路或造成道路及低洼地区积水而妨碍交通。

雨水口的构造包括进水箅、井筒和连接管三部分，如图4-10所示；箅条交错排列的进水箅如图4-11所示。

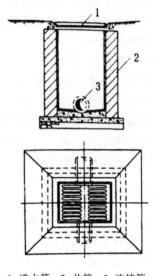

1-进水箅；2-井筒；3-连接管。

图4-10　平箅雨水口

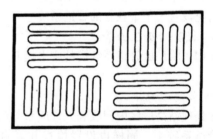

图4-11　箅条交错排列的进水箅

雨水口的进水箅可用铸铁或钢筋混凝土、石料制成。采用钢筋混凝土或石料进水箅可节约钢材，但其进水能力远不如铸铁进水箅，有些城市为加强钢筋混凝土或石料进水箅的进水能力，把雨水口处的边沟沟底下降数厘米，但给交通造成不便，甚至可能引起交通事故。

雨水口按进水箅在街道上的设置位置可分为：①边沟雨水口，进水箅稍低于边沟底水平放置；②边石雨水口，进水箅嵌入边石垂直放置；③联合式雨水口，在边沟底和边石侧面都安放进水箅。各类又分为单箅、双箅、多箅等不同形式，双箅联合式雨水口如图4-12所示。

雨水口的井筒可用砖砌或用钢筋混凝土预制，也可采用预制的混凝土管。雨水口的深度一般不宜大于1m，在有冻胀影响的地区，雨水口的深度可根据经验适当加大。

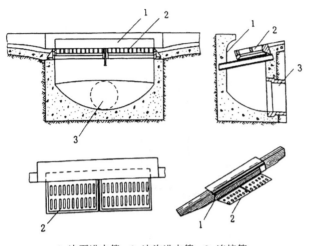

1—边石进水箅；2—边沟进水箅；3—连接管。

图 4-12　双箅联合式雨水口

雨水口的底部可根据需要做成有沉泥井或无沉泥井的形式，有沉泥井的雨水口可截留雨水所夹带的沙砾，避免它们进入管道造成淤塞。但是沉泥井往往需要经常清除，增加养护工作量，通常仅在路面较差、地面积秽很多的街道或菜市场等地方，才考虑设置有沉泥井的雨水口。

雨水口以连接管与街道排水管渠的检查井相连。当排水管直径大于 800mm 时，也可在连接管与排水管连接处不另设检查井，而设连接暗井。连接管的最小管径为 200mm，坡度一般为 0.01，长度不宜超过 25mm，接在同一连接管上的雨水口一般不宜超过 3 个。

四、特殊构筑物

（一）跌水井

跌水井也叫跌落井，是设有消能设施的检查井。当上下游管道高差大于 1m 时，为了消能，防止水流冲刷管道，应设置跌水井。跌水井的跌水方式与构造如下：

1. 跌水方式

（1）内跌水：一般跌落水头较小，上游跌水管径不大于跌落水头，在不影响管道检查与养护工作的管道上采用（图 4-13）。

（2）外跌水：对于跌落水头差与跌水流量较大的污水管和合流管道上，为了便于管道检查与养护工作，一般都采用外跌水方式（图 4-14）。

2. 跌水井构造

一般跌水井一次跌落不宜过大，需跌落的水头较大时，则采取分级跌落的办法，跌水井分竖管式、竖

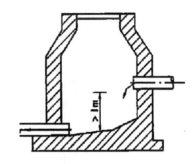

图 4-13　内跌水井

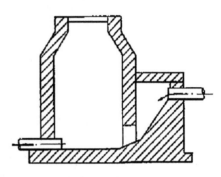

图 4-14　外跌水井

槽式、阶梯式三种（图 4-15~图 4-17）。

（二）溢流井

溢流井一般用于合流管道，当上中游管道的水量达到一定流量时，由此井进行分流，将过多的水量溢流出去，以防止由于水量过分集中某一管段处而造成倒灌、检查井冒水危险或污水处理厂和抽水泵站发生超负荷运转现象。通常溢流井采用跳堰和溢流堰两种形式，如图 4-18 所示。

（三）截流井

在改造老城区合流制排水系统时，一般在合流管道下游地段与污水截流管相交处设置截流井，使其变成截流式合流制排水系统。截流井的主要作用是正常情况下截流污水，当水量超过截流管负荷时进行安全溢流。常见截流井形式有堰式、槽式、槽堰结合式、漏斗式等（图 4-19）。

（四）冲洗井

在污水与合流管道较小管径的上、中游段，或管道起始端部管段内流速不能保证自净时，为防止管道淤塞可设置冲洗井，以便定期冲洗管道。冲洗井中的水量，可采用上游污水自冲或自来水与污水冲洗，达到疏通下水道的目的即可。

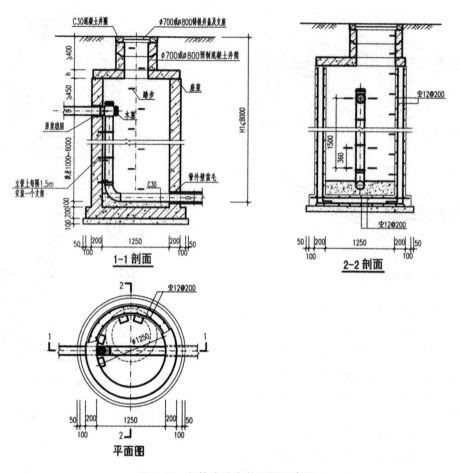

图 4-15　竖管式跌水井平面示意图

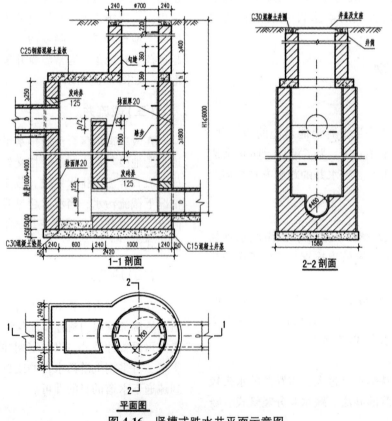

图 4-16　竖槽式跌水井平面示意图

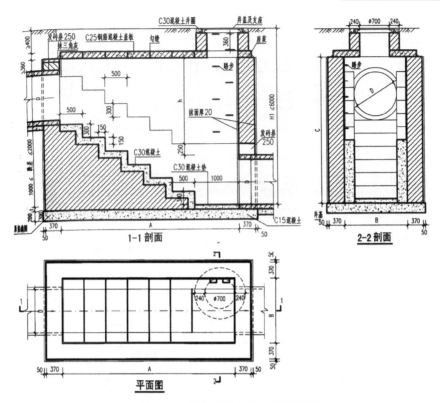

图 4-17 阶梯式跌水井平面示意图

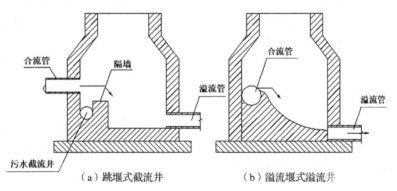

（a）跳堰式截流井   （b）溢流堰式溢流井

图 4-18 溢流井形式

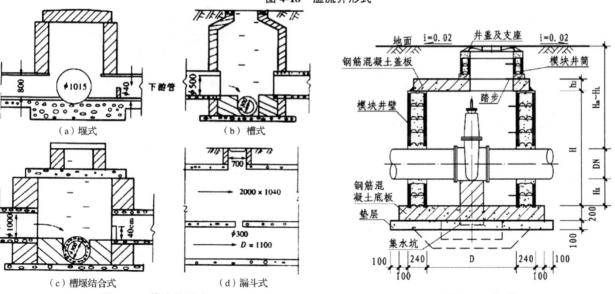

（a）堰式   （b）槽式

（c）槽堰结合式   （d）漏斗式

图 4-19 截流井形式   图 4-20 闸井

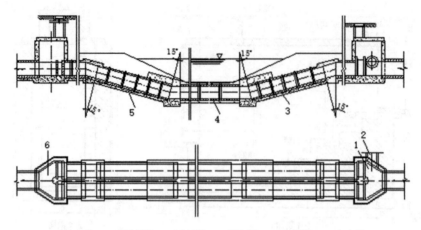

1-进水井；2-事故排除；3-下行管；4-平行管；5-上行管；6-出水井。

图 4-21 倒虹吸

（五）沉砂井

沉泥井主要用于排水管道中，是带有沉泥槽的检查井。可将排水管道中的砂、淤泥、垃圾等物在沉泥槽中沉淀，方便清理，以保持管道畅通无阻。

应根据各地情况，在排水管道中每隔一定距离的检查井和泵站前一检查井设沉泥槽，深度宜为 0.3～0.5m。对管径小于 600mm 的管道，距离可适当缩短。设计上一般相隔 2～3 个检查井设 1 个沉泥槽。

（六）闸 井

闸井一般设于截流井内、倒虹吸管上游和沟道下游出水口部位，其作用是防止河水倒灌、雨期分洪，以及维修大管径断面沟道时断水，闸井（图 4-20），一般有叠梁板闸、单板闸、人工启闭机开启的整板式闸，也有电动启闭机闸。

（七）倒虹吸

当管道遇到障碍物必须穿越时，为使管道绕过某障碍物，通常采用倒虹吸方式（图 4-21）。此处水流中的泥沙容易在此部位沉淀淤积堵塞管道。因此一般设计流速不得小于 1.2m/s。根据养护与使用要求应设双排管道。并在上游虹吸井中设有闸槽或闸门装置，以利于管道养护与疏通工作。

（八）通气井

污水管道污水中的有机物，在一定温度与缺氧条件下，厌气发酵分解产生甲烷、硫化氢、二氧化碳、氯化氢等有毒有害气体，它们与一定体积空气混合后极易燃易爆。当遇到明火可发生爆炸与火灾，为防止此类事故发生和保护下水道养护人员操作安全，对有此危害的管道，在检查井上设置通风管或在适宜地点设置通气井予以通风，以确保管道通风换气。

（九）排河口

（1）淹没式排河口：这种方式多用于排放污水和经混合稀释的污水。

（2）非淹没式排河口：此种多用于排放雨水或经过处理的污水。其位置应设置在城市水体下游，并且有消能防冲刷措施。在构造形式上，一般为一字式（图 4-22）、八字式（图 4-23）和门字式（图 4-24）三种形式，可用砖砌、石砌或混凝土砌筑。

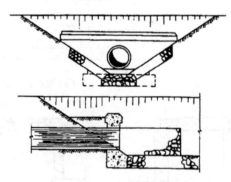

图 4-22 一字式管道出口

（十）围 堰

围堰是指在水利工程建设中，为了建造永久性水利设施，修建的临时性围护结构。其作用是防止水和土进入建筑物的修建位置，以便在围堰内排水，开挖基坑，修筑建筑物。一般主要用于水工建筑中，除作为正式建筑物的一部分外，围堰一般在用完后拆除。围堰高度必须高于施工期内可能出现的最高水位。

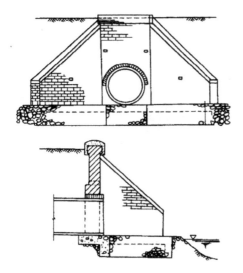

图 4-23　八字式管道出口

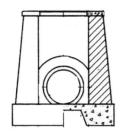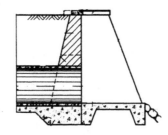

图 4-24　门字式管道出口

五、泵　站

当管道的上游水头低、下游水头高时，为使上游低水头改变成下游高水头，需要在变水头的部位加设抽水泵站，采用人为的方法提高管道中的水位高度。抽水泵站一般可分为雨水泵站、污水泵站与合流泵站三类，并由以下部分组成：

（1）泵房建筑：设泵站的地点，泵房的建筑结构形式。

（2）进水设施：包括格栅和集水池。

（3）抽水设备：水泵，水泵型号、流量、扬程、功率应满足上游来水所需抽升水量和抽升高度的要求；电动机，电动机功率应稍大于水泵轴功率，其大小要相互适应。

（4）管道设施：进水管道、出水管道和安全排水口。

（5）电气设备：包括电器启动和制动逆行控制系统。

（6）起重吊装设备：用以适应设备安装与维修工作需要。

六、调蓄池

调蓄池一般分为雨水调蓄池和合流调蓄池。

雨水调蓄池是一种用于雨水调蓄和储存雨水的收集设施，占地面积大，可建造于城市广场、绿地、停车场等公共区域的下方，也可以利用现有的河道、池塘、人工湖、景观水池等设施。主要作用是把雨水径流的高峰流量暂时存入其中，待流量下降后，再从雨水调蓄中将雨水慢慢排出，以削减洪峰流量，实现雨水利用，避免初期雨水对下游受纳水体的污染，控制面源污染。特别是在下凹式桥区、雨水泵站附近设置带初期雨水收集池的调蓄池，既能规避雨水洪峰，实现雨水循环利用，避免初期雨水污染，又能对排水区域间的排水调度起到积极作用。

合流调蓄池主要设置于合流制排水系统的末端，采用调蓄池将截流的合流污水进行水量和水质调蓄，既能减少对污水处理厂造成冲击负荷，保证污水处理厂的处理效果，又能提高截流量、减少合流制溢流对水体的污染。

第五章
排水泵站基础知识

第一节　排水泵站概述

一、排水泵站的定义与分类

(一)定　义

排水泵站是指将水由低处抽提至高处的机电设备和建筑设施的综合体。

(二)分　类

(1)按排水泵站在排水系统中的位置和作用分类,可分为中途泵站和终点泵站。

(2)按排水泵站中废水的性质分类,可分为污水泵站、雨水泵站、合流泵站、立交排水泵站和污泥泵站。

(3)按排水泵站和地面的相对位置分类,可分为地下式泵站、半地下式泵站和全地下式泵站。

(4)按排水泵站水泵的操控方式分类,可分为人工操控泵站、自动控制泵站和远程控制泵站。

(5)按排水泵站水泵泵型分类,可分为离心泵站、轴流泵站、混流泵站、潜水泵站。

(6)按排水泵站使用情况分类,可分为永久性泵站、半永久性泵站、临时泵站。

(7)按排水泵站规模分类,具体见如表5-1。

二、排水泵站的组成、作用与原理

从排水泵站运行管理的角度,将泵站组成部分分为机械设备、电气设备、金属结构设备、泵站建筑物设施和辅助设施设备五部分,各部分具体组成如下:

(一)机械设备

机械设备主要包括主水泵、动力机、传动装置。

表 5-1　按泵站规模分类

泵站等级	泵站规模	分等指标	
		装机流量/(m³/s)	装机功率/(×10⁴kW)
I	大(1)型	≥200	≥3
II	大(2)型	200~50	3~1
III	中型	50~10	1~0.1
IV	小(1)型	10~2	0.1~0.01
V	小(2)型	<2	<0.01

1. 主水泵

泵是一种抽送液体的机械,就是把原动机的机械能转换为所抽送液体动能的机器。它在动力机械的带动下,能把液体从低处抽升到高处或远处。泵能抽送水、油、酸碱溶液、液态金属、纸浆、泥浆等。用于抽水的泵称为水泵。

泵的种类很多,以转换能量的方式来分,通常分为有转子泵和无转子泵两大类。前一类是靠高速旋转或往复运动的转子把动力机的机械能转变为提升或压送流体的能量,如叶片泵、容积泵、旋涡泵;后一类则是靠工作流体把工作能量转换为提升或压送流体的能量,如水锤泵、射流泵、内燃泵等。在农田灌溉或排涝中,用得最多的是叶片泵,叶片泵是利用叶片的高速旋转来输送液体的,又可分为离心泵、轴流泵、混流泵三种。

2. 动力机

动力机是把热能、电能、风能、潮汐能等变为机械能的机器,用来带动其他机械工作,也叫发动机。动力机运动的输出形式通常为转动,其种类有很多,如电动机、蒸汽机、涡轮机、内燃机、风车。泵站常用动力机为电动机。

电动机是把电能转换成机械能的一种设备。它利用通电线圈(也就是定子绕组)产生旋转磁场并作用于转子(如鼠笼式闭合铝框)形成磁电动力旋转扭矩。电动机按使用电源不同,分为直流电动机和交流电动机。电力系统中的电动机大部分是交流电动机，主要分为同步电动机和异步电动机。电动机主要由定子与转子组成，通电导线在磁场中受力运动的方向跟电流方向、磁感线方向、磁场方向有关。电动机工作原理是磁场对电流受力作用，使电动机转动。

3. 传动装置

传动装置是将动力源的运动和动力传递给执行机构的装置。常见的传动装置有连杆机构、凸轮机构、带传动、链传动、齿轮传动等。水泵机组最常用的传动方式有直接传动和间接传动。当水泵和动力机的额定转速不等或转向不同时，就要用传动装置将两者连接起来，以传递功率，保持转速一致。

常用的传动装置零部件如下：

（1）轴：轴的作用是传递运动和转矩，支承回转零件。可分为直轴、曲轴、软轴。

（2）轴承：轴承用于轴的支承，它的主要功能是支撑机械旋转体，降低其运动过程中的摩擦系数，并保证其回转精度。根据轴承的工作性质，可分为滑动轴承和滚动轴承。

（3）键和键连接：键和键连接是常用的连接部件，主要用于实现轴和轴承上零件之间的固定，以及传递运动和扭矩。键主要分为平键、半圆键、楔键和花键。

（4）联轴器：联轴器是指连接两轴或轴与回转件，在传递运动和动力过程中一同回转，在正常情况下不脱开的一种装置。有时也作为一种安全装置用来防止被连接机件承受过大的载荷，起到过载保护的作用。联轴器可分为刚性联轴器和挠性联轴器两大类。

（5）离合器：离合器的作用是实现轴与轴之间的连接、分离，从而实现动力的传递和中断。主要分为牙嵌式离合器、摩擦式离合器、安全离合器、超越离合器。

（6）制动器：制动器利用摩擦力矩来实现对运动零件的制动，主要分为锥形制动器、带状制动器、电磁制动器、盘式制动器。

（二）电气设备

电气设备主要包括输配电线、变压器、高低压电器及成套设备、仪器仪表、无功补偿装置、直流装置和PLC控制系统等。

1. 输配电线

输配电线是指用于电力、通信和相关传输用途的材料，其本质为带电粒子（载流子）的定向运动的载体。电线一般是用于承载电流的导电金属线材，有实心的、绞合的、箔片编织的等各种形式。按绝缘状况，电线分为裸电线和绝缘电线两大类。电缆是由一根或多根相互绝缘的导线芯置于密封护套中构成的绝缘导线，其外可加保护覆盖层，用于传输、分配电能或传送电信号。电线和电缆并没有严格的界限。通常将电线芯数少、产品直径小、结构简单的产品称为电线，没有绝缘的称为裸电线，其他的称为电缆。导体截面积较大的（截面面积>6mm²）称为大电线，较小的（截面面积≤6mm²）称为小电线。

按电缆的用途来区分，主要分为配电线路和输电线路两种。配电线路是直接供电到用户的线路，电压较低，一般是指10kV高压线路和380V低压线路；输电线路是指连接两个公共变电站之间的线路，电压较高，一般是指35kV及以上电压等级的线路。

2. 变压器

变压器是利用电磁感应原理，从一个电路向另一个电路传递电能或传输信号的电器。其作为将某一等级的交流电压和电流转换成同频率的另一等级电压和电流的设备，用于变换交流电压、交流电流和阻抗。

变压器主要应用电磁感应原理来工作。当变压器一次侧施加交流电压为 U_1，流过一次绕组的电流为 I_1，则该电流在铁芯中会产生交变磁通，使一次绕组和二次绕组发生电磁联系。根据电磁感应原理，交变磁通穿过这两个绕组就会感应出电动势，其大小与绕组匝数和主磁通的最大值成正比，绕组匝数多的一侧电压高，绕组匝数少的一侧电压低。当变压器二次侧开路，即变压器空载时，一次和二次端电压与一次和二次绕组匝数成正比，即 $U_1/U_2 = N_1/N_2$。但初级与次级频率保持一致，从而实现电压的变化。

变压器的主要构件是初级线圈、次级线圈和铁芯（磁芯）。其主要功能为电压变换、电流变换、阻抗变换、隔离、稳压（磁饱和变压器）等。

变压器分类如下：

（1）按用途分类：电力变压器和特殊变压器，特殊变压器分为电炉变、整流变、工频试验变压器、调压器、矿用变压器、音频变压器、中频变压器、高频变压器、冲击变压器、仪用变压器、电子变压器、电抗器、互感器等。

（2）按冷却方式分类：干式（自冷）变压器、油浸（自冷）变压器、氟化物（蒸发冷却）变压器，如六氟化硫是个惰性、无毒的绝缘气体，常用在变压器中。

（3）按防潮方式分类：开放式变压器、灌封式变压器、密封式变压器。

（4）按铁芯或线圈结构分类：芯式变压器（插片铁芯、C形铁芯、铁氧体铁芯）、壳式变压器（插片铁芯、C形铁芯、铁氧体铁芯）、环形变压器、金属箔变压器。

（5）按电源相数分类：单相变压器、三相变压器、多相变压器。

(6)按用途分类：电源变压器、调压变压器、音频变压器、中频变压器、高频变压器、脉冲变压器。

3. 高压电器及成套设备

高压成套设备是一种电气设备，由开关设备、保护电器、测量元件、母线和其他辅助设备等部分组成。它在电力系统的电能的产生、传输和分配过程中，起着控制、保护和测量的作用。

其中常用的高压断路器根据断路器的灭弧介质和作用不同，分为油断路器、空气断路器、六氟化硫断路器、真空断路器和磁吹断路器。油断路器是以绝缘油作为灭弧和绝缘介质，根据用油量的不同又分为少油断路器和多油断路器两种。空气断路器是利用预先贮存的压缩空气来灭弧的。六氟化硫断路器是利用 SF_6 气体灭弧的。真空断路器是利用真空包、高绝缘强度和扩散性能灭弧的。磁吹断路器是利用电磁力驱动电弧进入绝缘狭缝灭弧的。

(1)负荷开关：负荷开关与断路器功能相近，是一种具有简单的灭弧装置，能切断额定负荷电流和一定的过载电流，但不能切断短路电流的开关电器。

(2)隔离开关：隔离开关由动静刀触头、支撑绝缘子、操作机构等部分组成，不能开断负荷电流和短路电流。使用时，只有在断路器断开后才能进行操作。

(3)熔断器：熔断器是一种保护电器，当电路中通过超负荷电流或短路电流时，利用电流通过熔体产生的热量引起熔断从而切断电路的特性，对被保护设备起到保护作用。

(4)母线：母线是在进出线很多的情况下，为便于电能的汇集和分配，设置的一条主线。泵站系统的母线主要将电网电能引进后，通过母线分配给机房内各用电设备。常用母线有两类，分别为软母线和硬母线。

(5)绝缘子：绝缘子用于支持和固定母线与带电导体，并使带电导体间或导体与大地之间有足够的距离和绝缘。绝缘子应具有足够的电气绝缘强度和耐潮湿性能。

(6)避雷器：避雷器是用于保护电气设备免受高瞬态过电压危害并限制续流时间也常限制续流赋值的一种电器。避雷器的主要类型有管型避雷器、阀型避雷器和氧化锌避雷器等。不同类型避雷器的主要工作原理是不同的，但是它们的工作实质是相同的，都是为了保护通信线缆和通信设备不受损害。避雷器的作用是保护电力系统中各种电器设备免受雷电过电压、操作过电压、工频暂态过电压冲击而损坏。保护间隙主要用于限制大气过电压。一般用于配电系统、线路

和变电所进线段保护。

(7)互感器：互感器又称为仪用变压器，是电流互感器和电压互感器的统称。互感器能将高电压变成低电压、大电流变成小电流，用于量测或保护系统。其功能主要是将交流电压和大电流按比例降到可以用仪表直接测量的数值，便于仪表直接测量，同时为继电保护和自动装置提供电源。同时，互感器还可用来隔开高电压系统，以保证人身和设备的安全。电压互感器可在高压和超高压的电力系统中用于电压和功率的测量等。电流互感器可用于交换电流的测量、交换电度的测量和电力拖动线路的保护。

4. 低压电器及成套设备

低压配电装置是低压系统中的重要设备，它是由一个或多个低压开关电器和相应的控制、保护、测量、信号、调节装置，以及柜内所有电气设备、机械构件相互连接组成的成套配电装置。

低压配电电器包括低压断路器、熔断器、刀开关和转换开关等，这类设备的特点是分断能力强，要求在系统发生故障情况下动作准确、工作可靠、限流效果好、操作过电压低、保护功能好、热稳定程度高。低压断路器根据其外形结构与功能不同，又分为塑料外壳、柜架式、限流式、漏电保护等。熔断器根据其结构不同，分为有填料、无填料、插入式、快熔式等。

低压控制电器主要用于自动控制系统和电动机控制操作，主要包括接触器、启动器、主令控制器和控制继电器等。特点是寿命长、体积小、重量轻、具有一定的转换能力、操作频率高。

(1)接触器：接触器的种类主要有交流接触器、直流接触器、真空接触器、半导体接触器，主要用于远距离频繁启动或控制交、直负荷，以及接通、分断正常工作的主电路和控制电路。

(2)启动器：启动器的种类主要有全压启动器、降压启动器、变频式启动器、软启动器等。

(3)控制继电器：控制继电器的种类主要有电流继电器、电压继电器、时间继电器、温度继电器、热继电器和中间继电器等，用于控制系统中控制其他电气设备或保护主电路。

(4)控制器：控制器按其形状分为凸轮控制器、平面控制器、鼓形控制器。指按照预定顺序改变主电路或控制电路的接线和改变电路中电阻值来控制电动机的启动、调速、制动和反向的主令装置，以达到电动机启动、换向和调整的目的。

(5)主令电器：主令电器的种类有按钮、限位开关、微动开关、万能转换开关、脚踏开关、接近开关和程序开关等，主要用于接通与分断控制电路，以发

出指令或用作程序控制。

(6)其他电器:其他电器主要有变阻器、电阻器、电磁铁等。

5. 仪器仪表

(1)电流表:电流表是指用来测量交、直流电路中电流的仪表。电流表是根据通电导体在磁场中受磁场力的作用而制成的。电流表内部有一永磁体,在极间产生磁场;在磁场中有一个线圈,线圈两端各有一个游丝弹簧,弹簧各连接电流表的一个接线柱;在弹簧与线圈间由一个转轴连接;在转轴相对于电流表的前端,有一个指针。当有电流通过时,电流沿弹簧、转轴通过磁场,电流切磁感线,所以受磁场力的作用,使线圈发生偏转,带动转轴、指针偏转。由于磁场力的大小随电流增大而增大,所以可以通过指针的偏转程度来观察电流的大小。

(2)电压表:电压表是用于测量电压的一种仪器,传统的指针式电压表和电流表都是根据电流的磁效应原理工作的。电流越大所产生的磁力越大,表现出来就是电压表上的指针的摆幅越大。电压表内有一个磁铁和一个导线线圈,电流通过后,会使线圈产生磁场,线圈通电后在磁铁的作用下会发生偏转,这就是电流表、电压表的表头部分。

(3)智能电量仪表:智能电量仪表用于中低压系统智能化装置,它集数据采集和控制功能于一身,具有电力参数测量和电能计量的功能。它可以同时测量三相交流回路的每一相电压、电流、有功功率、无功功率、视在功率、功率因数、频率、有功电度、无功电度等参数。

(4)流量计:流量计是指示被测流量和(或)在选定的时间间隔内流体总量的仪表。简单来说,就是用于测量管道或明渠中流体流量的一种仪表。流量可分为瞬时流量和累计流量,瞬时流量即单位时间内过封闭管道或明渠有效截面的量,流过的物质可以是气体、液体、固体;累计流量即为某一段时间间隔内(一天、一周、一月或一年)流体流过封闭管道或明渠有效截面的累计量。流量计又分为有差压式流量计、转子流量计、节流式流量计、细缝流量计、容积流量计、电磁流量计、超声波流量计等。按介质分为液体流量计和气体流量计。

(5)液位计:液位计是测量液位的仪表,按工作原理分为:声学式、直读式、压差式、电气式、核辐射式、浮力式等多种形式。

(6)雨量计:雨量计是一种气象学家和水文学家用来测量一段时间内某地区的降雨量的仪器(降雪量的测量则需要使用雪量计)。雨量计的种类很多,常见的有虹吸式雨量计、称重式雨量计、翻斗式雨量

计。雨量计由承水器(漏斗)、储水筒(外筒)、储水瓶组成。

(7)压力表:压力表是指以弹性元件作为敏感元件,测量并指示高于环境压力的仪表,在热力管网、油气传输、供水供气系统、车辆维修保养厂店等领域随处可见。压力表按其显示方式,分为指针压力表、数字压力表。压力表的工作原理为:通过表内的敏感元件(波登管、膜盒、波纹管)的弹性形变,再由表内机芯的转换机构将压力形变传导至指针,引起指针转动来显示压力。

6. 无功功率补偿装置

无功功率补偿装置在电力供电系统中起提高电网的功率因数的作用,能够降低供电变压器和输送线路的损耗,提高供电效率,改善供电环境。合理地选择补偿装置,可以做到最大限度地减少电网的损耗,使电网质量提高。反之,如选择或使用不当,则可能造成供电系统电压波动、谐波增大等现象。

电网输出的功率包括两部分:一是有功功率,直接消耗电能,把电能转变为机械能、热能、化学能或声能,利用这些能做功;二是无功功率,消耗电能,但只是把电能转换为另一种形式的能,这种能作为电气设备能够做功的必备条件,并且,这种能在电网中与电能进行周期性转换(如电磁元件建立磁场占用的电能,电容器建立电场所占的电能)。

电网中常用的无功补偿方式包括:

①集中补偿,在高低压配电线路中安装并联电容器组;

②分组补偿,在配电变压器低压侧和用户车间配电屏安装并联补偿电容器;

③单台电动机就地补偿,在单台电动机处安装并联电容器等。

7. 直流装置

直流装置是应用于水力、火力发电厂,各类变电站和其他使用直流设备的用户,为给信号设备、保护、自动装置、事故照明、应急电源及断路器分合闸操作提供直流电源的电源设备。直流系统是一个独立的电源,它不受发电机、厂用电和系统运行方式的影响,并在外部交流电中断的情况下,保证由后备电源——蓄电池继续提供直流电源。

8. PLC 控制系统

PLC 即可编程逻辑控制器。PLC 控制器是一种专门为在工业环境下应用而设计的数字运算操作的电子装置。它采用一类可编程的存储器,用于其内部存储程序、执行逻辑运算、顺序控制、定时、计数与算术操作等面向用户的指令,并通过数字或模拟式输入/输出控制各种类型的机械或生产过程。

当 PLC 控制器投入运行后，其工作过程一般分为 3 个阶段，即输入采样、用户程序执行和输出刷新 3 个阶段。完成上述 3 个阶段称作一个扫描周期。在整个运行期间，PLC 控制器的 CPU 以一定的扫描速度重复执行上述 3 个阶段。

(三) 金属结构设备

金属结构设备主要包括闸门、阀门、机械格栅等。

1. 闸 门

闸门是用于关闭和开放泄 (放) 水通道的控制设施，是水工建筑物的重要组成部分，可用于拦截水流、控制水位、调节流量、排放泥沙和漂浮物等。闸门的分类如下：

(1) 按制作材料划分：主要有木质闸门、木面板钢构架闸门、铸铁闸门、钢筋混凝土闸门和钢闸门。

(2) 按闸门门顶与水平面相对位置划分：主要有露顶式闸门和潜没式闸门。

(3) 按工作性质划分：主要有工作闸门、事故闸门和检修闸门。

(4) 按闸门启闭方法划分：主要有用机械操作启闭的闸门和利用水位涨落时闸门所受水压力的变化控制启闭的水力自动闸门。

(5) 按门叶不同的支承形式划分：主要有定轮支承闸门、铰支承闸门、滑道支承闸门、链轮闸门、串辊闸门、圆辊闸门等。

2. 阀 门

阀门是在流体系统中，用来控制流体的方向、压力、流量的装置，也是使配管和设备内的介质 (液体、气体、粉末) 流动或停止并能控制其流量的装置。用于流体控制系统的阀门，可用于控制空气、水、蒸汽、各种腐蚀性介质、泥浆、油品、液态金属和放射性介质等各种类型流体的流动，具有截止、调节、导流、防止逆流、稳压、分流或溢流泄压等功能。

阀门的控制可采用多种传动方式，如手动、电动、液动、气动、涡轮驱动、电磁动、电磁液动、电液动、气液动、正齿轮驱动、伞齿轮驱动等；可以在压力、温度或其他形式传感信号的作用下，按预定的要求动作，或者不依赖传感信号而进行简单的开启或关闭，阀门依靠驱动或自动机构使启闭件做升降、滑移、旋摆或回转运动，从而改变其流道面积以实现其控制功能。阀门分类如下：

(1) 截断类：如闸阀、截止阀、旋塞阀、球阀、蝶阀、针型阀、隔膜阀等。截断类阀门又称闭路阀和截止阀，其作用是接通或截断管路中的介质。止回阀又称单向阀或逆止阀，止回阀属于一种自动阀门，其作用是防止管路中的介质倒流、泵及驱动电机反转，以及容器介质的泄漏。防爆阀、事故阀等又称安全阀，安全阀的作用是防止管路或装置中的介质压力超过规定数值，从而达到安全保护的目的。调节阀、节流阀和减压阀的作用是调节介质的压力、流量等参数。

(2) 真空类：如真空球阀、真空挡板阀、真空充气阀、气动真空阀等。其作用是在真空系统中，改变气流方向，调节气流量，切断或接通管路的真空系统。

(3) 特殊用途类：如清管阀、放空阀、排污阀、排气阀、过滤器等。排气阀是管道系统中必不可少的辅助元件，广泛应用于锅炉、空调、石油天然气、给排水管道中。往往安装在制高点或弯头等处，用于排除管道中多余气体、提高管道路使用效率及降低能耗。

3. 机械格栅

格栅用于去除可能堵塞水泵机组及管道阀门的较粗大悬浮物，并能保证后续处理设施的正常运行，由一组 (或多组) 平行的金属栅条和框架组成，倾斜安装在进水的渠道里或进水泵站集水井的进口处。常见的格栅类型有：臂式格栅、连式格栅、钢绳式格栅、回转式格栅。

回转式机械格栅是一种可以连续自动清除悬浮物的格栅。它由许多个相同的耙齿机件交错平行组装成一组封闭的耙齿链，在电动机和减速机的驱动下，通过一组槽轮和链条进行连续不断的自上而下的循环运动，达到不断清除悬浮物的目的。主要结构包括：拦污栅体、回转耙齿、传动机构、过载保护机构、牵引链条等。

抓斗格栅主要用于清除水中的粗大漂浮物，该格栅除污机适用于大、中型构筑物的进出水口处，如：防洪防汛排渣泵站、污水及雨水提升泵站、火电及水电厂取水口、污水处理厂等。其主要结构包括 4 个部分：抓斗装置、龙门式桁车、导轨、水下格栅。

(四) 泵站建筑物设施

泵站建筑物设施包括泵房、集水池、变配电室、附属用房、出水池、进出水管网系统、调蓄池等。

1. 泵 房

泵房是安装水泵、电动机、水泵控制柜和其他辅助设备的建筑物，是水泵站工程的主体，其主要作用是为水泵机组、辅助设备和运行管理人员提供良好的工作条件。不同的泵房形式影响并决定泵站进、出水建筑物的形式及布置。

2. 集水池

集水池又称前池，主要用来调节水量，汇集、储存和均衡废水的水质水量，保证水泵有良好的水流条件。集水池容积包括死水容积和有效容积两部分。死水容积是指最低水位以下的容积，有效容积是指集水池内最高水位和最低水位之间的容积。集水池设有液位计，便于操作人员观察水位变化；格栅一般安装于集水池入口处。

3. 变配电室

变配电室是进行电压升降和电能分配的设备房，一般由高低压柜、变压器、直流屏等电气成套设备组成。配电室是指10kV及以下电压等级的设施，分为高压配电室和低压配电室。高压配电室一般指10kV高压开关室；低压配电室一般指10kV或35kV站经过变压器后的出线电压为400V的配电室。

4. 附属用房

附属用房一般指配套用房，可以是泵站的管理用房、中控室、值班室、库房、消防设施存放间等，通常起到补充泵站使用功能的作用。

5. 出水池

出水池是汇集出水管道水流并调整出水流态的工程设施，是连接出水管路与排灌干渠的衔接建筑物。水泵出水池的类型如下：

(1)根据水流方向，可分为正向出水池、侧向出水池和多向出水池。

(2)根据出水管路出流方式，可分为淹没出流出水池、自由出流出水池和虹吸出流出水池。

6. 进出水管网系统

(1)雨水口：雨水口是管道排水系统汇集地表水的设施，由进水箅、井身和支管等部分组成，分为偏沟式、平箅式和联合式。

(2)雨污水管道：雨污水管道是汇集和排放污水、废水和雨水的管渠，与其附属设施所组成的系统。包括干管、支管和通往处理厂的管道。

(3)检查井：检查井是为城市地下基础设施的排水、排污等维修、安装方便而设置的。一般设在管道交汇处、转弯处、管径或坡度改变处，以及直线管段上每隔一定距离处，是便于定期检查的附属构筑物。

(4)出水口：出水口是把集中起来的雨污水通过管道输送或处理后排放进入受纳水体的构筑物，一般由于排放水量较大而且集中，大多数都采用集中式出水口。按出水口排水方式分为淹没式出水口和非淹没式出水口。

7. 调蓄池

雨水调蓄池是一种雨水收集设施，主要作用是把雨水径流的高峰流量暂存其内，待最大流量下降后再从调蓄池中将雨水慢慢地排出。调蓄池既能规避雨水洪峰，实现雨水循环利用，又能避免初期雨水对水体的污染，对排水区域的排水调度起到积极作用。收集降雨初期产生的有一定污染的径流的构筑物称为初期雨水池。

(五)辅助设备

辅助设备包括水系统、通风设备、起重设备、监控系统。

1. 水系统

泵站水系统包括供水系统和排水系统。供水系统用于生产用水、消防用水、生活用水的供给。排水系统主要用于排除机组检修期间进水流道内的存水，各种使用过的废水和检修闸门的漏水，机组运行时机械密封部位的部分漏水，机组检修期间水工建筑物渗漏水，以及室内积水，等等。

2. 通风设备

泵站通风包括电动机的通风和泵房的通风。通风是借助换气稀释或通风排除等手段，实现室内外空气环境质量保障的一种建筑环境控制技术。通风系统用于实现通风这一功能，包括进风口、排风口、送风管道、风机、降温和采暖设备、过滤器、控制系统，以及其他附属设备在内的一整套装置。

3. 起重设备

为了满足机组安装和检修的需要，泵房内应设置起重设备。泵站中常用的起重设备为梁式起重机。梁式起重机按起重滑车的形式，分为单滑轮梁式起重机和双滑轮梁式起重机；按起重机主梁形式，分为单梁梁式起重机和双梁梁式起重机；按操作方式，分为手动梁式起重机和电动梁式起重机。

4. 监控系统

监控系统用于在泵站监控中心远程监测泵站进水池水位或进水压力，水泵机组工作状态、流量、出水压力等；支持水泵启动设备手动控制、自动控制、远程控制水泵机组的启动；可以图像监视站内全景及重要点位，可实现泵站无人值守。

监控系统主要由调度中心、泵站监控中心、通信平台、计量测量设备和摄像设备等组成。

其主要功能是：

(1)监测各泵站水池水位或进出水压力、流量。

(2)监测水泵机组的工作状态、电流、电压、保护状态、工作模式。

(3)切换水泵机组的控制模式，控制水泵机组的启停。

(4)支持视频在线监视泵站内部或桥区全景、电气控制室等重要部位。

（5）出现电流电压超限、水位超限、设备保护等状况时，可及时报警。

（6）实现各种监测信息、控制信息、报警信息、操作信息的存储和查询。

（7）生成各种数据报表及数据曲线。

第二节　城镇排水泵站运行模式

城镇排水泵站运行模式主要分为3种：即排模式、流量调节模式、流量液位调节模式。

一、即排模式

即排模式是指迅速及时地将水体排除，以避免低洼、下凹地区等易积水地区产生积滞水情况，适用于排除洪涝渍水降低地下或地面道路水位的泵站。排水泵站的主要组成部分是泵房和集水池，泵房中设置由水泵和动力设备组成的机组。合流泵站配泵时要顾及雨天流量和晴天流量的巨大变化，可采用不同类型及不同流量的泵组组合以利运转，但泵组的品种宜少些。排水泵站必须及时把水送走。

二、流量调节模式

流量调节模式指根据水量需求经过存蓄或加压再排除水体的运行模式。应用该模式运行的泵站、设施有雨水调蓄池、加压泵站等。

（一）雨水调蓄池

雨水通过调蓄池蓄水、净化，在需要时可将蓄存的雨水释放并加以利用，最后剩余部分径流通过管网和泵站外排，以"慢排缓释"为控制主要方式，既避免了洪涝，又有效的收集了雨水，实现雨水在城市中自由迁移，提升城市生态系统功能和减少城市洪涝灾害的发生，从而可有效提高城市排水系统的标准，缓减城市内涝的压力。

（二）加压泵站

由于城市给水管网的供水面积较大，且输配水管线较长，当用户所在地的地势较高、建筑物较高、要求的水压较大，或城市内的地形起伏较大时，如靠送水泵站满足用户对水压和水量的要求，必然要增大水泵的扬程。这样不仅能耗大，且造成送水泵站附近管网的压力过高，管道漏水量增大，管道和卫生器具易损坏。这时，可通过技术经济比较，在管网中增设加压泵站。加压泵站一般有以下两种形式：

（1）采用在输水管线上直接串联水泵加压的方式。这种加压方式，送水泵站和加压泵站中的水泵同步运行。它适用于输水距离较长、加压面积较大的场合。

（2）采用水池和泵站加压的方式（也称水库泵站加压方式）。送水泵站将水通过管网输送至蓄水池，加压泵站中的水泵从蓄水池中吸水将水输送至管网，这种加压方式，由于设置了蓄水池（或称水库），将对城镇中的用水负荷起一定的调节作用，有利于送水泵站均衡安排工作制度和水泵机组的调度管理。这种加压方式较适合城镇住宅小区的加压供水，它利用夜间用水低峰蓄水，在用水高峰时从蓄水池中抽水以满足用户的要求。

三、流量及液位调节模式

流量及液位调节模式是指根据水量需求调节流量并使之达到规定液位。应用该模式运行的如提升泵站。

提升泵站在运行工艺流程中一般采用重力流的方法通过各个构筑物和设备。但由于厂区地形和地质的限制，必须在前期理处后，加提升泵站将污水提到某一高度后，才能按重力流方法运行。污水提升泵站的作用就是将上游来的污水提升至后续处理单元所要求的高度，即提高水头，使其实现重力流，以保证污水可以靠重力流过后续建在地面上的各个处理构筑物。提升泵站一般由水泵、集水池和泵房组成。

集水池的作用是调节来水量与抽升量之间的不平衡，即液位及流量调节。要求如下：

（1）要保证来水量与提升量一致，即来多少，提升多少。如来水量大于提升量，上游又没有及时采取溢流措施，则可能淹泡格栅和沉砂桥。反之，如来水量小于提升量，则可能使水泵处于干运行状态，损坏设备。

（2）要保持集水池高水位运行。这样可以降低泵的扬程，在保证提升水量的前提下降低能耗。

（3）水泵的开、停不要过于频繁，否则易损坏开关和水泵并降低使用期限。

（4）要至少有1台备用泵。可在线备用，也可池外备用。既可在来水量突然大时备用，又可在在线水泵损坏或水泵维修时备用。

（5）要保持水泵组内每台水泵的停、开时间均匀，投入运行的泵和备用泵之间定时转换。

第三节　排水泵站运行要求

一、雨水泵站的运行要求

雨水泵站是分流制排水系统中负责抽排雨水的泵站。此类泵站运行受当地气候影响较大。以北京地区气候为例，全年降雨时间可分为汛期(5月至9月)和非汛期(10月至次年4月)。汛期和非汛期的泵站运行制度和标准有所不同。

(一)雨水泵站的汛期运行制度

汛期发生降雨天气时，雨水泵站开启运行。泵站在设计阶段，最高运行水位应按照服务区域允许最高水位的要求推算到站前水位；最低运行水位应按降低地下水埋深或调蓄区允许最低水位的要求推算到站前水位。

雨水泵站运行采取恒定液位运行模式，即通过启停水泵抽升，始终使集水池水位处于最低水位和最高水位之间的区域。泵站集水池液位高于最高水位时，服务区域将发生积水。泵站集水池水位低于最低液位时，水泵将发生气蚀、振动等问题，直接影响设备运行状况。

汛期泵站应安排值班人员24h值守，做好设备、设施维修保养工作，对设备设施坚持每天巡视、每周点检、发现故障及时维修，遇到降雨天气按照泵站运行方案启动运行。具体运行制度如下：

(1)每年5月至9月为汛期，此时段泵站安排运行人员24h值班，泵站运行工作执行下文《泵站汛期运行标准》。

(2)泵站运行人员根据有关规章制度、运行标准、操作规程开展泵站运行管理工作，明确防汛责任和工作内容。

(3)严格遵守劳动纪律，落实岗位责任，服从命令，听从指挥。

(4)汛期所有运行人员保证24h通信畅通。

(5)未经批准禁止接受各类采访，禁止对外发布防汛相关信息。

(6)工作期间值班人员严禁饮酒。

(7)严禁私自挪用泵站设备物资。

(8)泵站运行人员须贯彻落实《泵站运行方案》《泵站防汛应急预案》的内容。

(9)遇到各类突发事件，值班人员要及时上报，说明事件缘由、现场目前状况。不得出现迟报、缓报、瞒报、漏报现象。

(10)根据泵站运行标准和规程，对泵站机电设备、设施进行检查、维护、保养。

(11)运行人员按照《泵站内业资料记录标准》要求，认真填写内业资料。

(12)污水泵站每班进行不少于2次的格栅间清渣作业，雨水泵站每次降雨结束后对泵站、调蓄池格栅间栅渣进行清理。

(13)每年汛期后，进行格栅间、初期池、调蓄池的检查和清淤工作。涉及有限空间作业时，按集团有限空间作业规程执行。清淤标准参考《泵站格栅间、调蓄池养护标准》执行。

(14)运行人员应每天对泵站环境卫生进行打扫。卫生标准参照《泵站汛期运行标准》，保持泵站环境整齐美观。

(二)雨水泵站汛期运行标准

雨水泵站运行标准涵盖水泵、供配电设备、闸门、格栅、起重机、人员、环境等多方面。具体标准如下：

1.进水闸运行标准

(1)正常运转状态下，大闸开启度应符合抽水要求。

(2)凡遇水泵检测、维修或泵站其他设备检修时，泵站值班人员有责任配合工作。

(3)遇特殊情况，大闸的开启程度由分公司生产管理部门决策。

2.机械格栅运行标准

(1)机械格栅应运行平稳，不得有异响、异动。

(2)链条、耙齿上的脏物应及时清理，不得因清理不及时而卡住机耙，造成设备损坏。

(3)减速器中润滑油位应适中，不得过多或过少。

(4)以交接班时间为准，雨水站每班清理1次，污水泵站每班根据进水量、栅渣量，至少清理2次，并将清理栅渣量(单位：m^3)记录在"泵站值班记录"上。

(5)泵站各类节门、拍门和闸阀门应动作灵敏可靠，正常运转时应保持100%开启状态，闭水时应达到100%关闭状态，指示装置准确完好。

3.泵站水泵运行标准

(1)水泵各部位的螺栓无缺损、无松动。

(2)水泵运转时，无异响、无异常振动。

(3)水泵运转时，填料函应有水陆续滴出，一般以每分钟滴15滴左右为宜。填料槽应清洁、无污物，排水通畅。

(4)水泵运转时，水泵轴承温度不得超过70℃

（手触摸轴承盒外部，以不烫手为宜）。

（5）水泵停车时，不应有骤然停车现象。

（6）污水泵站水泵应均衡运行。

4. 潜水泵运行标准

（1）潜水泵运转时无异响、无振动，各项保护灵敏可靠，各类指示灯、仪表指示正常。

（2）油室内油位应与油孔持平，不得过低或过高，不得有乳化变质或水沉淀等现象。

（3）水泵电缆不得粘油脂污物，不得打死弯儿，不得做起吊使用。

（4）污水泵站水泵应均衡运行。

（5）应定期遥测绝缘，并注意冬季防冻。

5. 泵站起重设备运行标准

（1）起重机各部制动器、限位开关灵敏可靠，安全有效。

（2）行车行走时无异响、无异常振动、无晃车。

（3）起重机各部连接件无松动、无脱离，滑轮无脱轨现象。

（4）行车齿轮箱无缺油、漏油现象。

（5）起重机的钢丝绳无断股、无锈蚀、无死弯。

（6）起重机吊钩、滑轮无缺损，防脱钩、卡应完整有效。

6. 泵站电器运行标准

（1）各种指示仪表和信号灯指示（显示）应灵敏可靠。

（2）高、低压开关固定触头与可动触头应保持良好接触，无发热现象。

（3）操作机构和转动装置要完整、无断裂、无松动、无脱落。

（4）消弧装置应完整无损。

（5）各类电缆、电线端头（线卡子、线鼻子、各类导线接头）无发热、变色现象。

（6）各类继电保护装置应灵敏可靠、指示正常。

（7）自动极板应保持清洁、完整、灵敏可靠。

（8）变频器、软启动器应能正常启动，各类指示灯、仪表显示正常，无异响、无异味。

7. 电动机运行标准

（1）电动机各部位螺栓无短缺、无松动。

（2）电动机运转时无异响、无异味，仪表指示正常。

（3）电动机运行时的各相间的电压不平衡程度不得超过5%，在轻负载时，如果一相定子电流没有超过额定值，则不平衡电流不得超过额定电流的10%。

（4）电动机定子铁芯最高允许温度不得超过80℃。

8. 泵站设施运行标准

（1）建筑物基础无沉降，墙体结构无裂缝，墙体表面完好，面层无大面积剥蚀、脱落等现象，屋顶防水无渗漏。

（2）门窗完好无破损、关闭正常，把手、开关等附件齐全有效。

（3）上、下水管线无渗漏、锈蚀、断裂等现象，外观完好、功能正常。

（4）防护设施如栏杆、护板、护罩、盖板等无松动、开裂、锈蚀、破损等现象，防护作用完好有效。

（5）消防设施、消防器材严格执行排水集团《消防设施、消防器材管理规定》，消火栓不得被埋、压、圈、占，不准做其他供水使用。灭火器、消火栓、水龙带要定期检查，发现损坏应及时维修或更换，保持完好待用状态。

9. 防汛人员标准

（1）汛期，泵站要求24h值班，值班人员应持证上岗，保持通信畅通。

（2）值班人员要熟知所在泵站的运行工艺流程、设备性能、进退水走向和运行状况，精通泵站备品备件更换、倒闸操作技能，掌握所在泵站防汛运行手册和应急预案，确保所在泵站防汛安全。

10. 环境卫生标准

（1）站内室外应无杂物、无垃圾，总体环境整洁。

（2）室内墙壁整洁，无脚印、无乱张贴；天花板、灯具、电风扇无蜘蛛网，地面无积水、无杂物；楼梯扶手、窗台、桌椅无灰尘；门窗完好整洁，玻璃明亮；扫帚、拖把等放置有序。

（三）雨水泵站非汛期运行制度

进入非汛期后，雨水泵站不再有雨水抽升任务，此阶段可不安排值班人员在现场值班。可以利用泵站安防系统、定期巡视点检，结合泵站自控系统，完成非汛期运行工作。具体的非汛期运行制度如下：

1）每年10月至次年4月为非汛期，泵站运行工作执行《泵站非汛期运行标准》。

2）非汛期无人泵站未经允许，任何人员不得留宿。

3）非汛期工作期间，工作人员禁止饮酒，不得从事与工作无关事宜。

4）遇到各类突发事件，巡视人员应及时上报，说明事件缘由和现场目前状况。不得出现迟报、缓报、瞒报、漏报现象。

5）遇到雨雪天气应及时抽升，及时清理积雪。

6）非汛期工作内容如下：

（1）人员撤离前，须对泵站机电设备、设施进行检查，确保非汛期泵站运行安全。

（2）人员撤离前，应保证泵站内部和周边 2m 安全通道无易燃、易爆物品。

（3）人员撤离前，应确保所有门、窗上锁，泵站重要物资放入有防盗门的室内。

（4）对泵站供暖、供水等设施采取防冻处理。

（5）对泵站院内设施，如房屋、厂区地面、进场道路、大门等进行养护，确保设施处于良好状态。

（6）做好汛前准备工作。汛前应对各泵站设备、设施进行汛前养护，对运行人员、打捞人员进行汛前培训。汛前培训的主要内容包括：

①对泵站电气设备进行清扫、遥测。

②对泵站机电设备进行维护保养、点检、试运行，对设备故障及时安排维修。

③对泵站进、退水管线进行检测和养护工作，确保管线畅通。

④做好泵站防内涝措施。

⑤组织泵站运行人员学习《泵站运行方案》《应急预案》等，并开展实操演练，做好一切防汛准备。

（四）雨水泵站非汛期运行标准

（1）每周巡视 1 次泵站，对泵站环境卫生进行清洁，消除各类安全隐患，填写《泵站非汛期巡视记录》。

（2）每隔 15 日对所有泵站各类设备进行 1 次点检试运行，填写《泵站设备点检记录》。

（3）泵站非汛期巡视按照《泵站设备、设施巡视管理规定》执行，每次下泵房巡视前，应提前进行通风。

（4）各单位利用安防视频系统，对无人值守泵站进行每日 6 次视频巡视，并将巡视结果截屏，填写《泵站非汛期远程巡视记录》，在监控中心电脑中留存备查。发现异常情况应立即通知泵站所在班组到现场处置。

（5）泵站非汛期巡视具体内容和标准见表 5-2。

表 5-2　泵站非汛期巡视具体内容和标准

项目	检查内容	巡视标准
泵站设施	站内院墙和围栏	室外墙面应完好，无裂缝、渗水等现象
	泵站室外墙体	墙体完好，无裂缝、无渗水、无下沉
	泵站门窗	门窗完好，无破损
	泵站室内顶棚和墙面	室内墙面应完好，无裂缝、渗水等现象
	给排水和取暖管道	管道接口及其坡度、支架等应完好，符合相关规定
	泵站存放物品	物品完整，无损坏

（续）

项目	检查内容	巡视标准
消防	消防设施	消防设施定点摆放，定期检查维护，确保性能良好
	安全标识	警示标志应齐全、清楚、醒目
环境卫生	泵站院内	干净、整洁、卫生
泵站电气	高压室	高压进出线柜外观完好，室内风机运转正常，变压器声响、温度、气体均符合标准
	低压配电	高压进出线柜外观完整，各项仪表正常无缺项，各触点无发热、无变色，配电柜内无异味、无明显烧灼痕迹
	各种插销座	插座或开关应完整无损、操作灵活、接头可靠
	各项仪表	表盘玻璃完好无损，刻度清晰，运行正常，各项指示灯显示正确
	电缆沟	高低压电缆沟无渗水现象，无活体进出痕迹
	进户线	101 倒闸分界开关闭合、进户线架空线路及进户电缆情况完好无树木影响，跌落保险杆上设备完好
可视系统	PLC 控制柜	柜体完好，各接点无烧灼痕迹及异味，屏幕显示正常
	监控柜	柜体完好，各接点无烧灼痕迹及异味，UPS 电量充足
	可视探头	探头转动灵活、图像清晰、无污物
泵站设备	水泵	无跑冒滴漏现象，运转时无异常振动、无异响，填料涵处滴水符合规定值，各部位螺丝无缺损松动，润滑油润滑脂符合要求
	天车	钢丝挂钩安全可靠，电气部分和防护保险装置应完好、灵敏可靠
	地漏泵	运行正常，管道接口无锈蚀
	格栅间	检测无有毒有害气体，无异常来水
	格栅机耙	无卡滞、无异常声响，各润滑系统正常，链条与栅齿间无异物
	阀门	阀门开闭度表完好，指示准确，操作完好
	发电机	外观完整，电缆接触完好，无油品渗漏，蓄电池电量充足
	通风设备	无异响、无振动
	出水井	无占压，拍门开闭正常
其他	雨量计、液位计、排风扇、除臭等	完好

二、污水泵站运行要求

(一)污水泵站运行模式

污水泵站是在分流制排水系统中，负责抽升城市中排放的生活污水和工业废水的排水设施。按照泵站在排水系统中的作用，可分为中途泵站和终点泵站。中途提升泵站是为解决污水干管埋设过深、污水跨流域间调水问题而建设的；终点泵站是为将整个服务区域的污水抽送到污水处理厂而建设的。

污水泵站有如下特点：连续进水，日均进水量变化幅度较大；水中污染物含量多。

泵站在设计阶段，最高运行水位应按照服务区域允许最高水位的要求推算到站前水位；最低运行水位应取降低地下水埋深或调蓄区允许最低水位的要求推算到站前水位。

受上游排水特点决定，污水泵站全年连续进水，泵站运行采取恒定液位运行模式，即通过启停水泵抽升，始终使集水池水位处于最低水位和最高水位之间的区域。泵站集水池液位高于最高水位时无法满足上游服务区域的排放需要，服务区域将发生堵冒事件，同时污水将通过安全溢流设施直接排入下游河道，造成水体污染。泵站集水池水位低于最低液位时，水泵将发生气蚀、振动等问题，直接影响设备运行状况。

污水泵站运行时，应定时开启机械格栅打捞栅渣，值班员应及时清理栅渣。进水量和栅渣量较大的污水泵站，可采用机械格栅连续运行方式，既能够避免栅渣堵塞进水，也能够避免机械格栅卡阻问题。

(二)污水泵站运行制度

污水泵站运行采取全年24h值班制度。每班定时对设备运行状况进行巡视，清理栅渣，填写抽升记录。定期开展设备维护保养、点检工作。具体运行制度如下：

(1)泵站全年安排运行人员24h值班，泵站运行工作执行《污水泵站运行标准》。

(2)泵站运行人员根据有关规章制度、运行标准、操作规程开展泵站运行管理工作，明确日常工作内容。

(3)泵站运行人员严格遵守劳动纪律，落实岗位责任，服从命令，听从指挥。

(4)值班人员保证24h通信畅通。

(5)工作期间值班人员严禁饮酒。

(6)严禁私自挪用泵站设备物资。

(7)泵站运行人员须贯彻落实《泵站运行方案》《泵站应急预案》的内容。

(8)遇到各类突发事件，值班人员要及时上报，说明事由和现场目前状况，不得出现迟报、缓报、瞒报、漏报现象。

(9)根据泵站运行标准和规程，对泵站机电设备、设施进行检查、维护、保养。

(10)运行人员按照《泵站内业资料记录标准》要求，认真填写内业资料。

(11)污水泵站运行时，应定时开启机械格栅，每班对机械格栅进行不少于2次的巡视、清渣作业。

(12)运行人员应每天对泵站环境卫生进行打扫，保持泵站环境整齐美观。

(三)污水泵站运行标准

污水泵站运行标准涵盖水泵、供配电设备、闸门、格栅、起重机、设施巡查、人员、环境等多方面。具体标准如下：

1. 进水闸运行标准

(1)正常运转状态下，进水闸开启度应符合抽升要求。

(2)凡遇水泵检测、维修或泵站其他设备检修时，泵站值班人员有责任配合工作，适时启闭闸门。

(3)遇特殊情况，进水闸的开启程度由生产管理部门确定。

2. 机械格栅运行标准

(1)机械格栅应运行平稳，不得有异响、异动。

(2)链条、耙齿上的脏物应及时清理，不得因清理不及时而卡住机耙，造成设备损坏。

(3)减速器中润滑油位应适中，不得过多或过少。

(4)以交接班时间为准，雨水站每班清理1次，污水泵站每班根据进水量栅渣量，至少清理2次，并将清理栅渣量(单位：m³)记录在"泵站值班记录"上。

(5)泵站各类节门、拍门和闸阀门应动作灵敏可靠，正常运转时应保持在100%开启状态，闭水时应达到100%关闭状态，指示装置应准确完好。

3. 泵站水泵运行标准

(1)水泵各部位的螺栓无缺损、无松动。

(2)水泵运转时，无异响、无异常振动。

(3)水泵运转时，填料密封应有水陆续滴出，一般以每分钟滴15滴左右为宜，填料槽应清洁、无污物，排水通畅。机械密封应无异常漏水现象。

(4)水泵运转时，水泵轴承温度不得超过70℃(手触摸轴承盒外部，以不烫手为宜)。

(5)水泵停车时，不应有骤然停车现象。

(6)污水泵站水泵应均衡运行。

4. 潜水泵运行标准

（1）潜水泵运转时，无异响、无振动，各项保护灵敏可靠，各类指示灯、仪表指示正常。

（2）油室内油位应与油孔持平，不得过低或过高，不得有乳化变质或水沉淀等现象。

（3）水泵电缆不得粘油脂、污物，不得打死弯儿，不得做起吊使用。

（4）污水泵站水泵应均衡运行。

（5）定期遥测绝缘，并注意冬季防冻。

5. 泵站起重设备运行标准

（1）起重机各部制动器、限位开关灵敏可靠，安全有效。

（2）行车行走时，无异响、无异常振动、无晃车。

（3）起重机各部连接件无松动、无脱离，滑轮无脱轨现象。

（4）行车齿轮箱无缺油、漏油现象。

（5）起重机的钢丝绳无断股、无锈蚀、无死弯。

（6）起重机吊钩、滑轮无缺损，防脱钩、卡应整有效。

6. 泵站电器运行标准

（1）各种指示仪表和信号灯指示（显示）灵敏可靠。

（2）高、低压开关固定触头与可动触头接触良好，无发热现象。

（3）操作机构和转动装置要完整、无断裂、无松动、无脱落。

（4）消弧装置完整无损。

（5）各类电缆、电线端头（线卡子、线鼻子、各类导线接头）无发热、变色现象。

（6）各类继电保护装置灵敏可靠，指示正常。

（7）自动极板应保持清洁、完整、灵敏可靠。

（8）变频器、软启动器应能正常启动，各类指示灯、仪表显示正常、无异响、无异味。

7. 电动机运行标准

（1）电动机各部位螺栓无短缺、无松动。

（2）电动机运转时，无异响、无异味、仪表指示正常。

（3）电动机运行时的各相间的电压不平衡程度不得超过5%，在轻负载时，如果一相定子电流没有超过额定值，则不平衡电流不得超过额定电流的10%。

（4）电动机定子铁芯最高允许温度不得超过80℃。

8. 泵站设施运行标准

（1）建筑物基础无沉降，墙体结构无裂缝，墙体表面完好，面层无大面积剥蚀、脱落等现象，屋顶防水无渗漏。

（2）门窗完好无破损、关闭正常，把手、开关等附件齐全有效。

（3）上、下水管线无渗漏、锈蚀、断裂等现象，外观完好，功能正常。

（4）防护设施如栏杆、护板、护罩、盖板等无松动、开裂、锈蚀、破损等现象，防护作用完好有效。

（5）消防设施、消防器材严格执行排水集团《消防设施、消防器材管理规定》，消火栓不得被埋、压、圈、占，不准做其他供水使用。灭火器、消火栓、水龙带要定期检查，发现损坏及时维修或更换，保持完好待用状态。

9. 值班人员标准

（1）污水泵站要求全年24h值班，值班员应持证上岗，保持通信畅通，做好交接班工作。

（2）值班人员要熟知所在泵站运行工艺流程、设备性能、进退水走向和运行状况，精通泵站备品备件更换、倒闸操作技能，掌握所在泵站防汛运行手册和应急预案，确保所在泵站防汛安全。

10. 环境卫生标准

站内室外无杂物、垃圾，保持环境整洁；室内墙壁整洁无脚印、无乱张贴；天花板、灯具、电风扇无蜘蛛网；地面无积水、杂物；楼梯扶手、窗台、桌椅无灰尘；门窗完好整洁，玻璃明亮；扫帚、拖把等放置有序。

（四）污水泵站巡视要求

污水泵站巡视工作应按照《泵站巡视管理规定》执行。相对雨水泵站而言，污水泵站需要全年24h连续运行，所以还要加强巡视检查工作，防止异常情况给泵站整体运行带来重大影响。污水泵站巡视工作应着重注意以下几点：

（1）巡视频率增加。污水泵站运行期间，值班员巡视频率应高于雨水泵站巡视频率，至少每2h巡视1次。

（2）巡视内容增加。污水泵站运行期间，每次巡视应增加对集水池液位、机械格栅运行状况、栅渣清理情况、水泵运行参数的巡视。

（3）当进水量增加时，集水池水位高于泵站最高运行水位时，应增加对泵站安全溢流口溢流情况的巡视。

三、再生水泵站运行要求

（一）再生水供水泵站恒压供水

恒压供水即设定固定的压力数值后，无论外网用户用水量如何变化，水泵的供应压力都保持所设定压力数值。恒压供水模式一般应用于用户对水压有要求的情况，如对工业、市政杂用的供水须应用恒压供水模式。

(二)再生水供水泵站恒流供水

恒流供水即设定固定的流量数值后，无论外网闸门如何变化，水泵的供应流量都保持所设定流量数值。恒流供水模式一般应用于专线单一供水情况，同时能持续接受固定流量且对水压无特殊要求的用户，如河湖景观专线供水可应用恒流供水模式。

两种运行模式均须在自控程序条件下运行，通过设定流量、压力目标值，改变变频器输出频率，自动调节水泵运行以满足需求。此外，恒压与恒流模式不能同时使用，并且在手动控制方式下无法使用恒压、恒流模式供水。

第四节　排水泵站运行维护新技术

一、泵站、初期池、调蓄池的运行工艺

(一)初期池和调蓄池

初期池是一种收集初期雨水的设施。初期雨水一般是指地面 $10\sim15mm$ 厚已形成地表径流的降雨。由于降雨初期，雨水溶解了空气中的大量酸性气体、汽车尾气、工厂废气等污染性气体，降落地面后，又冲刷了屋面、沥青混凝土道路等，使得前期雨水中含有大量的污染物质，前期雨水的污染程度较高，甚至超出普通城市污水的污染程度。为避免下游承受水体被污染，初期雨水应排入污水管网系统，以实现雨水循环利用的功能和作用。

调蓄池是一种雨水收集设施，它的外形特征是占地面积大、容积大，一般建造于城市的广场或绿地的下方。它的主要作用是把雨水径流的高峰流量暂时存于池内，待最大流量峰值下降后，再将雨水从池内慢慢排出。从而在降雨时避开雨水洪峰，提高排水区域的排水保障能力，对排水调度起到积极作用。

雨水利用工程中，为满足雨水利用的要求而设置调蓄池储存雨水，储存的雨水净化后可综合利用。对需要控制面源污染、削减排水管道峰值流量、防止地面积水或需提高雨水利用率的城镇，宜设置雨水调蓄池。

(二)雨水泵站抽升与调蓄池蓄水联动流程

(1)雨水经过收集系统，首先进入初期雨水池。

(2)当初期雨水池的蓄水量超过设计最大容积量时，雨水通过分流井经管道进入雨水泵站；泵站启动水泵抽升雨水。

(3)当遇到极端天气，泵站满负荷运行时，雨水通过初期池溢流口进入调蓄池；调蓄池将雨水径流的高峰流量暂时存于池内。

(4)降雨时，泵站通过退水系统将雨水排入下游。

(5)降雨停止后，初期池雨水排入下游污水管网系统。

(6)降雨停止后，调蓄池内雨水排入下游退水系统。

泵站、初期池、调蓄池运行流程如图5-1所示。

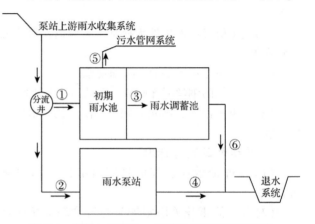

图5-1　泵站、初期池、调蓄池运行工艺流程图

(三)初期池自冲洗技术

由于初期池长时间运行，池底有大量的水垢、杂物、淤泥积聚，再加上蓄水水质较差，积聚的大量杂物会造成水池容积减少、池内产生有毒有害气体、淤堵水泵设备等隐患，严重影响了设施保障度，危害工作人员的身体健康，以及机组设备的正常运行。在清理池底淤泥等沉积物时，需要大量的人力物力，耗费较长的时间，大大提高了工人的劳动强度，并且降低了劳动效率。

因此，可在现有初期池中简单改造，既可安装门式自动冲洗系统，还不会减少池内容积。门式自动冲洗系统运行可靠、稳定，一般情况下经过一次冲洗即可将大颗粒沉积物冲刷干净。冲洗设备(图5-2)工艺流程为：

(1)在雨水初期池中建设一个冲洗廊道，作为清洗调蓄池的冲洗水源。

(2)需要清洗沉淀于池底的水中污染物时，首先应排空雨水初期池，通过控制系统将冲洗门开启，开始对池底和泵池进行清洗。

图5-2　门式自动冲洗设备

（3）冲洗门开启之后，储水间内的水源产生强大的冲洗水流（类似水坝放水），对初期池底部进行冲洗。冲洗完毕后，冲洗门恢复原位，等待下次蓄水冲洗。

二、排涝泵站运行工艺

排涝泵站的建设目的是排除设计标准下不能自流排至下游，并且不能被滞洪区容纳的来水量，因此其规模需要根据设计标准下最不利情况的调洪分析来计算确定。

排涝泵站一般分布在较大的明渠或河道入江（河）附近，水文计算分析的是采用一定频率较长历时暴雨（1天或3天）且短历时、高强度暴雨产生的排水量峰值，形成径流全过程。

排涝泵站主要有3个特征参数，即排涝流量、特征扬程、特征水位。这些参数均根据相关规范中的特定原则来确定。

以北京市东城区的夕照寺排涝泵站为例，该泵站运行流程（图5-3）如下：

（1）遇到降雨时，上游道路和下凹桥区的汇水通过雨水方沟排入东护城河。此时，向东护城河方向的闸门常开，排涝泵站进水闸门常闭。

（2）遇到极端天气时，当下游河道和方沟闸前液位达到设计水位时，为避免下游河道由于水位上涨对方沟造成倒灌，以及确保方沟上游雨水能够顺利排出，此时关闭方沟闸门，打开排涝泵站进水方沟闸门，雨水通过进水渠道进入泵站，水泵开启抽升。

（3）上游雨水经排涝泵站通过方沟闸门后侧强排入河。

第五节　我国有关城镇排水的标准规范

一、《室外排水设计规范》（GB 50014—2006）

《室外排水设计规范》（GB 50014—2006）自2006年6月1日起实施。相关重点条款摘要如下：

5.1.9　排水泵站供电应按二级负荷设计，特别重要地区的泵站，应按一级负荷设计。当不能满足上述要求时，应设置备用动力设施。

5.1.11　自然通风条件差的地下式水泵间应设置机械送排风综合系统。

5.2.1　污水泵站的设计流量，应按照进水总管的最高日最高时流量计算确定。

5.2.2　雨水泵站的设计流量，应按照泵站进水总管的设计流量计算确定。当立交道路设有盲沟时，其渗流水量应单独计算。

5.2.4　雨水泵的设计扬程，应根据设计流量时的集水池水位与受纳水体平均液位差和水泵管路系统的水头损失确定。

5.2.5　污水泵和合流污水泵的设计扬程，应根据设计流量时的集水池水位与出水管渠水位差和水泵管路系统的水头损失以及安全水头确定。

5.3.1　集水池容积，应根据设计流量、水泵能力和水泵工作情况等因素确定，并符合下列要求：

1. 污水泵站集水池的容积，不应小于最大一台水泵5min的出水量。

2. 雨水泵站集水池的容积，不应小于最大一台水泵30s的出水量。

3. 合流污水泵站集水池的容积，不应小于最大一台水泵30s的出水量。

4. 污泥泵房集水池的容积，应按一次排入的污泥量和污泥泵抽送能力计算确定。活性污泥泵房集水池的容积，应按排入的回流污泥量、剩余污泥量和污泥泵抽送能力计算确定。

5.3.4　雨水泵站和合流污水泵站集水池的设计最高水位，应与进水管管顶相平。当设计进水管道为压力管时，集水池的设计最高水位可高于进水管管顶，

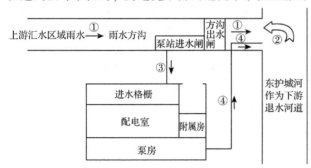

图5-3　排涝泵站运行工艺流程图

但不得使管道上游地面冒水。

5.3.5 污水泵站集水池设计最高液位，应按进水管充满度计算。

5.4.1 水泵的选择应根据设计流量和所需扬程等因素确定，且应符合下列要求：

1. 水泵宜选用同一型号，台数不应小于 2 台，不宜大于 8 台。当水量变化很大时，可设置不同规格的水泵，但不宜超过两种，或采用变频调速装置，或采用叶片可调水泵。

2. 污水泵房和合流污水泵房应设备用泵，当工作泵台数不大于 4 台时，备用泵宜为 1 台。工作泵台数不小于 5 台时，潜水泵房备用泵宜为 2 台，可现场备用 1 台，库存备用 1 台。雨水泵房可不设备用泵。立交道路的雨水泵房可视泵房重要性设置备用泵。

5.4.6 水泵布置宜采用单行排列。

5.4.7 主要机组的布置和通道宽度，应满足机电设备安装、运行和操作的要求，并符合下列要求：

1. 水泵机组基础间的净距离不宜小于 1.0m。

2. 机组突出部分与墙壁的净距不宜小于 1.2m。

3. 主要通道宽度不宜小于 1.5m。

4. 配电箱前面通道宽度，低压配电室不宜小于 1.5m，高压配电室不宜小于 2.0m。当采用在配电箱后面检修时，后面距墙的净距离不宜小于 1.0m。

5.5.1 当 2 台或 2 台以上水泵合用一根出水管时，每台泵的出水管上均应设置闸阀，并在闸阀和水泵之间设置止回阀。当污水泵出水管与压力管或压力井相连时，出水管上必须安装止回阀和闸阀等防倒流装置。雨水泵的出水管末端宜设防倒流装置，其上方宜考虑设置起吊设施。

二、《泵站设计规范》(GB 50265—2010)

现行《泵站设计规范》是在《泵站设计规范》GB/T 50265-1997 基础上修订完成的。本标准自 2011 年 2 月 1 日起实施。相关重点条款摘要如下：

1.0.3 泵站设计应广泛收集和整理基本资料。基本资料应经过分析，准确可靠，满足设计要求。

2.1.1 泵站的规模应根据工程任务，以近期目标为主，并考虑远景发展要求，综合分析确定。

3.1.2 排水泵站排涝设计流量和其过程线，可根据排涝标准、排涝方式、设计暴雨、排涝面积和调蓄容积等综合分析计算确定；排水泵站排渍设计流量可根据排渍模数与排渍面积计算确定；城市排水泵站排水设计流量可根据设计综合生活污水量、工业废水量和雨水量等计算确定。

4.2.3 排水泵站站址宜选择在排水区地势低洼，能汇集排水区涝水，且靠近承泄区的地点。排水泵站出水口不应设在迎溜、崩岸或淤积严重的河段。

5.1.2 泵站的总体布置应包括泵房，进、出水建筑物，变电站，枢纽其他建筑物和工程管理用房，内外交通、通信以及其他维护管理设施的布置。

6.1.2 泵房布置应符合下列规定：

1. 满足机电设备布置、安装、运行和检修要求；

2. 满足结构布置要求；

3. 满足通风、采暖和采光要求，并符合防潮、防火、防噪声、节能、劳动安全与工业卫生等技术规定；

4. 满足内外交通运输要求；

5. 注意建筑造型，做到布置合理、实用美观、且与周边环境相协调。

6.1.14 主泵房对外至少应有 2 个出口，其中一个应满足运输最大部件或设备的要求。

7.2.1 泵站前池布置应满足水流顺畅、流速均匀、池内不得产生涡流的要求，宜采用正向进水方式。正向进水的前池，扩散角应小于 40°，底坡不宜陡于 1:4。

7.3.1 泵房外出水管道的布置，应根据泵站总体布置要求，结合地形、地质条件确定。管线应短而直，水利损失小，管道施工及运行管理应方便。管型、管材及管道根数应经技术经济比较确定。出水管道应避开地质不良地段，否则应采取安全可靠的工程措施。铺设在填方上的管道，填方应压实处理，做好排水设施。管道跨越山洪沟道时，应满足防洪要求。

9.1.1 主泵选型应符合下列规定：

1. 应满足泵站设计流量、设计扬程及不同时期供排水的要求；

2. 在平均扬程时，水泵应在高效区运行；在整个运行扬程范围内，水泵应能安全、稳定运行。排水泵站的主泵，在确保安全运行的前提下，其设计流量宜按设计扬程下最大流量计算；

3. 由多泥沙水源取水时，水泵应考虑抗磨措施；水源介质有腐蚀性时，水泵应考虑防腐蚀措施；

4. 宜优先选用技术成熟、性能先进、高效节能的产品。当现有产品不能满足泵站设计要求时，可设计新水泵。新设计的水泵应进行泵段模型试验，轴流泵和混流泵还应进行装置模型试验，经验收合格后方可采用。采用国外产品时，应有必要的论证；

5. 具有多种泵型可供选择时，应综合分析水力性能、安装、检修、工程投资及运行费用等因素择优确定；

6. 采用变频调节应进行方案比较和技术经济论证。

9.6.5 排水泵出口管道上应装设止回阀和检修

阀。无冰冻地区，排水泵的排水管出口上缘宜低于进水池最低运行水位；冰冻地区，排水泵的排水管出口下缘宜高于进水池最高运行水位。

9.10.1 泵站应设起重设备，其额定起重量应根据最重吊运部件和吊具的总重量确定。起重机的提升高度应满足机组安装和检修的要求。

10.2.1 电气主接线设计应根据泵站性质、规模、运行方式、供电接线以及泵站重要性等因素合理确定。接线应简单可靠、操作检修方便、节约投资。当泵站分期建设时，应便于过度。

10.6.4 站用电压应采用 380V/220V 三相四线制（或三相五线制）。当设置 2 台站用变压器时，站用电母线宜采用单母线分段接线，并装设备用电源自动投入装置。由不同电压等级供电的 2 台站用变压器低压侧不得并列运行，并设可靠闭锁装置。接有同步电动机励磁电源的站用变压器，宜将其高压侧与该电动机接在统一母线端上。

11.1.1 泵站进水侧应设置拦污设备和检修闸门，出水侧应设置拍门、快速闸门、蝴蝶阀或真空破坏阀等断流设备。当引水建筑物有防淤或控制水位要求时，应设置工作闸门。

11.2.2 拦污栅宜选用活动式。栅体可直立布置，也可倾斜布置。倾斜布置时，栅体与水平面的夹角宜取 70°~80°。采用机械清污方式的拦污栅可根据清污机的形式采用倾斜布置或直立布置。

三、《下凹桥区雨水调蓄排放设计规范》（DB11/T 1068—2014）

《下凹桥区雨水调蓄排放设计规范》是编制组借鉴国内外最新技术和行业内现行标准规范，总结现有设计中的经验和教训，针对北京市下凹桥的地方特点，制定的规范。总自 2014 年 6 月 1 日起实施。相关重点条款摘要如下：

3.0.1 下凹桥区雨水调蓄排放系统由雨水收集系统、调蓄系统、泵站提升系统和外排系统组成。

3.0.5 新建下凹桥雨水调蓄排放系统应设置初期雨水收集池，改造项目宜设置初期雨水收集池，初期雨水收集池宜结合雨水泵站及调蓄池设置，在降雨停止后将初期雨水排放至污水管线或就地处理设施处理后利用或排放。

4.3.1 初期雨水收集池有效容积应按照下凹桥区汇水区域内 7~15mm 降雨厚度确定。

4.5.2 下凹桥区雨水调蓄设施的有效容积与雨水泵站排出量之和应按立交桥地税系统 50 年重现期标准校核。改造立交桥区高水系统或桥区外围排水系统不能满足设定排水标准，调蓄设施的有效容积除应满足低水系统标准外，应增加高水系统流量。

四、《城镇排水管渠与泵站维护技术规程》（CJJ 68—2016）

《城镇排水管渠与泵站维护技术规程》编制组经广泛调查研究，认真总结实践经验，参考有关国际标准和国外先进标准，并在广泛征求意见的基础上，进行了修订。该标准自 2017 年 3 月 1 日起实施。相关重点条款摘要如下：

4.1.4 水泵维修后，流量不应低于原设计流量的 90%；机组效率不应低于原机组效率的 90%；汛期雨水泵站除备用机组外，可运行率应为 100%。

4.1.6 泵站设施、机电设备和管配件等表面应清洁、无锈蚀。气液临界部位应加强检查，并应进行防腐蚀处理。除锈、防腐蚀处理维护周期，雨水泵站宜 2 年一次，污水泵站宜 1 年一次。

4.2.2 水泵运行应符合下列规定：

1. 水泵机组应转向正确，运转平稳，无异常振动和噪声。泵的振动速度有效值的限值应符合现行国家标准《风机、压缩机、泵安装工程施工及验收规范》（GB 50275）的有关规定；

2. 水泵机组应在规定的电压、电流范围内运行；

3. 水泵机组轴承润滑状态应良好，滚动轴承温度不应大于 80℃，滑动轴承温度不应大于 60℃，温升不应大于 35℃；

4. 轴封机构不应过热，机械密封不得有泄漏量，普通软性填料轴封机构泄漏量为 10 滴/min~20 滴/min；

5. 水泵机座螺栓应紧固，泵体连接管道不得发生渗漏；

6. 水泵轴封机构、联轴器、电机、电气器件等运行时，应无异常；

7. 集水池水位应满足水泵正常运行的要求；

8. 格栅前后水位差应小于 200mm；

9. 水泵机组冷却系统应保持运行；

10. 如发现有异常情况，应停机处理。

4.2.4 不经常运行的水泵应符合下列规定：

1. 卧式泵应每周用工具盘动泵轴，改变相对搁置位置；

2. 单台机组试泵周期不应大于 15d，试运行时间不宜小于 5min；

3. 蜗壳泵不运行期间应放空泵内剩水；

4. 高压电机运行前应测量绕组绝缘是否正常。

4.3.1 电气设备巡视、检查、清扫应符合下列规定：

1. 运行中的电气设备应每班巡视，并填写巡视记录，特殊情况应增加巡视次数；

2. 低压电气设备每半年应检查、清扫一次，高压电气设备每年应检查、清扫一次，环境恶劣时应增加清扫次数；

3. 电气设备跳闸后，在未查明原因前，不得重新合闸运行；

4. 变配电间应有防小动物措施，应定期检查封堵电缆洞。

4.3.2 电气设备试验应符合下列规定：

1. 高、低压电气设备的维修和定期预防性试验应符合现行行业标准《电力设备预防性试验规程》(DL/T 596)的有关规定；

2. 电气设备更新改造后，投入运行前应做交接试验。交接试验应符合现行国家标准《电气装置安装工程 电气设备交接试验标准》(GB 50150)的有关规定。

4.6.1 起重设备维护应按国家现行有关起重机械监督检验标准及规定执行。

4.8.1 泵站的操作管理应符合下列规定：

1. 泵站应在满足工况条件下运行；

2. 泵站管理单位应建立健全生产运行管理制度与方案，并应每年按需进行修编；

3. 泵站管理人员应经上岗培训后持证上岗，并应按期复审；

4. 泵站管理人员应熟练掌握泵站内各项管理制度，各类设施设备运行操作、维护要求及技术标准；

5. 泵站管理人员应服从上级运行调度指令；

6. 排水泵站通信联络应保持通畅；

7. 站内供水、排水、供电等设施的运行、维护及管理应符合国家现行有关标准的规定；

8. 泵站管理人员应做好各项生产数据的记录和统计。

第六章
排水泵站的运行维护

第一节　排水泵站主体设备的运行维护

一、水泵机组的运行维护

(一)水泵电动机的运行维护

1. 水泵电动机启动前规定

(1)测量电动机定子绕组及电缆的绝缘电阻,必须符合安全运行的要求。

(2)开启时电动机内部应无杂物。

(3)轴承润滑应良好,润滑及冷却水系统应正常。

(4)绕线式电动机的滑环与电刷应接触良好,电刷压力应正常。

(5)电动机引出线与电缆连接应紧固、无松动。

(6)电动机除湿保温装置电源应断开。

(7)电动机外壳接地应牢靠。

2. 水泵电动机运行中规定

(1)电动机工作时,电压与电流应在规定的范围内。

(2)电动机在运行中,内部不得有碰擦现象与异常的响声。

(3)电动机轴承润滑应良好,无漏油现象,轴承温度应正常。

(4)电动机定子绕组的温升不应超过规定的限值。

(5)电动机的散热装置及冷却系统应完好。

(6)绕线式电动机的电刷与滑环接触应良好,不得产生火花与烧毛。

3. 水泵电动机的日常维护

(1)做好电动机外壳、电缆接线盒等处的清洁工作,并保持清洁。

(2)雨季或潮湿天气,应对电动机进行除湿、保温。

(3)适时加注润滑油脂并排除废油脂,保持轴承良好的润滑状态。滑动轴承应保持正常的油位,油路应畅通,注意适时添加润滑油。

(4)冷却水管路应保持畅通无堵。

(5)经常做好绕线式电动机的滑环、电刷、电刷架及引线等处的清扫工作,每周至少清扫1次电刷磨损散落的粒子,必须保持该处的清洁。滑环表面如有氧化或凹凸不平,必须磨光并保证圆度及光洁度。如调换电刷,则应与滑环保持面接触,并调整电刷的压力,使其达到规定的要求。

4. 水泵电动机的定期维修

(1)水泵电动机累计运行达到 6000~8000h 应维修 1 次;不经常运行的水泵电动机,应每 3 年维修 1 次。

(2)高压电动机解体维修后,必须进行电气试验,试验合格后方可投入运行。

(3)水泵电动机定期维修的主要项目与要求见表 6-1。

表 6-1　水泵电动机定期维修的主要项目与要求

部位	维修项目	维修要求
定子	定子内部及绕组的清扫	无积尘与油垢;定子通风沟、槽畅通
	定子绕组引线与绝缘的检查	引线绝缘良好,相位标记清晰
	定子槽楔的检查与维修	槽楔无松动、无凸出
	定子铁芯的检查与维修	定子铁芯硅钢片整齐、无松动,定子圆度良好
	定子端部绕组绑线的检查与维修	绑线无断裂与松动,牢固、完整
	低压电动机绕组绝缘电阻的检查与维修	绝缘电阻值达到要求;若达不到,可进行烘燥、浸漆处理或更换绕组
	定子内部喷漆的防锈处理	喷漆均匀

（续）

部位	维修项目	维修要求
转子	转子各部位的清扫	无积尘与油垢；转子通风沟、槽畅通
	槽楔的检查与维修	无松动、无凸出
	转子铁芯的检查与维修	转子铁芯硅钢片整齐、无松动，转子圆度良好
	绕线式转子绕组引出线的检查与维修	引出线绝缘完好无损；否则应做加强绝缘处理或调换引出线
	鼠笼式转子笼条与端环的检查与维修	铸铝鼠笼无裂缝及断条，铜条焊接鼠笼焊接应牢靠
	绕线式转子绕组端部并头与绑扎钢丝的检查与维修	绕组端部并头焊接良好；转子三相绕组直流电阻平衡；端部绑扎钢丝牢靠
	绕线式转子滑环的检查与维修	车、磨滑环表面氧化层，使其光洁圆润；转子引线与滑环连接牢靠
	绕线式转子电刷的维修与调换	电刷与滑环的圆度相同，接触面光滑，调整弹簧压力合适
	绕线式转子举刷装置的清扫与维修	举刷装置与并头铜环动作灵活可靠
	转子喷漆的防锈处理	喷漆均匀
轴承	滚动轴承的清洗与调换	清洗后调换润滑脂，填满空腔的1/2~2/3
	滑动轴承的维修	轴瓦研制或重新浇铸轴瓦
	推力瓦的检查与维修	测量水平度并调整，使其符合要求；如磨损严重，应调换
	润滑油箱的清洗	清除油箱内的污垢并更换润滑油
	油冷却器的清扫与水压试验	管路、冷却器保持畅通；水压试验达到要求
电机底座	底座各部件的清扫	保持清洁、无污垢
	底座安装面的修正及同轴度的调整	底座安装面平整度与同轴度达到要求
	弹性联轴器的维修	更换老化、破损的橡胶圈与销轴，使二者配合紧密
	轴承、推力瓦的检查与维修	参照上述轴承、推力瓦的检查与维修
	联轴器轴向间隙及同轴度的调整	间隙距离符合要求
装配与试车	机组轴线的测量与调整	符合制造厂的要求
	定子、转子间隙的检查	间隙均匀，误差符合制造厂的规定
	电动机试车时振动的测量	符合制造厂的要求
	电动机试车时的噪声检查	无异声，运转平稳

（二）离心泵（混流泵）的运行维护

1. 离心泵（混流泵）开车前的准备工作

水泵开车前，操作人员应进行以下检查工作以确保水泵安全运行：

（1）用手慢慢转动联轴器或带轮，观察水泵转动是否灵活、平稳，泵内有无杂物，是否发生碰撞；轴承是否有杂声或松紧不匀等现象；填料松紧是否适宜；传动皮带松紧是否适度。如有异常，应先进行调整。

（2）检查并紧固所有螺栓、螺钉。

（3）检查轴承中的润滑油或润滑脂是否纯净，不纯净应更换。润滑脂的加入量以轴承室体积的2/3为宜，润滑油各项指标应在油标规定的范围内。

（4）检查电动机引入导线的连接，确保水泵正常的旋转方向。正常工作前，可开车检查转向，如转向相反，应及时停车，并任意换接两根电动机引入导线的位置。

（5）离心泵应关闭闸阀启动，启动后应在规定时间内开启闸阀，一般不超过3~5min，以免水在泵内循环发热，损坏机件。

（6）需灌引水的抽水装置，应灌引水。在灌引水时，用手转动联轴器或带轮，排尽叶轮内空气。

2. 离心泵（混流泵）运行中的注意事项

水泵运行过程中，操作人员要严守岗位，加强检查，及时发现问题并及时处理。一般情况下，应注意以下事项：

（1）检查各种仪表工作是否正常，如电流表、电压表、真空表、压力表等。如发现读数过大、过小或数值剧烈跳动，都应及时查明原因，予以排除。如：真空表读数突然上升，可能是进水口堵塞或进水池水面下降使吸程增加；若压力表读数突然下降，可能是进水管漏气、吸入空气或转速降低。

（2）水泵运行时，填料的松紧度应该适当。填料压盖过紧，填料箱渗水太少，起不到水封、润滑、冷却作用，容易引起填料发热、变硬，加快泵轴和轴套的磨损，增加水泵的机械损失；填料压得过松，渗水过多，将造成大量漏水，或使空气进入泵内，降低水泵的容积效率，导致出水量减少，甚至不出水。一般情况下，填料的松紧度以每分钟能渗水15滴左右为宜，可用填料压盖螺纹来调节。

（3）轴承温升一般不应超过30~40℃，最高温度不得超过70℃。轴承温度过高，将使润滑失效，烧坏轴瓦或引起滚动体破裂，甚至会引起断轴或泵轴热胀咬死的事故。温升过高时，应马上停车检查原因，并及时排除。

（4）防止水泵的进水管口淹没深度不够，导致进水口附近产生旋涡，使空气进入泵内。应及时清理拦污格栅和进水池中的漂浮物，以免阻塞进水管口。上述两者均会增大进水阻力，导致进水口压力降低，甚至引起汽蚀。

（5）注意油环的运行状态，要让它自由地随同泵轴做不同步的转动。随时听机组声响是否正常。

（6）停车前，先关闭出水闸阀，实行闭闸停车。然后，关闭真空表及压力表上的阀，把泵和电动机表面的水和油擦拭干净。在无采暖设备的房间中，冬季停车后，要防止水泵冻裂。

3. 离心泵（混流泵）的常见故障及排除方法

离心泵（混流泵）的常见故障有水泵不出水或水量不足、电动机超载、水泵振动或有噪声、轴承发热、填料密封装置漏水等多种现象。离心泵常见故障及其排除方法见表6-2。

表6-2　离心泵的常见故障及排除方法

故障	产生原因	排除方法
水泵启动后不出水或出水量不足	泵壳内存有空气，未排空	继续灌水或排气
	吸水管路或填料漏气	排查漏气位置，紧固或封堵，压紧填料
	水泵反转	改变一对接线的位置，改变转向
	水泵转速太低	检查配电系统，调整电压
	叶轮进水口及流道堵塞	打开泵壳，清理杂物
	口环或叶轮磨损	检查并更换
	吸水口水位太低	增加淹没深度
水泵开启后不动或启动后轴功率过大	填料压得太紧	适当松开压板，使水呈滴状连续渗出
	泵轴弯曲	维修校正
	轴承严重磨损	更换轴承
	联轴器间隙太小，运行时两轴相顶	适当调整联轴器间隙
	电压太低	检查电路，联系供电部门
水泵机组产生振动和噪声	地脚螺栓松动	紧固
	安装时联轴器不同心	调整、校正联轴器
	水泵产生气蚀	增加吸水口淹没深度
	轴承磨损或损坏	更换轴承
	泵内卡住异物	打开泵壳，清理异物
	出水管存留空气	在存留空气处安装排气阀
轴承发热	轴承损坏	更换轴承
	轴承缺油或油太多	按要求添加油或去掉多余润滑脂
	油质不合格	按要求更换
	轴弯曲或联轴器不同心	矫正或更换

（续）

故障	产生原因	排除方法
轴承发热	叶轮气蚀破损造成轴向力不平衡	修补叶轮或更换
电动机过载	转速高于额定转速	检查电路及电动机
	电动机或水泵发生机械损坏	检查电动机和水泵
	水泵流量过大，扬程低	关小闸阀
填料处渗漏水过少或没有	填料压得太紧	适当松开压板，使水呈滴状连续渗出
	水封管路堵塞	疏通管路

4. 离心泵（混流泵）的维护

（1）检查止回阀的工作状况，密封圈是否密封，销子是否磨损过多，缓冲器及其他装置是否有效，如有损坏应及时维修或更换。

（2）出水控制阀要及时检查和更换填料，以防止漏水。

（3）每年应由权威计量部门校验1次水泵上的压力表、真空表，并清理管路上的阀门。

（4）检查与电动机相连的联轴器是否连接良好，键与键槽的配合有无松动现象，并及时修正。

（5）电动机的维修应由专业电工维修人员进行，禁止非电工人员拆修电动机。

（6）如遇灾难性情况，如大水将地下泵房淹没等，应及时排除积水，清洗及烘干电动机及其他电气设备，并证明所有电气设备及机械设备完好后方可试运行。

（7）定时更换轴承内的润滑油、脂。对于装有滑动轴承的新泵，运行100h左右，应更换润滑油，以后每运转300~500h应换油1次，同时每半年至少换油1次。滚动轴承每运转1200~1500h应补充黄油1次，同时每年至少换油1次。转速较低的水泵可适当延长换油时间。

（8）如较长时间内不继续使用或在冬季，应将泵内和水管内的存水排空，以防生锈或冻裂。

5. 离心泵（混流泵）的大修

离心泵（混流泵）一般一年或累计运行3000h大修1次，累计运行时间未满3000h，可按具体情况适当延长维修周期。大修的内容如下：

（1）泵轴弯曲超过原直径的0.05%时，应校正。泵轴和轴套间的同心度误差不应超过0.05mm，超过时要重新更换轴套。水泵轴锈蚀或磨损超过原直径的2%时，应更换新轴。

（2）轴套有规则的磨损超过原直径的3%、不规则磨损超过原直径的2%时，均须换新。同时，检查轴和轴套的接触面有无渗水痕迹，轴套与叶轮间垫片是否完整,不合要求应修正或更换。新轴套装紧后和轴承的同心度误差不宜超过0.02mm。

(3)叶轮及叶片若有裂纹、损伤及腐蚀等情况,轻者可采用环氧树脂等材料进行修补,严重者要更换新叶轮。叶轮和轴的连接部位如有松动和渗水现象,应修正或者更换连接键,叶轮装上泵轴后的晃动值不得超过0.05mm(这一数值仅供参考,因为有些高速叶轮对晃动值的要求更高一些)。修整或更换过的叶轮要校验动平衡及静平衡,如果超出允许范围应及时修正,例如将较重的一侧锉掉一些,但是禁止用在叶轮上钻孔的方法来实现平衡,以免在钻孔处出现应力集中造成的破坏。

(4)检查密封圈有无裂纹及磨损,它与叶轮的径向间隙不宜超过规定的最大允许值,超过时应该换新。在更换密封圈时,应将叶轮吸水口处外径车削,原则是见光即可,车削时要注意与轴同心。然后将密封圈内径按配合间隙值车好尺寸,密封圈与叶轮之间的轴向间隙以3~5mm为宜。

(5)滚珠轴承及轴承盖都要清洗干净,如轴承有点蚀、裂纹或者游隙超标,要及时更换。更换后的轴承等级不得低于原装轴承等级,一定要使用正规轴承厂的产品。更换前应用有标尺测量游隙,大型水泵每次大修时应清理轴承冷却水套中的水垢及杂物,以保证水流畅通。

(6)填料函压盖在轴或轴套上应能移动自如,压盖内孔和轴或轴套的间隙保持均匀,磨损不得超过3%,超过3%要嵌补或者更换。水封管要保持畅通。

(7)清理泵壳内的铁锈,如有较大凹坑应修补,清理后重新涂刷防锈漆。

(三)轴流泵的运行维护

1. 轴流泵开车前的准备工作

(1)检查泵轴和传动轴是否存在弯曲,如有则须校直。

(2)水泵的安装标高必须符合产品说明书的规定,以满足气蚀余量的要求和启动要求。

(3)水池进水前应设有拦污格栅,避免杂物进入水泵。水经过拦污格栅的流速应不超过0.3m/s。

(4)水泵启动前需检查叶片的安装角度是否符合要求、叶片是否有松动等现象。

(5)检查各联轴器和地脚螺栓是否安装紧固。

(6)传动轴和水泵轴必须安装于同一直线上,允许误差小于0.03mm/m。

(7)水泵出水管路应另设支架支承,不得用水泵本体支撑。

(8)水泵出水管路上不宜安装闸阀,如有,则启动前闸阀必须完全开启。

(9)使用止回阀时最好安装平衡锤,以平衡门盖的重力,使水泵更经济地运转。

(10)对于用润滑脂润滑的传动装置,检修轴承油腔时应拆洗干净,重新注入润滑剂,其量以充满油腔的1/2~2/3为宜,避免运转时轴承温升过高。必须特别注意,橡胶轴承切不可接触油类。

(11)水泵启动前,应向上部填料函处的短管内引注清水或肥皂水,用来润滑橡胶或塑料轴承,待水泵正常运转后,即可停止。

(12)水泵每次启动前应先盘动联轴器三四转,并注意是否有轻重不匀等现象。如有,必须检查原因,消除后再运转。

(13)启动前,应先检查电动机的旋转方向,使它符合水泵转向后,再与水泵连接。

2. 轴流泵运行时的注意事项

(1)关注水泵叶轮浸水深度是否足够深,以免影响流量,或产生噪声。

(2)叶轮外圆与叶轮外壳是否有磨损,叶片上是否绕有杂物,橡胶或塑料轴承是否过紧或烧坏。

(3)紧固螺栓是否松动,泵轴和传动轴是否同心。

3. 轴流泵的常见故障及排除方法(表6-3)

表6-3 轴流泵的常见故障及排除方法

故障	原因分析	排除方法
启动后不出水或出水量不足	叶轮淹没深度不够,或卧式泵吸程太高	降低安装高度或提高进水池水位
	扬程过高	提高进水池水位,降低安装高度,减少管路损失或调整叶片安装角度
	转速过低	提高转速
	叶片安装角太小	增大安装角度
	叶轮外圆磨损,间隙过大	更换叶轮
	水管或叶轮被杂物堵塞	清除杂物
	叶轮反转	调整转向
	叶轮螺母脱落	重新旋紧螺母;脱落一般是停车时水倒流,使叶轮倒转所致,故应设法解决停车时水倒流的问题
	泵布置不当或排列过密	重新布置或排列
	进水池太小	增大进水池容积
	进水形式不佳	改变形式
	进水池水流不畅或堵塞	清理杂物
动力机超载	装置扬程过高、叶轮淹没深度不够、进水不畅等因素,水泵在小流量工况下运行,使轴功率增加,导致超载	消除造成超载的各项因素

（续）

故障	原因分析	排除方法
动力机超载	转速过高	降低转速
	叶片安装角度过大	减小安装角度
	出水管堵塞	清除杂物
	叶轮上缠绕杂物	清除杂物
	泵轴弯曲	校直或更换
	轴承损坏	更换
	叶片与泵壳摩擦	重新调整
	轴安装不同心	重新调整
	填料过紧	旋松填料压盖或重新安装
	进水池不符合设计要求	水池过小,应增大容积;两台水泵中心距过小,应移开;进水处有漩涡,设法消除;水泵离池壁或池底太近,应加大距离
水泵振动或有异响	叶轮淹没深度不够,或卧式泵吸程太高	提高进水池水位或重新安装
	转速过高	降低转速
	叶轮不平衡或叶片缺损、缠绕杂物	调整叶轮、叶片,重新做平衡试验或清除杂物
	填料磨损过多或变质发硬	更换或用机油处理使其变软
	滚动轴承损坏或润滑不良	清洗或更换轴承,重新加注润滑油
	橡胶轴承磨损	消除磨损原因,更换轴承
	轴弯曲	校直或更换
	地脚螺栓或联轴器螺栓松动	紧固
	叶片安装角度不一致	重新安装
	动力机轴与泵轴不同心	重新调整
	水泵布置不当或排列过密	重新布置或排列
	叶轮与泵壳摩擦	重新调整
	进水池太小	增大容积
	进水池形式不佳	改变形式
	进水池水流不畅或堵塞	清理杂物

4. 轴流泵的维护与大修

此部分可参照离心泵相关内容。

（四）潜水泵的运行维护

1. 影响潜水泵运行的主要因素

一般情况下,影响潜水泵正常运行的主要因素如下:

（1）漏电问题。潜水泵的特点是机泵一体,并一起没入水中,所以漏电问题是影响潜水泵正常运行的主要因素之一。

（2）堵转。潜水泵堵转时,定子绕组上将产生5~7倍于正常满载电流的堵转电流,如无保护措施,潜水

泵会被很快烧毁。造成潜水泵堵转的原因很多,如叶轮卡住、机械密封碎片卡轴、污物缠绕等。

（3）电源电压过低或频率过低。

（4）磨损和锈蚀。磨损将大大降低水泵性能,流量、扬程及效率均会随之降低,叶轮与泵盖锈住还将引起堵转。潜水泵零件的锈蚀不仅会影响水泵的性能,还会缩短其使用寿命。

（5）电缆线破损、折断。电缆线破损、折断不仅容易造成触电事故,而且水泵运行时极有可能处于电源缺相工作的状态,既不出水又易损坏电机。

2. 潜水泵使用前的准备工作

（1）检查电缆有无破裂、折断现象。使用前既要观察电缆线的外观,又要用万用表或电阻表检查电缆线是否通路。电缆出线处不得有漏油现象。

（2）新泵使用前或长期放置的备用泵启动前,应用电阻表测量定子对外壳的绝缘电阻值,其数值应不低于0.5MΩ,否则应对电动机绕组进行烘干处理,提高其绝缘等级。潜水泵出厂时的绝缘电阻值在冷态测量时一般均超过50MΩ。

（3）检查潜水泵是否漏油。潜水泵的可能漏油途径有电缆连接处、密封室加油螺钉处的密封及O形密封圈密封处。造成加油螺钉处漏油的原因是螺钉没有旋紧,或是螺钉下面的耐油橡胶衬垫损坏。如果确定是O形密封圈密封处漏油,则多是因为密封圈密封失效,此时须更换密封圈。

（4）长期停用的潜水泵再次使用前,应拆开最上一级泵壳,盘动叶轮后再启动,防止部件锈死启动后不出水而烧坏电动机绕组。这对充水式潜水电泵更为重要。

3. 潜水泵运行中的注意事项

（1）潜水泵在无水的情况下试运转时,运转时间严禁超过额定时间。吸水池的容积能保证潜水泵开启时和运行中水位较高,以确保电动机的冷却效果且避免因水位波动太大造成的频繁启动和停机,大中型潜水泵的频繁启动对泵的性能影响很大。

（2）当湿度传感器或温度传感器发出报警,或泵体运转时出现振动、噪声等异常情况,再或输出水量和水压下降、电能消耗显著上升时,应当立即对潜水泵进行停机检修。

（3）有些密封不好的潜水泵长期浸泡在水中时,即使不使用,绝缘值也会逐渐下降,最终无法使用,甚至比连续运转的潜水泵更易发生绝缘消失的现象。因此,潜水泵在吸水池内备用有时起不到备用的作用,如果条件允许,可以在池外干式备用,等运行中的某台潜水泵出现故障时,立即停机将其提升上来后,再将备用泵放下去。

（4）潜水泵不能过于频繁的开、停，否则将影响潜水泵使用寿命。潜水泵停止运行时，管路内的水产生回流，此时立即再启动则会引起负载过重，并承受不必要的冲击载荷；另外，过于频繁开、停潜水泵将损坏承受冲击能力较差的零部件，并造成整个水泵的损坏。

（5）潜水泵停机后，在电动机完全停止运转前，不能重新启动。

（6）检查潜水泵时，必须切断电源。

4. 潜水泵的维护保养及大修

（1）经常加油，定期换油。潜水泵每工作 1000h，必须更换 1 次密封室内的油，每年更换 1 次电动机内部的油。对充水式潜水泵还须定期更换上下端盖、轴承室内的骨架油封和锂基脂，确保其良好的润滑状态；对带有机械密封的小型潜水泵，必须经常打开密封室加油螺孔并加满润滑油，使机械密封处于良好的润滑状态，保证其使用寿命。

（2）及时更换密封盒。如果发现漏入泵内部的水较多时（正常泄漏量为每小时 0.1mL），应及时更换密封盒，同时测量电动机绕组的绝缘电阻值。绝缘电阻值低于 0.5MΩ 时，须进行干燥处理，方法与一般电动机的绕组干燥处理方法相同。更换密封盒时，应注意外径及轴孔中 O 形密封圈的完整性，否则水会大量漏入潜水泵的内部而损坏电动机绕组。

（3）经常测量绝缘电阻值。用 500V 或 1000V 的电阻表测量泵定子绕组对机壳的绝缘电阻值，在 1MΩ 以上者（最低不得小于 0.5MΩ）方可使用，否则应维修绕组或进行干燥处理，以确保使用的安全性。

（4）合理保管。长期不用时，潜水泵不宜长期浸泡在水中，应在干燥通风的室内保管。充水式潜水泵应先进行清洗，除去污泥杂物后再放在通风干燥的室内。保管潜水泵的橡胶电缆时要避免太阳光的照射，否则容易老化，表面将产生裂纹，严重时将引起绝缘电阻的降低或使水通过电缆护套进入潜水泵的出线盒，造成电源线的相间短路或绕组对地绝缘电阻降为 0 等严重后果。

（5）及时进行潜水泵表面的防锈处理。潜水泵使用 1 年后应根据潜水泵表面的腐蚀情况及时进行涂漆防锈处理。其内部的涂漆防锈处理应视泵型和腐蚀情况而定。一般情况下，内部充满油时不会生锈，也不必涂漆。

（6）潜水泵每年（或累计运行 2500h）应维护保养 1 次，内容包括：拆开泵的电动机，对所有部件进行清洗，除去水垢和锈斑，检查其完好度，及时整修或更换损坏的零部件；更换密封室内和电动机内部的润滑油；密封室内放出的润滑油若油质浑浊且含水量超过 50mL，则须更换整体式密封盒或动、静密封圈。

（7）气压试验。经过检修的潜水泵或更换机械密封后，应该以 0.2MPa 的气压试验检查各零件止口配合的两个端面处 O 形密封圈和机械密封的二道封面是否有漏气现象，如有漏气现象必须重新装配或更换漏气零部件。然后，分别在密封室和电动机内部加入 N7（或 N10、N15）机械油，或用缝纫机油，10 号、15 号、25 号变压器油代替。

5. 潜水泵的常见故障及排除方法（表 6-4）

表 6-4　潜水泵的常见故障及排除方法

故障	原因分析	排除方法
启动后不出水	叶轮卡住	清除杂物，然后用手盘动叶轮看其是否能够转动；若发现叶轮的端面同口环相擦，则需要用垫片将叶轮垫高
	电源电压过低	改用高扬程水泵，或降低水泵扬程
	电源断电或缺相	逐级检查电源的熔丝和开关部分，发现并消除故障；检查三相温度继电器触电是否接通，并使之正常工作
	电缆线断裂	查出断点并连接
	插头损坏	更换或修理插头
	电缆线压降过大	根据电缆线长度，选用规格合适的电缆，增大电缆的导电面积，减小电缆线压降
	定子绕组损坏；电阻严重不平衡；其中一相或两相断路；对地绝缘电阻为 0	对定子绕组重新下线进行大修，最好按原来的设计数据进行重新缠绕
出水量过少	扬程过高	根据实际需要的扬程高度，选择泵的型号，或降低扬程高度
	过滤网阻塞	清除潜水泵格栅外围的杂物
	叶轮流通部分堵塞	拆开潜水泵的水泵部分，清除杂物
	叶轮转向不对	更换电源线任意两根非接地线的接法
	叶轮或口环磨损	更换叶轮或口环
	潜水泵的潜水深度不够	增加深度
	电源电压过低	降低扬程
水泵突然不转	保护开关跳闸或熔丝烧断	查明原因，排除故障
	电源断电或缺相	接通电线
	潜水泵的出线盒进水，连接线烧断	打开接线盒，接好断包上绝缘胶；查明出线盒漏水原因；按原样装配好
	定子绕组烧坏	对定子绕组重新下线进行大修；除及时更换或检修定子绕组外，还应根据具体情况找到产生故障的根本原因，消除故障

（续）

故障	原因分析	排除方法
定子绕组烧坏	接地线错接电源线	正确地将潜水泵电缆线中的接地线接在电网的接地线或临时接地线上
	断相工作,此时电流比额定值大得多,绕组温升很高,长时间运转会引起绝缘老化而损坏定子绕组	及时查明原因,接上断相的电源线,或更换电缆线
	机械密封损坏漏水,降低定子绕组绝缘电阻而损坏绕组	经常检查潜水泵的绝缘电阻值,绝缘电阻值下降时,及时采取维修措施
	叶轮卡住,泵处于三相制动状态,此时电流为额定电流的 6 倍左右,如无开关保护,将很快烧坏绕组	防止杂物进入潜水泵,注意检查潜水泵机械损坏情况,避免叶轮由于某种机械损坏而卡住;同时,一旦发现水泵在运行过程中突然不出水,应立即关机检查,采取相应检修措施
	定子绕组端部碰潜水泵外壳,而对地击穿	绕组重新嵌线时尽量处理好两端部,同时去除上、下盖内表面上存在的铁屑、毛刺;装配时避免绕组端部碰到外壳
	潜水泵开、停过于频繁	不要过于频繁地开、停潜水泵,避免潜水泵负载过重或承受不必要的冲击载荷;如须重新启动潜水泵,则应等管路内的水回流结束后再启动
	潜水泵脱水运转时间太长	应切实注意潜水泵运行中水位的下降情况,不能使潜水泵长时间(大于 1min)在空气中运转,避免潜水泵缺少散热和润滑条件

二、闸门阀门类设备的运行维护

(一)闸门阀门介绍

1. 进水闸门(启闭机)

闸门是用于关闭和开放泄(放)水通道的控制设施,是水工建筑物的重要组成部分,一般应用于供排水泵站的进水口,具备手动、电动控制启闭的功能。

闸门主要由主体活动部分、埋固部分、启闭设备三部分组成。主体活动部分用以封闭或开放孔口,通称闸门,亦称门叶,包括面板梁系等承重结构、支承行走部件、导向及止水装置和吊耳等。埋件部分包括主轨、导轨、铰座、门楣、底槛、止水座等,它们埋设在孔口周边,用锚筋与水工建筑物的混凝土牢固连接,分别形成与门叶上支承行走部件及止水面,以便将门叶结构所承受的水压力等荷载传递给水工建筑物,并获得良好的闸门止水性能。启闭设备与门叶吊耳连接,以操作控制活动部分的位置。

2. 管路阀门

阀门是流体输送系统中的控制部件,具有截断、调节、导流、防止倒流、稳压、分流或溢流泄压等功能。

(1)闸板阀:闸板阀是最常用的截断阀之一,主要用来接通或截断管路中的介质,不用于调节介质流量。运用的压力、温度及直径范围很大,多用于中、大直径的管道。

(2)蝶阀:又称为翻板阀,是一种结构简单的调节阀,在管道上主要起截断和节流作用。蝶阀启闭件是一个圆盘形的蝶板,在阀体内绕其自身的轴线旋转,从而达到启闭或调节的目的。

(3)止回阀:止回阀是指依靠介质本身流动而自动开、闭阀瓣,用来防止介质倒流的阀门,又称逆止阀、单向阀、逆流阀和背压阀。止回阀属于一种自动阀门,其主要作用是防止介质倒流、防止泵及驱动电动机反转。

3. 退水阀门

(1)拍门:安装于排水管道的尾端,具有防止外水倒灌功能的逆止阀。拍门主要由阀座、阀板、密封圈、铰链 4 个部分构成。形状分为圆形和方形。传统拍门的材质为各种金属,现在已经发展为多种复合材料。

(2)鸭嘴阀:又称柔性止回阀,该阀门没有任何活动组件,免于任何维修。该阀门可以作为直管、法兰管、水泥管、玻璃钢管的配套,广泛用于海岸、沙滩、码头、水库、市政排洪、排污,可谓是环保绿色阀门。该阀门取代了退水阀门拍门、闸门,彻底解决了退水阀门易被泥沙、淤泥、石块、植被等阻塞的问题。

(二)闸门阀门的维护与维修

1. 闸门阀门的日常维护

(1)检查与观察闸门门体,不得有裂纹、损裂等现象。

(2)闸门吊点处不得有裂纹或其他缺陷。

(3)检查闸门的渗漏情况,应在规定的范围内。

(4)检查闸门在启闭过程中的工作情况,应无异常的振动与卡阻。

(5)不经常启闭的闸门应每月启闭 1 次,检查运行工况、丝杠磨损、密封及腐蚀情况;阀门应每周启闭 1 次。

(6)做好启闭设备电动装置外壳及机构的清扫工作,并保持清洁。

(7)确保暗杆阀门的填料密封有效,渗漏不得滴水成线。

(8)检查启闭设备电动装置的运行工况,应运行平稳、无异声、无渗漏油、无缺油、限位正确可靠。

(9)手动阀门的全开、全闭、转向、启闭转速等数据在标牌显示清晰完整。

(10)确保手动、电动切换机构有效。

(11)检查动力电缆、控制电缆的接线,应无松动,接线可靠。

(12)电控箱及电气元件应完好、工作正常。

(13)经常检查自控系统中启闭设备电动装置的运行工况,必须与实际工况一致。

2. 闸门阀门的定期维修

(1)齿轮箱润滑油脂每年加注或更换1次。

(2)行程开关、过扭矩开关及联锁装置应完好有效,每半年检查和调整1次。

(3)电控箱内电气元件完好无腐蚀,每半年检查1次。

(4)连接杆、螺母、导轨、门板的密闭性应完好,闭合位移余量应适当,每年检查1次。

(三)拍门的维护与维修

1. 拍门的日常维护

确保转动销无严重磨损。确保密封完好、无泄漏。确保门框、门座螺栓连接牢固。

2. 拍门的定期维修

转动销每年检查或更换1次。阀板密封圈每3年调换1次。钢质拍门每3年做1次防腐蚀处理。确保浮箱拍门箱体无泄漏。

(四)止回阀的维护与维修

1. 止回阀运行中规定

阀板运动无卡阻。密封、阀体完好无渗漏。连接螺栓与垫片完好紧固。阀腔连接螺栓与垫片完好紧固。阀体应无渗漏,活塞式油缸不得渗油。柔性止回阀透气管畅通。缓闭式阀杆平衡锤位置合理。阀体应清洁。

2. 止回阀的定期维修

止回阀定期维修的项目和周期应符合表6-5的规定。

表6-5 止回阀的定期维护周期

维护项目	维护周期/年
阀腔连接螺栓的检查或更换	1
旋启式止回阀旋转臂杆及接头的整修	1
升降式止回阀轴套垫片和密封圈的检查或更换	1
缓闭式止回阀油缸内的机油的检查或更换	1
柔性止回阀支持吊索的检查或调整	1

三、机械格栅的维护与维修

(一)回转式机械格栅的维护与维修

1. 回转式机械格栅的日常维护

(1)检查整机运行是否平衡,是否存在异响。

(2)检查耙齿是否存在异物缠绕,如存在应立即清除。

(3)检查轴承座、传动链条润滑情况,每月应加注润滑脂。

(4)检查电路系统是否完好,启动开关、紧急停机按钮是否正常。

(5)检查减速机齿轮油油量及油质是否正常,每运行500h或半年应更换齿轮油。

2. 回转式机械格栅的定期维修

(1)因栅渣量较大造成格栅超负荷运行,存在安全销被切断的风险,若发现格栅停止运行,应检查安全销是否正常,如被切断应立即更换。

(2)观察滚轮、链条、链轮的磨损情况,如运行中出现跳齿、异响、不平衡等现象,主轴位置经调整后仍无法排除故障,则需要进行大修,更换磨损件。

(二)抓斗式机械格栅的维护与维修

抓斗式机械格栅的日常维护如下:

(1)检查配电系统是否正常,控制面板调节开关的各项功能是否正常。

(2)检查并清理抓斗,避免异物覆盖缠绕。

(3)检查液压驱动系统,液压管路及接头应无泄漏。

(4)定期检查液压油油量及油质,油量不足时应及时补充,累计运行500h或每年更换1次。

(5)检查抓斗运行情况,抓斗张合应平稳,与栅条无刮擦。

(6)检查行车装置在导轨上运行是否平衡,应无倾斜、卡阻现象。

(7)检查抓斗在上升、下降到指定位置时,行程开关动作是否正常,应无撞击现象。

(8)检查钢丝绳、转毂、滑轮轴承,定期加注润滑脂,钢丝绳应无乱股现象。

(三)粉碎式机械格栅的维护与维修

粉碎式机械格栅的日常维护如下:

(1)检查刀片磨损情况,严重磨损会导致运行不平衡,应更换。

(2)检查密封圈是否存在漏油现象,电机中的液体是否有泄漏。

(3)检查电缆电线、启动装置和监控装置是否有故障,如有故障须立即维修。

(4)检查格栅在运行中是否存在异响、振动,传动齿轮间隙及磨损情况。

四、泵站电气设备的运行维护

(一)排水泵站电气设备介绍

排水泵站机电设备是泵站的"重中之重",泵站正常运行和维护、检修与排水泵站的电气设备密不可分。泵站机电设备的运行和维护工作需要定期进行,对各项电气设备的检查、维修和保养工作,特别是电气设备汛后修复工作需要加以落实。排水泵站配电系统主要由外线、高压供电系统、低压配电系统、电动机及其他辅助电气设备组成。

排水泵站电气设备维护工作中务必要本着"经常养护、随时维修、养重于修"的原则,确保电气设备的清洁以及正常启动运行。同时要定期进行维护检修工作,采用周期性检修和临时性消除缺陷相结合的检修模式,并结合相关的标准确定合理的检修方案。本节主要介绍排水泵站电气设备的维修工作内容及周期、要求等相关内容。

(二)排水泵站配电设备状态及检修分类

依据《配网设备状态评价导则》(Q/GDW 645—2011)规定,设备的状态分为正常、注意、异常和严重4种状态。正常状态是指各状态量处于稳定且在规程规定的警示值、注意值以内,设备可以正常运行;注意状态是指单项(或多项)状态量变化趋势接近标准限值,但未超过标准限值,设备仍可以继续运行,应加强运行中的监视;异常状态是指单项重要状态量变化较大,已接近或略微超过标准限值,设备应重点监视运行,并适时安排停电检修;严重状态是指单项重要状态量严重超过标准限值,设备应尽快安排停电检修。

排水泵站电气设备检修依据《配网设备状态检修试验规程》(Q/GDW 643—2011)中规定为A、B、C、D、E 5类,其中A类检修是指整体检修,对配电系统设备进行较全面、整体性解体修理、更换;B类检修是指局部检修,对配电系统 设备部分功能部件进行局部的分解、检查、修理、更换;C类检修是指一般性检修,在停电状态下对设备进行的例行试验、一般性消缺、检查、维护和清扫;D类检修是指维护性检修,在不停电状态下对设备进行的带电测试和外观检查、维护、保养;E类检修是指设备带电情况下采用绝缘手套作业法、绝缘杆作业法进行的检修、消缺、维护。

1. 排水泵站电气设备状态评价的主要资料

(1)投运前信息。设备技术台账、安装验收记录、试验报告、图纸等。

(2)运行信息。巡视、操作维护、缺陷、故障跳闸、单相接地、带电检测、在线监测数据等。

(3)检修试验信息。不良工况、检修试验报告等。

(4)家族缺陷信息。

2. 排水泵站电气设备状态评价原则

(1)架空线路按主干线线段的分支线、柱上设备单元进行状态评价。各单元按相应的评价标准进行状态评价,在各单元评价的基础上,架空线路宜作为一个整体设备进行综合评价。

(2)中压开关站按开关柜、构筑物及外壳单元进行状态评价。各单元的评分按相应的评价标准进行状态评价,在各单元评价的基础上,中压开关站宜作为一个整体设备进行综合评价。

(3)环网单元按开关柜、构筑物及外壳单元进行状态评价。各单元的评分按相应的评价标准进行状态评价,在各单元评价的基础上,环网单元宜作为一个整体设备进行综合评价。

(4)配电室(箱式变电站)按开关柜、配电变压器、构筑物及外壳单元进行状态评价。各单元的评分按相应的评价标准进行状态评价,在各单元评价的基础上,配电室(箱式变电站)宜作为一个整体设备进行综合评价。

(5)电力电缆线路按电缆线段(线路)、电缆分支箱单元进行状态评价。各单元的评分按相应的评价标准进行状态评价,在各单元评价基础上,电力电缆线路宜作为一个整体设备进行综合评价。

(6)具体单元评价标准参考《配网设备状态评价导则》(Q/GDW645—2011)中相关规定执行。

(7)低压配电系统单元状态评价标准参考《所用电系统评价导则》(Q/GDW609—2011)中相关规定执行。

(三)配电系统检修原则

配电设备检修应坚持"安全第一、预防为主、综合治理的方针",确保工作人员人身、配电系统、设备的安全。

1. 配电系统检修原则

(1)配电系统检修应落实好组织、技术、安全措施。

(2)设备检修应按标准化管理规定,编制符合现场实际、操作性强的作业指导书,组织检修人员认真学习并贯彻。

(3)设备检修工器具应采用合格产品并在检验有效期内使用,工器具的使用、保管、检查及试验应符合相关规定要求。

(4)设备检修后,应经验收合格,方可恢复运行。

(5)设备检修、事故抢修后,设备的型号、数量及其他技术参数发生变化时,检修单位应及时做好相应的设备异动报告,及时更新相应设备的技术档案。

(6)配电系统检修应依据设备状态评价结果,核实检修项目和检修内容,综合考虑检修资金、检修力量、配电系统运行方式、供电可靠性、基本建设等情况,按照设备检修的必要性和紧迫性,科学确定检修时间。

2. 配电系统检修策略

（1）正常状态设备按 C 类检修项目执行，特别重要设备检验周期为 6 年 1 次，重要设备检验周期为 10 年 1 次。

（2）注意状态设备的停电检修按 Q/GDW 643—2011 附录 A 执行，试验项目按 Q/GDW 643—2011 执行，必要时增做部分诊断项目。注意状态的 C 类项目应按周期标准适当提前。

（3）异常状态设备的停电检修应根据具体情况及时安排，试验项目按 Q/GDW 643—2011 执行，根据异常程度增做部分诊断项目，必要时进行设备更换。

（4）严重状态设备的停电检修应根据具体情况限时安排，必要时立即安排，试验项目按 Q/GDW 643—2011 执行，根据异常程度增做部分诊断项目，必要时进行设备更换。

（5）同一停电范围某个设备需停电检修时，其他相关设备宜同时安排停电检修。

（6）0.4kV 设备检修依据缺陷程度分为一般、严重、危急 3 类缺陷，参照 10kV 设备，危急缺陷应立即安排检修。

五、电力外线部分维修要求

（一）跌落式熔断器维修要求

正常状态跌落式熔断器检修按 C 类检修执行，检修项目、检修内容、技术要求见表 6-6；注意、异常、严重状态跌落式熔断器依据评价结果及现场情况可采用 A 类、B 类、C 类、E 类检修。跌落式熔断器应对本体、导电连接点、接地及引下线、外观等 4 类部件进行检修。注意、异常、严重状态跌落式熔断器检修项目、检修内容、技术要求见表 6-7。

表 6-6　正常状态跌落式熔断器 C 类检修

检修项目	检修内容	技术要求
外观	检查外观有无影响安全运行的异物；高压引线是否正常，线间和对地距离是否符合规定；支柱绝缘子有无破损、裂纹	外观无异常，高压引线正常，支柱绝缘子无破损、裂纹
	检查有无污秽及放电痕迹	无污秽及放电痕迹
	检查支架有无歪斜、松动；紧固螺栓、螺母，更换磨损或腐蚀部件	支架无歪斜、松动；螺栓、螺母无松动，部件无磨损或腐蚀
本体	检查触头等电气连接处是否紧固，有无因电弧、机械负荷等作用造成的破损或烧损及热氧化现象	触头等电气连接处紧固，无放电及热氧化现象
	检查熔丝管有无灼烧、涨股现象	熔丝管无灼烧、涨股现象
	检查灭弧罩有无破损	灭弧罩完好无破损

（续）

检修项目	检修内容	技术要求
操作性能	连续操作 2 次闭合是否到位	操作机构状态正常，闭合到位
	检查操作是否卡涩，有无异常声音，并对操作机构机械轴承等部件进行润滑	操作顺畅、无异常声音
	检查是否锈蚀	无锈蚀
标识	标识是否齐全正确	设备标识和警示标识齐全、清晰、准确

表 6-7　注意、异常、严重状态跌落式熔断器检修

缺陷	状态	检修类别	检修内容	技术要求
外观破损变形	注意	B、A 类	更换破损、变形的跌落式熔断器；更换破损或变形的熔丝管、灭弧罩	外观无破损、变形
	异常			
	严重			
外观严重污秽	注意	E、C、A 类	清扫，用干净的毛巾擦拭套管，用清洗剂擦拭污秽严重的跌落式熔断器；更换污秽严重的跌落式熔断器	无污秽
	异常			
	严重			
操作卡涩、稳定性差、闭合不到位	注意	E、C、A 类	不停电更换卡涩严重的跌落式熔断器；停电检查接触片、转轴、底座固定螺栓；对接触片、转轴除锈并添加润滑油，紧固底座螺栓；停电更换卡涩严重的跌落式熔断器	多次连续操作无卡涩、闭合到位
	异常			
	严重			
导电连接点温度、相对温差异常	注意	E、C、A 类	检修导电连接点拆除；停电检查接触片、转轴、底座固定螺栓，对接触片、转轴除锈并添加润滑油，紧固底座螺栓；停电更换卡涩严重的跌落式熔断器	相间温度差小于 10K；接头温度小于 75℃
	异常			
	严重			
本体锈蚀严重	严重	E、A 类	不停电更换；停电更换	本体无锈蚀
熔丝管涨鼓、过热	异常	E、A 类	更换跌落式熔断器熔管及熔丝	熔丝、熔管无涨鼓、过热现象
	严重			

（二）10kV 避雷器维修要求

正常状态的避雷器检修按 C 类检修执行，检修项目、检修内容、技术要求见表 6-8；注意、异常、严重状态避雷器依据评价结果及现场情况可采用 A 类、C 类、D 类、E 类检修。避雷器应对本体、导电连接点两类部件进行检修。避雷器按 A 类检修后应重新试验合格，方可投入使用;注意、异常、严重状态避雷器检测项目、检修内容、技术要求见表6-9。

表6-8　正常状态避雷器C类检修

检修项目	检修内容	技术要求
外观	检查外观有无异物、破损、变色、放电痕迹	外表面无影响安全运行的异物、无污秽、破损、变形、裂纹和电蚀痕迹
	清扫、紧固线夹	表面清洁、高压引线连接正常
	调整支架,紧固螺栓、螺母,更换磨损或腐蚀部件	脱扣器无掉落
绝缘电阻试验	20℃时绝缘电阻不低于1000MΩ	采用2500V兆欧表
泄漏电流试验	直流参考电压(UimA)及在交流耐压0.75(UimA)下泄漏电流测量	UimA不低于GB 11032规定值;UimA与初值差不超5%;0.75UimA泄漏电流值初值差≤30%或0.75UimA泄漏电流≤50μA

表6-9　注意、异常、严重状态避雷器检修

缺陷	状态	检修类别	检修内容	技术要求
外观破损、变色、放电	注意	E、C、A类	不停电更换破损避雷器;修补避雷器接线、放电环等;整体更换破损的避雷器	外观无破损、变色、放电
	异常			
	严重			
相对温差异常	异常	E、A类	不停电更换;停电更换	相间温度差小于0~5K,注意与同等运行条件其他金属氧化物避雷器进行比较,分析方法参考DL/T 644的相关条款
外观污秽	注意	E、A类	清扫,用干净的毛巾擦拭套管,用清洗剂擦拭污秽严重的避雷器;带电更换污秽严重的避雷器;停电更换污秽严重的避雷器	无污秽
	异常			
	严重			
接地体连接不良,埋深不足	注意	D类	修补接地体连接部位及接地引下线;增加接地体埋深,开挖接地后重新敷设接地体	接地体连接正常,埋深满足设计要求
	异常			
	严重			
接地电阻异常	异常	D类	增加接地体埋设,敷设新的接地体应与原接地体连接	接地电阻不大于10Ω

(三) 电缆维修要求

10kV电缆按电缆组成为电缆本体、电缆中间头、电缆终端头;电缆检修也按相应分类进行,具体检修要求如下:

1. 电缆本体检修项目及内容

正常状态电缆本体检修按C类检修执行,检修项目、检修内容、技术要求见表6-10;注意、异常、严重状态电缆本体依据评价结果及现场情况可采用B类、C类、D类检修,检修项目、检修内容、技术要求见表6-11。

表6-10　正常状态电缆本体C类检修

检修项目	检修内容	技术要求
外观检查	检查电缆是否存在过度弯曲、过度拉伸、外部损伤等情况	电缆应不存在过度弯曲、过度拉伸、外部损伤等情况
	检查电缆抱箍、电缆夹具是否存在锈蚀、破损、缺失、螺栓松动等情况	电缆抱箍、电缆夹具应不存在锈蚀、破损、缺失、螺栓松动等情况
	检查电缆防火设施是否存在脱落、破损等情况	电缆防火设施应完好
例行试验	测量电缆主绝缘电阻;橡塑电缆主绝缘交流耐压试验;油纸绝缘电缆直流耐压试验	参照Q/GDW 11261—2014要求

表6-11　注意、异常、严重状态电缆本体检修

检修项目	状态	检修类别	检修内容	技术要求
电缆外护套损伤	注意	D类	修复	外观无破损
	异常			
	严重	C类		
电缆主绝缘电阻异常	注意	C类	进行诊断性试验	与初值比没有显著差别,与Q/GDW 643—2011相关要求一致
	异常	B类	进行诊断性试验;试验不合格则进行故障查找及故障处理,更换部分电缆,重新安装中间接头或终端;参照Q/GDW 11261—2014要求进行相关试验	
电缆本体防火措施异常	注意	D类	修复	电缆本体防火措施应完好,不存在防火带脱落、防火涂料剥落、防火槽盒破损、防火堵料缺失等情况

2. 电缆中间接头、终端头检修项目及内容

正常状态电缆中间接头检修按C类执行,检修项目、检修内容、技术要求见表6-12;注意、异常、严重状

态电缆中间接头依据评价结果及现场情况可采用 B 类、C 类、D 类检修,检修类别、检修内容、技术要求见表 6-13;正常状态电缆终端头检修按 C 类执行,检修项目、检修内容、技术要求见表 6-14;注意、异常、严重状态电缆终端头依据评价结果及现场情况可采用 B 类、C 类、D 类检修,检修项目、检修内容、技术要求见表 6-15。

表 6-12　正常状态电缆中间接头 C 类检修

检修项目	检修内容	技术要求
外观检查	检查电缆中间接头外观有无异常	外观应无异常
	检查电缆中间接头支架有无偏移、锈蚀、破损、部件缺失等情况	电缆中间接头支架应无偏移、锈蚀、破损、部件缺失等情况
	检查电缆中间接头防火设施是否完好	电缆中间接头防火设施应完好

表 6-13　注意、异常、严重状态电缆中间接头检修

检修项目	状态	检修类别	检修内容	技术要求
电缆中间接头发热、变形、破损	注意	D 类	加做保护措施;利用测温进行检测,必要时可开展局放检测	各类检测结果应无异常
	异常	C、B 类	利用测温进行检测,必要时可开展局放检测,确认中间接头主要部件无损伤,修复保护壳;更换中间接头	更换电缆中间接头后,应按 Q/GDW 11261—2014 要求,完成相关试验
	严重		更换中间接头	

表 6-14　正常状态电缆终端头 C 类检修

检修项目	检修内容	技术要求	备注
终端头外观检查	电缆终端头有无放电痕迹	电缆终端头无放电痕迹	
	电缆终端头是否完整,有无渗漏油,有无开裂、电蚀、异响或异味	电缆终端头完整,无渗漏油,无开裂、电蚀、异响或异味	
导体连接点	检查外观有无异常,是否有弯曲、氧化等情况	外观无异常	电气搭接面应涂抹适量专用电力复合脂(导电膏)
	检查紧固螺栓是否存在锈蚀、松动、螺帽缺失等情况	螺栓不应存在锈蚀、松动、螺帽缺失等情况	
	检查恢复搭接情况	搭接良好,按 Q/GDW 11261—2014 要求紧固螺栓	
支架保护管等	检查终端头支架是否存在锈蚀、破损、部件缺失等情况	终端头支架不应存在锈蚀、破损、部件缺失等情况	
	检查终端头下方电缆保护管是否存在破损、封堵材料缺失等情况	终端头下方电缆保护管不应存在破损、封堵材料缺失等情况	

表 6-15　注意、异常、严重状态电缆终端头检修

检修项目	状态	检修类别	检修内容	技术要求
导体连接点	注意	C 类	除锈;涂抹专用电力复合脂(导电膏);紧固螺栓	同一线路相间温差不超过 15K,温度不超过 90℃
	异常	C、B 类	除锈;涂抹专用电力复合脂(导电膏);紧固螺栓;更换	
	严重			
电缆终端头破损	注意	D 类	加强巡视,缩短红外测温工作周期	红外测温应无异常,套管破损程度应无变化
	异常	C、B 类	更换	电缆终端头完好,按照 Q/GDW 11261—2014 要求完成相关试验
	严重	B 类	更换	
电缆终端头表面严重积污	注意	D 类	停电清扫	电缆终端头外观正常
	异常	C、B 类	停电清扫;更换终端头	
	严重	B 类	更换终端头	
电缆终端头悬挂异物	注意	D 类	带电处理	电缆终端头应无悬挂异物
	异常	C 类	停电处理	
	严重			

3. 电缆敷设项目检修

电缆按敷设方式分为埋地敷设、电缆桥架敷设、电缆廊道敷设,基本设施有电缆排管、电缆通道、电缆沟、电缆检查井等。下面分别介绍检修项目、检修内容、技术要求。

直埋电缆通道检修按 A 类、D 类检修执行,检修项目、检修内容、技术要求见表 6-16;电缆排管检修按 A 类、D 类检修执行,检修项目、检修内容、技术要求见表 6-17;电缆沟检修按 A 类、D 类检修执行,检修项目、检修内容、技术要求见表 6-18。

表 6-16　直埋电缆通道检修

检修项目	状态	检修类别	检修内容	技术要求
覆土深度不够	注意	D 类	夯土回填	满足 GB 50217 和 DL/T 5221 相关要求
	异常	D 类	因标高问题无法满足深度要求的,视情况选择合适的加固措施进行通道加固	
	严重	A 类	加固后仍无法满足电缆运行要求的,更换通道形式后进行迁改	

表 6-17　电缆排管检修

检修项目	状态	检修类别	检修内容	技术要求	备注
排管砼包方覆土深度不够	注意	D 类	填埋		
	异常	D 类	因标高问题无法满足深度要求的,视情况选择合适的加固措施进行通道加固	满足 GB 50217 和 DL/T 5221 相关要求	
	严重	A 类	加固后仍无法满足电缆运行要求的,更换通道形式后进行迁改	满足 GB 50217 和 DL/T 5221 相关要求	
预留管孔淤塞不通	注意	D 类	疏通,并两头封堵	确保预留管孔通畅可用	
排管砼包方破损、开裂	注意	D 类	加固或修复	满足 GB 50217 和 DL/T 5221 相关要求	
	异常	D 类			
	严重	A 类	拆除破损排管砼包方重新建设或另选路径重新建设,线路迁改		
地基沉降、坍塌或水平位移	注意	D 类	加固并持续观察,阶段性测量、拍照比对	应无明显变化	必要时线路配合停电,定向钻进拖拉管参照注意、严重状态执行
	异常	D 类	拆除破损排管砼包方,对地基进行加固处理后,在故障位置新建工井	满足 GB 50217 和 DL/T 5221 相关要求	
	严重	A 类	拆除故障段排管砼包方重新建设或另选路径重新建设,线路迁改		

表 6-18　电缆沟检修

检修项目	状态	检修类别	检修内容	技术要求	备注
电缆沟盖板不平整、破损、缺失	注意	D 类	修补或更换	盖板应不存在不平整、破损、缺失情况	
电缆沟墙壁破损、开裂、坍塌	注意	D 类	修复	电缆沟墙壁不应存在破损、开裂、坍塌等情况	必要时线路配合停电,但应对沟内电缆做好保护措施
地基沉降、坍塌或水平位移	注意	D 类	加固并持续观察,阶段性测量、拍照比对	应无明显变化	必要时线路配合停电,定向钻进拖拉管参照注意、严重状态执行
	异常	D 类	拆除故障电缆沟,对地基进行加固处理后,在故障位置重建	满足 GB 50217 和 DL/T 5221 相关要求	
	严重	A 类	拆除故障段电缆沟重新建设或另选路径重新建设,线路迁改		

注意、异常、严重状态电缆井检修依据评价结果及现场情况可采用 A 类、D 类检修执行,检修项目、检修内容、技术要求见表 6-19;注意、异常、严重状态电缆支架依据评价结果及现场情况可采用 C 类、D 类检修执行,检修项目、检修内容、技术要求见表 6-20;注意、异常、严重状态电缆标识牌依据评价结果及现场情况可采用 D 类检修执行,检修项目、检修内容、技术要求见表 6-21。

表 6-19　电缆井检修

检修项目	状态	检修类别	检修内容	技术要求	备注
电缆井井盖不平整、破损、缺失	注意	D 类	修补或更换	井盖应不存在不平整、破损、缺失情况	
电缆沟墙壁破损、开裂、坍塌	注意	D 类	修复	电缆沟墙壁应不存在破损、开裂、坍塌情况	必要时线路配合停电,但应对沟内电缆做好保护措施
	异常	D 类			
	严重				
地基沉降、坍塌或水平位移	注意	D 类	加固并持续观察,阶段性测量、拍照对比	应无明显变化	必要时线路配合停电,但应对沟内电缆做好保护措施
	异常	D 类	拆除故障位置电缆井,对地基进行加固处理后,在故障位置重建	满足 GB 50217 和 DL/T 5221 相关要求	
	严重	A 类	拆除故障段电缆井重新建设或另选路径重新建设,线路迁改		

表 6-20　电缆支架检修

检修项目	状态	检修类别	检修内容	技术要求	备注
金属支架锈蚀、破损、部件缺失	注意	D 类	带电进行除锈防腐处理、更换或加装	金属支架应无锈蚀、破损、部件缺失等情况	
	异常				
	严重				
金属支架接地不良	注意	C 类	金属支架接地装置除锈防腐处理、更换或加装;接地极增设接地桩,对周边土壤进行降阻处理,必要时进行开挖检查修复	金属支架应接地良好	
	异常				
	严重				
复合材料支架老化	注意	D 类	排查同批次、相近批次的复合材料支架,检查是否同样存在老化情况,老化则应更换	复合材料支架应无老化	
	异常				
	严重				

（续）

检修项目	状态	检修类别	检修内容	技术要求	备注
支架固定装置松动、脱落	注意 异常 严重	D类	修复	支架固定装置应安装牢固	指膨胀螺栓、预埋铁或自承式支架构件
支架上的电缆固定夹具锈蚀、破损、缺失	注意 异常 严重	D类	除锈防腐处理、更换或加装	支架上的电缆固定夹具应不存在锈蚀、破损、缺失等情况	指膨胀螺栓、预埋铁或自承式支架构件

表 6-21　电缆标识牌维修

检修项目	状态	检修类别	检修内容	技术要求
标识标牌锈蚀、老化、破损缺失	注意	D类	除锈防腐处理、更换或加装	标识标牌应不存在锈蚀、破损、缺失等情况
标识标牌字体模糊、内容不清	注意	D类	更换	标识标牌应字迹清晰

电缆发生故障可以及时进行故障查询工作，并按以下方法进行检测，故障确认后及时安排维修，确保排水泵站正常运行。电缆常见故障有以下两种：

断路故障时把故障相与完好相短接后用万用表测量不成回路。可以用电容法或低压脉冲法进行故障测距，用声测定点法或声磁同步法精确定位。使用低压脉冲时，要分别测量完好相与故障相的长度，通过长度计算出故障位置。

短路故障（金属性接地）时，用万用表测量绝缘电阻1MΩ以下，用电桥法或低压脉冲法进行故障测距，用音频感应法或声磁同步法精确定位。

六、高压配电柜维护要求

高压配电系统主要指高压进线柜、高压计量柜、高压母联柜、高压控制柜等。对于排水泵站高压配电系统是指电压等级为10kV的配电柜，一般控制开关由断路器、负荷开关、接地开关、隔离开关组成，较复杂的高压配电系统建立继电保护来对系统进行保护。

正常状态开关柜检修按照C类检修执行，检修项目、检修内容、技术要求见表6-22；注意、异常、严重状态开关柜依据评价结果及现场情况可采用A类、B类、C类、D类检修。开关柜分为本体、附件、操动机构、接地、继电保护装置、标识等6类部件。新投运的开关柜应经试验合格后方可投入运行。注意、异常、严重状态开关检修项目、检修内容、技术要求见表6-23。

表 6-22　正常状态开关柜 C 类检修

检修项目	检修内容	技术要求	备注
开关检查	检查外观有无异常、绝缘子擦拭情况	外观无异常，绝缘件表面完好	
	检查有无放电声音	无异常放电声音	
	检查标识牌和设备命名是否正确	标识牌和设备命名正确	
	检查带电显示器	带电显示器显示正常	
	检查照明	照明正常	
	检查凝露状况	无凝露状况	
操动机构状态检查	连续操作2次，检查操作机构合、分指示是否正确	操动机构合、分指示正确	
电源设备检查	检查蓄电池是否正常	蓄电池等设备外观正常，接头无锈蚀，状态显示正常	
仪表检查	检查仪表显示是否正常	显示正常	
构架、基础检查	检查有无裂缝、渗漏水	正常，无裂缝	
试验	开关本体、避雷器、TV、TA 的绝缘电阻测量	20℃时开关本体绝缘电阻不低于300MΩ；20℃时金属氧化物避雷器、TV、TA电气一次绝缘电阻不低于1000MΩ，电气二次绝缘电阻不低于10MΩ	电气一次采用2500V兆欧表，电气二次采用500V兆欧表
	主回路电阻测量	≤制造厂规定值1.5倍（注意值）	测量电流≥100A
	交流耐压试验	断路器试验电压值按DL/T 593规定；TA、TV（全绝缘）电气一次绕组试验电压值按出厂值的85%，出厂值不明的按30kV进行试验；当断路器、TA、TV一起耐压试验时按最低实验电压	试验电压施加方式：合闸时各相对地及相间
	控制、测量等二次回路绝缘电阻	绝缘电阻一般不低于2MΩ	采用500V兆欧表
动作特性及操动机构	动作特性及操动机构检查和测试	合闸在额定电压的85%~110%范围内应可靠动作，分闸在额定电压的65%~110%（直流），应可靠动作，当低于额定电压的30%时，脱扣器不应脱扣；储能电动机工作电流及储能时间检测，检测结果应符合设备技术文件要求，电动机应能在85%~110%的额定电压下可靠工作；开关分合闸时间、速度、同期、弹跳符合设备技术文件要求	采用一次加压法
气体压力表值	检查SF₆气体压力表	气体压力表指示正常	
连跳、五防装置检查	连跳、五防装置连续操作3次	符合设备技术文件和五防要求	

表 6-23　注意、异常、严重状态开关柜检修

部件	检修项目	状态	检修类别	检修内容	技术要求
本体	开关本体、隔离闸刀及套管绝缘电阻不合格	严重	A、B 类	停电更换绝缘电阻不合格的开关本体、隔离闸刀及套管； 停电更换绝缘电阻不合格支柱绝缘子等部件	20℃时金属氧化物避雷器、TV、TA 电气一次绝缘电阻不低于 1000MΩ，电气二次绝缘不低于 10MΩ
	开关柜本体主回路直流电阻值不合格	严重	A、B 类	停电更换开关柜本体； 停电更换开关柜主回路电阻值不合格部件	≤制造厂规定值 1.5 倍(注意值)
	导电连接点温度、相对温差异常	异常	B、C 类	停电检修电缆头与母排、母排与母排等连接点； 停电更换开关柜	相间温度差小于 10K； 接头温度小于 75℃
		严重			
	开关柜有异常放电声音	异常	A、B 类	停电更换放电的开关柜； 停电检修或更换放电部件	开关柜无异常放电声音
		严重			
	SF$_6$ 断路器或负荷开关气体压力异常	异常	A、B 类	充 SF$_6$ 气体； 开关柜整体更换	SF$_6$ 断路器或负荷开关气体压力正常
		严重			
操动机构	操作机构控制回路绝缘电阻不合格	严重	A、B 类	更换开关柜操作机构； 更换开关柜	绝缘电阻一般不低于 2MΩ
	操作机构分合闸动作异常	异常	A、B、C 类	整体更换开关柜； 维修或更换开关柜操作机构问题部件	操作机构分合闸操作动作正常
		严重			
	操动机构连跳功能异常	注意	A、B、C 类	更换开关柜； 检修或更换开关柜操作机构连跳装置问题部件	连续操作 2 次，检查操作机构合、分指示正确
		异常			
		严重			
	操动机构五防功能异常	注意	A、B、C 类	更换开关柜； 检修或更换五防装置问题部件	操动机构五防功能正常，符合设备技术文件和五防要求
		异常			
		严重			
辅助部件	操作机构分合闸指示、投切异常	注意	A、B、C 类	更换开关柜； 检修或更换开关柜操作机构分合闸装置问题部件	操动机构分合闸指示正常
		严重			
	TA、TV 及避雷器绝缘电阻不合格	严重	A 类	停电更换绝缘电阻不合格的 TA、TV 及避雷器等附件	TA、TV 及避雷器绝缘电阻合格
	附件污秽	注意	C 类	清扫； 用干净的毛巾擦拭套管，用清洗剂擦拭污秽严重的附件	附件无污秽
		异常			
		严重			
	绝缘件破损	异常	B 类	停电更换绝缘破损件	绝缘件无破损
		严重			
	附件凝露	注意	A、B、C 类	停电、通风除湿、清扫、检查水汽点； 停电检修凝露部件或加热器等； 更换凝露严重的部件； 封堵孔洞	无凝露现象
		异常			
		严重			
	熔丝熔断	异常	B、C 类	更换熔丝； 检修或更换熔丝桶和熔丝托架	熔丝正常
	带电显示器异常	注意	B、C、D 类	不停电更换模块化带电显示器； 停电检修带电显示器接线等部件； 停电整体更换带电显示器	带电显示器试验正常
	仪表指示异常	注意	B、C、D 类	不停电更换模块化破损仪表； 停电检修或更换仪表接线	仪表指示正常

（续）

部件	检修项目	状态	检修类别	检修内容	技术要求
继电保护装置	继电保护装置异常	注意	B、C、D 类	不停电维修问题电源模块； 停电更换保护装置问题部件； 更换一体式继电保护装置或配网自动化模块； 停电检修问题二次回路	保护装置校验正常
		异常			
		严重			
接地	接地体连接不良，深埋不足	注意	D 类	修补接地体连接部位及接地引下线； 增加接地埋深；开挖接地后重新敷设接地体	接地体连接正常，埋深满足设计要求
		异常			
		严重			
	接地电阻异常	异常	D 类	增加接地体埋设； 敷设新的接地体应与原接地体连接	不大于 4Ω
标识	设备标识和警示标识不全、模糊、错误	注意	D 类	更换	设备标识和警示标识齐全，清晰、无误
		异常			

七、配电变压器维护要求

排水泵站的配电变压器主要有油浸式变压器及干式变压器两种，变压器安装位置分为户外柱上变压器、户内安装两种。

正常状态配电变压器检修按 C 类执行，检修项目、检修内容、技术要求见表 6-24；注意、异常、严重状态配电变压器依据评价结果及现场情况可采用 A 类、B 类、C 类、D 类、E 类检修。配电变压器分为本体、导电连接点、接地及引下线、外观、控制辅助回路、分合闸指示等 6 类部件。配电变压器开展 A 类检修宜采用整体更换后返厂维修，新投运的配电变压器经试验合格后方可投入运行。注意、异常、严重状态配电变压器检修项目、检修内容、技术要求见表 6-25。

表 6-24　正常状态配电变压器 C 类检修

检修项目	检修内容	技术要求	备注
外观	检查外观、油位、呼吸器、对地距离、测温装置是否正常；擦拭配电变压器外壳、泄油阀	外观无异常，油位正常，无渗漏油，呼吸器通畅，对地距离合格，测温装置正常	
试验	绕组及套管绝缘电阻测试	初值差不小于-30%	
	绕组直流电阻测试	绕组直流电阻测试： 1.6MV·A 以上变压器，各相绕组电阻相互间的差别不应大于三相平均值的1%； 1.6MV·A 及以下的变压器，相间差别一般不大于三相平均值4%，线间差别一般不大于三相平均值的2%	
	非电量保护装置绝缘电阻测试	绝缘电阻不低于1MΩ	采用 2500V 兆欧表测量
	绝缘油耐压测试	在电极间按 2.0kV/S、0.2kV/S 速率缓慢加压至试品被击穿，详见 GB/T 507	不含全密封变压器
	绕组各分接位置电压比	初值差不超过 ±0.5%（额定分接位置、±1.0% 其他分接）（警示值）	
	空载电流及损耗测量	与上次测量结果比，不应有明显差异；单相变压器相间或三相变压器两个边相空载电流差异不超过 10%	试验电压值应尽可能接近额定电压值；试验的电压和接线应与上次试验保持一致；空载损耗无明显变化
	交流耐压试验	油浸式变压器采用 30kV 进行试验，干式变压器按出厂试验值的 85% 进行试验	按 DL/T 596 相关条款执行
呼吸器干燥剂（硅胶）检查	硅胶有无变色	硅胶无变色情况	
冷却系统检查	风扇运行、出风口和散热器运行情况	冷却系统的风扇运行正常，出风口和散热器无异物附着或严重积污	

表 6-25　注意、异常、严重状态配电变压器检修

部件	检修项目	状态	检修类别	检修内容	技术要求
绕组、套管及接线端子	绕组及套管绝缘电阻不合格	异常	A 类	整体更换	初值差不小于-30%
	高低压连接端子、套管接头温度过高、温升异常	注意	B、C、E 类	检修导电连接点，拆除导线连接点，清除污物，用砂纸打磨除锈，涂抹专用电力复合脂(导电膏)，重新安装螺栓，必要时增加连接孔数量；更换锈蚀、灼烧严重的导线连接点螺栓、线夹等	相间温度差小于 10K；接头温度小于 75℃
		异常			
		严重			
	套管外观污秽	注意	C 类	清扫；用干净的毛巾擦拭套管，用清洗剂擦拭污秽严重的套管	套管外观无破损
		异常			
		严重			
	套管外观破损	异常	A、E 类	更换变压器，返厂维修	套管外观无破损
		严重			
油箱	变压器渗漏油	异常	A、B 类	更换密封件；更换变压器，返厂维修	油箱整体密封件性能完好
		严重			
	油箱油位异常	异常	A、C 类	停油补油；更换变压器，返厂维修	油位正常
		严重			
	呼吸器硅胶颜色变化	异常	B 类	更换密封件；更换变压器，返厂维修	油箱整体密封件性能完好
		严重			
	油温度超标	异常	B、C 类	检查负载率，负载率超标依据"变压器重载或过载处理方式"；检查冷却系统是否正常；更换变压器，返厂维修	油箱油温度正常
		严重			
冷却系统	冷却系统风机振动异常	异常	B、C 类	更换或维修冷却系统风机	风机运行正常
	冷却系统温控装置异常	异常	B、C 类	更换或维修温控装置	冷却系统温控装置正常
本体	干式变压器自身温度超厂家规定值	异常	C、E 类	不停电检修或更换独立式温控器；检查冷却系统；停电更换，返厂维修	干式变压器自身温度不超厂家规定值
		严重			
	三相不平衡率异常	注意	D 类	调整三相负荷	最大负载不超过额定值；不平衡率 Yyn0 接线不大于 15%，零线电流不大于变压器额定电流 25%；Dyn11 接线不大于 25%，零线电流不大于变压器额定电流 40%
	变压器重载或过载	严重	A 类	及时切割低压负荷；换大变压器；加装变压器	负载率不宜超过配变额定值 80%
	分接开关操作异常	严重	B 类	整体更换	分接开关正常
	变压器有无异响或振动	严重	A 类	整体更换	变压器无明显异响或振动
	配电变压器台架对地距离不足	严重	C 类	改造	对地距离应满足安规要求
非电量保护装置	非电量保护装置绝缘不合格	异常	B 类	更换非电量保护装置	非电量保护装置绝缘合格

（续）

部件	检修项目	状态	检修类别	检修内容	技术要求
接地	接地体连接不良，深埋不足	注意	D 类	修补接地体连接部位及接地引下线；增加接地深埋；开挖接地后重新敷设接地体	接地体连接正常，深埋满足设计要求
		异常			
		严重			
	接地电阻异常	异常	D 类	增加接地体埋设；敷设新的接地体应与原接地体连接	100kV·A 以下接地电阻 10Ω，100kV·A 及以上接地电阻 4Ω
标识	设备标识和警示标识不全、模糊、错误	注意	D 类	更换	设备标识和警示标识齐全，清晰、无误
		异常			
		严重			

八、低压 0.4kV 配电系统维护要求

排水泵站低压配电系统是控制水泵机组、辅助用电设备、自动控制的关键，低压配电系统是否正常直接影响排水泵站运行与安全，因此加强低压配电系统维护势在必行。

正常状态 0.4kV 配电柜检修主要按 C 类检修执行。其中架空线路检修项目、检修内容、技术要求见表 6-26；正常状态 0.4kV 配电柜检修项目、检修内容、技术要求见表 6-27；一般、严重、危急状态 0.4kV 配电柜依据评价结果及现场情况可采用 A、B、C、D 类检修，检修项目、检修内容、技术要求见表 6-28。

表 6-26　正常状态 0.4kV 架空线路 C 类检修

检修项目	检修内容	技术要求
导线	检查导线	导线完好，无破损、异物；绝缘导线绝缘层完好，无开裂、破损现象，绝缘罩完好、无缺失
绝缘子	检查绝缘子表面	瓷质（玻璃、瓷棒）绝缘子无闪络、裂纹、灼伤、破损等痕迹
铁件、横担、金具	检查金具；检查横担、铁件	金具应无变形、锈蚀、松动、开焊、裂纹，连接处应转动灵活；横担、铁件无松动、锈蚀、变形、歪斜
标识、其他	检查标识牌	标识牌等完好

表 6-27　正常状态 0.4kV 配电柜 C 类检修

检修项目	检修内容	技术要求	备注
外观检查	检查外观有无异常、绝缘子擦拭	外观无异常，绝缘件表面完好	
	检查放电声音有无异常	无异常放电声音	
	检查标识牌和设备命名是否正确	标识牌和设备命名正确	
	检查指示灯是否正常	指示灯正常	

（续）

检修项目	检修内容	技术要求	备注
操动机构状态检查	连续操作 2 次，检查操作机构合、分指示是否正确	操动机构合、分指示正确	
仪表、指示灯	操作设备，检查仪表、指示灯显示是否正常	显示正常	包括 0.4kV 配电终端、剩余电流动作保护器
电缆头、母排、塑壳开关、电容	打开柜门检查电缆头、母排有无闪络、放电痕迹	打开柜门检查电缆头、母排无闪络、放电痕迹	
	检查塑壳开关有无放电痕迹	塑壳开关无放电痕迹	
	检查电容有无破损、渗漏、胀鼓，电容是否投入运行	电容无破损、渗漏、胀鼓，电容依据实际需要投入运行	
	有无裂缝、渗漏水	正常，无裂缝	

表 6-28　一般、严重、危急缺陷 0.4kV 配电柜检修

检修项目	状态	检修类别	检修内容	技术要求
操动机构连跳功能异常	一般	A、D 类	整体更换配电柜；更换门框	配电柜外观良好，门锁装置齐全，开启自如
	严重			
	危急			
一、二次导电连接点温度、相对温差异常	一般	B、C 类	检修或更换导电连接点部件	相间温度差小于10K；接头温度小于 75℃
	严重			
	危急			
附件污秽	一般	D 类	清扫；用干净的毛巾擦拭污秽，用清洗剂擦拭污秽严重的附件	附件无污秽
	严重			
	危急			
绝缘件破损	一般	B 类	更换破损绝缘件	绝缘件无破损
	严重			
	危急			

（续）

检修项目	状态	检修类别	检修内容	技术要求
附件凝露	一般	B、C、D类	停电、通风除湿、清扫、检查入水汽点；更换凝露严重的部件；封堵孔洞	无凝露现象
	严重			
	危急			
操动机构分合闸操作动作异常	一般	B、C类	更换配电柜操作机构柜	操动机构分、合闸操作动作正常
	严重			
	危急			
仪表、指示灯异常	一般	B、C、D类	不停电更换仪表或指示灯；停电更换仪表或指示灯；检修仪表或指示灯接线；停电更换 CT、PT 等	仪表、指示灯正常
	严重			
	危急			
配电终端、剩余电流动作保护器异常	一般	B、C、D类	检修配电终端、剩余电流动作保护器二次接线；更换破损或失效的配变终端、剩余电流动作保护器；更换配变终端传感器、熔丝等	配电终端、剩余电流动作保护器无异常
	严重			
	危急			
设备标识和警示标识不全、模糊、错误	一般	B、C、D类	更换	设备标识和警示标识齐全、清楚、整洁
	严重			
	危急			
电容柜电容胀鼓、破损、渗漏	严重	B、C类	检修断裂、老化的电容接线；更换胀鼓、破损、渗漏的电容	电容柜电容无胀鼓、破损、渗漏
	危急			
接地电阻异常	严重	D类	增加接地体埋设	接地电阻不大于4Ω

第二节　排水泵站辅助设备的运行维护

一、液位计

（一）液位计的类型

液位计用于供水排水系统水池、水渠、容器等水位的测量。按照不同的工作原理，分为液位开关、静压式液位计、超声波液位计、浮球液位计等。

供水泵站的清水池、泵前池液位测量主要使用静压式液位计与超声波液位计。

（二）液位计的维护内容

（1）日常维护频次为每月1次。

（2）用软布擦拭探头外壳，用毛刷清扫其内部空间。

（3）检查控制箱内部线路，确保接线牢固、无变色、无异味、无氧化过热痕迹。

（4）检查信号线防护到位，无破损，将表头数据与上位机显示数据进行核对，确保一致。

（5）巡检维护完成后，将工作内容完整填写在值班记录中。

二、流量计

（一）流量计的类型

供水泵房的流量计按类型可以分为电磁流量计、超声波流量计、涡街流量计、涡轮流量计、浮子流量计。目前应用最多的为前两类，也就是电磁流量计与超声波流量计。

（二）电磁流量计的维护内容

（1）查看流量计供电是否正常。

（2）查看流量计的各项指示是否正常。

（3）查看流量计的表体（连接管路、线路）是否出现泄漏、损坏、腐蚀的情况。

（4）检查流量计附近是否有新装强电磁场设备或有新装电线横跨流量计。

（5）定期做好校验工作，一般可以应用便携式流量计做比对分析，然后再结合所测数据完成计算，结果符合要求即可。

（6）每周擦拭1次表头及传感器上的灰尘，将能开启外壳的仪表用毛刷清理干净其内部空间。

（7）巡检维护完成后，将工作内容完整填写在值班记录中。

（三）超声波流量计的维护内容

（1）查看流量计供电是否正常。

（2）查看流量计的各项指示是否正常。

（3）查看流量计的表体（连接管路、线路）是否出现泄漏、损坏、腐蚀的情况。

（4）检查流量计附近是否有新装强电磁场设备或有新装电线横跨流量计。

（5）定期做好校验工作，一般可以应用便携式流量计做比对分析，然后再结合所测数据完成计算，结果符合要求即可。

（6）外贴超声波流量计在完成安装后一般不会出现漏水、水压损失等问题，只需要定期对换能器进行检查，确保其没有松动即可。

（7）插入式流量计则需要对其探头上的水垢或其他杂质进行有效的清理。

（8）一体式流量计需要检查其与管道的法兰连接、同时需要控制好现场的湿度、温度等因素，防止对电子部件造成不良影响。

（9）每周擦拭 1 次表头及传感器上的灰尘，将能开启外壳的仪表用毛刷清理干净其内部空间。

（10）巡检维护完成后，将工作内容完整填写在值班记录中。

三、压力表

（一）压力表的类型

压力表按类型可以分为机械压力表和电子压力表。

（二）机械压力表的维护内容

（1）检查各部位是否装配牢固，不得松动，无裂痕和锈蚀现象。

（2）压力表应保持洁净，表盘上的玻璃应明亮清晰，使表盘内指针指示的压力值清楚易见，表盘玻璃破碎或表盘刻度模糊不清的压力表应停止使用。

（3）压力表的连接管要定期吹洗，以免堵塞。特别是用于有较多油垢或其他黏性物质的气体的压力表连接管，更应经常吹洗。

（4）检查压力表指针的转动与波动是否正常，检查连接管上的旋塞是否处于全开位置。

（5）压力表运行 3 个月后就得对其进行 1 次一级保养，主要是检查压力表能否回零，查看三通旋塞及存水弯管接头是否泄漏，以及检查并冲洗存水弯管，确保畅通。

（6）压力表运行 1 年后就得对其进行 1 次二级保养，这时可以将压力表拆卸下来，送计量部门校验并铅封。拆卸检查存水弯管，丝扣应完好。拆卸检查三通旋塞，研磨密封面，保证严密不泄漏，其连接丝扣应完好无损。存水弯管、三通旋塞除锈、涂刷油漆。

（7）当压力表在运行中发现失准时，必须及时更换。更换的必须是经过计量部门校验合格的有铅封的压力表、在校验有效期内的压力表或有出厂合格证明的新表。换表之前，必须将三通旋塞旋至冲洗压力表的位置，将存水弯管内的污物冲洗干净。然后，将三通旋塞旋至存水弯管存水的位置，用扳手取下旧表，

换上新的压力表。最后，将三通旋塞旋至正常工作时的位置，使新表投入运行。

（8）巡检维护完成后，将工作内容完整填写在值班记录中。

（三）电子压力表的维护内容

（1）查看电子压力表供电是否正常。

（2）查看电子压力表的各项指示是否正常。

（3）查看电子压力表的表体（连接管路、线路）是否出现泄漏、损坏、腐蚀的情况。

（4）检查电子压力表附近是否有新装强电磁场设备或新装电线横跨流量计。

（5）每周擦拭 1 次表头上的灰尘，将能开启外壳的仪表用毛刷清理干净其内部空间。

（6）压力表的连接管要定期吹洗，以免堵塞。特别是用于有较多油垢或其他黏性物质的气体的压力表连接管，更应经常吹洗。

（7）检查压力表指针的转动与波动是否正常，检查连接管上的旋塞是否处于全开位置。

（8）压力表运行 3 个月后就得对其进行 1 次一级保养，主要是检查压力表能否回零，查看三通旋塞及存水弯管接头是否泄漏，以及检查并冲洗存水弯管，确保其畅通。

（9）压力表运行 1 年后就得对其进行 1 次二级保养，这时可以将压力表拆卸下来，送计量部门校验并铅封。拆卸检查存水弯管，丝扣应完好。拆卸检查三通旋塞，研磨密封面，保证严密不泄漏，其连接丝扣应完好无损。存水弯管、三通旋塞除锈、涂刷油漆。

（10）当压力表在运行中发现失准时，必须及时更换。更换的必须是经过计量部门校验合格的有铅封的压力表，在校验有效期的压力表或有出厂合格证明的新表。换表之前，必须将三通旋塞旋至冲洗压力表的位置，将存水弯管内的污物冲洗干净。然后，将三通旋塞旋至存水弯管存水的位置，用扳手取下旧表，换上新的压力表。最后，将三通旋塞旋至正常工作时的位置，使新表投入运行。

（11）巡检维护完成后，将工作内容完整填写在值班记录中。

四、起重机的运行维护

（一）起重机操作的注意事项

（1）起吊前，操作人员应先了解被起吊物件的重量与所操作的天车额定起吊载荷是否匹配。禁止超载荷吊物。

（2）起吊前，应检查吊钩、滑轮有无缺陷，钢丝

绳是否完好，固定件是否牢固、有无脱槽现象。检查行车、电动葫芦的制动器、限位及限载装置是否灵敏、可靠、有效。

(3)起吊前，要检查并确认天车起吊范围内，除作业人员外无其他人员、无障碍物。

(4)起吊前，应检查所使用的安全电压手持操作控制器是否通电，且各控制操作键是否灵敏有效。确认设备已处于可操作状态。

(5)起吊时，起重机操作人员要手不离控制器，眼不离地面和起吊物件。起吊物件要轻起、轻放，天车行走要平稳。

(6)起重机起吊过程中，若发生钢丝绳严重磨损、断股和扭成麻花现象，应立即停止起吊作业。

(7)起重机起吊工作完成后，应将吊钩升到安全位置，设备应驶回固定位置并切断电源。将控制电缆整理好与手持操作控制器一并放置于固定且安全的位置。

(二)起重机的日常维护

(1)检查并确认电控箱、手操作控制器完好，电源滑触线接触良好。

(2)检查并确认大车、小车、升降机构运行稳定，制动可靠。

(3)检查并确认接地线及系统连接可靠。

(4)检查并确认吊钩和滑轮组钢丝绳排列整齐。

(5)检查并确认滑轮组和钢丝绳油润充分。

(6)检查并确认齿轮箱、大车、小车、驱动机构润滑良好。

(三)起重机的定期维修

(1)检查并确认桥架结构件螺栓紧固。

(2)检查并确认箱形梁架主要焊接件的焊缝无裂纹、脱焊。

(3)检查并确认大车、小车的主驱动、传动轴、联轴节和螺栓连接紧固。

(4)检查并确认卷扬机、钢丝绳无严重磨损和缺油老化。

(5)检查并确认齿轮箱、轴承和传动齿轮副无严重磨损。

(6)检查并确认车轮及轨道无严重磨损和啃道。

(7)检查并确认电气件完好有效。

五、通风机的运行维护

(一)通风机的日常维护

(1)检查通风机叶轮转向，防止进风、出风倒向。

(2)检查通风机的运行工况，运行应平稳，无异响、振动。

(3)检查通风管密封，保证其完好、无异常，通风管固定螺栓应紧固。

(二)通风机的定期维修

(1)每年检查1次风机进风口、出风口，清除风机内积尘，加注润滑油脂。

(2)每3年解体维护1次，检查轴承磨损程度，必要时更换。

六、除臭装置的运行维护

(一)除臭装置的日常维护

(1)检查收集系统、控制系统、处理系统，保证其正常运行。

(2)检查除臭装置的气体收集系统，保证其完好、无泄漏。

(3)收集系统在负压下运行时，应保持稳定的集气效果。

(4)停止运行时，应打开屏蔽棚通风。

(5)运行中的离子法除臭系统应每班巡视1次，检查风管支架及零配件是否松动，风机运行声音是否正常。

(6)不得擅自启闭运行中的离子法除臭系统的风量控制蝶阀。

(二)除臭装置的定期维修

(1)每3个月检查1次除臭装置及辅助设备运行工况。

(2)每年清扫、维护1次除臭装置。

(3)除臭装置处理后的空间或出风口的空气质量标准应符合《恶臭污染物排放标准》(GB 14554—1993)的规定。

(4)离子法除臭系统的定期维护规定为：

①送、排风系统应按常规进行定期保养；

②所有过滤网应每月清洗1次，晾干后重复使用，一般每半年更换1次；

③离子管应每半年清洗1次，干燥后宜进行性能检测，符合技术要求可重复使用，一般每支电离子管累计运行5000h后需要更换。

(5)生物法除臭装置的定期维护规定为：

①生物除臭装置中的吸附填料宜每2年进行1次彻底更换；

②生物除臭装置中的过滤填料宜每年进行1次补充增加，增加量约为5%~10%；

③生物除臭装置中的斜管填料应根据实际运行情况进行更换。

七、柴油发电机组的运行维护

(一)柴油发电机组的日常维护

(1)放置环境保持干燥和通风。

(2)日常清洁清洗,保证无尘垢。

(3)油路、电路和冷却系统完好。

(4)备用期间每月运转1次,每次运转时间不少于10min。

(5)每运行50~150h,应清洗或更新空气滤清器和柴油滤清器。

(6)检查并确认风扇皮带的松紧度,附件连接牢固。

(7)应定期检查蓄电池的状态。

(8)环境温度低于5℃时,停机后的机组应做防冻措施。

(二)柴油发电机组的定期维修

(1)蓄电池每半年维护1次,充电并检查蓄电能力。

(2)每半年或累计运行250h进行1次整机检查,查看机油液位、冷却液液位,随时补充添加。

(3)每年或累计运行500h进行1次整机保养,更换空气滤清器、柴油滤清器、机油滤清器、机油、冷却液。

(4)每3年进行1次恢复性修理,更换活塞环,清洗节气门、喷油嘴等。

八、泵站视频监控系统的运行维护

(1)检查云台旋转是否正常,摄像机光圈、变倍、变焦是否灵敏,防护罩是否有破损,防护罩玻璃是否清洁。

(2)检查计算机过滤网是否清洁,计算机系统及监控软件运行是否正常,通信电缆、机柜风扇运转是否正常。机柜内设备每天除尘。

(3)每月对系统设备进行1次清扫,每月检查1次系统的通信设备。

(4)每天检查视频系统线路及接头有无破损。

第三节 排水泵站工艺设施的运行维护

一、排水泵站工艺设施的日常养护

(一)进出水设施的日常养护

(1)每年汛期到来前(3月、4月),对泵站进出水管线进行全面养护,开展清掏雨水口、更换或修复破损的雨水箅子和井盖、油刷踏步、清理排河口等项目。

(2)进出水管线养护应符合以下要求:

①全面排查进出水管线运行状况,确保管道运行正常。

②进出水管线无影响排水功能的结构性病害,若发现应及时进行修复。

③进出水管线养护标准管道内存泥深度不大于管径20%。

(3)雨水口清掏应符合以下要求:

①雨水口清掏应包括雨水箅子清理、雨水口掏挖和雨水支管的疏通。

②雨水口养护应在汛期前完成,汛期中定期检查并根据结果进行养护。

③雨水口掏挖时应遵循泥不落地的原则,及时装载处置。

④雨水口内不得留有石块等阻碍排水的杂物,其允许积泥深度应符合表6-29要求。

⑤雨水支管疏通保证100%畅通,存泥深度不大于管径20%。

⑥排河口掏挖应清除淤泥、垃圾等阻碍水流的杂物,保证水流畅通。

表 6-29 雨水口淤积深度要求

设施类别		允许积泥深度
雨水口	有沉泥槽	管底以下 50mm
	无沉泥槽	管底以上 50mm

(4)油刷踏步应符合以下要求:

①油刷工作宜在春秋两季进行。

②踏步涂漆时自下而上进行,涂漆要逐个进行;井上的人手提油漆桶放在适当的高度,并随井下作业人员位置的改变而移动;油漆内应加稀料,调和适当,作业时禁止明火。

③涂漆应由底面、侧面、根部、上面依次涂抹至均匀为止。

④踏步在未干前严禁踩踏。

（5）检查井井盖和雨水箅子维护应符合以下要求：

①涉及检查井盖和雨水箅子的维修工作，井盖和雨水箅子的选用应符合国家标准。

②井盖的标志必须与管道的属性一致。

③铸铁井盖应采用新型五防井盖，在井盖易丢失地区可采用混凝土、塑料树脂等非金属材料的井盖。

④当发现井盖丢失或损坏后，必须及时安放护栏和警示标志，并应在 4h 内恢复。

（二）调蓄池、集水池的日常养护

1. 养护周期

（1）定期养护：汛前、汛后各安排 1 次。

（2）日常养护：汛期中每月检查 1 次。

2. 养护标准

（1）池面无大块浮渣。

（2）池底沉积物厚度不超过 30cm。

3. 养护内容

（1）定期抽低水位，冲洗池壁。

（2）检查水位标尺和液位计是否正常，保持标尺和液位计表面的整洁。

（3）检查池底沉积物是否影响流槽的进水。

（4）检查池壁混凝土有无严重剥落、裂缝、腐蚀现象。

（5）水尺、标志牌、警示牌表面应保持完好、洁净、醒目，每月擦洗 1 次；每年校核 1 次水尺的数值，保证测量准确。

（6）调蓄池、集水池地面上方设置的金属护栏、栏杆、爬梯等设施表面应保持清洁、无破损，如需要涂刷油漆的，应定期涂刷油漆，每年 1 次。

（7）每年汛期前后清理初期池、集水池、调蓄池及相关配水渠道，确保无积泥和附着物。

4. 养护工法

（1）人工冲洗清淤：依靠人力进入雨水调蓄池，对沉积物进行冲洗、清扫、搬运。采用人工冲洗清淤时，必须严格执行相关有限空间作业流程，确保通风透气，下池作业人员应佩戴安全防护用品及气体检测仪。

（2）水力设备清淤：冲洗频率宜依据使用频率而定。

二、排水泵站工艺设施的定期维修

（一）进出水构筑物的定期维修

泵站进出水构筑物土工边坡、护堤及所有土工建筑物，一旦发现有白蚁、鼠、兽等的破坏，应采用药物毒杀、诱杀、人工捕杀等方法处理。发现裂缝时，应根据裂缝特性按照下列规定处理：

（1）干缩裂缝和深度小于 0.5m、宽度小于 5mm 的纵向裂缝，一般采取封闭缝口处理。

（2）深度不大的表层裂缝（深度小于 1m，宽度小于 10mm），可采用开挖回填处理。

（3）深度较深的非滑动性的内部深层裂缝，宜采用灌浆处理；对自表层延伸到土堤深部的裂缝，宜采用上部开挖回填与下部灌浆相结合的方法处理，并宜采用重力或低压灌浆，但不宜在雨季和高水位时进行。当裂缝出现滑动现象时，则严禁灌浆。

（4）浆砌、灌砌块石护坡、护底发生松动、塌陷、隆起、底部掏空、垫层散失等现象时，要先查明原因再进行维修。如护坡土坡未夯实，应挖除损坏部分，重新夯实该土层；如基础出现微量沉陷，应拆除损坏部分，但不宜用土回填，应用沙砾石加厚垫层，然后将浆砌、灌砌块石按原设计重新翻修、整修。

（5）浆砌、灌砌块石护坡、墙身产生细裂缝时，可沿裂缝凿成深度大于等于 30mm，宽度大于等于 15mm 的 V 型槽，用压力水冲洗干净。然后把缝内积水除掉，用水泥砂浆嵌填缝口，当封闭砂浆达到一定强度后，再向裂缝灌注水泥浆。

（6）浆砌、灌砌块石墙身严重渗漏的，可采取灌浆处理。墙身发生倾斜或有滑动迹象时，可采取墙后挖土减载，墙前加支撑的方法处理。墙基出现冒水、冒沙现象，应采取墙后降低地下水位，墙前增设反滤设施的方法处理。

（7）伸缩缝填料老化，脱落流失，应及时填充。

（8）发现进出水流道混凝土表层严重磨损时，可修筑围堰，将水排干后，在磨损处涂抹环氧树脂。

（9）进出水混凝土管道出现裂缝时，细裂缝和网状裂缝可采用压抹或喷涂方法更换旧面层。裂缝缝宽大于 0.3mm 的，可采取凿槽嵌填水泥胶浆等速凝材料或石棉膨胀水泥填实。

（10）进出水管道管坡、管床、镇墩、支墩发生裂缝的，轻的用环氧玻璃丝布粘贴，重的用凿槽嵌填环氧水泥砂浆修补。

（11）管道伸缩缝、沉降缝出现漏水时，充填物损失的应予以补充，止水损坏的应予以更换。

（二）调蓄池、集水池的定期维修

（1）调蓄池、集水池的混凝土及钢筋混凝土挡墙、翼墙、墩等水下结构部分如发生风化、脱壳、剥落、机械或人为损坏、碳化、钢筋锈蚀等现象，应凿除损坏部分，根据损坏原因、环境条件、损坏程度、材料及施工条件等选用涂料封闭、砂浆涂抹、喷浆、钢板覆盖等多种修补措施。锈蚀钢筋应除锈；损坏严重的，按原规格更换。

(2)电机层以下建筑物挡水结构局部有非受力裂缝，有窨潮无渗水现象，可选用环氧树脂类、聚酯树酯类、聚氨酯类、改性沥青类等涂料喷涂背水面，或选用粘贴玻璃丝布或聚氯乙烯片材等进行修补。

(3)混凝土墙体有渗水、漏水现象。可利用枯水期水位下降的机会在迎水面修补，或在迎水面水下修补。一般尽量用背水面涂抹法，必要时应用迎水面贴补法：

①背水面涂抹法：先将渗漏处混凝土表层凿去20~30mm，清除和冲洗表层，再涂抹防水砂浆；或将渗漏部位凿去5~10mm，冲洗干净表层后，涂抹环氧水泥砂浆。

②迎水面贴补法：可在枯水期水位下降时找到渗漏缝隙，清除污垢，凿出新混凝土层面，冲洗烘干，用玻璃丝布环氧基液进行粘贴修补。

③水下施工：潜水员凿槽、嵌填水下聚合物水泥砂浆、水下树脂砂浆等。

第四节　排水泵站附属设施的运行维护

一、排水泵站附属设施的日常养护

(一)泵房及配电室的日常养护

(1)泵站运行时，应观测旋转机械或水力引起的振动，严禁在共振状态下运行。

(2)应防止过大的冲击荷载直接作用于泵站建筑物。

(3)建筑物屋顶应防止漏水、存水，水落管应完好且排水畅通；外露的金属结构应定期涂刷油漆，一般每年1次，遭受腐蚀性气体侵蚀和漆层容易剥落的地方，应根据具体情况适当增加涂刷的次数。

(4)内外墙涂层或贴面应清洁、美观，无起壳、脱落、裂缝、渗水等现象，少量损坏的可安排适当修补。

(5)门窗应保持清洁、完好、无破损，应定期清洁门窗及玻璃，破损的玻璃和小五金配件要及时更换。

(6)泵房地面要保持清洁，无破损、裂缝。

(7)栏杆、扶梯、平台等设施应保持清洁，需涂刷油漆的应定期涂刷油漆，室内设施涂刷油漆周期为每2年1次，室外设施涂刷油漆周期为每年1次。

(8)大型轴流泵和混流泵的进出水流道过流壁面应光滑平整。投入运行后，应定期清除附着在壁面上的水生物和沉积物。

(9)泵站进出水流道的金属管道管壁内外部分及钢支承构件应无锈蚀，并应定期冲洗和涂刷防腐漆等。

(二)消防设施、器材的检查与维护

(1)消火栓、水枪及水龙带试压每年1次。

(2)按消防要求配置灭火器、沙桶消防器材，定点放置，定期检查更换。

(3)做好露天消防设施的防冻措施。

(4)及时检查消防安全标志、安全疏散指示标志、应急照明。

(5)确保安全出口、消防通道畅通。

(三)其他附属设施的日常养护

(1)泵站其他附属设施包括宿舍、值班室、卫生间、厂区地面、进场道路、大门、自来水系统、围栏等设施。每年春季(4月)、秋季(10月)对泵站附属设施进行2次养护、维修。

(2)春季对泵站所有房屋屋顶防水进行排查，如有漏水应进行防水处理。

(3)春季对泵站厂区地面、设施表面进行排查，有裂缝、缺损、坍塌情况应进行整修。

(4)秋季对泵站机房、大门、格栅栏杆、设备表面、泵站院墙护栏等进行全面检查，发现锈蚀严重的，应进行除锈、刷漆。

(5)秋季对泵站门窗进行排查，有破损的应进行维修。

(6)秋季对泵站供暖系统进行排查，并做相应检修。

(7)秋季对泵站自来水系统进行检查，并做相应检修。泵站人员撤离前进行防冻处理，并关闭水表阀门、放净管内存水。

(8)每隔5年对泵站房屋外墙进行全面粉刷；每隔8年对泵站内墙进行全面粉刷。

二、排水泵站附属设施的定期维修

(一)泵房及配电室的定期维修

(1)混凝土建筑物出现微细浅层裂缝时，应判断裂缝生成原因、性质和危害程度，可采用表面涂抹、表面粘贴玻璃丝布、凿槽嵌补柔性材料后，再抹砂浆、喷浆或灌浆等修补措施。

(2)混凝土结构的渗漏，应结合裂缝的处理，采

用砂浆、环氧砂浆抹面、粘贴玻璃丝布等修补措施，必要时再加以灌浆等堵漏措施。

（3）屋顶防水须定期检查，发现渗漏及时采取局部维修，每3年进行1次全面防水修复。

（4）泵站建筑物底板出现裂缝，首先应摸清裂缝开裂情况，查明原因，判定性质，再确定修补方法：

①根据现场实际情况及设备、技术、经费等条件，可采取潜水员水下修补或修筑围堰将水排干等方法施工。

②裂缝宽度为0.5~3mm，长度尚未贯穿底板且无渗漏水现象时，可采用玻璃丝布粘贴法。

③裂缝宽度大于5mm，缝深已贯穿底板，缝长、通缝，或有渗水现象，可采用沥青砂浆嵌补法，或用压力灌浆修补。

④水下嵌缝材料可选用水下聚合物、水泥砂浆、水下树脂砂浆等。

⑤屋面局部漏雨、渗水的，应查明原因，根据原屋面的结构状况，先拆除破损部分，再按原设计予以恢复。

⑥门窗局部破损的，尽可能按原来使用的材料并按原规格予以整修或更换。

⑦内外墙涂层出现起壳、空鼓、脱落、裂缝现象时，如面积较大，问题较为严重的，应在工程岁修时，将原涂层铲除，重做内外涂层。

⑧外墙面砖如局部脱落，应重新局部修补。

⑨整体楼地面部分出现裂缝、空鼓、剥落、严重起砂，应将原混凝土地坪凿除，用同配比的混凝土进行修补。

⑩地砖、地面涂层出现部分裂缝、破损、脱落、高低不平的，则应凿除损坏部分，尽量按原样予以恢复。

（二）其他附属设施的定期维修

（1）围墙出现裂缝、倾斜，应及时修复。

（2）地面出现下沉、塌陷，应及时修复平整。

（3）护栏、栏杆、爬梯、平台如有损坏，应及时修补，并保持原样。

（4）水尺、标示牌、警示牌如有损坏，应及时修理或更换。

第七章

相关知识

第一节　　电工基础知识

一、电学基础

(一)电学的基本物理量

1. 电　量

自然界中的一切物质都是由分子组成的,分子又是由原子组成的,而原子是由带正电荷的原子核和一定数量带负电荷的电子组成的。在通常情况下,原子核所带的正电荷数等于核外电子所带的负电荷数,原子对外不显电性。但是,用一些办法,可使某种物体上的电子转移到另外一种物体上。失去电子的物体带正电荷,得到电子的物体带负电荷。物体失去或得到的电子数量越多,则物体所带的正、负电荷的数量也越多。

物体所带电荷数量的多少用电量来表示。电量是一个物理量,它的单位是库仑,用字母 C 表示。1C 的电量相当于物体失去或得到 6.25×10^{18} 个电子所带的电量。

2. 电　流

电荷的定向移动形成电流。电流有大小和方向。

1)电流的方向

人们规定正电荷定向移动的方向为电流的方向。金属导体中,电流是电子在导体内电场的作用下定向移动的结果,电子流的方向是负电荷的移动方向,与正电荷的移动方向相反,所以金属导体中电流的方向与电子流的方向相反,如图 7-1 所示。

图 7-1　金属导体中的电流方向

2)电流的大小

电学中用电流强度来衡量电流的大小。电流强度就是单位时间内通过导体截面的电量。电流强度用字母 I 表示,计算公式见式(7-1):

$$I = \frac{Q}{t} \tag{7-1}$$

式中:I——电流强度,A;

Q——在时间 t 内,通过导体截面的电荷量,C;

t——时间,s。

实际使用时,人们把电流强度简称为电流。电流的单位是安培,简称安,用 A 表示。如果 1s 内通过导体截面的电荷量为 1C,则该电流的电流强度为 1A。实际应用中,除单位安培外,还有千安(kA)、毫安(mA)和微安(μA)等。它们之间的关系为:$1kA = 10^3 A$,$1A = 10^3 mA$,$1mA = 10^3 \mu A$。

3. 电　压

从图 7-2(a)可以看到水由 A 槽经 C 管向 B 槽流去。水之所以能在 C 管中进行定向移动,是由于 A 槽水位高,B 槽水位低所致;A、B 两槽之间的水位差即水压,是实现水形成水流的原因。与此相似,当图 7-2(b)中的开关 S 闭合后,电路里就有电流。这是因为电源的正极电位高,负极电位低。两个极间电位差(电压)使正电荷从正极出发,经过负载 R 移向负极形成电流。所以,电压是自由电荷发生定向移动形成电流的原因。在电路中电场力把单位正电荷由高

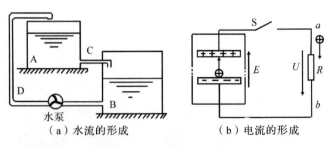

（a）水流的形成　　　　（b）电流的形成

图 7-2　水流和电流形成

电位 a 点移向低电位 b 点所做的功称为两点间的电压，用 U_{ab} 表示。所以电压是 a 与 b 两点间的电位差，它是衡量电场力做功本领的物理量。

电压用字母 U 表示，单位为伏特，电场力将 1C 电荷从 a 点移到 b 点所做的功为 1 焦耳（J），则 ab 间的电压值就是 1 伏特，简称伏，用 V 表示。常用的电压单位还有千伏（kV），毫伏（mV）等。它们之间的关系：$1kV = 10^3V$，$1V = 10^3mV$。

电压与电流相似，不但有大小，而且有方向。对于负载来说，电流流入端为正端，电流流出端为负端。电压的方向是由正端指向负端，也就是说负载中电压实际方向与电流方向一致。在电路图中，用带箭头的细实线表示电压的方向。

4. 电动势、电源

在图 7-2（a）中，为使水在 C 管中持续不断地流动，必须用水泵把 B 槽中的水不断地泵入 A 槽，以维持两槽间的固定水位差，也就是要保证 C 管两端有一定的水压。在图 7-2（b）中，电源与水泵的作用相似，它把正电荷由电源的负极移到正极，以维持正、负极间的电位差，即电路中有一定的电压使正电荷在电路中持续不断地流动。

电源是利用非电力把正电荷由负极移到正极的，它在电路中将其他形式能转换成电能。电动势就是衡量电源能量转换本领的物理量，用 E 表示，它的单位也是伏特，简称伏，用 V 表示。

电源的电动势只存在于电源内部。人们规定电动势的方向在电源内部由负极指向正极。在电路中也用带箭头的细实线表示电动势的方向，如图 7-2（b）所示。当电源两端不接负载时，电源的开路电压等于电源的电动势，但两者方向相反。

生活中用测量电源端电压的办法，来判断电源的状态。如测得工作电路中两节 5 号电池的端电压为 2.8V，则说明电池电量比较充足。

5. 电　阻

一般来说，导体对电流的阻碍作用称为电阻，用字母 R 表示。电阻的单位为欧姆，简称欧，用字母 Ω 表示。如果导体两端的电压为 1V，通过的电流为 1A，则该导体的电阻就是 1Ω。常用的电阻单位还有千欧（$k\Omega$）、兆欧（$M\Omega$）等。它们之间的关系为：$1k\Omega = 10^3\Omega$，$1M\Omega = 10^3k\Omega$。

应当强调指出：电阻是导体中客观存在的，它与导体两端电压变化情况无关，即使没有电压，导体中仍然有电阻存在。实验证明，当温度一定时，导体电阻只与材料及导体的几何尺寸有关。对于两根材质均匀、长度为 L、截面积为 S 的导体而言，其电阻大小可用式（7-2）表示：

$$R = \rho \frac{L}{S} \tag{7-2}$$

式中：R——导体电阻，Ω；

L——导体长度，m；

S——导体截面积，mm^2；

ρ——电阻率，$\Omega \cdot m$。

电阻率是与材料性质有关的物理量。电阻率的大小等于长度为 1m，截面积为 $1mm^2$ 的导体在一定温度下的电阻值，其单位为欧米（$\Omega \cdot m$）。例如，铜的电阻率为 $1.7 \times 10^{-8} \Omega \cdot m$，就是指长为 1m，截面积为 $1mm^2$ 的铜线的电阻是 $1.7 \times 10^{-8} \Omega$。几种常用材料在 20℃ 时的电阻率见表 7-1。

表 7-1　几种常用材料在 20℃ 时的电阻率

材料名称	电阻率/($\Omega \cdot m$)
银	1.6×10^{-8}
铜	1.7×10^{-8}
铝	2.9×10^{-8}
钨	5.5×10^{-8}
铁	1.0×10^{-7}
康铜	5.0×10^{-7}
锰铜	4.4×10^{-7}
铝铬铁电阻丝	1.2×10^{-6}

从表中可知，铜和铝的电阻率较小，是应用极为广泛的导电材料。以前，由于我国铝的矿藏量丰富，价格低廉，常用铝线作输电线。但由于铜线有更好的电气特性，如强度高、电阻率小，现在铜制线材被更广泛应用。电动机、变压器的绕组一般都用铜材。

6. 电功、电功率

电流通过用电器时，用电器就将电能转换成其他形式的能，如热能、光能和机械能等。把电能转换成其他形式的能称为电流做功，简称电功，用字母 W 表示，单位是焦耳，简称焦，用 J 表示。电流通过用电器所做的功与用电器的端电压、流过的电流、所用的时间和电阻有以下的关系，见式（7-3）：

$$\left. \begin{array}{l} W = UIt \\ W = I^2Rt \\ W = \dfrac{U^2}{R}t \end{array} \right\} \tag{7-3}$$

式中：U——电压，V；

I——电流，A；

R——电阻，Ω；

t——时间，s；

W——电功，J。

电流在单位时间内通过用电器所做的功称为电功

率，用 P 表示。其数学表达式见式(7-4)：

$$P = \frac{W}{t} \qquad (7-4)$$

将电功的表示公式代入上式得到式(7-5)：

$$\left. \begin{array}{c} P = \dfrac{U^2}{R} \\ P = UI \\ P = I^2 R \end{array} \right\} \qquad (7-5)$$

若电功单位为 J，时间单位为 s，则电功率的单位就是 J/s。J/s 又称为瓦特，简称瓦，用 W 表示。在实际工作中，常用的电功率单位还有千瓦(kW)、毫瓦(mW)等。它们之间的关系为：$1kW = 10^3 W$，$1W = 10^3 mW$。

从电功率 P 的计算公式中可以得出如下结论：

(1)当用电器的电阻一定时，电功率与电流平方或电压平方成正比。若通过用电器的电流是原电流的 2 倍，则电功率是原功率的 4 倍；若加在用电器两端电压是原电压的 2 倍，则电功率是原功率的 4 倍。

(2)当流过用电器的电流一定时，电功率与电阻值成正比。对于串联电阻电路，流经各个电阻的电流是相同的，则串联电阻的总功率与各个电阻的电阻值的和成正比。

(3)当加在用电器两端的电压一定时，电功率与电阻值成反比。对于并联电阻电路，各个电阻两端电压相等，则各个电阻的电功率与各个电阻的阻值成反比。

在实际工作中，电功的单位常用千瓦小时(kW·h)，也称为度。1kW·h 是 1 度，它表示功率为 1kW 的用电器 1h 所消耗的电能，即：$1kW·h = 1kW×1h = 3.6×10^6 J$。

例 7-1： 已知一台 42 英寸(1 英寸 = 2.54cm)等离子电视机的功率约为 300W，平均每天开机 3h，若每度电费为人民币 0.48 元，问 1 年(以 365 天计算)要交纳多少电费？

解：电视机的功率 $P = 300W = 0.3kW$

电视机 1 年开机的时间 $t = 3×365 = 1095h$

根据式(7-4)，电视机 1 年消耗的电能 $W = Pt = 0.3×1095 = 328.5kW·h$

则 1 年的电费为 $328.5×0.48 = 157.68$ 元

7. 电流的热效应

电流通过导体使导体发热的现象称为电流的热效应。电流的热效应是电流通过导体时电能转换成热能的效应。

电流通过导体产生的热量，用焦耳—楞次定律表示，见式(7-6)：

$$Q = I^2 Rt \qquad (7-6)$$

式中：Q——热量，J；

I——通过导体的电流，A；

R——导体电阻，Ω；

t——电流通过导体的时间，s。

焦耳—楞次定律的物理意义是：电流通过导体所产生的热量，与电流强度的平方、导体的电阻及通电时间成正比。

在生产和生活中，应用电流热效应制作各种电器。如白炽灯、电烙铁、电烤箱、熔断器等在工厂中最为常见；电吹风、电褥子等常用于家庭中。但是电流的热效应也有其不利的一面，如电流的热效应能使电路中不需要发热的地方(如导线)发热，导致绝缘材料老化，甚至烧毁设备，导致火灾，是一种不容忽视的潜在祸因。

例 7-2： 已知当 1 台电烤箱的电阻丝流过 5A 电流时，每分钟可放出 $1.2×10^6 J$ 的热量，求这台电烤箱的电功率及电阻丝工作时的电阻值。

解：根据式(7-4)，电烤箱的电功率为：

$$P = \frac{W}{t} = \frac{Q}{t} = \frac{1.2×10^6}{60} = 20kW$$

根据式(7-5)，电阻丝工作时电阻值为：

$$R = \frac{P}{I^2} = \frac{20000}{25} = 800\Omega$$

(二)电路

1. 电路的组成及作用

电流所流过的路径称为电路。它是由电源、负载、开关和连接导线 4 个基本部分组成的，如图 7-3 所示。电源是把非电能转换成电能并向外提供电能的装置。常见的电源有干电池、蓄电池和发电机等。负载是电路中用电器的总称，它将电能转换成其他形式的能。如电灯把电能转换成光能；电烙铁把电能转换成热能；电动机把电能转换成机械能。开关属于控制电器，用于控制电路的接通或断开。连接导线将电源和负载连接起来，担负着电能的传输和分配的任务。电路电流方向是由电源正极经负载流到电源负极，在电源内部，电流由负极流向正极，形成一个闭合通路。

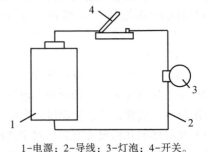

1-电源；2-导线；3-灯泡；4-开关。

图 7-3　电路的组成

2. 电路图

在设计、安装或维修各种实际电路时，经常要画出表示电路连接情况的图。如图7-3所示的实物连接图，虽然直观，但很麻烦。所以很少画实物图，而是画电路图。所谓电路图就是用国家统一规定的符号，来表示电路连接情况的图。如图7-4所示是图7-3的电路图。

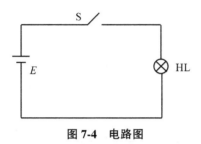

图7-4 电路图

表7-2是几种常用的电工符号。

表7-2 几种常用的电工符号

名称	符号	名称	符号
电池	—┤├—	电流表	—Ⓐ—
导线	———	电压表	—Ⓥ—
开关	—／—	熔断器	—▭—
电阻	—▭—	电容	—┤├—
照明灯	—⊗—	接地	⏚

3. 电路状态

电路有3种状态：通路、开路、短路。

通路是指电路处处接通。通路也称为闭合电路，简称闭路。只有在通路的情况下，电路才有正常的工作电流；开路是指电路中某处断开，没有形成通路的电路。开路也称为断路，此时电路中没有电流；短路是指电源或负载两端被导线连接在一起，分别称为电源短路或负载短路。电源短路时电源提供的电流比通路时提供的电流大很多倍，通常是有害的，也是非常危险的，所以一般不允许电源短路。

（三）电磁基本知识

1. 磁现象

早在2000多年前，人们就发现了磁铁矿石具有吸引铁的性质。人们把物体能够吸引铁、钴、镍及其合金的性质称为磁性，把具有磁性的物体称为磁体。磁体上磁性最强的位置称为磁极，磁体有两个磁极：即南极和北极，通常用S表示南极（常涂红色），用N表示北极（常涂绿色或白色）。条形、蹄形、针形磁铁的磁极位于它们的两端。值得注意的是任何一个磁体的磁极总是成对出现的。若把一个条形磁铁分割成若干段，则每段都会同时出现南极、北极。这称为磁极的不可分割性。磁极与磁极之间存在的相互作用力称为磁力，其作用规律是同性磁极相斥，异性磁极相吸。一根没有磁性的铁棒，在其他磁铁的作用下获得磁性的过程称为磁化。如果把磁铁拿走，铁棒仍有的磁性则称为剩磁。

2. 磁场、磁感应

磁体周围存在磁力作用的空间称为磁场。人们经常看见两个互不接触的磁体之间具有相互作用力，它们是通过磁场这一特殊物质进行传递的。磁场之所以是一种特殊物质，是因为它不是由分子和原子等粒子组成的。虽然磁场是一种看不见、摸不着的特殊物质，但通过实验可以证明它的存在。例如，在一块玻璃板上均匀地撒些铁粉，在玻璃板下面放置一个条形磁铁。铁粉在磁场的作用下排列成规则线条，如图7-5(a)所示。这些线条都是从磁铁的。N极到S极的光滑曲线，如图7-5(b)所示。人们把这些曲线称为磁感应线，用它能形象描述磁场的性质。

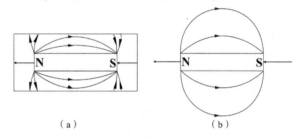

（a）　　　　　　　　　　（b）

图7-5 铁粉在磁场作用下的排列

实验证明磁感应线具有下列特点：

（1）磁感应线是闭合曲线。在磁体外部，磁感应线从N极出发，然后回到S极，在磁体内部，是从S极到N极，这称为磁感应线的不可中断性，如图7-6所示。

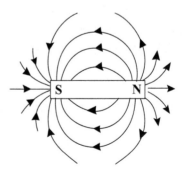

图7-6 磁体内外磁感应线走向

（2）磁感应线互不相交。这是因为磁场中任何一点磁场方向只有一个。

（3）磁感应线的疏密程度与磁场强弱有关。磁感应线稠密表示磁场强，磁感应线稀疏表示磁场弱。

3. 磁通量、磁感应强度

在磁场中，把通过与磁场方向垂直的某一面积的磁感应线的总数目，称为通过该面积的磁通量，简称磁通，用 Φ 表示。磁通量的单位是韦伯，简称韦，用 Wb 表示。

磁感应强度是用来表示磁场中各点磁场强弱和方向的物理量，用 B 表示。垂直通过单位面积的磁感应线的数目称为该点的磁感应强度。它既有大小，又有方向。在磁场中某点磁感应强度的方向，就是位于该点磁针北极所指的方向，它的大小在均匀磁场中可由式(7-7)表示：

$$B = \frac{\Phi}{S} \tag{7-7}$$

式中：B——磁感应强度，T；

Φ——磁通量，Wb；

S——垂直于磁感应线方向通过磁感应线的面积，m^2。

式(7-7)说明磁感应强度的大小等于单位面积的磁通。如果通过单位面积的磁通越多，则磁感应线越密，磁场也越强，反之磁场越弱。磁感应强度的单位是 Wb/m^2，称为特斯拉，简称特，用 T 表示。

4. 磁导率

实验证明，铁、钴、镍及其合金对磁场影响强烈，具有明显的导磁作用。但是自然界绝大多数物质对磁场影响甚微，导磁作用很差。为了衡量各种物质导磁的性能，引入磁导率这一物理量，用 μ 表示。磁导率的单位为亨利/米（H/m）。不同物质有不同的磁导率。在其他条件相同的情况下，某些物质的磁导率比真空中的强，另一些物质的磁导率比真空中的弱。

经实验测得，真空的磁导率为 $\mu_0 = 4\pi \times 10^{-7} H/m$，是常数。

为了便于比较各种物质的导磁性能，把各种性质的磁导率与真空中的磁导率进行比较，引入相对磁导率这一物理量。任何一种物质的磁导率与真空的磁导率的比值称为相对磁导率，用式(7-8)表示：

$$\mu_r = \frac{\mu}{\mu_0} \tag{7-8}$$

相对磁导率没有单位，只是说明在其他条件相同的情况下，物质的磁导率是真空磁导率的多少倍。

根据各种物质的磁导率的大小，可将物质分成3类。

（1）$\mu_r < 1$ 的物质称为反磁物质，如铜、银等。

（2）$\mu_r > 1$ 的物质称为顺磁物质，如空气、铝等。

（3）$\mu_r \gg 1$ 的物质称为铁磁物质，如铁、钴、镍及其合金等。

由于铁磁物质的相对磁导率很高，所以铁磁物质被广泛地应用于电工技术方面（如制作变压器、电磁铁。电动机的铁心等）。表 7-3 中列出了几种铁磁物质的相对磁导率，供参考。

表 7-3　几种铁磁物质的相对磁导率

铁磁物质名称	相对磁导率（μ_r）
钴	174
镍	1120
退火的铁	7000
软钢	2180
硅钢片	7500
镍铁合金	60000
坡莫合金	115000

（四）常用电学定律

1. 欧姆定律

1）一段电阻电路的欧姆定律

所谓一段电阻电路是指不包括电源在内的外电路，如图 7-7 所示。

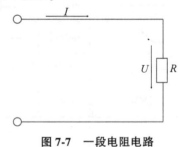

图 7-7　一段电阻电路

实验证明，两段电阻电路欧姆定律是指流过导体的电流强度与这段导体两端的电压成正比；与这段导体的电阻成反比。其数学表达式见式(7-9)：

$$I = \frac{U}{R} \tag{7-9}$$

式中：I——导体中的电流，A；

U——导体两端的电压，V；

R——导体的电阻，Ω。

在式(7-9)中，已知其中两个量，就可以求出第三个未知量；公式又可写成另外两种形式：

（1）已知电流、电阻，求电压，见式(7-10)：

$$U = IR \tag{7-10}$$

（2）已知电压、电流，求电阻，见式(7-11)：

$$R = \frac{U}{I} \tag{7-11}$$

例 7-3：已知 1 台直流电动机励磁绕组在 220V 电压作用下，通过绕组的电流为 0.427A，求绕组的电阻。

解：已知电压 $U=220V$，电流 $I=0.427A$，根据式(7-11)，可得：

$$R = \frac{U}{I} = \frac{220}{0.427} \approx 515.2\Omega$$

2）全电路欧姆定律

全电路是指含有电源的闭合电路。全电路是由各段电路连接成的闭合电路。如图7-8所示，电路包括电源内部电路和电源外部电路，电源内部电路简称内电路，电源外部电路简称外电路。

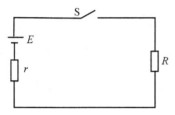

图7-8　简单的全电路

在全电路中，电源电动势 E、电源内电阻 r、外电路电阻 R 和电路电流 I 之间的关系为式(7-12)：

$$I = \frac{E}{R+r} \tag{7-12}$$

式中：I——电路中的电流，A；

E——电源电动势，V；

R——外电路电阻，Ω；

r——内电路电阻，Ω。

上式是全电路欧姆定律。定律说明电路中的电流强度与电源电动势 E 成正比，与整个电路的电阻($R+r$)成反比。

将式(7-12)变换后得到式(7-13)：

$$E = IR + Ir = U + Ir \tag{7-13}$$

式中：U——外电路电压，V。

外电路电压是指电路接通时电源两端的电压，又称为路端电压，简称端电压。这样，公式的含义又可叙述为：电源电动势在数值上等于闭合回路的各部分电压之和。根据全电路欧姆定律研究全电路的3种状态时，全电路中电压与电流的关系是：

（1）当全电路处于通路状态时，式(7-13)可以得出端电压为：$U=E-Ir$，可知随着电流的增大，外电路电压也随之减小。电源内阻越大，外电路电压减小得越多。在直流负载时需要恒定电压供电，所以总是希望电源内阻越小越好。

（2）当全电路处于开路状态时，相当于外电路电阻值趋于无穷大，此时电路电流为零，开路内电路电阻电压为零，外电路电压等于电源电动势。

（3）当全电路处于短路状态时，外电路电阻值趋近于零，此时电路电流称为短路电流。由于电源内阻很小，所以短路电流很大。短路时外电路电压为零，内电路电阻电压等于电源电动势。

全电路在3种状态下，电路中电压与电流的关系见表7-4。

表7-4　电路中电压与电流的关系

电路状态	负载电阻	电路电流	外电路电压
通路	$R=$常数	$I = \dfrac{E}{R+r}$	$U = E - Ir$
开路	$R \to \infty$	$I = 0$	$U = E$
短路	$R \to 0$	$I = \dfrac{E}{r}$	$U = 0$

通常电源电动势和内阻在短时间内基本不变，且电源内阻又非常小，所以可近似认为电源的端电压等于电源电动势。不特别指出电源内阻时，就表示其阻值很小忽略不计。但对于电池来说，其内阻随电池使用时间延长而增大。如果电池内阻增大到一定值时，电池的电动势就不能使负载正常工作了。如旧电池开路时两端的电压并不低，但装在电器里，却不能使电器工作，这是由于电池内阻增大所致。

2. 电阻的串联、并联电路

1）电阻的串联电路

在一段电路上，将几个电阻的首尾依次相连所构成的一个没有分支的电路，称为电阻的串联电路。如图7-9(a)所示是电阻的串联电路。图7-9(b)是图7-9(a)的等效电路。电阻的串联电路有以下特点：

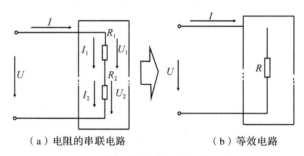

（a）电阻的串联电路　　　（b）等效电路

图7-9　电阻的串联电路及等效电路

（1）串联电路中流过各个电阻的电流都相等，用式(7-14)表示：

$$I = I_1 = I_2 = I_3 = \cdots = I_n \tag{7-14}$$

（2）串联电路两端的总电压等于各个电阻两端的电压之和，用式(7-15)表示：

$$U = U_1 + U_2 + \cdots + U_n \tag{7-15}$$

（3）串联电路的总电阻（即等效电阻）等于各串联的电阻之和，用式(7-16)表示：

$$R = R_1 + R_2 + \cdots + R_n \tag{7-16}$$

根据欧姆定律得出，$U_1 = IR_1$，$U_2 = IR_2$，$\cdots$，$U =$

IR 可以得出式(7-17)：

$$\frac{U_1}{R_1} = \frac{U_2}{R_2} = \cdots = \frac{U}{R} \qquad (7-17)$$

或者式(7-18)：

$$\frac{U_1}{U} = \frac{R_1}{R} = \frac{U_2}{U} = \frac{R_2}{R} \qquad (7-18)$$

式(7-17)和式(7-18)表明，在串联电路中，电阻的阻值越大，这个电阻所分配到的电压越大；反之，电压越小，即电阻上的电压分配与电阻的阻值成正比。这个理论是电阻串联电路中最重要的结论，用途极其广泛。例如，用串联电阻的办法来扩大电压表的量程：

在如图7-9(a)所示的，电路中，将 $R = R_1 + R_2$ 代入式(7-18)中，得出式(7-19)：

$$\left.\begin{array}{l} U_1 = \dfrac{R_1}{R_1 + R_2}U \\[2mm] U_2 = \dfrac{R_2}{R_1 + R_2}U \end{array}\right\} \qquad (7-19)$$

利用式(7-19)可以直接计算出每个电阻从总电压中分得的电压值，习惯上就把这两个式子称为分压公式。

电阻串联的应用极为广泛。例如：

①用几个电阻串联来获得阻值较大的电阻。

②用串联电阻组成分压器，使用同一电源获得几种不同的电压。如图7-10所示，由 $R_1 \sim R_4$ 组成串联电路，使用同一电源，输出4种不同数值的电压。

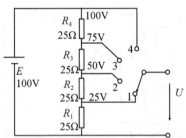

图7-10　电阻分压器

③当负载的额定电压(标准工作电压值)低于电源电压时，采用电阻与负载串联的方法，使电源的部分电压分配到串联电阻上，以满足负载正确的使用电压值。例如，一个指示灯额定电压6V，电阻6Ω，若将它接在12V电源上，必须串联一个阻值为6Ω的电阻，指示灯才能正常工作。

④用电阻串联的方法来限制调节电路中的电流。在电工测量中普遍用串联电阻法来扩大电压表的量程。

2) 电阻的并联电路

将两个或两个以上的电阻两端分别接在电路中相同的两个节点之间，这种连接方式称为电阻的并联电路。如图 7-11(a)所示是电阻的并联电路，图 7-11(b)是图 7-11(a)的等效电路。电阻的并联电路有如下特点：

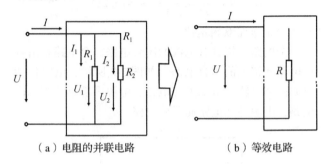

（a）电阻的并联电路　　　　（b）等效电路

图 7-11　电阻的并联电路及等效电路

(1) 并联电路中各个支路两端的电压相等，即式(7-20)：

$$U = U_1 = U_2 = \cdots = U_n \qquad (7-20)$$

(2) 并联电路中总的电流等于各支路中的电流之和，即式(7-21)：

$$I = I_1 + I_2 + I_3 + \cdots + I_n \qquad (7-21)$$

(3) 并联电路的总电阻(即等效电阻)的倒数等于各并联电阻的倒数之和，即式(7-22)：

$$\frac{1}{R} = \frac{1}{R_1} + \frac{1}{R_2} + \cdots + \frac{1}{R_n} \qquad (7-22)$$

若是两个电阻并联，可求并联后的总电阻为式(7-23)：

$$R = \frac{R_1 R_2}{R_1 + R_2} \qquad (7-23)$$

可以得出式(7-24)：

$$\left.\begin{array}{l} \dfrac{I_1}{I_n} = \dfrac{R_n}{R_1} \\[2mm] \dfrac{I}{I_n} = \dfrac{R_n}{R} \end{array}\right\} \qquad (7-24)$$

上述公式表明，在并联电路中，电阻的阻值越大，这个电阻所分配到的电流越小，反之越大，即电阻上的电流分配与电阻的阻值成反比。这个结论是电阻并联电路特点的重要推论，用途极为广泛，例如，用并联电阻的办法，扩大电流表的量程。

电阻并联的应用，同电阻串联的应用一样，也很广泛。例如：

①因为电阻并联的总电阻小于并联电路中的任意一个电阻，因此，可以用电阻并联的方法来获得阻值较小的电阻。

②由于并联电阻各个支路两端电压相等，因此，工作电压相同的负载，如电动机、电灯等都是并联使用，任何一个负载的工作状态既不受其他负载的影

响，也不影响其他负载。在并联电路中，负载个数增加，电路的总电阻减小，电流增大，负载从电源取用的电能多，负载变重；负载数目减少，电路的总电阻增大，电流减小，负载从电源取用的电能少，负载变轻。因此，人们可以根据工作需要启动或停止并联使用的负载。

③在电工测量中应用电阻并联方法组成分流器来扩大电流表的量程。

3. 左手定则

电磁力方向（即导线运动方向）、电流方向和磁场方向三者相互垂直。因为电磁力的方向与磁场方向及电流方向有关。所以，用左手定则（又称电动机定则）来判定三者之间的关系。

左手定则的内容是：伸平左手，使大拇指与其余四指垂直，手心对着 N 极，让磁感应线垂直穿过手心，四指的指向代表电流方向，则大拇指所示的方向就是磁场对载流直导线的作用力方向，如图 7-12 所示。

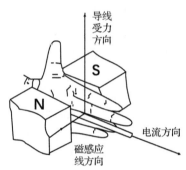

图 7-12 左手定则

实验证明，在匀强磁场中，当载流直导线与磁场方向垂直时，磁场对载流直导线作用力的大小，与导线所处的磁感应强度、通过直导线的电流以及导线在磁场中的长度的乘积成正比，表示见式（7-25）：

$$F = BIL \qquad (7-25)$$

式中：B——磁感应强度，Wb/m^2；

I——直导线中通过的电流，A；

L——直导线在磁场中的长度，m；

F——直导线受到的电场力，N。

4. 右手定则

通电直导线周围磁场方向与导线中的电流方向之间的关系可用安培定则（又称右手螺旋定则）进行判定。其具体内容是：右手拇指指向电流方向，贴在导线上，其余四指弯曲握住直导线，则弯曲四指的方向就是磁感应线的环绕方向（图 7-13）。

实验证明，通电直导线四周的磁感应线距直导线越近，磁感应线越密集，磁感应强度越大，反之，磁感应线越稀疏，磁感应强度越小。导线中通过电流越

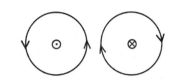

（a）通电直导线与周围磁场的关系

电流方向　　　磁感应线方向

（b）右手螺旋定则

图 7-13 直导线周围的磁场方向

大，靠近直导线的磁感应线越密集，磁感应强度越大；反之，导线中通过电流越小，靠近直导线的磁感应线越稀疏，磁感应强度越小。

通电螺线管磁场方向，与螺线管中通过的电流方向的关系，用右手螺旋定则进行判定，如图 7-14 所示。

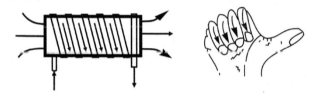

图 7-14 右手螺旋定则

右手螺旋定则的内容是：用右手握住螺线管，让弯曲的四指所指的方向与螺线管中流过的电流方向一致，那么拇指所指的那一端就是螺线管的 N 极。由图 7-14 可知，通电螺线管的磁场与条形磁铁的磁场相似。因此，一个通电螺线管相当于一块条形磁铁。

总之，凡是通电的导线，在其周围必定会产生磁场，从而说明电流与磁场之间有着不可分割的联系。电流产生磁场的这种现象称为电流的磁效应。

5. 法拉第电磁感应定律

感应电动势的大小，取决于条形磁铁插入或拔出的快慢，即取决于磁通变化的快慢。磁通变化越快，感应电动势就越大；反之就越小。磁通变化的快慢，用磁通变化率来表示。例如，有一单匝线圈，在 t_1 时刻穿过线圈的磁通为 Φ_1，在此后的某个时刻 t_2，穿过线圈的磁通为 Φ_2，那么在 t_2-t_1 这段时间内，穿过线圈的磁通变化量见式（7-26）：

$$\Delta\Phi = \Phi_2 - \Phi_1 \qquad (7-26)$$

因此，单位时间内的磁通变化量，即磁通变化率见式（7-27）：

$$\frac{\Delta\Phi}{\Delta t} = \frac{\Phi_2 - \Phi_1}{t_2 - t_1} \qquad (7-27)$$

在单匝线圈中产生的感应电动势的大小见式（7-28）：

$$e = \left| \frac{\Delta \Phi}{\Delta t} \right| \qquad (7\text{-}28)$$

式中的绝对值符号，表示只考虑感应电动势的大小，不考虑方向。

对于多匝线圈来说，因为通过各匝线圈的磁通变化率是相同的，所以每匝线圈感应电动势大小相等。因此，多匝线圈感应电动势是单匝线圈感应电动势的 N 倍，表示见式（7-29）：

$$e = N \left| \frac{\Delta \Phi}{\Delta t} \right| \qquad (7\text{-}29)$$

式中：e——多匝线圈感应电动势，V；

N——线圈匝数；

$\Delta \Phi$——线圈中磁通变化量，Wb；

Δt——磁通变化 $\Delta \Phi$ 所用的时间，s。

公式说明，当穿过线圈的磁通发生变化时，线圈两端的感应电动势的大小只与磁通变化率成正比。这就是法拉第电磁感应定律。

6. 楞次定律

法拉第电磁感应定律，只解决了感应电动势的大小取决于磁通变化率，但无法说明感应电动势的方向与磁通量变化之间的关系。穿过线圈的原磁通的方向是向下的。

如图 7-15（a）所示，当磁铁插入线圈时，线圈中的原磁通量增加，产生感应电动势。感应电流由检流计的正端流入。此时，感应电流在线圈中产生一个新的磁通。根据安培定则可以判定，新磁通与原磁通的方向相反，也就是说，新磁通阻碍原磁通增加。

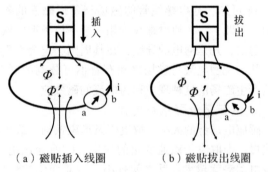

（a）磁贴插入线圈　　　（b）磁贴拔出线圈

图 7-15　感应电动势方向的判断

如图 7-15（b）所示，当磁铁由线圈中拔出时，线圈中的原磁通减少，产生感应电动势，感应电流由检流计的负端流入。此时，感应电流在线圈中产生一个新的磁通，根据安培定则判定，新磁通与原磁通的方向是相同的，也就是说，新磁通阻碍原磁通的减少。

经过上述讨论得出一个规律：线圈中磁通变化时，线圈中产生感应电动势，其方向是使它形成的感应电流产生新磁通来阻碍原磁通的变化。也就是说，感应电流的新磁通总是阻碍原磁通的变化。这个规律被称为楞次定律。

应用楞次定律来判定线圈中产生感应电动势的方向或感应电流的方向，具体方法步骤如下：

（1）首先明确原磁通的方向和原磁通的变化（增加或减少）的情况。

（2）根据楞次定律判定感应电流产生新磁通的方向。

（3）根据新磁通的方向，应用安培定则（右手螺旋定则）判定出感应电动势或感应电流的方向。

（五）自感与互感

1. 自　感

自感是一种电磁感应现象，下面通过实验说明什么是自感。如图 7-16（a）所示，有两个相同的灯泡。合上开关后，灯泡 HL1 立刻正常发光。灯泡 HL2 慢慢变亮。其原因是在开关 S 闭合的瞬间，线圈 L 中的电流是从无到有，线圈中这个电流所产生的磁通也随之增加，于是在线圈中产生感应电动势。根据楞次定律，由感应电动势所形成的感应电流产生的新磁通，要阻碍原磁通的增加；感应电动势的方向与线圈中原来电流的方向相反，使电流不能很快地上升，所以灯泡 HL2 只能慢慢变亮。

如图 7-16（b）所示，当开关 S 断开时，HL 灯泡不会立即熄灭，而是突然一亮然后熄灭。其原因是在开关 S 断开的瞬间，线圈中电流要减小到零，线圈中磁通也随之减小。由于磁通变化在线圈中产生感应电动势。根据楞次定律；感应电动势所形成的感应电流产生的新磁通，阻碍原磁通的减少，感应电动势方向与线圈中原来的电流方向一致，阻止电流减少，即感应电动势维持电感中的电流慢慢减小。所以灯泡 HL 不会立刻熄灭。

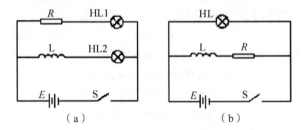

（a）　　　　　　　　（b）

图 7-16　自感实验电路

通过两个实验可以看到，由于线圈自身电流的变化，线圈中也要产生感应电动势。把由于线圈自身电流变化而引起的电磁感应称为自感应，简称自感。由自感现象产生的电动势称为自感电动势。

为了表示自感电动势的大小，引入一个新的物理量——自感系数。当一个线圈通过变化电流后，单位电流所产生的自感磁通数，称为自感系数，也称电感量，简称电感，用 L 表示。电感是测量线圈产生自感磁通本领的物理量。如果一个线圈中流过 1A 电流，能产生 1Wb 的自感磁通，则该线圈的电感就是 1 亨利，简称亨，用 H 表示。在实际使用中，常采用较小的单位有毫亨（mH）、微亨（pH）等。它们之间的关系：$1H = 10^3 mH$，$1mH = 10^3 \mu H$。

电感 L 是线圈的固有参数，它取决于线圈的几何尺寸以及线圈中介质的磁导率。如果介质磁导率恒为常数，这样的电感称为线性电感，如空心线圈的电感 L 为常数；反之，则称为非线性电感，如有铁心的线圈的电感 L 不是常数。

自感在电工技术中，既有利又有弊。如日光灯是利用镇流器（铁心线圈）产生自感电动势提高电压来点亮灯管的，同时也利用它来限制灯管电流。但是，在有较大电感元件的电路被切断瞬间，电感两端的自感电动势很高，在开关刀口断开处产生电弧，烧毁刀口，影响设备的使用寿命；在电子设备中，这个感应电动势极易损坏设备的元器件，必须采取相应措施，予以避免。

2. 互 感

互感也是一种电磁感应现象。图 7-17 中有两个互相靠近的线圈，当原线圈电路的开关 S 闭合时，原线圈中的电流增大，磁通也增加，副线圈中磁通也随之增加而产生感应电动势，检流计指针偏转，说明副线圈中也有电流。当原线圈电路开关 S 断开时，原线圈中的电流减小，磁通也减小，这个变化的磁通使副线圈中产生感应电动势，检流计指针向相反方向偏转。

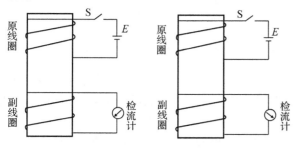

图 7-17 互感实验电路

这种由于一个线圈电流变化，引起另一个线圈中产生感应电动势的电磁感应现象，称为互感现象，简称互感。由互感产生的感应电动势称为互感电动势。

人们利用互感现象，制成了电工领域中伟大的电器——变压器。

二、电工基础

电工是一种特殊工种，不仅作业技能的专业性强，而且对作业的安全保护有特殊要求。因此，对从事电工作业的人员，在上岗前，都必须进行作业技能和安全保护的专业培训，经过考核合格后，才允许上岗作业。从各个国家的情况来看，均由从事电力供应的电力部门来承担这任务。不仅电力系统内的电工须经培训，各企业的电工同样需经过培训，合格后才准从事电工行业。

（一）正弦交流电路

1. 正弦交流电三要素

1）周期、频率、角频率

交流电变化一周所需要的时间称为周期，用 T 表示，单位是秒（s），较小的单位有毫秒（ms）和微秒（μs）等。它们之间的关系为：$1s = 10^3 ms = 10^6 \mu s$。

周期的长短表示交流电变化的快慢，周期越小，说明交流电变化一周所需的时间越短，交流电的变化越快；反之，交流电的变化越慢。

频率是指在一秒钟内交流电变化的次数，用字母 f 表示，单位为赫兹，简称赫，用 Hz 表示。当频率很高时，可以使用千赫（kHz）、兆赫（MHz）、吉赫（GHz）等。它们之间的关系为：$1kHz = 10^3 Hz$，$1MHz = 10^3 kHz$，$1GHz = 10^3 MHz$。

频率和周期（T）一样，是反映交流电变化快慢的物理量。它们之间的关系见式（7-30）：

$$\left. \begin{array}{l} f = \dfrac{1}{T} \\[2mm] T = \dfrac{1}{f} \end{array} \right\} \qquad (7\text{-}30)$$

我国农业生产及日常生活中使用的交流电标准频率为 50Hz。通常把 50Hz 的交流电称为工频交流电。

交流电变化的快慢除了用周期和频率表示外，还可以用角频率表示。所谓角频率是指交流电每秒钟变化的角度，用 ω 表示，单位是弧度每秒（rad/s）。周期、频率和角频率的关系见式（7-31）：

$$\omega = \frac{2\pi}{T} = 2\pi f \qquad (7\text{-}31)$$

2）瞬时值、最大值、有效值

正弦交流电（简称交流电）的电动势、电压、电流，在任一瞬间的数值称为交流电的瞬时值，分别用 e、u、i 表示。瞬时值中最大的值称为最大值。最大值也称为振幅或峰值。在波形图中，曲线的最高点对应的纵轴值，即表示最大值。分别用 E_m、U_m、I_m 表示电动势、电压、电流的最大值。它们之间的关系见式（7-32）：

$$\left. \begin{array}{l} e = E_m \sin\omega t \\ u = U_m \sin\omega t \\ i = I_m \sin\omega t \end{array} \right\} \qquad (7\text{-}32)$$

由上式可知，交流电的大小和方向是随时间变化的，瞬时值在零值与最大值之间变化，没有固定的数值。因此，不能随意用一个瞬时值来反映交流电的做功能力。如果选用最大值，就夸大了交流电的做功能力，因为交流电在绝大部分时间内都比最大值要小。这就需要选用一个数值，能等效地反映交流电做功的能力。为此，引入了交流电的有效值这一概念。

正弦交流电的有效值的定义：如果一个交流电通过一个电阻，在一个周期内所产生的热量，和某一直流电流在相同时间内通过同一电阻产生的热量相等，那么，这个直流电的电流值就称为交流电的有效值。正弦交流电的电动势、电压、电流的有效值分别用 E、U、I 表示。通常所说的交流电的电动势、电压、电流的大小都是指它的有效值，交流电气设备铭牌上标注的额定值、交流电仪表所指示的数值也都是有效值。本书在谈到交流电的数值时，如无特殊注明，都是指有效值。理论计算和实验测试都可以证明，它们之间的关系见式（7-33）：

$$\left. \begin{array}{l} E = \dfrac{E_m}{\sqrt{2}} = 0.707E_m \\[2mm] U = \dfrac{U_m}{\sqrt{2}} = 0.707U_m \\[2mm] I = \dfrac{I_m}{\sqrt{2}} = 0.707I_m \end{array} \right\} \quad (7\text{-}33)$$

3）相位、初相、相位差

如图 7-18 所示，两个相同的线圈固定在同一个旋转轴上，它们相互垂直，以某一角速度做逆时针旋转，在 AX 和 BY 线圈中产生的感应电动势分别为 e_1 和 e_2。

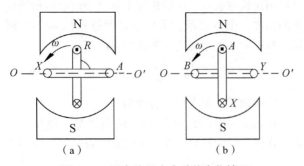

图 7-18 两个线圈中电动热变化情况

当 $t=0$ 时，AX 线圈平面与中性面之间的夹角 $\varphi_1 = 0°$，BY 线圈平面与中性面之间的夹角 $\varphi_2 = 90°$。由式（7-32）得到，在任意时刻两个线圈的感应电动势分别为：

$$e_1 = E_m \sin(\omega t + \varphi_1)$$
$$e_2 = E_m \sin(\omega t + \varphi_2)$$

其中 $\omega t + \varphi_1$ 和 $\omega t + \varphi_2$ 是表示交流电变化进程的一个角度，称为交流电的相位或相角，它决定了交流电在某一瞬时所处的状态。$t=0$ 时的相位称为初相位或初相。它是交流电在计时起始时刻的电角度，反映了交流电的初始值。例如，AX、BY 线圈的初相分别是 $0°$，$90°$。在 $t=0$ 时，两个线圈的电动势分别为 $e_1 = 0$，$e_2 = E_m$。两个频率相同的交流电的相位之差称为相位差。令上述 e_1 的初相位 $\varphi_1 = 0°$，e_2 的初相位 $\varphi_2 = 90°$，则两个电动势的相位差为：

$$\Delta\varphi = (\omega t + \varphi_2) - (\omega t + \varphi_1) = \varphi_2 - \varphi_1$$

可见，相位差就是两个电动势的初相差。

从图 7-19 和图 7-20 所示可以看出，初相分别为 φ_1 和 φ_2 的频率相同的两个电动势的同向最大值，不能在同一时刻出现。就是说 e_2 比 e_1 超前 φ 角度达到最大值，或者说 e_1 比 e_2 滞后 φ 角度达到最大值。

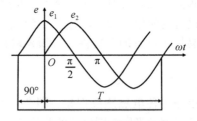

图 7-19 电动势波形图

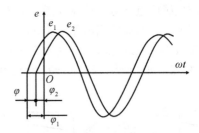

图 7-20 e_1 与 e_2 的相位差

综上所述，一个交流电变化的快慢用频率表示；其变化的幅度，用最大值表示；其变化的起点用初相表示。

如果交流电的频率、最大值、初相确定后，就可以准确确定交流电随时间变化的情况。因此，频率、最大值和初相称为交流电的三要素。

2. 正弦交流电表示方法

正弦交流电的表示方法有三角函数式法和正弦曲线法两种。它们能真实地反映正弦交流电的瞬时值随时间的变化规律，同时也能完整地反映出交流电的三要素。

（1）三角函数式法：正弦交流电的电动势、电压、电流的三角函数式表示方法见式（7-32），若知道了交流电的频率、最大值和初相，就能写出三角函数式，用它可以求出任一时刻的瞬时值。

（2）正弦曲线法（波形法）：正弦曲线法就是利用三角函数式相对应的正弦曲线，来表示正弦交流电的方法。

如图 7-21 所示，横坐标表示时间 t 或者角度 ω，纵坐标表示随时间变化的电动势瞬时值。图中正弦曲线反映出正弦交流电的初相 $\varphi = 0$，e 最大值 E_m，周期 T 以及任一时刻的电动势瞬时值。这种图也称为波形图。

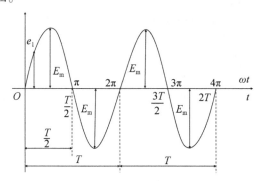

图 7-21 正弦曲线表示法

（一）三相交流电路

1. 三相电动势的产生

三相交流电是由三相发电机产生的，如图 7-22 所示是三相发电机的结构示意图。它由定子和转子组成。在定子上嵌入三个绕组，每个绕组称为一相，合称三相绕组。绕组的一端分别用 U_1、V_1、W_1 表示，称为绕组的始端，另一端分别用 U_2、V_2、W_2 表示，称为绕组的末端。三相绕组始端或末端之间的空间角为 120°。转子为电磁铁，磁感应强度沿转子表面按正弦规律分布。

当转子以匀角速度 ω 逆时针方向旋转时，在三相绕组中分别感应出振幅相等，频率相同，相位互差 120° 的三个感应电动势，这三相电动势称为对称三相电动势。三个绕组中的电动势分别为：

$$e_U = E_m \sin\omega t$$
$$e_V = E_m \sin(\omega t - 120°)$$
$$e_W = E_m \sin(\omega t + 120°)$$

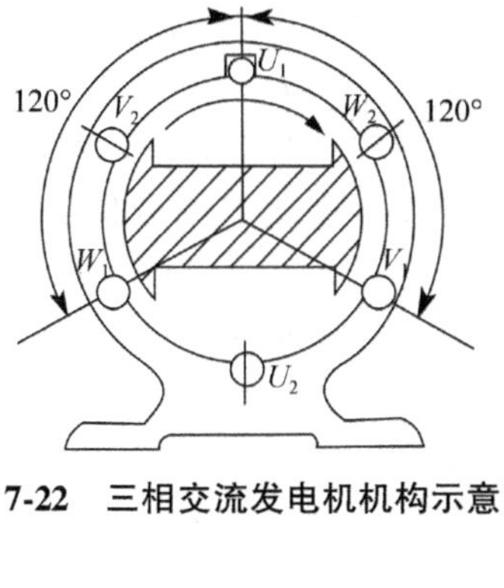

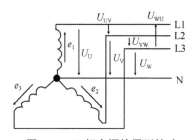

图 7-22 三相交流发电机机构示意图

显而易见，V 相绕组的比 U 相绕组的落后 120°，W 相绕组的比 V 相绕组的落后 120°。

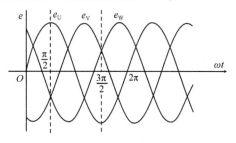

图 7-23 三相电动势波形图

如图 7-23 所示是三相电动势波形图。由图可见三相电动势的最大值和角频率相等，相位差 120°。电动势的方向是从末端指向始端，即 U_2 到 U_1，V_2 到 V_1，W_2 到 W_1。

在实际工作中经常提到三相交流电的相序问题，所谓相序就是指三相电动势达到同向最大值的先后顺序。在图 7-23 中，最先达到最大值的是 e_U，其次是 e_V，最后是 e_W；它们的相序是 U—V—W，该相序称为正相序，反之是负序或逆序，即 U—W—V。通常三相对称电动势的相序都是指正相序，用黄、绿、红三种颜色分别表示 U、V、W 三相。

2. 三相电源绕组联结

三相发电机的每个绕组都是独立的电源，均可以采用如图 7-24 所示的方式向负载供电。这是三个独立的单相电路，构成三相六线制，有六根输电线，既不经济又没有实用价值。在现代供电系统中，发电机三相绕组通常用星形联结或三角形联结两种方式。但是，发电机绕组一般不采用三角形接法而采用星形接法或 Y 形接法，如图 7-24 所示。公共点称为电源中点，用 N 表示。从始端引出的三根输电线称为相线或端线，俗称火线。从电源中点 N 引出的线称为中线。中线通常与大地相连接，因此，把接地的中点称为零点，把接地的中线称为零线。

如果从电源引出四根导线，这种供电方式称为星接三相四线制；如果不从电源中点引出中线，这种供电方式称为星接三相三线制。

电源相线与中线之间的电压称为相电压，在图 7-24

图 7-24 三相电源的星形接法

中用 U_U、U_V、U_W 表示，电压方向是由始端指向中点。

电源相线之间的电压称为线电压，分别用 U_V、U_{VW}、U_{WU} 表示。电压的正方向分别是从端点 U_1 到 V_1，V_1 到 W_1，W_1 到 U_1。

三相对称电源的相电压相等，线电压也相等，则相电压 $U_{相}$ 与线电压 $U_{线}$ 之间的关系为：$U_{线} = \sqrt{3}U_{相} \approx 1.7U_{相}$。此关系式表明三相对称电源星形联结时，线电压的有效值约等于相电压有效值的 1.7 倍。

3. 三相交流电路负载的联结

在三相交流电路中，负载由三部分组成，其中，每两部分称为一相负载。如果各相负载相同，则称为对称三相负载；如果各相负载不同，则称为不对称三相负载。例如，三相电动机是对称三相负载，日常照明电路是不对称三相负载。根据实际需要，三相负载有两种连接方式，星形（Y形）联结和三角形（△形）联结。

1）负载的星形联结

设有三组负载 Z_U、Z_V、Z_W，若将每组负载的一端分别接在电源三根相线上，另一端都接在电源的中线上，如图7-25 所示，这种连接方式称为三相负载的星形联结。图中 Z_U，Z_V，Z_W 为各相负载的阻抗，N 为负载的中性点。

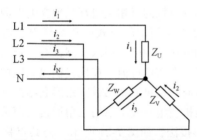

图7-25　三相负载的星形联结图

由图7-25可见，负载两端的电压称为相电压。如果忽略输电线上的压降，则负载的相电压等于电源的相电压；三相负载的线电压就是电源的线电压。负载相电压 $U_{相}$ 与线电压 $U_{线}$ 间的关系为：$U_{线Y} = \sqrt{3}U_{相Y}$，$U_{线} = \sqrt{3}U_{相} \approx 1.7U_{相}$。

星接三相负载接上电源后，就有电流流过相线、负载和中线。流过相线的电流 I_U、I_V、I_W 称为线电流，统一用 $I_{线}$ 表示。流过每相负载的电流 I_U、I_V、I_W 称为相电流，统一用 $I_{相}$ 表示。流过中线的电流 I_N 叫做中线电流。

如果图7-25所示中的三相负载各不相同（负载不对称）时，中线电流不为零，应当采取三相四线制。如果三相负载相同（负载对称）时，流过中线的电流等于零，此时可以省略中线。如图7-26所示是三相对称负载星形联结的电路图。可见去掉中线后，电源

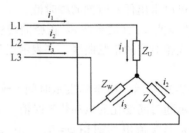

图7-26　三相对称负载的星形联结图

只需三根相线就能完成电能输送，这就是三相三线制。三相对称负载呈星形联结时，线电流 $I_{线}$ 等于相电流 $I_{相}$，即 $I_{线Y} = I_{相Y}$。

在工业上，三相三线制和三相四线制应用广泛。对于三相对称负载（如三相异步电动机）应采用三相三线制，对于三相不对称的负载，如图7-27所示的照明线路，应采用三相四线制。

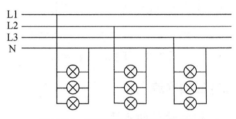

图7-27　三相四线制照明电路

值得注意的是，采用三相四线制时，中线的作用是使各相的相电压保持对称。因此，在中线上不允许接熔断器，更不能拆除中线。

2）负载的三角形联结

设有三相对称负载 Z_U、Z_V、Z_W，将它们分别接在三相电源两相线之间，如图7-28所示，这种连接方式称为负载的三角形联结。

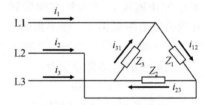

图7-28　负载的三角形联结图

负载呈三角形联结时，负载的相电压就是电源的线电压 $U_{线}$，即：$U_{相△} = U_{线△}$。

当对称负载呈三角形联结时，电源线上的线电流 $I_{线}$ 有效值与负载上相电流 $I_{相}$ 有效值的关系为：$I_{线△} = \sqrt{3}I_{相△} \approx 1.7I_{相△}$。

分析了三相负载的两种联结方式后，可以知道，负载呈三角形联结时的相电压约是其呈星形联结时的相电压的 1.7 倍。因此，当三相负载接到电源时，究竟是采用星形联结还是三角形联结，应根据三相负载

的额定电压而定。

三、电力系统

由于电力目前还不能大量储存，其生产、输送、分配和消费都在同一时间内完成，因此，必须将各个环节有机地联成一个整体。这个由发电、送电、变电、配电和用电组成的整体称为电力系统。

(一) 电力系统的组成

电力系统是由发电厂、变电所、电力线路和电能用户组成的一个整体。供配电系统是电力系统的电能用户，也是电力系统的重要组成部分。它由总降变电所、高压配电所、配电线路、车间变电所或建筑物变电所和用电设备组成。总降变电所是含企业电能供应的枢纽。它将 35~110kV 的外部供电电源电压降为 6~10kV 高压配电电压，供给高压配电所、车间变电所和高压用电设备。

高压配电所集中接受 6~10kV 电压，再分配到附近各车间变电所或建筑物变电所和高压用电设备。一般情况负荷分散厂区的大型企业设置高压配电所。

通常把发电和用电之间属于输送和分配的中间环节称为电力网。电力网是由各种不同电压等级的电力线路和送变电设备组成的网络，是电力系统的重要组成部分，是发电厂和用户不可缺少的中心环节。电力网的作用是将电能从发电厂输出并分配到用户处。

电力网包含输电线路的电网称为输电网，包含配电线路的电网称为配电网。输电网由 35kV 及以上的输电线路与其相连的变电所组成的。它的作用是将电能输送到各个地区的配电网，然后输送到大型工业企业用户。配电网是由 10kV 及以下的配电线路和配电变电所组成。它的作用是将电力分配到各类用户。

电力线路按其用途分为输电线路和配电线路；按其架设的方式分为架空线路和电缆线路，按其传输方式分为交流线路和直流线路。

(二) 电力系统基本要求

1. 保证电能质量

电压和频率是衡量电能质量的重要指标。电压、频率过高或过低都会影响工厂企业的正常生产，严重时，会造成人身事故、设备损坏，影响电力系统的稳定性。

1) 电压偏移对发电机及用电设备的影响

当发电机的电压比额定值高 5%，则定子绕组中的电流比额定值低 5%，这两种情况发电机出力保持不变。电压过高，使发电机、电动机绝缘老化，甚至击穿；使白炽灯寿命缩短，若电压升高 5%，灯泡寿

命缩短一半，使用电设备也有可能损坏，对带铁芯的用电设备，由于电压升高，使铁芯过饱和，其无功损耗增加。

当发电机电压低于额定值 90% 运行时，其铁芯处于未饱和状态，使电压不能稳定，当励磁电流稍有变化，电压就有很大变化，可能损坏并列运行的稳定性，引起振荡或失步。

电压过低时，使用户的电动机运行情况恶化。因为电动机的电磁转矩正比于电压的平方，因此当电压下降时，转矩降低更为严重。当电压降至额定电压的 30%~40%，电动机带不动负载，转矩下降较大，自动停转。正在启动的电机可能启动不起来。电压下降造成电动机定子电流增加，运行中温度升高，甚至将电动机烧毁。

电压过低使照明设备不能正常发光。如白炽灯的电源电压降低 5% 时，其发光效率降低 18%；如电源电压降低 10%，则降低约 35%。

GB/T 12325—2008《电能质量　供电电压偏差》规定供电电压偏差的限值为：

35kV 及以上供电电压正、负数偏差绝对值之和不超过标称电压的 10%。

20kV 及以下三相供电电压偏差为标称电压的 ±7%。

220V 单项供电电压偏差为标称电压的 +7%，-10%。

对供电点短路容量较小，供电距离较长以及对供电电压偏差有特殊要求的用户，由供用电双方协议确定。

2) 频率偏移对发电机和用电设备的影响

频率也是供电的质量标准之一。我国电力系统的额定频率为 50Hz。根据《电力工业技术管理法规》规定，在 300 万 kW 以上的系统中，频率的变动不超过 ±0.2Hz；在不足 300 万 kW 的系统中频率的变动不得超过 ±0.5Hz。

频率过高使发电机转速增加。发电机的频率与转子转速成正比，所以当频率升高时，转子的转速增加，使其离心力增加，使转子机械强度受到威胁，对安全运行十分不利。

当电力系统有功负荷增加，并大于发电厂的出力时，电力系统的频率就要降低，当频率降得过低时，就会影响电力系统安全运行，发电机出力就要受到限制。

低频率运行，用户所有电动机的转速降低，将会影响冶金、化工、机械、纺织等行业的产品质量。

2. 保证供电可靠性

电力系统中各种动力设备和电气设备都可能发生各种故障，影响电力系统的正常运行，造成用户供电中断，给工农业生产和国民经济带来重大损失，影响

现代化建设的速度，影响人民的正常生活。衡量供电可靠性的指标，一般以全部用户平均供电时间占全年时间的百分数来表示。

(三)电力系统的额定电压

电压是电能质量的重要标志之一，电压偏移超过允许范围，用电设备的正常运行就会受到影响。因此，用电设备最理想的工作电压就是它的额定电压。额定电压是指在规定条件下，保证电器正常工作的工作电压值，电气设备长期运行且经济效果最好。

我国规定的三相交流电网和电力设备的额定电压，见表7-5。

表7-5 我国交流电网和电力设备的额定电压

单位：kV

分类	电网额定电压	发电机额定电压	变压器	
			一次线圈	二次线圈
低压	0.22	0.23	0.22	0.23
	0.38	0.4	0.38	0.4
高压	3	3.15	3~3.15※	3.15~3.33※※
	6	6.3	6.0~6.3	6.3~6.6
	10	10.5	10~10.5	10.5~11
	35	—	35	38.5
	110	—	110	121

注：※是指变压器一次线圈挡内3.15kV、6.3kV、10.5kV电压适用于和发电机端直接连接的升压变压器和降压变压器。

※※是指变压器二次线圈挡内3.3kV、6.6kV、11kV电压适用于阻抗值在7.5%以上的降压变压器。

电网(线路)的额定电压只能选用国家规定的额定电压，它是确定各类电气设备额定电压的基本依据。用电设备的额定电压与同级电网的额定电压相同。

1)发电机的额定电压

发电机的额定电压 U_{NG} 为线路额定电压 U_N 的105%，即 $U_{NG}=1.05U_N$ (图7-29)。

2)变压器的额定电压

(1)变压器一次绕组的额定电压：变压器一次绕组接电源，相当于用电设备。与发电机直接相连的升

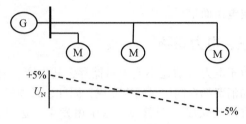

图7-29 发电机的额定电压

压变压器的一次绕组的额定电压应与发电机的额定电压相同。连接的线路上的降压变压器的一次绕组的额定电压应与线路的额定电压相同。

(2)变压器二次绕组的额定电压：变压器的二次绕组向负荷供电，相当于发电机。二次绕组电压应比线路的额定电压高5%，而变压器二次绕组额定电压是指空载时电压。但在额定负荷下，变压器的电压降为5%。因此，为使正常运行时变压器二次绕组电压较线路的额定电压高5%，当线路较长(如35kV及以上高压线路)，变压器二次绕组的额定电压应比相连线路的额定电压高10%；当线路较短时(直接向高低压用电设备供电，如10kV及以下线路)，二次绕组的额定电压应比相连线路额定电压高。如图7-30所示。

(四)电力系统中性点接地方式

三相交流电系统的中性点是指星形联结的变压器或发电机的中性点。中性点的运行方式有三种：中性点不接地系统、中性点经消弧线圈接地系统、中性点直接接地系统(中性点经电阻接地的电力系统)。前两种为小接地电流系统，后一种为大接地电流系统。

我国3~63kV系统，一般采用中性点不接地运行方式。当3~10kV系统接地电流大于30A；20~63kV系统接地电流大于10A时，应采用中性点经消弧线圈接地的运行方式。110kV及以上系统和1kV以下低压系统采用中性点直接接地运行方式。中性点的运行方式对电力系统的运行影响显著。它主要取决于单相接地时电气设备绝缘要求及对供电可靠性的要求，同时还会影响电力系统二次侧的继电保护及监测仪表的选择与运行。

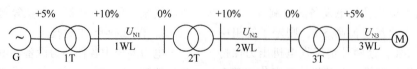

图7-30 二次绕组的额定电压

1. 中性点不接地的电力系统

中性点不接地系统的特点是当中性点不接地的电力系统发生单相接地时，系统的三个线电压不论其相位和量值都没有改变，因此系统中的所有设备仍可照常运行，相对地提高了供电的可靠性。但是这种状态不能长此下去，以免在另一相又接地形成两相接地短路，这将产生很大的短路电流，可能损坏线路和设备。因此，这种中性点不接地系统必须装设单相接地保护或装设绝缘监视装置。当系统发生单相接地故障时，发出警报信号或指示，以提醒运行值班人员注意，及时采取措施，查找和消除接地故障；如有备用线路，则可将重要负荷转移到备用线路上去。当发生单相接地故障危及人身和设备安全时，单相接地保护装置应进行跳闸动作。

中性点不接地系统缺点在于因其中性点是绝缘的，电网对接地电容中储存的能量没有释放通路。当接地电容的电流较大时，在接地处引起的电弧就很难自行熄灭，在接地处还可能出现所谓间隙电弧，即周期地熄灭与重燃的电弧。由于对地电容中的能量不能释放，造成电压升高，从而产生弧光接地过电压或谐振过电压，其值可达很高的倍数，对设备绝缘造成威胁。由于电网是一个具有电感和电容的振荡回路，间歇电弧将引起相对地的过电压，容易引起另一相对地击穿，而形成两相接地短路。所以必须设专门的监察装置，以便使运行人员及时地发现一相接地故障，从而切除电网中的故障部分。

在电压为3~10kV的电力网中，单相接地时的电容电流不允许大于30A，否则，电弧不能自行熄灭；在20~60kV的电力网中，间歇电弧所引起的过电压，数值更大，对于设备绝缘更为危险，而且由于电压较高，电弧更难自行熄灭，在这些电网中，单相接地时的电容电流不允许大于10A；与发电机有直接电气联系的3~20kV的电力网中，如果要求发电机带单相接地运行时，则单相接地电容电流不允许大于5A。

当不满足上述条件时，常采用中性点经消弧线圈接地或直接接地的运行方式。

2. 中性点经消弧线圈接地方式

在中性点不接地系统中，当单相接地电流超过规定的数值时，电弧将不能自行熄灭，为了减小接地电流，造成故障点自行灭弧条件，一般采用中性点经消弧线圈接地的措施。目前，在35~60kV的高压电网中多采用此种运行方式。如果消弧线圈可以正确运行，则是消除电网因雷击或其他原因而发生瞬时单相接地故障的有效措施之一。

1）中性点经消弧线圈接地的系统正常状态

在正常工作时，中性点的电位为零，消弧线圈两端没有电压，所以没有电流通过消弧线圈。当某一相发生金属性接地时，消弧线圈中就会有电感电流流过，补偿了单相接地电流，如果适当选择消弧线圈的匝数，就使消弧线圈的电感电流和接地的对地电容电流大致相等，就可使流过接地故障电流变得很小，从而减轻电弧的危害。

2）中性点经消弧线圈接地的系统故障状态

当发生单相完全接地时，其电压的变化和中性点不接地系统完全一样，故障相对地的电压变为零，非故障相对地电压值升高2.5~3倍，各相对地的绝缘水平是按照线电压设计的，因为线电压没有变化，不影响用户的工作可以继续运行2h，值班人员应尽快查找故障并且加以消除。

3）消弧线圈的补偿方法

在单相接地故障时，根据消弧线圈产生的电感电流对容性的接地故障电流，补偿的程度，可分为三种补偿方式：完全补偿、欠补偿和过补偿。

（1）完全补偿：就是消弧线圈产生的电感电流刚好等于容性的接地电容电流，在接地故障处的电流等于零，不会产生电弧。

（2）欠补偿：就是由消弧线圈产生的电感电流略小于接地故障处流过的容性接地故障电流，在接地处仍有未补偿完的容性接地故障电流流过。产生电弧的情况由电流的大小决定。电流较小就不会产生稳定电弧，一般要求补偿到不会产生电弧为止。

（3）过补偿：就是由消弧线圈产生的电感电流（I_L）略大于接地故障处流过的容性接地故障电流（I_C），在发生完全接地故障时，接地处有感性电流流过，过补偿时，流过接地故障处的电流也不大，一般也要求补偿到不会产生电弧为止。

3. 中性点经电阻接地的电力系统

随着城市电网的发展，电网结构有了很大变化，电缆线路的占比逐年上升，城市中心区出现了以电缆为主的配电网。许多城市配电网的对地电容已经超过200A，结构紧凑的全封闭GIS电器和氧化锌避雷器已经广泛使用，这类进口设备也逐渐增多，在此情况下，采用中性点不接地或经消弧线圈接地方式会带来许多问题。因此中性点经电阻接地方式也被愈来愈广泛的使用。

采用中性点经消弧线圈接地方式，切合电缆线路时电容电流变化较大，需要及时调整消弧线圈的调谐度，操作麻烦，并要求熟练的运行维护技术。同时因电网中电缆增多，电容电流很大，要求消弧线圈的补偿容量随之增大，很不经济。

原有中性点接地方式的电网的过电压高，持续时间长，包括工频过电压，弧光接地过电压，各种谐振过电压。它们对设备绝缘和氧化锌避雷器的安全运行是严重的威胁。对各电网中大量的进口设备的绝缘威胁更大。这些进口设备本来是适用于中性点接地系统的，和中性点绝缘系统设备相比，绝缘水平低一级，价格便宜的多，但必须降低系统过电压。

原有的中性点接地方式单相接地故障电流小，难以实现快速选择性接地保护。使过电压持续时间长，对绝缘不利。而电缆一旦发生单相接地，其绝缘不能自行恢复，不及时切掉故障，容易使故障扩大。中性点经电阻接地按接地的方式有高电阻接地、中电阻接地、低电阻接地三种方式。

1) 高电阻接地

按美国 IEEE 142—2007 标准：在接地系统中，通常有目的地用接入电阻来限制接地故障电流在 10A 以下，使本系统电流继续流过一段时间而不致加重设备的损坏，高电阻接地系统的电阻设计应满足 $R_0 \leq X_{c0}$，R_0 为系统每相的零序电阻，X_{c0} 为系统中每相对地分布电容之和，以限制电弧接地故障时暂态过电压。采用高电阻接地能使接地故障电流限制到足够低的数值，目的是要达到不要求立即切除故障的水平。这个不要求立即切除故障便是推荐采用高电阻接地方式的主要原因。

采用高电阻接地方式的条件为：

(1) 单相接地后立即清除故障而且停电，否则会对工业企业造成废品，损坏机器设备，人身伤亡或释放出危害环境的物质，酿成火灾或爆炸。

(2) 备有接地故障检测和定位的系统。

(3) 有合格人员运行和维护的系统。

(4) 高电阻接地允许带故障运行的时间一般可达 2h。

高阻接地方式的特点和优点：

(1) 抑制单相接地过电压：单相接地故障发生后，其中性点偏移最大值为相电压，暂态过电压小于 2.5 倍相电压，使高频分量的频率明显降低，可有效抑制高频熄弧重燃过电压，使单相接地故障点电流对零序电压的超前角远小于 90°，衰减时间常数明显降低。

(2) 既能带故障短时间继续供电，又能提供带故障检测和对接地故障点定位条件。

(3) 大量减少设备损坏。

(4) 消除大部分谐振现象。

(5) 跨步电压、接触电压低。

(6) 减少人身伤害事故。

(7) 简化设备。

由于电流小，允许带故障运行的时间较长，所以对继电保护要求不太高，一般仅用作于报警。

若用 Y/△ 接线变压器作人工接地点，电阻一般接于 △ 二次侧，占用空间小阻值也低，但要求通流容量高。

若用 Z 型变压器时，电阻直接接入 Z 型变压器中性点与地之间，此时要求阻值大，通流容量小，可装配氧化锌避雷器，由于它能耐受工频过电压，残压也低，对系统安全有利。

2) 中性点经小电阻接地

中电阻和低电阻之间没有统一的界限，一般认为单相接地故障时通过中性点电阻的电流 10～100A 时为低电阻接地方式。中性点经中电阻和低电阻接地方式适用于以电缆线路为主、不容易发生瞬时性单相接地故障的、系统电容电流比较大的城市配网、发电厂用电系统及大型工矿企业。其主要特点是在电网发生单相接地时，能获得较大的阻性电流，这种方式的优点：能快速切除单相接地故障，过电压水平低，谐振过电压发展不起来，电网可采用绝缘水平较低的电气设备；单相接地故障时，非故障相电压升高较小，发生为相间短路的概率较低；人身安全事故及火灾事故的可能性均减少；此外，还改善了电气设备运行条件，提高了电网和设备运行的可靠性。

大的故障接地电流会引起地电位升高超过安全允许值，干扰通行，供电可靠性受影响。对供电可靠性，可采取以下措施：

(1) 在部分架空线路馈线上，设置自动重合闸。

(2) 尽快加速架空线路电缆化改造。

(3) 对电缆配网进行改造，按 N+1 的结构模式组成环网。

(4) 逐步对配网进行改造，为配网自动化创造条件，在对故障点进行自动检测的基础上实现遥控和遥信，缩短单相接地故障的恢复时间。

3) 低电阻接地电阻值的选择

(1) 按限制单相接地短路电流小于三相短路电流的条件选取，见式 (7-34)：

$$R_n = \frac{U_e}{1.732 K I_d} \tag{7-34}$$

式中：R_n——接地电阻的阻值，Ω；

U_e——线电压，V；

K——系数，根据各电网要求选取；

I_d——三相短路电流，A。

(2) 按单相接地故障时限制过电压倍数 $K \leq 2.5$ 的条件选择：根据计算和试验分析，当流经接地电阻 R_n 的电流 $I_r \geq 1.5 I_d$ 时，就能把单相接地过电压倍数限制在 2.5 倍以内，这时，接地电阻的阻值 $R_n = U_e/1.732 I_r$。

(3) 根据对通信干扰不产生有害影响选择。

（4）按保证接触电压和跨步电压不超过安全规程要求选择。

4. 中性点直接接地的电力系统

中性点直接接地方式，即是将中性点直接接入大地。该系统运行中若发生一相接地时，就形成单相短路，其接地电流很大，使断路器跳闸切除故障。这种大电流接地系统，不装设绝缘监察装置。恢复其他无故障部分的系统正常运行。

中性点直接接地的系统在发生一相接地时其他两相对地电压不会升高，因此这种系统中的供用电设备的相绝缘只需按相电压考虑，而不必按线电压考虑。这对 110kV 以上超高压系统是很有经济技术价值的，因为高压电器特别是超高压电器的绝缘问题是影响其设计和制造的关键问题。

至于低压配电系统，TN 系统和 TT 系统均采到中性点直接接地的方式，而且引出有中性线或保护线，这除了便于接单相负荷外，还考虑到安全保护的要求，一旦发生单相接地故障，即形成单相短路，快速切除故障，有利于保障人身安全，防止触电。

电源侧的接地称为系统接地，负载侧的接地称为保护接地。国际电工委员会（IEC）标准规定的低压配电系统接地有 IT 系统、TT 系统、TN 系统三种方式。

现低压接地系统常用五种形式：TN-C、TN-S、TN-C-S、IT、TT，其各自的特点如下：

1）TN 方式供电系统

TN 方式供电系统是将电气设备的外露导电部分与工作中性线相接的保护系统，称作接零保护系统，用 TN 表示。当电气设备的相线碰壳或设备绝缘损坏而漏电时，实际上就是单相对地短路故障，理想状态下电源侧熔断器会熔断，低压断路器会立即跳闸使故障设备断电，产生危险接触电压的时间较短，比较安全。TN 系统节省材料、工时，应用广泛。

TN 方式供电系统中，按国际标准 IEC 60364 规定，根据中性线与保护线是否合并的情况，TN 系统分为 TN-C、TN-S、TN-C-S。

（1）TN-C 方式供电系统：本系统中，保护线与中性线合二为一，称为 PEN 线。如图 7-31 所示，TN-C 整个系统的中性线与保护线是合一的。

优点：TN-C 方案易于实现，节省了一根导线，且保护电器可省一级，降低设备的初期投资费用；发生接地短路故障时，故障电流大，可采用过流保护电器瞬时切断电源，保证人员生命和财产安全。

缺点：线路中有单相负荷，或三相负荷不平衡，以及电网中有谐波电流时，由于 PEN 中有电流，电气设备的外壳和线路金属套管间有压降，对敏感性电子设备不利；PEN 线中的电流在有爆炸危险的环境

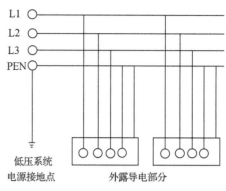

图 7-31　TN-C 系统

中会引起爆炸；PEN 线断线或相线对地短路时，会呈现相当高的对地故障电压，可能扩大事故范围；TN-C 系统电源处使用漏电保护器时，接地点后工作中性线不得重复接地，否则无法可靠供电。

（2）TN-S 方式供电系统：本系统中，专用保护线（PE 线）和工作中性线（N 线）严格分开，称作 TN-S 供电系统，如图 7-32 所示。整个系统的中性线与保护线是分开的。

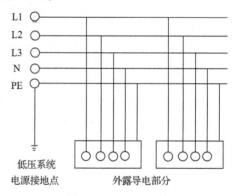

图 7-32　TN-S 系统

优点：正常时即使工作中性线上有不平衡电流，专用保护线上也不会有电流。适用于数据处理和精密电子仪器设备，也可用于爆炸危险场合；民用建筑中，家用电器大都有单独接地触点的插头，采用 TN-S 系统，既方便，又安全；如果回路阻抗太高或者电源短路容量较小，需采用剩余电流保护装置 RCD 对人身安全和设备进行保护，防止火灾危险；TN-S 系统供电干线上也可以安装漏电保护器，前提是工作中性线（N 线）不得有重复接地。专用保护线（PE 线）可重复接地，但不可接入漏电开关。

缺点：由于增加了中性线，初期投资较高；TN-S 系统相对地短路时，对地故障电压较高。

（3）TN-C-S 方式供电系统：本系统是指如果前部分是 TN-C 方式供电，但为考虑安全供电，二级配电箱出口处，分别引出 PE 线及 N 线，即在系统后部分二级配电箱后采用 TN-S 方式供电，这种系统总称

为 TN-C-S 供电系统(图 7-33)。系统有一部分中性线与保护线是合一的。

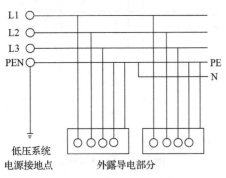

图 7-33　TN-C-S 系统

工作中性线(N 线)与专用保护线(PE 线)相联通,联通后面 PE 线上没有电流,即该段导线上正常运行不产生电压降;联通前段线路不平衡电流比较大时,在后面 PE 线上电气设备的外壳会有接触电压产生。因此,TN-C-S 系统可以降低电气设备外露导电部分对地的电压,然而又不能完全消除这个电压,这个电压的大小取决于联通前线路的不平衡电流及联通前线路的长度。负载越不平衡,联通前线路越长,设备外壳对地电压偏移就越大。所以要求负载不平衡电流不能太大,而且在 PE 线上应作重复接地;一旦 PE 线作了重复接地,只能在线路末端设立漏电保护器,否则供电可靠性不高;对要求 PE 线除了在二级配电箱处必须和 N 线相接以外,其后各处均不得把 PE 线和 N 线相连,另外在 PE 线上还不许安装开关和熔断器;民用建筑电气在二次装修后,普遍存在 N 线和 PE 线混用的情况,事实上混用使 TN-C-S 系统变成 TN-C 系统,后果如前述。鉴于民用建筑的 N 线和 PE 线多次开断、并联现象严重,形成危险接触电压的情况机会较多,在建筑电器的施工与验收中需重点注意。

2)IT 方式供电系统

系统的电源不接地或通过阻抗接地,电气设备的外壳可直接接地或通过保护线接至单独接地体。如图 7-34 所示。

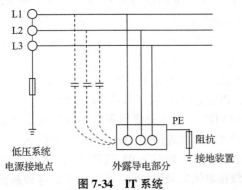

图 7-34　IT 系统

优点:运用 IT 方式供电系统,由于电源中性点不接地,相对接地装置基本没有电压。电气设备的相线碰壳或设备绝缘损坏时,单相对地漏电流较小,不会破坏电源电压的平衡,一定条件下比电源中性点接地的系统供电可靠;IT 方式供电系统在供电距离不是很长时,供电的可靠性高、安全性好。一般用于不允许停电的场所,有连续供电要求的地方,例如,医院的手术室、地下矿井、炼钢炉、电缆井照明等处。

缺点:如果供电距离很长时运用 IT 方式供电,如图 7-34 所示,电气设备的相线碰壳或设备绝缘损坏而漏电时,由于供电线路对大地的分布电容会产生电容电流,此电流经大地可形成回路,电气设备外露导电部分也会形成危险的接触电压;TT 方式供电系统的电源接地点一旦消失,即转变为 IT 方式供电系统,三相、二相负载可继续供电,但会造成单相负载中电气设备的损坏;如果消除第一次故障前,又发生第二次故障,如不同相的接地短路,故障电流很大,非常危险,因此对一次故障探测报警设备的要求较高,以便及时消除和减少出现双重故障的可能性,保证 IT 系统的可靠性。

3)TT 方式供电系统

本系统是指电力系统中性点直接接地,电气设备外露导电部分与大地直接连接,而与系统如何接地无关。专用保护线(PE 线)和工作中性线(N 线)要分开,PE 线与 N 线没有电的联系。正常运行时,PE 线没有电流通过,N 线可以有工作电流。在 TT 系统中负载的所有接地均称为保护接地,如图 7-35 所示。整个系统的中性线与保护线是分开的。

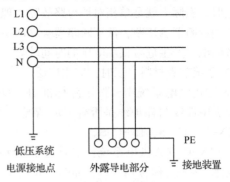

图 7-35　TT 系统

优点:TT 供电系统中当电气设备的相线碰壳或设备绝缘损坏而漏电时,由于有接地保护,可以减少触电的危险性;电气设备的外壳与电源的接地无电气联系,适用于对电位敏感的数据处理设备和精密电子设备;故障时对地故障电压不会蔓延。

缺点:短路电流小,发生短路时,短路电流保护装置不会动作,易造成电击事故;受线路零序阻抗及接地处过渡电阻的影响，漏电电流可能比较小，低压断路器不一定能跳闸，会造成漏电设备的外壳对地产生高于安全电压的危险电压，一般需要设漏电保护器作后续保护；由于各用电设备均需单独接地，TT系统接地装置分散，耗用钢材多，施工复杂较为困难；TT供电系统在农村电网应用较多，因一相一地的偷电方式，是造成电源出口处漏电保护器频繁动作的主要原因；如果工作中性线断线，健全相电气设备电压升高，会导致成批电器设备损坏。因此《架空绝缘配电线路设计技术规程》（DL/T 601—1996）中10.7规定：中性点直接接地的低压绝缘线的中性线，应在电源点接地。在干线和分支线的终端处，应将中性线重复接地。三相四线供电的低压绝缘线在引入用户处，应将中性线重复接地。

（五）电力负荷等级介绍

电力负荷是指电能用户的用电设备在某一时刻向电力系统取用的电功率总和。

1. 负荷定义及分级

负荷是指所有用电设备的功率和，是电力系统运行的重要组成部分。供电系统的电力负荷应根据对供电可靠性的要求及中断供电在对人身安全、经济损失上所造成的影响程度进行分级，并应符合下列规定：

符合下列情况之一时，应视为一级负荷：

(1) 中断供电将造成人身伤害时。

(2) 中断供电将在经济上造成重大损失时。

(3) 中断供电将影响重要用电单位的正常工作。

在一级负荷中，当中断供电将造成人员伤亡或重大设备损坏或发生中毒、爆炸和火灾等情况的负荷，以及特别重要场所的不允许中断供电的负荷，应视为一级负荷中特别重要的负荷。

符合下列情况之一时，应视为二级负荷：

(1) 中断供电将在经济上造成较大损失时。

(2) 中断供电将影响较重要用电单位的正常工作。

不属于一级和二级负荷者应为三级负荷。

2. 各级负荷供电要求

一级负荷的供电电源要求如下：

(1) 一级负荷应由双重电源供电；当一个电源发生故障时，另一个电源不应同时受到损坏。

(2) 一级负荷中特别重要的负荷供电，除由双重电源供电外，尚应增设应急电源，并严禁将其他负荷接入应急供电系统。

二级负荷的供电电源要求如下：

二级负荷供电系统应做到当电力变压器或线路发生常见故障时，不致中断供电或中断供电能及时恢复。

三级负荷无明确要求。

（六）负荷计算常用方法

1. 负荷计算内容

电气负荷是供配电设计所依据的基础资料。通常电气负荷是随时变动的。负荷计算的目的是确定设计各阶段中选择和校验供配电系统及其各个元件所需的各项负荷数据，即计算负荷。计算负荷是一个假想的，在一定的时间间隔中的持续负荷；它在该时间中产生的特定效应与实际变动负荷的效应相等。计算负荷通常按其用途分类。不同用途的计算负荷应选取不同的负荷效应及其持续时间，并采用不同的计算原则和方法，从而得出不同的计算结果。

(1) 需要负荷或最大负荷：需要负荷或最大负荷也可统称计算负荷，在各个具体情况下，计算负荷分别代表有功功率、无功功率、视在功率、计算电流等。用以按发热条件选择电器和导体，计算电压损失、电压偏差及网络损耗；通常取"半小时最大负荷"作为需要负荷。这里30min是按中小截面导体达到稳定温升的时间考虑的。

(2) 平均负荷：年平均负荷用于计算电能年消耗量。

(3) 尖峰电流：尖峰电流是用以计算电压波动、选择和整定保护器件、校验电动机的启动条件，通常尖峰电流取单台或一组用电设备持续1s左右的最大负荷电流，即启动电流的周期分量；在校验瞬动元件时，还应考虑启动电流的非周期分量。

2. 负荷计算方法

负荷计算的方法主要有需要系数法、二项式系数法、利用系数法、单位面积功率法和单位指标法。我国目前普遍采用的确定用电设备级计算负荷的方法为需要系数法和二项式系数法。需要系数法方便简单，计算结果基本符合实际。当用电设备台数较多，各台设备容量相差不悬殊时，宜采用需要系数法，其多用于二线、配变电所的负荷计算。

二项式系数法应用的局限性较大，但在确定设备台数较少而设备容量差别很大的分支二线的计算负荷时，较需要系数法更为合理，且计算也较为简便。

1) 需要系数法

在负荷计算时，应将不同工作制用电设备的额定功率换算成为统一计算功率。泵站的水泵电机为主要设备，应按连续工作制考虑，其功率应按电机额定铭牌功率计算。短时或周期工作制电动机的设备功率应统一换算到负载持续率（ε）为25%以下的有功功率，应按式(7-35)计算：

$$P_{N} = P_{r} \frac{\varepsilon_{r}}{0.25} = 2P_{r}\sqrt{\varepsilon_{r}} \qquad (7-35)$$

式中：P_{N}——用电设备组的设备功率，kW；

P_{r}——电动机额定功率，kW；

ε_{r}——电动机额定负载持续率，kW。

采用需要系数法计算负荷，应符合下列要求：

（1）设备组的计算负荷及计算电流应按式（7-36）计算：

$$\left.\begin{array}{l} P_{js} = K_{X}P_{N} \\ Q_{js} = P_{js}\tan\varphi \\ S_{js} = \sqrt{P_{js}^{2} + Q_{js}^{2}} \\ I_{js} = \dfrac{S_{js}}{\sqrt{3}\,U_{r}} \end{array}\right\} \qquad (7-36)$$

式中：P_{js}——用电设备有功计算功率，kW；

K_{X}——需要系数，按表 7-6 的规定取值；

Q_{js}——用电设备无功计算功率，kW；

$\tan\varphi$——用电设备功率因数角的正切值，按表 7-6 的规定取值；

S_{js}——用电设备视在计算功率，kW；

I_{js}——计算电流，A；

U_{r}——用电设备额定电压或线电压，kV。

表 7-6　用电设备系数

用电设备组名称	需要系数（K_{X}）	$\cos\varphi$	$\tan\varphi$
水泵	0.75~0.85	0.80~0.85	0.75~0.62
生产用通风机	0.75~0.85	0.80~0.85	0.75~0.62
卫生用通风机	0.65~0.70	0.80	0.75
闸门	0.20	0.80	0.75
格栅除污机、皮带运输机、压榨机	0.50~0.60	0.75	0.88
搅拌机、刮泥机	0.75~0.85	0.80~0.85	0.75~0.62
起重器及电动葫芦（$\varepsilon = 25\%$）	0.20	0.50	1.73
仪表装置	0.70	0.70	1.02
电子计算机	0.60~0.70	0.80	0.75
电子计算机外部设备	0.40~0.50	0.50	1.73
照明	0.70~0.85	—	—

（2）变电所的计算负荷应按式（7-37）计算：在确定多组用电设备的计算负荷时，应考虑各组用电设备的最大负荷不会同时出现的因素，计入一个同时系数 K_{Σ}。

$$\left.\begin{array}{l} P_{js} = K_{\Sigma P}\sum(K_{X}P_{N}) \\ Q_{js} = K_{\Sigma Q}\sum(K_{X}P_{N}\tan\varphi) \\ S_{js} = \sqrt{P_{js} + Q_{js}} \end{array}\right\} \qquad (7-37)$$

式中：$K_{\Sigma P}$、$K_{\Sigma Q}$——有功功率、无功功率同时系数，分别取 0.8~0.9 和 0.93~0.97。

2）二项式系数法

二项式系数法较需要系数法更适于确定设备台数较少而容量差别较大的低干线和分支线的计算负荷系数。二项式系数认为计算负荷由两部分组成，一部分是由所有设备运行时产生的平均负荷 bP_{N}；另一部分是由于大型设备的投入产生的负荷 cP_{x}，x 为容量最大设备的台数，其中，b，c 称为二项式系数。二项式系数也是通过统计得到的负荷计算的二项式系数法，用二项式系数法进行负荷计算时的步骤与需用系数法相同，计算公式如下：

（1）单组用电设备组中设备台数 $\geqslant 3$ 台时的计算负荷见式（7-38）：

$$P_{c} = b\sum_{i=1}^{n}P_{Ni} + cP_{x} \qquad (7-38)$$

式中：P_{c}——有功功率，kW；

P_{Ni}——用电设备组中每台设备的额定功率，kW；

P_{x}——用电设备组中 x 台大型设备的额定功率，kW；

b、c——二项式系数。

（2）多组用电设备组的计算负荷：

①有功计算负荷见式（7-39）：

$$P_{30} = \sum(bP_{e}) + (cP_{x})_{max} \qquad (7-39)$$

②无功计算负荷见式（7-40）：

$$Q_{30} = \sum(bP_{e}\tan\varphi) + (cP_{x})_{max}\tan\varphi_{max} \qquad (7-40)$$

式中：P_{30}——有功功率，kW；

Q_{30}——无功功率，kW；

P_{e}——用电设备组中每台设备的平均额定功率，kW；

$\tan\varphi$——最大附加负荷 $(cP_{x})_{max}$ 的设备组的平均功率因数角的正切值。

P_{30} 和 Q_{30} 的“30”是指导线截面的发热按照允许 30min 运行，因此负荷计算时采用 30min 最大负荷作为计算负荷。

3）其他方法

利用系数是求平均负荷的系数。通过利用系数 K_{X}，平均利用系数 K_{xav}，有效台数 n_{cq}，附加系数等可确定计算负荷。

（1）利用系数：一般情况下，当用电设备组确定后，其最大日负荷曲线也就确定了，利用系数计算公式见式（7-41）。

$$K_{X} = \frac{P_{av}}{\sum_{i=1}^{n}P_{Ni}} \qquad (7-41)$$

式中：K_X——利用系数；

$\qquad P_{av}$——各用电设备组平均负荷的有功功率，kW；

$\qquad \sum\limits_{i=1}^{n} P_{Ni}$——各用电设备组设备功率之和。

（2）附加系数：为了便于比较，从发热角度出发，不同容量的用电设备需归算为同一容量的用电设备，于是可得其等效台数，计算公式见式（7-42）。

$$
\left.\begin{array}{l}
P_c = K_{\sum P} K_d \sum\limits_{i=1}^{n} P_{Ni} \\[2mm]
Q_c = P_c \tan\varphi \\[2mm]
S_c = \sqrt{P_c{}^2 + Q_c{}^2} \\[2mm]
I_c = \dfrac{S_c}{\sqrt{3}\,U_r}
\end{array}\right\} \qquad (7\text{-}42)
$$

式中：P_c——有功功率，kW；

$\qquad K_{\sum P}$——有功同时系数，对于配电干线所供范围的计算负荷，$K_{\sum P}$ 取值范围一般都在 $0.8\sim0.9$；对于变电站总计算负荷，$K_{\sum P}$ 取值范围一般在 $0.85\sim1$；

$\qquad K_d$——需用系数；

$\qquad P_{Ni}$——用电设备组中每台用电设备的额定功率，kW；

$\qquad Q_c$——无功功率，kW；

$\qquad S_c$——视在功率，kW；

$\qquad \tan\varphi$——用电设备功率因数角的正切值；

$\qquad I_c$——电气设备电流，A；

$\qquad U_r$——电气设备额定电压，kV。

（3）系数法的计算步骤如下：

①单组用电设备组中设备台数 $\geq$ 3 台时的计算负荷先由式（7-41）求出平均负荷。

②再由附加系数求计算负荷。附加系数由设备等效台数 n_{eq} 和利用系数 K_X 得到式（7-43）和式（7-44）：

$$P_{av} = K_X \sum\limits_{i=1}^{n} P_{Ni} \qquad (7\text{-}43)$$

$$Q_{av} = P_{av} \tan\varphi \qquad (7\text{-}44)$$

③多组用电设备组的计算负荷：当供电范围内有多个性质不同的设备组时，设备等效台数 n_{eq} 为所有设备的等效台数；利用系数 K_X 以各组设备组的加权利用系数 K_{xav} 替换，同样使用附加系数表可以查得附加系数 K_{ad}。有功功率计算公式为式（7-45）：

$$P_c = K_{ad} K_{xav} \sum\limits_{m=1}^{m} \sum\limits_{n=1}^{n} P_{Nij} \qquad (7\text{-}45)$$

加权利用系数为式（7-46）：

$$K_{xav} = \dfrac{\sum\limits_{m=1}^{m} P_{avj}}{\sum\limits_{m=1}^{m} \sum\limits_{n=1}^{n} P_{Nij}} \qquad (7\text{-}46)$$

式中：$\sum\limits_{m=1}^{m} P_{avj}$——各组设备平均功率之和，kW；

$\qquad \sum\limits_{m=1}^{m} \sum\limits_{n=1}^{n} P_{Nij}$——各组设备额定功率之和，kW。

4）各种计算法优缺点

（1）指标法中除了住宅用电量指标法外的其他方法一般只用作供配电系统的前期负荷估算。

（2）需用系数法计算简单，是最为常用的一种计算方法，适合用电设备数量较多，且容量相差不大的情况，组成需用系数的同时系数和负荷系数都是平均的概念，若一个用电设备组中设备容量相差过于悬殊，大容量设备的投入对计算负荷起决定性的作用，这时需用系数计算的结果很可能与大容量设备投入时的实际情况不符，出现不合理的结果。影响需用系数的因素非常多对于运行经验不多的用电设备，很难找出较为准确的需用系数值。

（3）二项式系数法考虑问题的出发点就是大容量设备的作用，因此当用电设备组中设备容量相差悬殊时，使用二项式系数法可以得到较为准确的结果。

（4）利用系数法是通过平均负荷来计算负荷，这种方法的理论依据是概率论与数理统计，因此是一种较为准确的计算方法，但利用系数法的计算过程相对繁琐。

（5）目前民用建筑用电负荷的二项式系数法和利用系数法经验值尚不完善，这两种方法主要用于工业企业的负荷计算。

（6）根据负荷计算方法得出的计算结果往往偏大，这是因为：

①负荷计算的基础数据偏大，在选择电气设备时，一般都是按最不利的负荷情况选择，常常还在此基础上加保险系数，使得设备容量偏大。

②负荷计算所用的计算系数偏大。在作负荷计算时，各种系数都是以求出负荷曲线上持续 30min 最大负荷给出的，对于大多数电气设备讲，显然过于保守。

（七）短路电流的计算

短路是电力系统最为常见的故障之一，它是由供配电系统中相导体之间或相导体与地之间不通过负载阻抗发生了直接电气连接所产生的。在供配电系统中，可能发生的短路类型有四种，分别为三相短路、两相短路、单相短路、两相接地短路。

1. 短路电流计算方法

（1）以系统元件参数的标幺值计算短路电流，适用于比较复杂的系统。

（2）以系统短路容量计算短路电流，适用于比较简单的系统。

（3）以有名值计算短路电流，适用于 1kV 及以下的低压网络系统。

（4）计算短路电流时，电路的分布电容不予考虑。

2. 短路电流计算要求

短路电流计算中应以系统在最大运行方式下三相短路电流为主；应以最大三相短路电流作为选择、校验电器和计算继电保护的主要参数。同时也需要计算系统在最小运行方式下的两相短路电流作为校验继电保护、校核电动机启动等的主要参数。短路电流计算时所采用的接线方式，应为系统在最大及最小运行方式下导体和电器安装处发生短路电流的正常接线方式。短路电流计算宜符合下列要求：

（1）在短路持续时间内，短路相数不变，如三相短路持续时间内保持三相短路不变，单相接地短路持续时间内保持单相接地短路不变。

（2）具有分接开关的变压器，其开关位置均视为在主分接位置。

（3）不计弧电阻。

3. 高压短路电流计算

高压短路电流计算时，应考虑对短路电流影响大的变压器、电抗器、架空线及电缆等因素的阻抗，对短路电流影响小的因素可不予考虑。

高压短路电流计算宜按下列步骤进行：

（1）确定基准容量 $S_j = 100\text{MV}\cdot\text{A}$，确定基准电压 $U_j = U_p$（U_p 为电网线电压平均值）。

（2）绘制主接线系统图，标出计算短路点。

（3）绘制相应阻抗图，各元件归算到标幺值。

（4）经网络变换等计算短路点的总阻抗标幺值。计算三相短路周期分量及冲击电流等。

4. 低压网络短路电流计算步骤

（1）画出短路点的计算电路，求出各元件的阻抗（图7-36）。

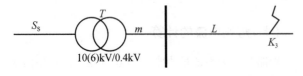

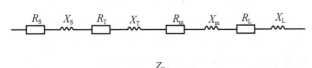

图7-36 三相短路电流计算电路

（2）变换电路后画出等效电路图，求出总阻抗。

（3）低压网络三相和两相短路电流周期分量有效值按式（7-47）计算。

$$\left.\begin{array}{l} I''_3 = \dfrac{\dfrac{CU_n}{\sqrt{3}}}{Z_k} = \dfrac{\dfrac{1.05U_n}{\sqrt{3}}}{\sqrt{R_k^2 + X_k^2}} = \dfrac{230}{\sqrt{R_k^2 + X_k^2}} \\ R_k = R_s + R_T + R_m + R_L \\ X_k = X_s + X_T + X_m + X_L \end{array}\right\} \quad (7\text{-}47)$$

式中：I''_3——三相短路电流的初始值，A；

C——电压系数，计算三相短路电流时取 1.05；

U_n——网络标称电压或线电压（380V），V；

Z_k、R_k、X_k——分别为短路电路总阻抗、总电阻、总电抗，$\text{m}\Omega$；

R_s、X_s——分别为变压器高压侧系统的电阻、电抗（归算到400V侧），$\text{m}\Omega$；

R_T、X_T——分别为变压器的电阻、电抗，$\text{m}\Omega$；

R_m、X_m——分别为变压器低压侧母线段的电阻、电抗，$\text{m}\Omega$；

R_L、X_L——分别为配电线路的电阻、电抗，$\text{m}\Omega$。

只要 $\sqrt{\dfrac{R_T^2 + X_T^2}{R_S^2 + X_S^2}} \geq 2$，变压器低压侧短路时的短路电流周期分量不衰减 $I_k = I''_3$。

（4）短路冲击电流按式（7-48）计算。

$$\left.\begin{array}{l} I_{sh} = \sqrt{2}K_{sh}I'' \\ I_{sh} = I''\sqrt{1 + 2(K_{sh} - 1)^2} \end{array}\right\} \quad (7\text{-}48)$$

式中：I_{sh}——短路冲击电流，A；

K_{sh}——短路电流冲击系数。

（5）两相短路电流按式（7-49）计算：

$$\left.\begin{array}{l} I''_2 = 0.866I''_3 \\ I_{K2} = 0.866I_{K3} \end{array}\right\} \quad (7\text{-}49)$$

式中：I''_2——两相短路电流的初始值，A；

I_{K2}——两相短路稳态电流，A；

I_{K3}——三相短路稳态电流，A。

5. 短路电流计算结果的应用

短路电流计算结果主要有以下几方面的应用：①电气接线方案的比较与选择；②正确选择和校验电气设备；③继电保护的选择、整定及灵敏系数校验；④计算软导线的短路摇摆；⑤接地装置的设计及确定中性点接地方式；⑥正确选择和校验载流导体；⑦三分之一分裂导线间隔棒的间距；⑧验算接地装置的接触电压与跨步电压。

6. 影响短路电流的因素

影响短路电流的因素主要有以下几种：①系统电

压等级；②主接线形式以及主接线的运行方式；③系统的元件正负序阻抗及零序阻抗大小（变压器中性点接地点多少）；④是否加装限流电抗器；⑤是否采用限流熔断器、限流低压断路器等限流型电器，能在短路电流达到冲击值之前完全熄灭电弧起到限流作用。

（八）电工测量

电工常用携带式仪表主要有万用表、钳形电流表及兆欧表。

1. 万用表的应用

万用表可用来测量直流电流、直流电压、交流电流、交流电压、电阻、电感、电容。音频电平及晶体三极管的电流放大系数 β 值等。如图 7-37、图 7-38 所示。

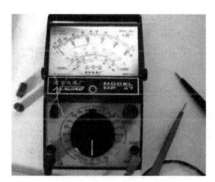

图 7-37 指针式万用表

图 7-38 数字式万用表

1）万用表的使用方法

（1）端钮（或插孔）选择要正确：红色测试棒连接线要接到红色端钮上（或标有"＋"号的插孔内），黑色测试棒连接线要接到黑色端钮上（或标有"－"号的插孔内）。有的万用表备有交直流电压为 2500V 的测量端钮，使用时黑色测试棒仍接黑色端钮，而红色测试棒接到 2500V 的端钮上。

（2）转换开关位置选择要正确：根据测量对象转换开关转到相应的位置，有的万用表面板上有两个转换开关；一个选择测量种类；一个选择测量量程。使用时应先选择测量种类，然后选择测量量程。

（3）量程选择要合适：根据被测量的大致范围，将转换开关转至适当的量限上，若测量电压或电流时，最好使指针指在量程的 1/2～2/3 范围内，这样读数较为准确。

（4）正确进行读数：在万用表的标度盘上有很多标度尺，它们分别适用于不同的被测对象。因此测量时在对应的标度尺上读数的同时，应注意标度尺读数和量程挡的配合，以避免差错。

（5）欧姆挡的正确使用：

①选择合适的倍率挡：测量电阻时，倍率挡的选择应以使指针停留在刻度线较稀的部分为宜，指针越接近标度尺的中间部分，读数越准确，越向左、刻度线越密，读数的准确度越差。

②调零：测量电阻之前，应将两根测试棒碰在一起，同时转动"调零旋钮"，使指针刚好指在欧姆标度尺的零位上，这一步骤称为欧姆挡调零。每换一次欧姆挡，测量电阻之前都要重复这一步骤，从而保证了测量的准确性，如果指针不能调到零位，说明电池电压不足，需要更换。

③不能带电测量电阻：测量电阻时万用表是电池供电的，被测电阻决不能带电，以免损坏表头。

④注意节省干电池：在使用欧姆挡间歇中，不要让两根测试棒短接，以免浪费电池。

2）使用万用表应注意的事项

（1）使用万用表时要注意手不可触及测试棒的金属部分，以保证安全和测量的准确度。

（2）在测量较高电压或大电流时，不能带电转动转换开关，否则有可能使开关烧坏。

（3）万用表用完以后，应将转换开关转到"空挡"或"OFF"挡，表示已关断。有的表没有上述两挡时可转向交流电压最高量程挡，以防下次测量时疏忽而损坏万用表。

（4）平时要养成正确使用万用表的习惯，每当测试棒接触被测线路前应再一次全面检查，观察各部分位置是否有误，确实没有问题时再进行测量。

2. 钳形电流表的应用

钳形电流表按结构原理不同分为磁电式和电磁式两种，磁电式可测量交流电流和交流电压；电磁式可测量交流电流和直流电流。如图 7-39 所示。

1）钳形电流表的使用方法和注意事项

（1）在进行测量时用手捏紧扳手即张开，被测载流导线的位置应放在钳口中间，防止产生测量误差，然后放开扳手，使铁芯闭合，表头就有指示。

（2）测量时应先估计被测电流或电压的大小，选择合适的量程或先选用较大的量程测量，然后再视被测电流、电压大小减小量程，使读数超过刻度的

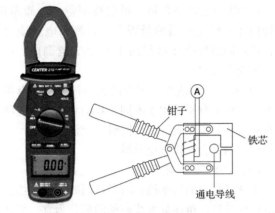

图7-39 钳形电流表

1/2，以便得到较准确的读数。

（3）为使读数准确，钳口两个面应保证很好的接合，如有杂声，可将钳口重新开合一次，如果声音依然存在，可检查在接合面上是否有污垢存在，如有污垢，可用汽油擦干净。

（4）测量低压可熔保险器或低压母线电流时，测量前应将邻近各相用绝缘板隔离，以防钳口张开时可能引起相间短路。

（5）有些型号的钳形电流表附有交流电压刻度，测量电流、电压时应分别进行，不能同时测量。

（6）不能用于高压带电测量。

（7）测量完毕后一定要把调节开关放在最大电流量程位置，以免下次使用时由于未经选择量程而造成仪表损坏。

（8）为了测量小于5A以下的电流时能得到较准确的读数，在条件许可时可把导线多绕几圈放进钳口进行测量，但实际电流数值应为读数除以放进钳口内的导线根数。

2）钳形电流表在几种特殊情况下的应用

用钳形电流表测量绕线式异步电动机的转子电流时，必须选用电磁系表头的钳形电流表，如果采用一般常见的磁电系钳形电流表测量时，指示值与被测量的实际值会有较大出入，甚至没有指示，其原因是磁电系钳形表的表头与互感器二次线圈连接，表头电压是由二次线圈得到的。根据电磁感应原理可知，互感电动势的计算见式（7-50）。

$$E_2 = 4.44 fW\Phi_m \qquad (7-50)$$

式中：E_2——互感电动势，V；

f——电流变化的频率，Hz；

W——互感系数，H；

Φ_m——磁通量，Wb。

由式（7-50）看出，互感电动势的大小与频率成正比。当采用此种钳形表测量转子电流时，由于转子上的频率较低，表头上得到的电压将比测量同样工频电流时的电压小得多（因为这种表头是按交流50Hz的工频设计的）。有时电流很小，甚至不能使表头中的整流元件导通，所以钳形表没有指示，或指示值与实际值有很大误差。

如果选用电磁系的钳形表，由于测量机构没有二次线圈与整流元件，被测电流产生的磁通通过表头，磁化表头的静、动铁片，使表头指针偏转，与被测电流的频率没有关系，所以能够正确指示出转子电流的数值。

用钳形电流表测量三相平衡负载时，会出现一种奇怪现象，即钳口中放入两相导线时的指示值与放入一相导线时的指示值相同，这是因为在三相平衡负载的电路中，每相的电流值相等，表示为$I_u = I_v = I_w$。若钳口中放入一相导线时，钳形表指示的是该相的电流值，当钳口中放入两相导线时，该表所指示的数值实际上是两相电流的相量之和，按照相量相加的原理，$I_1 + I_3 = -I_2$，因此指示值与放入一相时相同。

如果三相同时放入钳口中，当三相负载平衡时，$I_1 + I_2 + I_3 = 0$，即钳形电流表的读数为零。

3. 兆欧表的应用

兆欧表俗称摇表或摇电箱，是一种简便、常用的测量高电阻直接式携带型摇表，用来测量电路、电机绕组、电缆及电气设备等的绝缘电阻。表盘的上标尺刻度以"MΩ"为单位。兆欧表可分为手摇发电机型、用交流电作电源型及用晶体管直流电源变换器作电源的晶体管兆欧表。目前常用的是手摇发电机型。

1）兆欧表测量绝缘电阻的方法

（1）线路间绝缘电阻的测量：被测两线路分别接在线路端钮"L"上和地线端钮"E"上，用左手稳住摇表，右手摇动手柄，速度由慢逐渐加快，并保持在120r/min左右，持续1min，读出兆欧数。

（2）线路对地间绝缘电阻的测量：被测线路接于"L"端钮上，"E"端钮与地线相接，测量方法同上。

（3）电动定子绕组与机壳间绝缘电阻的测量：定子绕组接"L"端钮上，机壳与"E"端钮连接。

（4）电缆缆心对缆壳间绝缘电阻的测量：将"L"端钮与缆心连接，"E"端钮与缆壳连接，将缆心与缆壳之间的内层绝缘物接于屏蔽端钮"G"上，以消除因表面漏电而引起的测量误差。

2）兆欧表的使用注意事项

（1）在进行测量前先切断被测线路或设备电源，并进行充分放电（约需2～3min）以保障设备及人身安全。

（2）兆欧表接线柱与被测设备间连接导线不能用双股绝缘线或胶线，应用单股线分开单独连接，避免因胶线绝缘不良而引起测量误差。

（3）测量前先将兆欧表进行一次开路和短路试验，检查兆欧表是否良好。若将两连接线开路，摇动手柄，指针应指在"∞"（无穷大）处；把两连接线短接，指针应指在"0"处。说明兆欧表是良好的，否则兆欧表是有问题的。

（4）测量时摇动手柄的速度由慢逐渐加快并保持120r/min左右的速度，持续1min左右，这时才是准确的读数。如果被测设备短路、指针指零，应立即停止摇动手柄，以防表内线圈发热损坏。

（5）测量电容器及较长电缆等设备的绝缘电阻后，应立即将"L"端钮的连接线断开，以免被测设备向兆欧表倒充电而损坏仪表。

（6）禁止在雷电时或在邻近有带高压电的导线或设备时用兆欧表进行测量。只有在设备不带电又不可能受其他电源感应而带电时才能进行测量。

（7）兆欧表量程范围的选用一般应注意不要使其测量范围过多的超出所需测量的绝缘电阻值，以免读数产生较大的误差。例如，一般测量低压电气设备的绝缘电阻时可选用0~200MΩ量程的表，测量高压电气设备或电缆时可选用0~2000MΩ量程的表。刻度不是从零开始，而且从1MΩ或2MΩ起始的兆欧表一般不宜用来测量低压电器设备的绝缘电阻。

（8）测量完毕后，在手柄未完全停止转动和被测对象没有放电之前，切不可用手触及被测对象的测量部分并拆线，以免触电。

3）兆欧表的选用方法

（1）目前常用国产兆欧表的型号与规格如表7-7所示。表中所列为手摇发电机型，最高电压为2500V，最大量程为10000MΩ。若需要更高电压和更大量程的可选用新型ZC 30型晶体兆欧表，其额定电压可达5000V，量程为100000MΩ。

表7-7　常用兆欧表的型号与规格

型号	额定电压/V	级别	量程范围/MΩ
ZC 11-6	100	1.0	0~20
ZC 11-7	250	1.0	0~50
ZC 11-8	500	1.0	0~100
ZC 11-9	50	1.0	0~200
ZC 25-2	250	1.0	0~250
ZC 25-3	500	1.0	0~500
ZC 25-4	1000	1.0	0~1000
ZC 11-3	500	1.0	0~2000
ZC 11-10	2500	1.5	0~25000
ZC 11-4	1000	1.0	0~5000
ZC 11-5	2500	1.5	0~10000

（2）兆欧表的选择：主要是选择兆欧表的电压及其测量范围，表7-8列出了在不同情况下选择兆欧表的要求。

表7-8　兆欧表的电压及测量范围的选择

被测对象	被测设备的额定电压/V	所选兆欧表的电压/V
弱电设备、线路的绝缘电阻	100以上	50~100
线圈的绝缘电阻	500以下	500
线圈的绝缘电阻	500以上	1000
发电机线圈的绝缘电阻	380以下	1000
电力变压器、发电机、电动机绝缘电阻	500以上	1000~2500
电气设备的绝缘电阻	500以下	500~1000
电气设备的绝缘电阻	500以上	2500
瓷瓶、母线、刀闸的绝缘电阻	—	2500~5000

4）接地电阻的测量（图7-40）

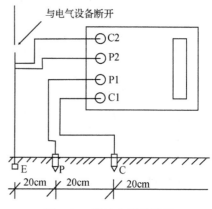

图7-40　接地电阻的测量

（1）被测接地E（C2、P2）和电位探针P1及电流探针C1依直线彼此相距20m，使电位探针处于E、C中间位置，按要求将探针插入大地。

（2）用专用导线将端子E（C2、P2）、P1、C1与探针所在位置对应连接。

（3）开启电源开关"ON"，选择合适挡位轻按，该挡指示灯亮，表头LCD显示的数值即为被测得的接地电阻值。

5）土壤电阻率测量（图7-41）

测量时在被测的土壤中沿直线插入四根探针，并使各探针间距相等，各间距的距离为L，要求探针入地深度为$L/20$cm，用导线分别从C1、P1、P2、C2端子按出分别与4根探针相连接。若测出电阻值为R，则土壤电阻率按式（7-51）计算：

$$\rho = 2\pi RL \qquad (7-51)$$

式中：ρ——土壤电阻率，Ω·cm；

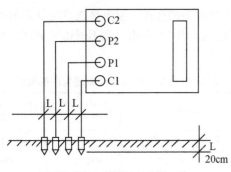

图 7-41　土壤电阻率测量

L——探针与探针之间的距离，cm；

R——电阻仪的读数，Ω。

用此法则得的土壤电阻率可以近似认为是被埋入区域的平均土壤电阻率。

6）测量注意事项和维护保养措施

（1）测量保护接地电阻时，一定要断开电气设备与电源连接点。在测量小于 1Ω 的接地电阻时，应分别用专用导线连在接地体上，C2 在外侧，P2 在内侧，如图 7-42 所示：

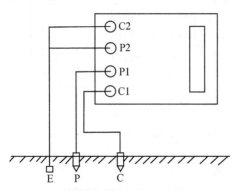

图 7-42　接地电阻的测量

（2）测量接地电阻时最好反复在不同的方向测量 3~4 次，取其平均值。

（3）测量大型接地网接地电阻时，不能按一般接线方式测量，可参照电流表、电压表测量法中的规定选定埋插点。

（4）若测试回路不通或超量程时，表头显示"1"，说明溢出，应检查测试回路是否连接好或是否超量程。

（5）本表当电池电压低于 7.2V 时，表头显示欠压符号"←"，表示电池电压不足，此时应插上电源线由交流供电或打开仪器后盖板更换干电池。

（6）如果使用可充电池时，可直接插上电源线利用本机充电，充电时间一般不低于 8h。

（7）存放保管本表时，应注意环境温度和湿度，应放在干燥通风的地方为宜，避免受潮，应防止酸碱及腐蚀气体，不得雨淋、暴晒、跌落。

四、城镇排水泵站供配电基本知识

（一）排水泵站配电系统的主要功能及规模

配电系统主要有三个功能，首先是将输电系统的电能输送到配电系统，其次是将电压降低至当地适用电压，最后是在发生故障时，通过隔离故障单元，保护整个电网。

泵站规模的调查应根据城市雨水、污水系统专业规划和有关排水系统所规定的范围、设计标准，经工艺设计的综合分析计算后确定泵站的近期规模，包括泵站站址选择和总平面布置。泵站平面布置图中应包括泵房、集水间、调蓄池、附属构筑物。附属构筑物主要包括配电室、值班室。排水泵站规模决定了排水泵站供电系统的规模。

（二）排水泵站供电系统设计调整依据

排水泵站配电室也是电气系统的一部分，必须按照电气设计规范进行设计。泵站的供配电设计工程首先要确定泵站的用电负荷，应根据泵站的规模、工艺特点、泵站总用电量（包括动力设备用电和照明用电）等计算泵站负荷，所以设计前对这些因素必须进行调查，调查主要包括：泵站规模的调查；工艺的调查（包括工程性质、工艺流程图、工艺对电气控制的要求）；用电量的调查（包括机械设备正常工作用电、设备规格、型号、工作制、仪表监控用电、正常工作照明、安全应急照明、室外照明、检修用电及其他场所的照明）；发展规划的调查（包括近期建设和远期发展的关系，远近结合，以近期为主，适当考虑发展的可能）；环境调查（包括周围环境对本工程的影响以及本工程实施后对居民生活可能造成的影响进行初步评估）。其次按照现行的设计规范进行设计，目前主要电气设计规范如下：

《民用建筑电气设计规范》（JGJ 16—2008）

《供配电系统设计规范》（GB 50052—2009）

《建筑照明设计标准》（GB 50034—2013）

《低压配电设计规范》（GB 50054—2011）

《3~110kV 高压配电装置设计规范》（GB 50060—2008）

《20kV 及以下变电所设计规范》（GB 50053—2013）

《爆炸危险环境电力装置设计规范》（GB 50058—2014）

《电力装置的继电保护和自动装置设计规范》（GB 50062—2008）

《建筑物防雷设计规范》（GB 50057—2010）

《自动化仪表选型设计规定》（HG/T 20507—2000）

《仪表系统接地设计规定》（HG/T 20513—2000）

《控制室设计规定》（HG/T 20508—2014）

《工业建筑供暖通风与空气调节设计规范》（GB 50019—2015）

《建筑给水排水设计标准》（GB 50015—2019）

《建筑灭火器配置设计规范》（GB 50140—2019）

《建筑给水排水及采暖工程施工质量验收规范》（GB 50242—2002）

《泵站设计规范》（GB 50265—2010）

（三）配电室位置与形式选择

1. 配变电所位置选择

变电所的设置应根据下列要求经技术经济比较后确定：①进出线方便；②接近负荷中心；③接近电源侧；④设备运输方便；⑤不应设在有剧烈震动的或高温的场所；⑥不宜设在多尘或有腐蚀气体的场所，如无法远离，不应设在污染源的主导风向的下风侧；⑦不应设在有爆炸危险环境或火灾危险环境的正上方和正下方；⑧变电所的辅助用房，应根据需要和节约的原则确定。有人值班的变电所应设单独的值班室。值班室与高压配电室宜直通或经过通道相通，值班室应有门直接通向户外或通向走道。

2. 配变电所的类型

排水泵站的变配所大多是 10kV 变电所，一般为全户内或半户内独立式结构，开关柜放在屋内，主变压器可放置屋内或屋外，依据地理环境条件因地制宜。10kV 及以下变配电所按其位置分类主要有以下类型：①独立式变配电所；②地下变配电所；③附设变配电所；④户外变电所；⑤箱式变电站。

3. 高压配电室结构布置

配电装置宜采用成套设备，型号应一致。配电柜应装设闭锁及连锁装置，以防止误操作事故的发生。带可燃性油的高压开关柜，宜装设在单独的高压配电室内。当高压开关柜的数量为 6 台及以下时，可与低压柜设置在同一房间。

高压配电室长度超过 7m 时，应设置两扇向外开的防火门，并布置在配电室的两端。位于楼上的配电室至少应设一个安全出口通向室外的平台或通道。并应便于设备搬运。

高压配电装置的总长度大于 6m 时，其柜（屏）后的通道应有两个安全出口。高压配电室内各种通道的最小宽度（净距）应符合表 7-9 的规定。

表 7-9　高压配电室内通道的最小宽度（净距）

单位：m

装置种类	操作走廊（正面）		维护走廊（背面）	通往防爆间隔的走廊
	设备单列布置	设备双列布置		
固定式高压开关柜	2.0	2.5	1.0	1.2
手车式高压开关柜	单车长+1.2	双车长+1.0	1.0	1.2

4. 电力变压器室的布置规定

（1）每台油量为 100kg 及以上的三相变压器，应装设在单独的变压器室内。

（2）室内安装的干式变压器，其外廓与墙壁的净距不应小于 0.6m；干式变压器之间的距离不应小于 1m，并应满足巡视、维修的要求。

（3）变压器室内可安装与变压器有关的负荷开关、隔离开关和熔断器。在考虑变压器布置及高、低压进出线位置时，应使负荷开关或隔离开关的操动机构装在近门处。

（4）变压器室的大门尺寸应按变压器外形尺寸加 0.5m。当一扇门的宽度为 1.5m 及以上时，应在大门上开宽 0.8m、高 1.8m 的小门。

5. 低压配电室的布置规定

低压配电设备的布置应便于安装、操作、搬运、检修、试验和监测。低压配电室长度超过 7m 时，应设置两扇门，并布置在配电室的两端。位于楼上的配电室至少应设一个安全出口通向室外的平台或通道。

成排布置的配电装置，其长度超过 6m 时，装置后面的通道应有两个通向本室或其他房间的出口，如两个出口之间的距离超过 15m 时，其间还应增加出口。

低压配电室兼作值班室时，配电装置前面距墙不宜小于 3m。成排布置的低压配电装置，其屏前后的通道最小宽度应符合表 7-10 的规定。

表 7-10　低压配电装置室内通道的最小宽度

单位：m

装置种类	单排布置		双排对面布置		双排背对背布置	
	屏前	屏后	屏前	屏后	屏前	屏后
固定式	1.5	1.0	2.0	1.0	1.5	1.5
抽屉式	2.0	1.0	2.3	1.0	2.0	1.5

电容器室布置应符合下列规定：室内高压电容器组宜装设在单独房间内。当容量较小时，可装设在高压配电室内。但与高压开关柜的距离不应小于 1.5m。

室内高压电容器组宜装设在单独的房间内。当容量较小时可装设在高压配电室内。

成套电容器柜单列布置时，柜正面与墙面之间的距离不应小于1.5m；双列布置时，柜面之间的距离不应小于2m。装配式电容器组单列布置时，网门与墙距离不应小于1.3m；双列布置时，网门之间距离不应小于1.5m。长度大于7m的电容器室，应设两个出口，并宜布置在两端。门应外开。

6. 泵房内设备的布置规定

根据水泵类型、操作方式、水泵机组配电柜、控制屏、泵房结构形式、通风条件等确定设备布置。电动机的启动设备宜安装于配电室和水泵电机旁。机旁控制箱或按钮箱宜安装于被控设备附近，操作及维修应方便，底部距地面1.4m左右，可固定于墙、柱上，也可采用支架固定。格栅除污机、压榨机、水泵、闸门、阀门等设备的电气控制箱宜安装于设备旁，应采用防腐蚀材料制造，防护等级户外不应低于IP65，户内不应低于IP44。臭气收集和除臭装置电气配套设施应采用耐腐蚀材料制造。

1) 泵站场地内电缆沟、井的布置规定

(1) 泵房控制室、配电室的电缆应采用电缆沟或电缆夹层敷设，泵房内的电缆应采用电缆桥架、支架、吊架或穿管敷设。

(2) 电缆穿管没有弯头时，长度不宜超过50m，有一个弯头时，穿管长度不宜超过20m；有两个弯头时，应设置电缆手井，电缆手井的尺寸根据电缆数量而定。

2) 泵站照明光源选择的规定(表7-11)

(1) 宜采用高效节能新光源。泵房、泵站道路等场地照明宜选用高压钠灯。

(2) 控制室、配电间、办公室等场所宜选用带节能整流器或电子整流器的荧光灯。

(3) 露天工作场地等宜选用金属卤化物灯。

3) 泵站照明灯具选择的规定及照度要求(表7-11)

(1) 在正常环境中宜采用开启型灯具。

(2) 在潮湿场合应采用带防水灯头的开启型灯具或防潮型灯具。

(3) 灯具结构应便于更换光源。

(4) 检修用的照明灯具应采用Ⅲ类灯具，用安全特低电压供电，在干燥场所电压值不应大于50V。

(5) 在潮湿场所电压值不应大于25V。

(6) 在有可燃气体和防爆要求的场合应采用防爆型灯具。

表7-11 泵站最低照度标准

工作场所	工作面名称	规定照度的被照面	一般工作照度/lx	事故照度/lx
泵房间、栅间格	设备布置和维护地区	离地0.8m水平面	150	10
中控室	控制盘上表针、操作屏台、值班室	控制盘上表针	200	30
		控制台水平面	500	
继电保护盘、控制屏	屏前屏后	离地0.8m水平面	100	5
计算机房、值班室	设备上	离地0.8m水平面	200	10
高、低压配电装置，母线室，变压器室	设备布置和维护地区	离地0.8m水平面	75	3
机修间	设备布置和维护地区	离地0.8m水平面	60	—
主要楼梯和通道	—	地面	10	0.5

4) 照明设备(含插座)的布置规定

(1) 室外照明庭院灯高度宜为3.0~3.5m，杆间距宜为15~25m。

(2) 路灯供电宜采用三芯或五芯直埋电缆。变配电所灯具宜布置在走廊中央。

(3) 灯具安装在顶棚下距地面高度宜为2.5~3.0m，灯间距宜为灯高度的1.8~2倍。当正常照明因故停电，应急照明电源应能迅速地自动投入。

(4) 当照明线路中单相电流超过30A时，应以380V/220V供电。每一单相回路不宜超过15A，灯具为单独回路时数量不宜超过25个；对高强气体放电灯单相回路电流不宜超过30A；插座应为单独回路，数量不宜超过10个(组)。

(四) 排水泵站供电方式

配电系统应根据工程用电负荷大小、对供电可靠性的要求、负荷分布情况等采用不同的接线方法。常用的配电系统接线方式有放射式、树干式、环式或其他组合方式。对10kV/6kV配电系统宜采用放射式。对泵站内的水泵电机应采用放射式配电。对无特殊要求的小容量负荷可采用树干式配电。配电系统采用放射式时，供电可靠性高，发生故障后的影响范围较小，切换操作方便，保护简单，便于管理，但所需的配电线路较多，相应的配电装置数量也较多，因而造价较高。放射式配电系统接线又可分为单回路放射式和双回路放射式两种。前者可用于中、小城市的二、三级负荷给排水工程；后者多用于大、中城市的一、二级负荷给排水工程。10kV 及以下配电所母线绝大部分为单母线或单母线分段。因一般配电所出线回路较少，母线和设备检修或清扫可趁全厂停电检修时进行。此外，由于母线较短，事故很少，因此，对一般泵站建造的配、变电所，采用单母线或单母线分段的接线方式已能满足供电要求。

排水泵站变配电所基本上是 10kV 变 0.4kV 的配电系统，因此基本上采用单母线或单母线分段运行。

排水泵站作为承担城市雨水和污水排放功能设施，其供电负荷为二级，特别重要的按一级负荷考虑。

目前供电方式按电源供电数分为：单电源供电、双电源供电、单电源加发电机、双电源加发电机等。按供电电压等级可分为低压供电、高压供电。按电源进线方式分为架空线供电、电缆供电。按计量方式分为高压供电、高压侧计量（高供高量），高压供电、低压侧计量（高供低量），低压供电低压计量。

户外电源进线装置主要是指由供电电网提供给排水泵站电源的接纳装置，包含有供电电网的分界开关、进户电杆、电缆分支箱等设备。排水泵站主要进线分为架空进线和电缆进线。

架空进线的户外进线装置由分界开关、户外高压跌落式熔断器、避雷器、绝缘子、架空线、进户电缆组成。

电缆进线装置一般安装在室内，供电与用户分界点是以供电部门高压配电柜内出线开关进行划分；也有个别安装在户外，户外从供电部门的电缆分支箱内开关进行划分。泵站供电系统组成如图 7-43 所示。

排水泵站供配电系统一般分为高压系统和低压配电系统，根据泵站规模及设备容量情况以供电部门出具供电方案为依据进行设计。排水泵站高压系统由于设备容量不同采用的设备及保护方式不同：容量小于 630kV·A 的高压供电系统可以采用高压负荷开关加高压熔断器进行保护。容量大于 630kV·A 的高压供电系统采用高压断路器加直流屏进行保护。负荷开关加熔断器保护的高压系统如图 7-44 所示，真空断路器保护的高压系统如图 7-45 所示。

排水泵站低压配电系统是指按照供电方案将有关低压设备组装，实现对水泵、附属用电设备进行控制，提供电源。低压配电柜主要型号有 GCK、GCS、GGD 等。

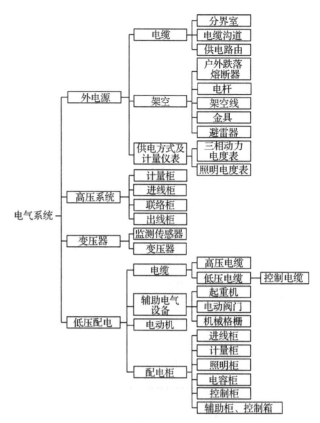

图 7-43　排水泵站系统图

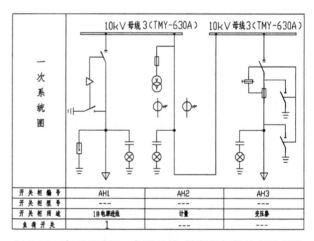

图 7-44　高压系统图：负荷开关+熔断器保护的高压系统

低压配电系统的供电方式主要由高压配电系统决定，低压供电由供电部门给出的供电方案为准。

低压配电系统主要有以下几种供电方式：

1. 单路电源供电

低压设备只有一路进线电源，控制泵站设备运行，如图 7-46 所示。

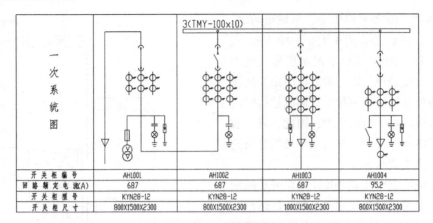

开 关 柜 编 号	AH1001	AH1002	AH1003	AH1004
回 路 额 定 电 流(A)	687	687	687	95.2
开 关 柜 型 号	KYN28-12	KYN28-12	KYN28-12	KYN28-12
开 关 柜 尺 寸	800X1500X2300	800X1500X2300	1000X1500X2300	800X1500X2300

图 7-45　高压系统图：真空断路器保护的高压系统

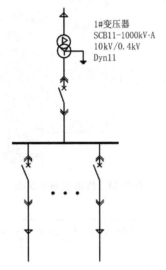

图 7-46　单路电源供电一次系统图

2. 单路电源加发电机供电

低压配电设备只有一路进线电源，但是为提高保障度，配备一台相同容量或略大于电源容量的发电机，如图 7-47 所示，正常状态下发电机不工作，当

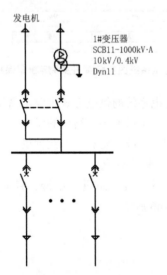

图 7-47　单路电源加发电机供电一次系统图

电源发生故障时，发电机运行。发电机与进线电源开关做好连锁工作，确保不发生因反送电现象引起的人员、设备事故。

3. 双路电源一用一备供电

低压配电设备由两路电源供电，但正常时只能运行一路电源，另一路电源作为保障性电源，一路电源要能够运行全部设备，如图 7-48 所示。

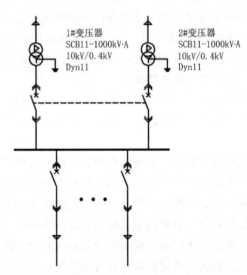

图 7-48　双路电源一用一备供电一次系统图

4. 双路电源母线联络供电

泵站低压配电系统由两路电源供电，中间通过相同容量的断路器进行联络，保障一路电源故障时，另一路电源及时带动全部设备，如图 7-49 所示。低压母线分段运行。配电柜内安装 3 台断路器进行控制，正常状态下只能闭合两台断路器。

5. 双路电源加发电机供电

泵站比较重要时，为提高泵站的供电可靠性，两路电源供电外，再增加一路发电机供电，配电柜内安装 3 个断路器，通过电气联锁进行控制，确保电源供电质量，不发生电源反送故障，如图 7-50 所示。

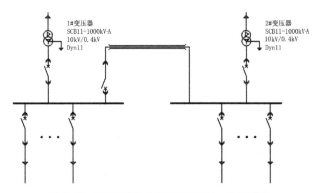

图 7-49　双路电源母线联络供电一次系统图

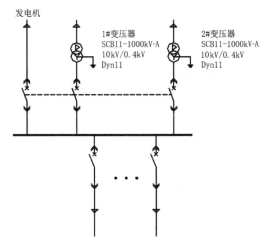

图 7-50　双路电源加发电机供电一次系统图

五、旋转电机的基本知识

(一)旋转电机

旋转电机(以下简称电机)是依靠电磁感应原理而运行的旋转电磁机械,用于实现机械能和电能的相互转换。发电机从机械系统吸收机械功率,向电系统输出电功率;电动机从电系统吸收电功率,向机械系统输出机械功率。

电机运行原理基于电磁感应定律和电磁力定律。电机进行能量转换时,应具备能做相对运动的两大部件:建立励磁磁场的部件,感生电动势并流过工作电流的被感应部件。这两个部件中,静止的称为定子,做旋转运动的称为转子。定子、转子之间有空气隙,以便转子旋转。

电磁转矩由气隙中励磁磁场与被感应部件中电流所建立的磁场相互作用产生。通过电磁转矩的作用,发电机从机械系统吸收机械功率,电动机向机械系统输出机械功率。建立上述两个磁场的方式不同,形成不同种类的电机。例如,两个磁场均由直流电流产生,则形成直流电机;两个磁场分别由不同频率的交流电流产生,则形成异步电机;一个磁场由直流电流产生,另一磁场由交流电流产生,则形成同步电机。

电机的磁场能量基本上储存于气隙中,它使电机把机械系统和电系统联系起来,并实现能量转换,因此,气隙磁场又称为耦合磁场。当电机绕组流过电流时,将产生一定的磁链,并在其耦合磁场内存储一定的电磁能量。磁链及磁场储能的数量随定子、转子电流以及转子位置不同而变化,由此产生电动势和电磁转矩,实现机电能量转换。这种能量转换理论上是可逆的,即同一台电机既可作为发电机也可作为电动机运行。但实际上,一台电机制成后,由于两种运行状态下参数和特性方面的原因,很难满足两种运行状态下的客观要求,因此,同一台电机不经改装和重新设计,不可任意改变其运行状态。

电机内部能量转换过程中,存在电能、机械能、磁场能和热能。热能是由电机内部能量损耗产生的。

对电动机而言,从电源输入的电能=耦合电磁场内储能增量+电机内部的能量损耗+输出的机械能。

对发电机而言,从机械系统输入的机械能=耦合电磁场内储能增量+电机内部的能量损耗+输出的电能。

(二)旋转电机的分类

按电机功能用途,可分为发电机、电动机、特殊用途电机。按电机电流类型分类,可分为直流电机和交流电机。交流电机可分为同步电机和异步电机。按电机相数分类,可分为单相电机及多相(常用三相)电机。按电机的容量或尺寸大小分类,可分为大型、中型、小型、微型电机。电机还可按其他方式(如频率、转速、运动形态、磁场建立与分布等)分类;按电机功用及主要用途分类见表 7-12。

表 7-12　按电机功用及主要用途分类

种类	名称		功用及主要用途
发电机	交流发电机		用于各种发电电源
	直流发电机		用于各种直流电源和作测速发电机
电动机	交流同步电动机		用于驱动功率较大或转速效低的机械设备
	交流异步电动机	笼型转子异步电动机	用于驱动一般机械设备
		绕线转子异步电动机	用于启动转矩高、启动电流小或小范围调速等要求的机械设备
	直流电动机		主要用于驱动需要调速的机械设备
	交直流两用电动机		主要用于电动工具

（续）

种类	名称	功用及主要用途
特殊用途电机	电动测功机	用于测定机械功率
	同步调相机	用于改善功率因数
	进相机	用于提高异步电动机的功率因数
	微特电机	用于传动机械负载或用于控制系统

对于各类电机，还可按电机的使用环境条件、用途、外壳防护型式、通风冷却方法和冷却介质、结构、转速、性能、绝缘、励磁方式和工作制等特征进行分类。

（三）旋转电机的基本原理

1. 三相异步电动机的结构

在各类电动机中，笼型转子三相异步电动机是结构简单、运行可靠、使用范围最广的一种电动机，三相异步电动机主要分成两个基本部分：定子（固定部分）和转子（旋转部分）。

（1）定子：由机座和装在机座内的圆筒形铁心以及其中的三相定子绕组组成。机座是用铸铁或铸钢制成的。铁心是由互相绝缘的硅钢片叠成的，铁心的内圆周表面有槽，用以放置对称三相绕组 AX、BY、CZ，有的联结成星形，有的联结成三角形。

（2）转子：转子是由转子铁心和力矩输出轴组成。转子铁心是圆柱状，也用硅钢片叠成，表面冲有槽。铁心装在转轴上，轴用以输出机械力矩。

2. 电动机旋转

三相异步电动机接上电源，就会转动。图 7-51 所示的是一个装有手柄的蹄形磁铁，磁极间放有一个可以自由转动的、由铜条组成的转子。铜条两端分别用铜环连接起来，形似鼠笼，作为鼠笼式转子。磁极和转子之间没有机械联系。当摇动磁极时，发现转子跟着磁极一起转动。摇得快，转子转得也快；摇得慢，转得也慢；反摇，转子马上反转。

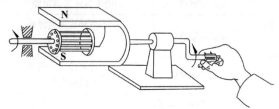

图 7-51　电动机转动示意图

从上述现象得出两点启示：
（1）有一个旋转的磁场。
（2）转子跟着磁场转动。异步电动机转子转动的原理与上述现象相似。

3. 电动机内旋转磁场的产生

三相异步电动机的定子铁心中放有三相对称绕组 AX、BY 和 CZ。设将三相绕组联结成星形，接在三相电源上，绕组中便通入三相对称电流其波形如图 7-52 所示。取绕组始端到末端的方向作为电流的参考方向。在电流的正半周时，其值为正，其实际方向与参考方向一致；在负半周时，其值为负，其实际方向与参考方向相反。定子铁心和定子绕组并不转动，定子绕组中的三相电流随着时间和相位的变化，三相磁势相加便形成了旋转的磁场。旋转的定子磁场在切割转子导条时，会在转子绕组中感应出一个转子磁场，引起转子旋转。由于感应励磁场的需要，转子的转速总是比定子磁场的转速稍慢，有一个转差，这就是感应异步电动机名称的由来。如果转子是一个永磁体或是一个由转子励磁绕组产生的恒定磁场，那么转子的转速就与定子磁场的转速同步，就形成同步电机。

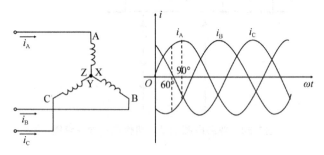

图 7-52　三相对称电流

（四）旋转电机设计时的模拟电路

电动机的设计与制造现今已是成熟行业，并有完善的理论体系，三相感应电动机的一相电路的等效电路图如图 7-53 所示。

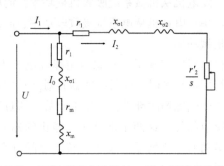

图 7-53　三相感应电动机的一相电路等效电路图

图 7-53 中的 I_0 为激磁电流，I_2 为转子电流，r'_2/s 与电流平方的乘积即为电机输出功率。在电动机各方面规格合理情况下，电动机转子的大小决定着电动机的输出功率。转矩与电机参数的关系见式（7-52）：

$$T = 9550 \frac{P}{n} \propto D^2 l \qquad (7\text{-}52)$$

式中：T——转矩，N·m；

P——功率，kW；

n——转速，r/min；

D——定子内径，m；

l——定子铁心长度，m。

通过定子铁心长度可以了解电机功率大小与电机机座号的关系，转速在选型过程中也同样有决定性的作用。

(五)旋转电机性能参数指标

1. 异步电动机额定数据

异步电动机额定数据包括相数、额定频率(Hz)、额定功率(kW)、额定电压(V)、额定电流(A)、绝缘等级、额定转速(极数)(r/min)、防护性能、冷却方式等。

2. 异步电机主要技术指标

(1)效率(η)：电动机输出机械功率与输入电功率之比，通常用百分比表示。

(2)功率因数($\cos\varphi$)：电动机输入有效功率与视在功率之比。

(3)堵转电流(I_A)：电动机在额定电压、额定频率和转子堵住时从供电回路输入的稳态电流有效值。

(4)堵转转矩(T_k)：电动机在额定电压、额定频率和转子堵住时所产生转矩的最小测得值。

(5)最大转矩(T_{max})：电动机在额定电压、额定频率和运行温度下，转速不发生突降时所产生的最大转矩。

(6)噪声：电动机在空载稳态运行时A计权声功率级dB(A)最大值。

(7)振动：电动机在空载稳态运行时振动速度有效值(mm/s)。

(8)电动机主要性能分为启动性能、运行性能。

①启动性能包括启动转矩、启动电流。一般启动转矩越大越好，而启动时的电流越小越好，在实际中通常以启动转矩倍数(启动转矩与额定转矩之比T_{st}/T_n)和启动电流倍数(启动电流与额定电流之比I_{st}/I_n)进行考核。电机在静止状态时，一定电流值时所能提供的转矩与额定转矩的比值，表征电机的启动性能。

②运行性能包括效率、功率因数、绕组温升(绝缘等级)、最大转矩倍数(T_{max}/T_n)、振动、噪声等。效率、功率因数、最大转矩倍数越大越好，而绕组温升、振动和噪声则是越小越好。

启动转矩、启动电流、效率、功率因数和绕组温升合称电机的五大性能指标。

3. 电动机性能参数常用计算公式

(1)电动机定子磁极转速见式(7-53)：

$$n = \frac{60f}{p} \qquad (7\text{-}53)$$

式中：n——转速，r/min；

f——频率，Hz；

p——极对数。

(2)电动机额定功率见式(7-54)：

$$P = 1.732UI\eta\cos\varphi \qquad (7\text{-}54)$$

式中：P——功率，kW；

U——电压，kV；

I——电流，A；

η——效率；

$\cos\varphi$——功率因数。

(3)电动机额定力矩见式(7-55)：

$$T = \frac{9550P}{n} \qquad (7\text{-}55)$$

式中：T——力矩，N·m；

P——额定功率，kW；

n——额定转速，r/min。

(六)电机制造常用标准

目前国际上有两大标准体系：一个是IEC(国际电工委员会)标准；二个是NEMA(美国电气制造商协会)；我国电机制造行业所执行的GB(国家)标准基本上都是等同或等效采用IEC标准。所谓等同采用，就是译为中文后不作修改或作很少的修改直接采用；所谓等效采用就对原有的国际标准在不改变原主旨条件下，重新组织形成国家标准后颁布执行。

1. 国际电工委员会(IEC标准)

由国际电工委员会发布的关于旋转电机的系列标准(IEC 60034)。

2. 国际标准化组织(ISO)

《旋转电机噪声测定方法》(ISO 1680)

《刚性转子平衡品质 许用不平衡的确定》(GB/T 755—2019)(ISO 1940—1)

3. 国家标准

《旋转电机定 额和性能》(GB/T 755—2019)

《旋转电机 圆柱形轴伸》(GB/T 756—2010)

《旋转电机 圆锥形轴伸》(GB/T 757—2010)

《旋转电机结构及安装型式(IM代码)》(GB/T 997—2003)

《三相同步电动机试验方法》(GB/T 1029—2005)

《三相异步电动机试验方法》(GB/T 1032—2012)

《旋转电机 线端标志与旋转转方向》(GB/T 1971—2006)

《旋转电机冷却方法》(GB/T 1993—1993)

《外壳防护等级(IP 代码)》(GB/T 4208—2017)

《旋转电机尺寸和输出功率等级》(GB/T 4772—1999)

《旋转电机整体外壳结构的防护分级(IP 代码)分级》(GB/T 4942.1—2006)

《隐极同步电机技术要求》(GB/T 7064—2008)

《同步电机励磁系统大、中型同步发电机励磁系统技术要求》(GB/T 7409.3—2007)

《轴中心高为 56mm 及以上电机的机械振动 振动的测量、评定及限值》(GB 10068—2008)

《旋转电机噪声测定方法及限值》(GB/T 10069—2006)

《热带型旋转电机环境技术要求》(GB/T 12351—2008)

《大型三相异步电动机基本系列技术条件》(GB/T 13957—2008)

《中小型三相异步电动机能效限定值及能效等级》(GB 18613—2016)

《爆炸性气体环境用电气设备 第 1 部分：通用要求》(GB 3836.1—2010)

《爆炸性气体环境用电气设备 第 2 部分：隔爆型"d"》(GB 3836.2—2010)

《爆炸性气体环境用电气设备 第 3 部分：增安型"e"》(GB 3836.3—2010)

《爆炸性气体环境用电气设备 第 4 部分：本质安全型"i"》(GB 3836.4—2010)

《爆炸性气体环境用电气设备 第 5 部分：正压外壳型"e"》(GB 3836.5—2010)

《爆炸性气体环境用电气设备 第 8 部分："n"型电气设备》(GB 3836.8—2010)

（七）旋转电机产品型号编制方法（GB/T 4831—2016）

1）产品型号

产品型号由产品代号、规格代号、特殊环境代号和补充代号 4 个部分组成，并按下列顺序排列：

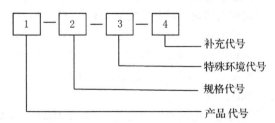

2）电机的产品代号

电机的产品代号由类型代号、特点代号、设计序

号和励磁方式代号 4 个小节顺序组成。

（1）类型代号系指表征电机的各种类型而采用的汉语拼音字母，见表 7-13。

表 7-13　电机类型代号表

电机类型	代号
异步电动机（笼型及绕线型）	Y
异步发电机	YF
同步电动机	T
同步发电机（除汽轮发电机、水轮发电机外）	TF
直流电动机	Z
直流发电机	ZF
汽轮发电机	QF
水轮发电机	SF
测功机	C
交流换向器电动机	H
潜水电泵	Q
纺织用电机	F

（2）特点代号系指表征电机的性能、结构或用途而采用的汉语拼音字母，对于防爆电机类型的字母 A（增安型）、B（隔爆型）、W（无火花型）应标于电机特点代号首位，即紧接在电机类型代号后面的标注。

（3）设计序号系指电机产品设计的顺序，用阿拉伯数字标示。对于第一次设计的产品，不标注设计序号。从基本系列派生的产品，其设计序号按基本系列标注；专用系列产品则按本身设计的顺序标注。

（4）励磁方式代号分别用字母 S 表示 3 次谐波励磁、J 表示晶闸管励磁、X 表示相复励磁，并应标于设计序号之后，当不必设计序号时，则标于特点代号之后，并用短划分开。

3）常用异步电动机的产品代号（表 7-14）

表 7-14　常用异步电动机的产品代号

产品名称	产品代号	代号汉字意义
三相异步电动机	Y	异
绕线转子三相异步电动机	YR	异绕
三相异步电动机（高效率）	YX	异效
增安型三相异步电动机	YA	异安
隔爆型三相异步电动机	YB	异爆

4）电机的规格代号

电机的规格代号用中心高、铁心外径、机座号、机壳外径、轴伸直径、凸缘代号、机座长度、铁心长度、功率、电流等级、转速或极数等来表示。

主要系列产品的规格代号按表 7-15 的规定。其他系列产品如确有需要采用上列以外的其他参数来表示时，应在该产品的标准中说明。

机座长度采用国际字母符号来表示，S 表示短机座，M 表示中机座，L 表示长机座。铁心长度按由短至长顺序用数字 1、2、3……表示。凸缘代号采用国际通用字母符号 FF(凸缘上带通孔)或 FT(凸缘上带螺孔)连同凸缘固定孔中心基圆直径的数值来表示。系列产品的规格代号见表 7-15。

表 7-15　系列产品的规格代号

系列产品	规格代号
小型异步电动机	中心高(mm)—机座长度(字母代号)—铁心长度(数字代号)—极数
中大型异步电动机	中心高(mm)—铁心长度(数字代号)—极数
小型同步电动机	中心高(mm)—机座长度(字母代号)—铁心长度(数字代号)—极数
中大型同步电动机	中心高(mm)—铁心长度(数字代号)—极数
汽轮发电机	功率(MW)—极数
中小型水轮发电机	功率(kW)—极数/定子铁心外径(mm)
大型水轮发电机	功率(MW)—极数/定子铁心外径(mm)
测功机	功率(kW)—转速(仅对直流测功机)
分马力电动机(小功率电动机)	中心高或机壳外径(mm)—(或/)机座长度(字母代号)—铁心长度、电压、转速(均用数字代号)

5)环境条件的考虑

特殊环境派生系列，实质上属于结构派生系列，它是在基本系列结构设计的基础上做一些改动，使产品具有某种特殊的防护能力。这些系列的部分结构部件及防护措施与基本系列不同。特殊环境下电机代号见表 7-16。

表 7-16　电机的特殊环境代号

环境类型	代号
"高"原用	G
"船"(海)用	H
户"外"用	W
化工防"腐"用	F
"热"带用	T
"湿热"带用	TH
"干热"带用	TA

对于特殊环境条件下使用的电动机，订货时应在电机型号后加注特殊环境代号(表 7-17)。

(1)有气候防护场所：户内或具有较好遮蔽(其建筑结构能防止或减少室外气候日变化的影响，包括棚下条件)的场所。

(2)无气候防护场所：全露天或仅有简单遮蔽(几乎不能防止室外气候日变化的影响)的场所。

表 7-17　特殊环境电机代号

特殊环境条件	代号
湿热型，有气候防护场所	TH
干热型，有气候防护场所	TA
热带型，有气候防护场所	T
湿热型，无气候防护场所	THW
干热型，无气候防护场所	TAW
热带型，无气候防护场所	TW
户内，轻防腐型	无代号
户内，中等防腐型	F1
户内，强防腐型	F2
户外，轻防腐型	W
户外，中等防腐型	WF1
户外，强防腐型	WF2
高原用	G

6)电机的补充代号

电机的补充代号仅适用于有此要求的电机。补充代号用汉语拼音字母或阿拉伯数字表示。补充代号所代表的内容，在产品标准中有规定。

7)产品型号示例

例如，户外化工防腐蚀隔爆型异步电动机表示如下：

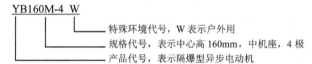

YB160M-4 W
特殊环境代号，W 表示户外用
规格代号，表示中心高 160mm，中机座，4 极
产品代号，表示隔爆型异步电动机

低压电机(1140V 及以下)主要产品代号有：Y、YA、YB2、YXn、YAXn、YBXn、YW、YBF、YBK2、YBS、YBJ、YBI、YBSP、YZ、YZR 等。

高压电机(3000V 及以上)主要产品代号有：Y、YKK、YKS、Y2、YA、YB、YB2、YAKK、YAKS、YBF、YR、YRKK、YRKS、TAW、YFKS、QFW 等。

(八)电动机电压等级的选择

我国工业用三相交流电的频率为 50Hz，而电压等级一般分为：127V、220V、380V、660V、1140V、6000V、10000V 等若干等级。根据 GB 755—2008 的推荐，一般来说，对于 380V 电压，由于电机电流的限制上限功率为 1000kW；而对于 6000V 和 10kV 电机，下限功率等级为 160kW。

(九)电机轴中心高

轴中心高是从电机成品底脚平面至轴中心线的距离，它包括制造厂供应的绝缘势块厚度，但不包括电机安装时调整用垫块的厚度。电机轴中心高一般为

36mm、 40mm、 45mm、 50mm、 56mm、 63mm、 71mm、 89mm、 90mm、 100mm、 112mm、 132mm、 160mm、 180mm、 200mm、 225mm、 250mm、 280mm、 315mm、 355mm、 400mm、 450mm、 500mm、 560mm、 630mm、 710mm、 800mm、 900mm、 1000mm。

轴中心高公差及平行度公差应符合表 7-18 的规定。中心高公差适用于在公共底板上安装的电机。平行度公差是指电机两个轴伸端面中心高之差。

表 7-18　轴中心高及平行度公差

单位：mm

中心高（H）	中心高公差	平行度公差		
		$2.5H{>}L$	$2.5H{\leq}L{\leq}4H$	$L{>}4H$
25~50（含 50）	−0.4	0.2	0.3	0.4
>50~250（含 250）	−0.5	0.25	0.4	0.5
>250~630（含 630）	−1.0	0.5	0.75	1.0
>630~1000（含 1000）	−1.0	—	—	—

注：L 是电机轴长度。

（十）电机绝缘等级

电机绝缘结构是指用不同的绝缘材料、不同的组合方式和不同的制造工艺制成的电机绝缘部分的结构形式。电动机的绝缘系统大致分为：绝缘电磁线、槽绝缘、相间绝缘、浸渍漆、绕组引接线、接线绝缘端子等。电机绝缘耐热等级及温度限值见表 7-19。以前电动机最常用的绝缘等级为 B 级，目前最常用的绝缘等级为 F 级，H 级绝缘也正在陆续被采用。

表 7-19　电机绝缘耐热等级及温度限值

耐热等级	极限温度/℃	耐热等级	极限温度/℃
A	105	F	155
E	120	H	180
B	130	C	210

（十一）电机工作制

《旋转电机定额和性能》（GB/T 755—2019）规定电机绝缘耐热等级及温度限值见表 7-20。

表 7-20　电机绝缘耐热等级及温度限值

电机工作制	代号
连续工作制	S1
短时工作制	S2
断续周期工作制	S3
包括启动的断续工作制	S4
包括电制动的断续工作制	S5

（续）

电机工作制	代号
连续周期工作制	S6
包括电制动的连续周期工作制	S7
包括变速负载的连续周期工作制	S8
负载和转速非周期变化工作制	S9

（十二）防护型式

《外壳防护分级（IP 代码）》（GB/T 4208—2017）规定防护标志由字母 IP 和两个表示防护等级的表征数字组成。第一位表征数字表示（表 7-21）：防止人体触及或接近壳内带电部分及壳内转动部件，以及防止固体防异物进入电机。第二位表征数字表示（表 7-22）：防止由于电机进水而引起的有害影响。

表 7-21　第一位表征数字含义

表征数字	无防护电机
1	防止大于 φ50mm 固体进入壳内
2	防止大于 φ12mm 固体进入壳内
3	防止大于 φ2.5mm 固体进入壳内
4	防止大于 φ1mm 固体进入壳内
5	防尘电机

表 7-22　第二位表征数字含义

表征数字	无防护电机
1	垂直滴水无有害影响
2	电机从各方向倾斜15°，垂直滴水无有害影响
3	与垂直线成60°角范围内淋水应无有害影响
4	承受任何方向溅水应无有害影响
5	承受任何方向喷水应无有害影响
6	在海浪冲击或强烈喷水时电机的进水量不应达到有害程度

常用电机的防护等级包括：

IP23：防止大于 2.5mm 固体的进入和与垂线成 60°角范围内淋水对电机应无影响。

IP44：防止大于 1mm 固体的进入和任一方向的溅水对电机应无影响。防爆电机的外壳防护等级不低于 IP44。

IP54：能防止触及或接近电机带电或转动部件，不完全防止灰尘进入，但进入量不足以影响电机的正常运行和任一方向的溅水对电机应无影响。凡使用于户外的电动机外壳防护等级不低于 IP54。

IP55：能防止触及或接近电机带电或转动部件，不完全防止灰尘进入，但进入量不足以影响电机的正常运行，用喷水从任何方向喷向电机时，应无有害影响。粉尘防爆电机的防尘式外壳防护等级不低于

IP55，尘密式外壳防护等级不低于 IP65。

(十三) 电机安装结构型式

《旋转电机结构及安装型式(IM 代码)》(GB/T 997—2008) 规定，代号由代表"国际安装"(International Mounting) 的缩写字母"IM"、代表"卧式安装"的"B"和代表"立式安装"的"V"连同 1 位或 2 位阿拉伯数字组成。如 IMBB35 或 IMV14 等。B 或 V 后面的阿拉伯数字代表不同的结构和安装特点。

中小型电动机常用安装型式代号有四大类：B3、B35、B5、V1。B3 安装方式：电机靠底脚安装，电机有一圆柱形轴伸；B35 安装方式：电机带底脚，轴伸端带法兰；B5 安装方式：电机靠轴伸端法兰安装；V1 安装方式：电机靠轴伸端法兰安装，轴伸朝下。

(十四) 电机冷却方法

《旋转电机冷却方法》(GB/T 1993—1993) 规定电机冷却方式代号由特征字母 IC、冷却介质代号和两位表征数字织成。第一位数字代表冷却回路布置；第二位数字代表冷却介质驱动方式。常用的冷却方式见表 7-23。

表 7-23　常用的冷却方式

冷却方式	代号
空气自由循环，冷却介质依靠转子的风扇流入电机或电机表面	IC01
全封闭自带风扇冷却	IC411
电机周围布冷却风管，内部、外部靠自带风扇冷却	IC511
电机上部带冷却风管，内部、外部靠自带风扇冷却	IC611
电机上部带冷却水管，内部靠自带风扇冷却	IC81W

电动机冷却方式的选择一般是依据电动机的功率和安装使用现场的条件，一般是 2000kW 以下电机采用空气冷却方式较好，结构简单，安装维护方便；功率大于 2000kW 电动机，由于自身损耗发热量大，如采用空气冷却，需要有较大的冷却风量，导致电机噪声过大，如采用内风路为自带风扇循环空气，外部冷却介质为循环水，那么对电机的冷却效果较好，但要求有循环水站和循环水路，维护较复杂。

(十五) 湿热带、干热带环境用电动机

当一天内有 12h 以上气温等于或高于 20℃，同时相对湿度等于或大于 80% 的天数全年累计在两个月以上时，该地区之气候划归为湿热气候(TH)。这类气候的特点是空气湿度大、雷暴雨频繁、有凝露、气温高且日变化小、有生物(霉菌)因素，对电机的绝缘和结构起不良的影响和侵蚀作用。

干热带气候(TA)是指年最高温度在 40℃ 以上，而且温、湿度出现的条件不同于湿热带气候，其特点是气温日变化大，太阳辐射强烈，极端最高温度可高达 55℃，空气相对湿度小，并含有较多的沙尘。

针对以上这两类气候所使用的电机，采取以下 4 种措施以满足电动机的适应性：

(1) 在电气性能方面：增加原材料用量—增加定转子铁心长度，从而降低电动机额定运行时的温升，满足在高温环境下运行的要求，从而延长电动机在高温环境下的绝缘寿命。在对电动机额定运行温升限度按比正常电机降低 5℃ 考核。

(2) 在绝缘结构方面：定子绕组经过真空压力浸漆(VPI)工艺处理，绝缘材料和浸渍漆能经受 12 个循环周期的交变湿热试验合格；具有防霉菌合格、防潮湿性能合格、绝缘电阻和介电强度合格等。

(3) 在电动机表面涂覆方面：电动机内外表面喷涂具有防腐蚀性能的底漆和面漆，定转子铁心表面进行磷化防腐处理。

(4) 在电动机导电件和紧固件方面：电动机导电件进行镀银防腐蚀处理；紧固件进行镀镍处理或采用不锈钢材质。

对于以上 4 项措施，在执行国家标准和机械工业部标准的同时，对于太阳直晒的户外电动机，还采用增加防护性顶罩的措施来防止太阳直晒高温，从而确保电机稳定运行合格。

(十六) 防腐电机

一般防腐电机分为户外 W、户外防中等腐蚀 WF1、户外防强腐蚀 WF2，对这类电机主要从电机各零部件的表面涂覆和紧固件的电镀两方面解决。电机各零部件的底漆和面漆采用防腐底漆和防腐面漆；紧固件进行镀镍处理或采用不锈钢材质。

(十七) 电动机振动限值

根据《轴中心高为 56mm 及以上电机的机械振动的测量、评定及限值》(GB 10068—2000) 规定，振动测量量值是电机轴承处的振动动速度和电机轴承内部或附近的轴相对振动位移。

(1) 振动烈度：电机轴承振动烈度的判据是振动速度的有效值，以 mm/s 表示，在规定的各测量点中所测得的最大值表示电机的振动烈度，详见 ISO 10816-1：2016。不同轴中心高的振动烈度限值(有效值)见表 7-24。

表 7-24　不同轴中心高 H 的振动烈度限值

振动等级	额定转速/(r/min)	电机在自由悬置状态下测量/(mm/s)				刚性安装/(mm/s)
		56mm<H≤132mm	132mm<H≤225mm	225 mm<H≤400mm	H>400mm	H>400mm
N	600~3600	1.8	2.8	3.5	3.5	2.8
R	600~1800	0.71	1.12	1.8	2.8	1.8
	>1800~3600	1.12	1.8	2.8	2.8	1.8
S	600~1800	0.45	0.71	1.12		
	>1800~3600	0.71	1.12	1.8		

注：1. 如未规定级别，电机应符合 N 级要求。2. R 级电机多用于机床驱动中，S 级电机用于对振动要求严格的特殊机械驱动，S 级仅适用于轴中心高 H≤400mm 的电机。

（2）轴相对振动及限值：轴相对振动所采用的判据应是沿测量方向的振动位移峰峰值 SP-P。

建议仅对有滑动轴承、额定功率大于 1000kW 的二极和多极电机测量轴相对振动，至于安装轴测量传感器的必要规定由制造厂和用户事先协议确定。

（3）根据国家标准《大电机振动测定方法》（GB 4832—1984）规定，对于轴中心高 630mm 以上、转速为 150~3600r/min 的大型交流电机，转速为 600r/min 及以上的电机采用振动速度的最大均方根值（mm/s）表示；小于 600r/min 的电机采用位移幅值（mm，双幅值）表示。最大轴相对振动（SP-P）和最大径向跳动的限值见表 7-25。

表 7-25　最大轴相对振动（SP-P）和最大径向跳动的限值

振动等级	极数	最大轴相对位移/μm	最大径向跳动/μm
N	2	70	18
	4	90	23
R	2	50	12.5
	4	70	18

注：1. R 等级通常是对驱动关键性设备的高速电机规定的。
2. 所有限值适用于 50Hz 和 60Hz 两种频率的电机。
3. 最大轴相对位移限值包括径向跳动。

（十八）电机选型要点

电动机选型要点包括负载类型；机械的负载转矩特性；机械的工作制类型；机械的启动频度；负载的转矩惯量大小；是否需要调速；机械的启动和制动方式；机械是否需要反转；电机使用场所。

六、变频器的基本知识

变频器（Variable-frequency Drive，简称 VFD）是应用变频技术与微电子技术，通过改变电机工作电源频率方式来控制交流电动机的电力控制设备（图 7-54）。变频器主要由整流（交流变直流）、滤波、逆变（直流变交流）、制动单元、驱动单元、检测单元微处理单元等组成。变频器靠内部 IGBT 的开断来调整输出电源的电压和频率，根据电机的实际需要来提供其所需要的电源电压，进而达到节能、调速的目的，另外，变频器还有很多的保护功能，如过流、过压、过载保护等。随着工业自动化程度的不断提高，变频器也得到了非常广泛的应用。

图 7-54　变频器

变频器的应用范围很广，从小型家电到大型的矿场研磨机及压缩机。全球约 1/3 的能量是消耗在驱动定速离心泵、风扇及压缩机的电动机上，而变频器的市场渗透率仍不算高。能源效率的显著提升是使用变频器的主要原因之一。变频器技术和电力电子有密切关系，包括半导体切换元件、变频器拓扑、控制及模拟技术以及控制硬件及固件的进步等。

（一）变频器的工作原理

主电路是给异步电动机提供调压调频电源的电力变换部分，变频器的主电路大体上可分为两类：电压型是将电压源的直流变换为交流的变频器，直流回路的滤波是电容。电流型是将电流源的直流变换为交流的变频器，其直流回路滤波是电感。它由三部分构成，将工频电源变换为直流功率的整流器，吸收在变流器和逆变器产生的电压脉动的平波回路，以及将直流功率变换为交流功率的逆变器。

1. 整流器

被大量使用的是二极管的变流器，它把工频电源变换为直流电源。也可用两组晶体管变流器构成可逆变流器，由于其功率方向可逆，可以进行再生运转。

2. 平波回路

在整流器整流后的直流电压中，含有电源6倍频率的脉动电压，此外逆变器产生的脉动电流也使直流电压发生变动。为了抑制电压波动，采用电感和电容吸收脉动电压（电流）。装置容量小时，如果电源和主电路构成器件有余量，可以省去电感采用简单的平波回路。

3. 逆变器

同整流器相反，逆变器是将直流功率变换为所要求频率的交流功率，以所确定的时间使6个开关器件导通、关断就可以得到三相交流输出。

控制电路是给异步电动机供电（电压、频率可调）的主电路提供控制信号的回路，它由频率、电压的运算电路，主电路的电压、电流检测电路，电动机的速度检测电路，将运算电路的控制信号进行放大的驱动电路，以及逆变器和电动机的保护电路组成。

（1）运算电路：将外部的速度、转矩等指令同检测电路的电流、电压信号进行比较运算，决定逆变器的输出电压、频率。

（2）电压、电流检测电路：与主回路电位隔离检测电压、电流等。

（3）驱动电路：驱动主电路器件的电路。它与控制电路隔离使主电路器件导通、关断。

（4）速度检测电路：以装在异步电动机轴机上的速度检测器的信号为速度信号，送入运算回路，根据指令和运算可使电动机按指令速度运转。

（5）保护电路：检测主电路的电压、电流等，当发生过载或过电压等异常时，为了防止逆变器和异步电动机损坏，使逆变器停止工作或抑制电压、电流值。

（二）变频器的基本分类

1）按变换的环节分类

（1）交—直—交变频器：是先把工频交流通过整流器变成直流，然后再把直流变换成频率电压可调的交流，又称间接式变频器，是目前广泛应用的通用型变频器。

（2）交—交变频器：将工频交流直接变换成频率电压可调的交流，又称直接式变频器。

2）按直流电源性质分类

（1）电压型变频器：特点是中间直流环节的储能元件采用大电容，负载的无功功率将由它来缓冲，直流电压比较平稳，直流电源内阻较小，相当于电压源，故称电压型变频器，常选用于负载电压变化较大的场合。

（2）电流型变频器：特点是中间直流环节采用大电感作为储能环节，缓冲无功功率，即扼制电流的变化，使电压接近正弦波，由于该直流内阻较大，故称电流型变频器。电流型变频器的特点（优点）是能扼制负载电流频繁而急剧的变化。常选用于负载电流变化较大的场合。

3）按工作原理分类：可分为V/f控制变频器（输出电压和频率成正比的控制）、SF控制变频器（转差频率控制）和VC控制变频器（Vectory Control，即矢量控制）。

4）按照用途分类：可分为通用变频器、高性能专用变频器、高频变频器、单相变频器和三相变频器等。

5）按变频器调压方法分类

（1）脉冲振幅调制（Pulse Amplitude Modulation）：调压方法是通过改变电压源 U_d 或电流源 I_d 的幅值进行输出控制。

（2）脉冲宽度调制（Pulse Width Modulation）：调压方法是在变频器输出波形的一个周期产生个脉冲波个脉冲，其等值电压为正弦波，波形较平滑。

6）按国际区域分类

（1）国产变频器：普传、安邦信、浙江三科、欧瑞传动、森兰、英威腾、蓝海华腾、迈凯诺、伟创、美资易泰帝、台湾变频器（台达）和香港变频器。

（2）国外变频器：欧美变频器（ABB、西门子）、日本变频器（富士、三菱）、韩国变频器。

7）按电压等级分类

（1）高压变频器：3kV、6kV、10kV。

（2）中压变频器：660V、1140V。

（3）低压变频器：220V、380V。

8）按电压性质分类

（1）交流变频器：AC-DC-AC（交—直—交）、AC-AC（交—交）。

（2）直流变频器：DC-AC（直—交）。

（三）变频器的基本组成

变频器通常分为4部分：整流单元、高容量电容、逆变器和控制器。

（1）整流单元：将工作频率固定的交流电转换为直流电。

（2）高容量电容：存储转换后的电能。

（3）逆变器：由大功率开关晶体管阵列组成电子开关，将直流电转化成不同频率、宽度、幅度的方波。

（4）控制器：按设定的程序工作，控制输出方波的幅度与脉宽，使叠加为近似正弦波的交流电，驱动交流电动机。

（四）变频器的功能作用

1. 变频节能

变频器节能主要表现在风机、水泵的应用上。为了保证生产的可靠性，各种生产机械在设计配用动力驱动时，都留有一定的富余量。当电机不能在满负荷下运行时，除达到动力驱动要求外，多余的力矩增加了有功功率的消耗，造成电能的浪费。风机、泵类等设备传统的调速方法是通过调节入口或出口的挡板、阀门开度来调节给风量和给水量，其输入功率大，且大量的能源消耗在挡板、阀门的截流过程中。当使用变频调速时，如果流量要求减小，通过降低泵或风机的转速即可满足要求。

电动机使用变频器的作用就是为了调速，并降低启动电流。为了产生可变的电压和频率，该设备首先要把电源的交流电变换为直流电（DC），这个过程称为整流。把直流电（DC）变换为交流电（AC）的装置，其科学术语为"inverter"（逆变器）。一般逆变器是把直流电源逆变为一定的固定频率和一定电压的逆变电源。对于逆变为频率可调、电压可调的逆变器称为变频器。变频器输出的波形是模拟正弦波，主要是用在三相异步电动机调速用，又称为变频调速器。对于主要用在仪器仪表的检测设备中的波形要求较高的可变频率逆变器，要对波形进行整理，可以输出标准的正弦波，称为变频电源。由于变频器设备中产生变化的电压或频率的主要装置为"inverter"，故该产品本身就被命名为变频器。

变频不是到处可以省电，有不少场合用变频并不一定能省电。作为电子电路，变频器本身也要耗电（约额定功率的3%~5%）。一台1.5P的空调自身耗电算下来也有20~30W，相当于一盏长明灯。变频器在工频下运行，具有节电功能是事实。但前提条件是：①大功率并且为风机/泵类负载；②装置本身具有节电功能（软件支持）；③长期连续运行。这是体现节电效果的三个条件。除此之外，如果不加前提条件地说变频器工频运行节能是不合常规的。

2. 功率因数补偿节能

无功功率不但增加线损和设备的发热，更主要的是功率因数的降低导致电网有功功率的降低，大量的无功电能消耗在线路当中，设备使用效率低下，浪费严重，使用变频调速装置后，由于变频器内部滤波电容的作用，从而减少了无功损耗，增加了电网的有功功率。

3. 软启动节能

电机硬启动对电网造成严重的冲击，而且还会对电网容量要求过高，启动时产生的大电流和振动时对挡板和阀门的损害极大，对设备、管路的使用寿命极为不利。而使用变频节能装置后，利用变频器的软启动功能将使启动电流从零开始，最大值也不超过额定电流，减轻了对电网的冲击和对供电容量的要求，延长了设备和阀门的使用寿命，节省了设备的维护费用。

从理论上讲，变频器可以用在所有带有电动机的机械设备中，电动机在启动时，电流会比额定高5~6倍的，不但会影响电机的使用寿命而且消耗较多的电量。系统在设计时在电机选型上会留有一定的余量，电机的速度是固定不变，但在实际使用过程中，有时要以较低或者较高的速度运行，因此进行变频改造是非常有必要的。变频器可实现电机软启动、补偿功率因素、通过改变设备输入电压频率达到节能调速的目的，而且能给设备提供过流、过压、过载等保护功能。

（五）变频器的控制方式

低压通用变频输出电压为380~650V，输出功率为0.75~400kW，工作频率为0~400Hz，它的主电路都采用交—直—交电路。其控制方式经历了以下5代：

1. 正弦脉宽调制（SPWM）控制方式

其特点是控制电路结构简单、成本较低，机械特性硬度也较好，能够满足一般传动的平滑调速要求，已在产业的各个领域得到广泛应用。但是，这种控制方式在低频时，由于输出电压较低，转矩受定子电阻压降的影响比较显著，使输出最大转矩减小。另外，其机械特性硬度终究没有直流电动机大，动态转矩能力和静态调速性能都还不尽人意，且系统性能不高、控制曲线会随负载的变化而变化，转矩响应慢、电机转矩利用率不高，低速时因定子电阻和逆变器死区效应的存在而性能下降，稳定性变差等。因此，人们又研究出矢量控制变频调速。

2. 电压空间矢量（SVPWM）控制方式

它是以三相波形整体生成效果为前提，以逼近电机气隙的理想圆形旋转磁场轨迹为目的，一次生成三相调制波形，以内切多边形逼近圆的方式进行控制的。经实践使用后又有所改进，即引入频率补偿，能消除速度控制的误差；通过反馈估算磁链幅值，消除低速时定子电阻的影响；将输出电压、电流闭环，以提高动态的精度和稳定度。但控制电路环节较多，且没有引入转矩的调节，所以系统性能没有得到根本改善。

3. 矢量控制(VC)方式

矢量控制变频调速的做法是将异步电动机在三相坐标系下的定子电流 I_a、I_b、I_c，通过三相—二相变换，等效成两相静止坐标系下的交流电流 I_{a1}、I_{b1}，再通过按转子磁场定向旋转变换，等效成同步旋转坐标系下的直流电流 I_{m1}、I_{t1}（I_{m1} 相当于直流电动机的励磁电流；I_{t1} 相当于与转矩成正比的电枢电流），然后模仿直流电动机的控制方法，求得直流电动机的控制量，经过相应的坐标反变换，实现对异步电动机的控制。其实质是将交流电动机等效为直流电动机，分别对速度、磁场两个分量进行独立控制。通过控制转子磁链，然后分解定子电流而获得转矩和磁场两个分量，经坐标变换，实现正交或解耦控制。矢量控制方法的提出具有划时代的意义。然而在实际应用中，由于转子磁链难以准确观测，系统特性受电动机参数的影响较大，且在等效直流电动机控制过程中所用矢量旋转变换较复杂，使得实际的控制效果难以达到理想分析的结果。

4. 直接转矩控制(DTC)方式

1985年，德国鲁尔大学的 M. Depenbrock 教授首次提出了直接转矩控制变频技术。该技术在很大程度上解决了上述矢量控制的不足，并以新颖的控制思想、简洁明了的系统结构、优良的动静态性能得到了迅速发展。目前，该技术已成功地应用在电力机车牵引的大功率交流传动上。直接转矩控制直接在定子坐标系下分析交流电动机的数学模型，控制电动机的磁链和转矩。它不需要将交流电动机等效为直流电动机，因而省去了矢量旋转变换中的许多复杂计算；它不需要模仿直流电动机的控制；也不需要为解耦而简化交流电动机的数学模型。

5. 矩阵式交—交控制方式

VVVF变频、矢量控制变频、直接转矩控制变频都是交—直—交变频中的一种。其共同缺点是输入功率因数低，谐波电流大，直流电路需要大的储能电容，再生能量又不能反馈回电网，即不能进行四象限运行。为此，矩阵式交—交变频应运而生。由于矩阵式交—交变频省去了中间直流环节，从而省去了体积大、价格贵的电解电容。它能实现功率因数为1，输入电流为正弦且能四象限运行，系统的功率密度大。该技术目前尚未成熟，但仍吸引着众多的学者深入研究。其实质不是间接的控制电流、磁链等量，而是把转矩直接作为被控制量来实现的。具体方法是：

(1)控制定子磁链引入定子磁链观测器，实现无速度传感器方式。

(2)自动识别(ID)依靠精确的电机数学模型，对电机参数自动识别。

(3)算出实际值对应定子阻抗、互感、磁饱和因素、惯量等，算出实际的转矩、定子磁链、转子速度进行实时控制。

(4)实现 Band—Band 控制，按磁链和转矩的 Band—Band 控制产生 PWM 信号，对逆变器开关状态进行控制。

矩阵式交—交变频具有快速的转矩响应（<2ms），很高的速度精度（±2%，无 PG 反馈），高转矩精度（<3%）；同时还具有较高的启动转矩及高转矩精度，尤其在低速时（包括速度为 0 时），可输出150%~200%转矩。

(六)变频器的使用保养

1. 物理环境

(1)工作温度：变频器内部是大功率的电子元件，极易受到工作温度的影响，产品一般要求为0~55℃，但为了保证工作安全、可靠，使用时应考虑留有余地，最好控制在40℃以下。在控制箱中，变频器一般应安装在箱体上部，并严格遵守产品说明书中的安装要求，绝对不允许把发热元件或易发热的元件紧靠变频器的底部安装。

(2)环境温度：温度太高且温度变化较大时，变频器内部易出现结露现象，其绝缘性能就会大大降低，甚至可能引发短路事故。必要时，必须在箱中增加干燥剂和加热器。

(3)腐蚀性气体：使用环境如果腐蚀性气体浓度大，不仅会腐蚀元器件的引线、印刷电路板等，而且还会加速塑料器件的老化，降低绝缘性能，在这种情况下，应把控制箱制成封闭式结构，并进行换气。

(4)振动和冲击：装有变频器的控制柜受到机械振动和冲击时，会引起电气接触不良。这时除了提高控制柜的机械强度、远离振动源和冲击源外，还应使用抗震橡皮垫固定控制柜外和内电磁开关之类产生振动的元器件。设备运行一段时间后，应对其进行检查和维护。

2. 电气环境

(1)防止电磁波干扰：变频器在工作中由于整流和变频，周围产生了很多的干扰电磁波，这些高频电磁波对附近的仪表、仪器有一定的干扰。因此，柜内仪表和电子系统，应该选用金属外壳，屏蔽变频器对仪表的干扰。所有的元器件均应可靠接地，除此之外，各电气元件、仪器及仪表之间的连线应选用屏蔽控制电缆，且屏蔽层应接地。如果处理不好电磁干扰，往往会使整个系统无法工作，导致控制单元失灵或损坏。

(2)防止输入端过电压：变频器电源输入端往往

有过电压保护，但是，如果输入端高电压作用时间长，会使变频器输入端损坏。因此，在实际运用中，要核实变频器的输入电压、单相还是三相和变频器使用额定电压。特别是电源电压极不稳定时要有稳压设备，否则会造成严重后果。

3. 工作环境

在变频器实际应用中，由于国内客户除少数有专用机房外，大多为了降低成本，将变频器直接安装于工业现场。工作现场一般有灰尘大、温度高、湿度大等问题，还有如铝行业中有金属粉尘、腐蚀性气体等。因此，必须根据现场情况做出相应的对策。

(1)变频器应该安装在控制柜内部。

(2)变频器最好安装在控制柜内的中部；变频器要垂直安装，正上方和正下方要避免安装可能阻挡排风、进风的大元件。

(3)变频器上、下部边缘距离控制柜顶部、底部、隔板或者其他大元件等的最小间距，应该大于300mm。

(4)如果特殊用户在使用中需要取掉键盘，则变频器面板的键盘孔，一定要用胶带严格密封或者采用假面板替换，防止粉尘大量进入变频器内部。

(5)在多粉尘场所，特别是多金属粉尘、絮状物的场所使用变频器时，总体要求控制柜整体密封，专门设计进风口、出风口进行通风；控制柜顶部应该有防护网和防护顶盖出风口；控制柜底部应该有底板、进风口和进线孔，并且安装防尘网。

(6)多数变频器厂家内部的印制板、金属结构件均未进行防潮湿霉变的特殊处理，如果变频器长期处于恶劣工作环境下，金属结构件容易产生锈蚀。导电铜排在高温运行情况下，会更加剧锈蚀的过程，对于微机控制板和驱动电源板上的细小铜质导线，锈蚀将造成损坏。因此，对于应用于潮湿和含有腐蚀性气体的场合，必须对所使用变频器的内部设计有基本要求，例如，印刷电路板必须采用三防漆喷涂处理，对于结构件必须采用镀镍铬等处理工艺。除此之外，还需要采取其他积极、有效、合理的防潮湿、防腐蚀气体的措施。

4. 环境条件要求

(1)环境温度：5~35℃

(2)相对湿度：≤85%

(3)环境空气质量要求：不含高浓度粉尘及易燃、易爆气体或粉尘，附件没有强电磁辐射源。

(4)注意事项：本设备不能放置含有易燃易爆或会产生挥发、腐蚀性气体的物品进行试验或存储。

5. 日常维护

操作人员必须熟悉变频器的基本工作原理、功能特点，具有电工操作常识。在对变频器日常维护之前，必须保证设备总电源全部切断；并且在变频器显示完全消失的3~30min(根据变频器的功率)后再进行维护。应注意检查电网电压，改善变频器、电机及线路的周边环境，定期清除变频器内部灰尘，通过加强设备管理最大限度地降低变频器的故障率。

1)维护和检查的注意事项

(1)在关掉输入电源后，至少等5min才可以开始检查(还要确定充电发光二极管已经熄灭)，否则会引起触电。

(2)维修、检查和部件更换必须由胜任人员进行。开始工作前，取下所有金属物品(手表、手镯等)，使用带绝缘保护的工具。

(3)不要擅自改装变频器，否则易引起触电和损坏产品。

(4)变频器维修之前，须确认输入电压是否有误，如误将380V电源接入220V级变频器之中会出现炸机(炸电容、压敏电阻、模块等)。

2)日常维护检查项目

(1)日常检查：检查变频器是否按要求工作。用电压表在变频器工作时，检查其输入和输出电压。

(2)定期检查：检查所有只能当变频器停机时才能检查的地方。

(3)部件更换：部件的寿命很大程度上与安装条件有关。

3)日常维护方法

(1)静态测试

①测试整流电路：找到变频器内部直流电源的P端和N端，将万用表调到电阻X10挡，红表棒接到P，黑表棒分别接到R、S、T，应该有大约几十欧的阻值，且基本平衡。相反将黑表棒接到P端，红表棒依次接到R、S、T，有一个接近于无穷大的阻值。将红表棒接到N端，重复以上步骤，都应得到相同结果。如果阻值三相不平衡，可以说明整流桥故障。红表棒接P端时，电阻无穷大，可以断定整流桥故障或启动电阻出现故障。

②测试逆变电路：将红表棒接到P端，黑表棒分别接到U、V、W，应该有几十欧的阻值，且各相阻值基本相同，反相应该为无穷大。将黑表棒接到N端，重复以上步骤应得到相同结果，否则可确定逆变模块故障。

(2)动态测试：在静态测试结果正常以后，才可进行动态测试，即上电试机。在上电前后必须注意检查变频器各接播口是否已正确连接，连接是否有松动，连接异常有时可能导致变频器出现故障，严重时会出现炸机等情况。

（3）检查冷却风扇：变频器的功率模块是发热最严重的器件，其连续工作所产生的热量必须要及时排出，一般风扇的寿命大约为 2 万~4 万 h。按变频器连续运行折算，3~5 年就要更换一次风扇，避免因散热不良引发故障。

（4）检查滤波电容：中间电路滤波电容：又称电解电容，该电容的作用是滤除整流后的电压纹波，还在整流与逆变器之间起去耦作用，以消除相互干扰，还为电动机提供必要的无功功率，要承受极大的脉冲电流，所以使用寿命短，因其要在工作中储能，所以必须长期通电，它连续工作产生的热量加上变频器本身产生的热量都会加速其电解液的干涸，直接影响其容量的大小。正常情况下电容的使用寿命为 5 年。建议每年定期检查电容容量一次，一般其容量减少 20% 以上应更换。

（5）检查防腐剂：因一些公司的生产特性，各电气控制室的腐蚀气体浓度过大，致使很多电气设备因腐蚀损坏（包括变频器）。为了解决以上问题可安装一套空调系统，用正压新鲜风来改善环境条件。为减少腐蚀性气体对电路板上元器件的腐蚀，还可要求变频器生产厂家对线路板进行防腐加工，维修后也要喷涂防腐剂，有效地降低了变频器的故障率，提高了使用效率。在保养的同时要仔细检查变频器，定期送电，电机工作在 2Hz 的低频约 10min，以确保变频器工作正常。

6. 接　地

变频器正确接地是提高控制系统灵敏度、抑制噪声能力的重要手段，变频器接地端子 E(G) 接地电阻越小越好，接地导线截面积应不小于 $2mm^2$，长度应控制在 20m 以内。变频器的接地必须与动力设备接地点分开，不能共地。信号输入线的屏蔽层，应接至 E(G)，其另一端绝不能接于地端，否则会引起信号变化波动，使系统振荡不止。变频器与控制柜之间应电气连通，如果实际安装有困难，可利用铜芯导线跨接。

7. 防　雷

在变频器中，一般都设有雷电吸收网络，主要防止瞬间的雷电侵入，使变频器损坏。但在实际工作中，特别是电源线架空引入的情况下，单靠变频器的吸收网络是不能满足要求的。在雷电活跃地区，这一问题尤为重要，如果电源是架空进线，在进线处装设变频专用避雷器（选件），或有按规范要求在离变频器 20m 的远处预埋钢管做专用接地保护。如果电源是电缆引入，则应做好控制室的防雷系统，以防雷电窜入破坏设备。实践表明，这一方法基本上能够有效解决雷击问题。

七、软启动器的基础知识

软启动器是一种集软启动、软停车、轻载节能和多功能保护于一体的电机控制装备。实现在整个启动过程中无冲击而平滑的启动电机，而且可根据电动机负载的特性来调节启动过程中的各种参数，如限流值、启动时间等。

软启动器于 20 世纪 70 年代末和 80 年代初投入市场，填补了星—三角启动器和变频器在功能实用性和价格之间的鸿沟。采用软启动器，可以控制电动机电压，使其在启动过程中逐渐升高，很自然地控制启动电流，这就意味着电动机可以平稳启动，机械和电应力降至最小。因此，软启动器在市场上得到广泛应用，并且软启动器所附带的软停车功能有效地避免水泵停止时所产生的水锤效应。

(一)基本分类

根据电压可分为：高压软启动器、低压软启动器。

根据介质可分为：固态软启动器、液阻软启动器。

根据控制原理可分为：电子式软启动器、电磁式软启动器。

根据运行方式可分为：在线型软启动器、旁路型软启动器。

根据负载可分为：标准型软启动器、重载型软启动器。

(二)软启动器控制原理

软启动器的基本原理如图 7-55 所示，通过控制可控硅的导通角来控制输出电压。因此，软启动器从本质上是一种能够自动控制的降压启动器，由于能够任意调节输出电压，作电流闭环控制，因而比传统的降压启动方式（如串电阻启动、自耦变压器启动等）有更多优点。例如，满载启动风机水泵等变转矩负载，实现电机软停止，应用于水泵能完全消除水锤效应等。

(三)启动方式

运用串接于电源与被控电机之间的软启动器，控制其内部晶闸管的导通角，使电机输入电压从零以预设函数关系逐渐上升，直至启动结束，赋予电机全电压，即为软启动，在软启动过程中，电机启动转矩逐渐增加，转速也逐渐增加。软启动一般有以下几种启动方式：

（1）折叠斜坡升压软启动：这种启动方式最简

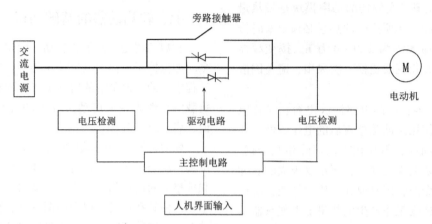

图 7-55　软启动器的基本原理

单，不具备电流闭环控制，仅调整晶闸管导通角，使之与时间成一定函数关系增加。其缺点是，由于不限流，在电机启动过程中，有时要产生较大的冲击电流使晶闸管损坏，对电网影响较大，实际很少应用。

（2）折叠斜坡恒流软启动：这种启动方式是在电动机启动的初始阶段启动电流逐渐增加，当电流达到预先所设定的值后保持恒定，直至启动完毕。启动过程中，电流上升变化的速率是可以根据电动机负载调整设定。电流上升速率大，则启动转矩大，启动时间短。该启动方式是应用最多的启动方式，尤其适用于风机、泵类负载的启动。

（3）折叠阶跃启动：开机，即以最短时间使启动电流迅速达到设定值，即为阶跃启动。通过调节启动电流设定值，可以达到快速启动效果。

（4）折叠脉冲冲击启动：在启动开始阶段，让晶闸管在极短时间内，以较大电流导通一段时间后回落，再按原设定值线性上升，连入恒流启动。该启动方法，在一般负载中较少应用，适用于重载并需克服较大静摩擦的启动场合。

（5）折叠电压双斜坡启动：在启动过程中，电机的输出力矩随电压增加，在启动时提供一个初始的启动电压 U_s，U_s 根据负载可调，将 U_s 调到大于负载静摩擦力矩，使负载能立即开始转动。这时输出电压从 U_s 开始按一定的斜率上升（斜率可调），电机不断加速。当输出电压达到达速电压 U_r 时，电机也基本达到额定转速。软启动器在启动过程中自动检测达速电压，当电机达到额定转速时，使输出电压达到额定电压。

（6）折叠限流启动：就是电机的启动过程中限制其启动电流不超过某一设定值（I_m）的软启动方式。其输出电压从零开始迅速增长，直到输出电流达到预先设定的电流限值 I_m，然后保持输出电流 I。这种启动方式的优点是启动电流小，且可按需要调整。对电网影响小，其缺点是在启动时难以知道启动压降，不能充分利用压降空间。

（四）软启动折叠保护功能

（1）过载保护功能：软启动器引进了电流控制环，因而随时跟踪检测电机电流的变化状况。通过增加过载电流的设定和反时限控制模式，实现了过载保护功能，使电机过载时，关断晶闸管并发出报警信号。

（2）缺相保护功能：工作时，软启动器随时检测三相线电流的变化，一旦发生断流，即可作出缺相保护反应。

（3）过热保护功能：通过软启动器内部热继电器检测晶闸管散热器的温度，一旦散热器温度超过允许值后自动关断晶闸管，并发出报警信号。

（4）其他功能：通过电子电路的组合，还可在系统中实现其他种种联锁保护。

（五）软启动器与传统减压启动方式的区别

笼型电机传统的减压启动方式有 Y-q 启动、自耦减压启动、电抗器启动等。这些启动方式都属于有级减压启动，存在明显缺点，即启动过程中出现二次冲击电流。软启动与传统减压启动方式的区别是：

（1）无冲击电流：软启动器在启动电机时，通过逐渐增大晶闸管导通角，使电机启动电流从零线性上升至设定值。

（2）恒流启动：软启动器可以引入电流闭环控制，使电机在启动过程中保持恒流，确保电机平稳启动。

（3）根据负载情况及电网继电保护特性选择，可自由地无级调整至最佳的启动电流。适用于重载并需克服较大静摩擦的启动场合，如风机等。

（六）软启动器常见故障及解决方法

1）瞬 停

引起此故障的原因一般是由于外部控制接线有误而导致的。把软启动器内部功能代号"9"（控制方式）的参数设置成"1"（键盘控制），就可以避免此故障。

2）启动时间过长

出现此故障是软启动器的限流值设置得太低而使得软启动器的启动时间过长，在这种情况下，把软启动器内部的功能代码"4"（限制启动电流）的参数设置高些，可设置到 1.5~2.0 倍，必须要注意的是电机功率大小与软启动器的功率大小是否匹配，如果不匹配，在相差很大的情况下，野蛮地把参数设置到 4~5 倍，启动运行一段时间后会因电流过大而烧坏软启动器内部的硅模块或是可控硅。

3）输入缺相

（1）检查进线电源与电机接线是否有松脱。

（2）输出是否接上负载，负载与电机是否匹配。

（3）用万用表检测软启动器的模块或可控硅是否有击穿，及它们的触发门极电阻是否符合正常情况下的要求（一般在 20~30Ω 左右）。

（4）内部的接线插座是否松脱。

以上这些因素都可能导致此故障的发生，只要细心检测并作出正确的判断，就可予以排除。

4）频率出错

此故障是由于软启动器在处理内部电源信号时出现了问题，而引起了电源频率出错。出现这种情况需要请教公司的产品开发软件设计工程师来处理。主要注意电源电路设计改善。

5）参数出错

出现此故障就须重新开机输入一次出厂值就好了。具体操作：先断掉软启动器控制电（交流 220V）用一手指按住软启动器控制面板上的"PRG"键不松，再送上软启动器的控制电，在约 30s 后松开"PRG"键，就重新输入出厂值。

6）启动过流

启动过流是由于负载太重启动电流超出了 500% 倍而导致的，解决办法包括：把软启动器内部功能码"0"（起始电压）设置高些，或是再把功能码"1"（上升时间）设置长些，可设为 30~60s。还有功能代码"4"的限流值设置是否适当，一般可设成 2~3 倍。

第二节 机械基础知识

一、机械的概念

机械是机器和机构的总称。

（一）机 器

机器是指由若干构件组合，各部分之间具有确定的相对运动，能够转换或传递能量、物料和信息的机械。机器具有三个共同的特征：由许多构件组合而成；构件之间具有确定的相对运动；能够代替或减轻人的劳动，有效地完成机械功或实现机械能量转换。

（二）机 构

机构是指由若干构件通过活动连接以实现规定运动的组合，各部分之间具有一定的相对运动的机械，用以改变运动方式。机器、仪器等内部为实现传递、转换运动或某种特定的运动而由若干零件组成的机械装置。如机械手表中有原动机构、擒纵机构、调速机构等；车床、刨床等有走刀机构。机构只产生运动的转换，目的是传递或变换运动。机构具备上述介绍的机器的前面两个特征。

（三）构 件

构件是机器的运动单元。一般由若干个零件刚性连接而成，也可以是单的零件。若从运动的角度来讲，可以认为机器是由若干个构件组装而成的。

（四）零 件

零件是机器的构成单元，是组成机器的最小单元，也是机器的制造单元。机器是由若干个不同的零件组装而成的。各种机器经常用到的零件称为通用零件，如齿轮、螺栓等。通用零件中，制定了国家标准并由专门工厂生产的零部件就称为标准件，如滚动轴承、螺栓等。而在特定的机器中用到的零件称为专用零件，如曲轴、叶轮等。按照零件的结构特征可分为：轴套类零件、轮盘类零件、箱体类零件、支架类零件。

机器是由零件构成的。机器与零件是整体与局部的关系，多数机械零件是由金属材料制成的。机械零件材料选择一般原则：满足零件使用性能、工艺性和经济性 3 方面要求。

零件与构件的区别：零件是制造单元，构件是运动单元，零件组成构件，构件是组成机构的各个相对运动的实体。

机构与机器的区别：机器能完成有用的机械功或转换机械能，机构只是完成传递运动力或改变运动形式，同时机构是机器的主要组成部分。

二、机器的组成

一台完整的机器通常由以下4个部分组成：

（一）原动机部分（动力装置）

原动机部分的作用是将其他形式的能量转换为机械能，以驱动机器各部分的运动，是机器动力的来源。常用的原动机有电动机、内燃机、燃气轮机、液压马达、气动马达等。现代机器大多采用电动机，而内燃机主要用于运输机械、工程机械和农业机械。

（二）执行部分（工作机构）

执行部分处于整个机械传动路线终端，在机器中直接完成具体工作任务。

（三）传动部分（传动装置）

传动部分将原动机的运动和动力传递给执行部分（工作机构）。机器中的传动形式有机械传动、气压传动和电力传动等，其中机械传动应用最多。常见的传动装置有连杆机构、凸轮机构、带传动、链传动、齿轮传动等。传动部分的主要作用如下：

（1）改变运动的速度，即减速、增速或变速。

（2）转换运动的形式，即转动与往复直线运动（或摆动）可以相互转化。

（四）操纵、控制及辅助装置

操纵、控制装置用以控制机器的启动、停车、正反转和动力参数改变及各执行装置间的动作协调等。自动化机器的控制系统能使机器进行自动检测、自动数据处理和显示、自动控制调节、故障诊断、自动保护等。辅助装置则有照明、润滑、冷却装置。

三、机械的常用零部件

（一）轴

轴的作用是传递运动和转矩、支承回转零件。轴的分类如下：

（1）直轴：按承载不同，直轴可分为传动轴，主要承受转矩；心轴，只受弯矩；转轴，按承受转矩又承受弯矩作用的轴。按轴的外形不同，直轴可分为光轴，即只有一个截面尺寸的轴；阶梯轴，即有两个以上的不同截面尺寸的轴。

（2）曲轴：曲轴是内燃机、曲柄压力机等机器中用于往复直线运动和旋转运动相互转换的专用零件。

（3）软轴：软轴具有良好的挠性，它可以将回转运动灵活地传到任何空间位置。

（二）轴　承

轴承用于轴的支承。根据轴承的工作摩擦性质，可分为滑动摩擦轴承和滚动摩擦轴承；根据承受载荷的方向，可分为向心滑动轴承、推力滑动轴承和向心推力轴承三大类。

1. 滑动轴承

滑动轴承的特点是工作平稳、噪声较小、工作可靠、启动摩擦阻力较大。其主要应用于以下场合：工作转速特别高的轴承；承受冲击和振动负荷极大的轴承；要求特别精密的轴承、装配工艺要求轴承部分的场合；要求径向尺小的轴承。

滑动轴承一般由轴承座与轴瓦构成。向心滑动轴承根据结构形式不同，分为整体式和剖分式。安装、维护要点如下：

（1）滑动轴承安装要保证轴在轴承孔内转动灵活、准确、平稳。

（2）轴瓦与轴承孔要修刮贴实，轴瓦剖分面要高出 0.05~0.1mm，以便压紧。整体式轴瓦压入时要防止编斜，并用紧固螺钉。

（3）注意油路畅通，油路与油槽接通。刮研时油两边点子要软，以形成油膜，两端点子均匀，以防止漏油。

（4）注意清洁，修刮调试过程中凡能出现油污的机件，修刮后都要清洗涂油。

（5）轴承使用过程中要经常检查润滑、发热、振动问题，偶有发热（一般在60℃以下为正常），冒死、卡死以及异常振动、声响等要及时检查、分析，采取措施。

2. 滚动轴承

滚动轴承的特点是摩擦较小、间隙可调、轴向尺寸较小、润滑方便、维修简便。但承载能力差、噪声大、径向尺寸大、寿命较短。由于轴承为标准化、系列化零件，且成本低，故应用广泛。

滚动轴承由内圈、外圈、滚动体和保持架组成，安装和维护要点如下：

（1）将轴承和壳体孔清洗干净，然后在配合表面上涂润滑油。

（2）根据尺寸大小和过盈量大小采用压装法、加热法或冷装法，将轴承装入壳体孔内。

（3）轴承装入壳时，如果轴承上有油孔，应与壳体上油孔对准。

（4）装配时，特别要注意轴承和壳体孔同轴。为此在装配时，尽量采用导向心轴。

（5）轴承装入后还要定位，如钻骑缝螺纹底孔时，应该用钻模板，否则钻头会向硬度较低的轴承方向偏移。

（6）轴承孔校正。由于装入壳体后轴承内孔会收缩，所以通常应加大轴承内孔尺寸，轴承（铜件）内孔加大尺寸量，应使轴承装入后，内孔与轴颈之间还能保证适当的间隙。也有在制造轴承时，内孔留精铰量，待轴承装配后，再精铰孔，保证其配合间隙。精铰时，要十分注意铰刀的导向，否则会造成轴承内孔轴线的偏斜。

（三）联轴器

1. 联轴器的作用

联轴器用于轴与轴之间的连接，使他们一起回转并传递扭矩。联轴器大多已经标准化或系列化，在机械工程中广泛应用。

2. 联轴器的分类

联轴器主要分为刚性联轴器和弹性联轴器两类。刚性联轴器分为刚性固定式联轴器和刚性可移式联轴器。刚性固定式联轴器包括凸缘联轴器、套筒联轴器；刚性可移式联轴器包齿式联轴器和万向联轴器。弹性联轴器靠弹性元件的弹性变形来补偿两轴轴线的相对位移。

四、润滑油（脂）的型号、性能与应用

（一）润滑材料的分类

凡是能降低摩擦阻力的介质均可作为润滑材料，目前常见的润滑剂有四种，分别是：

（1）液体润滑剂：包括矿物油、合成油、水基液、动植物油。

（2）润滑油脂：包括皂基脂、无机脂、烃基脂。

（3）固体润滑剂：包括软金属、金属化合物、无机物、有机物。

（4）气体润滑剂：包括空气、氦气、氮气、氢气等。

（二）润滑油的种类

润滑油的种类有很多，这里只叙述水泵机组的用油，通常可分为润滑油和绝缘油两类。这些油中用量较大的为透平油和变压器油。

1. 润滑油

（1）透平油：水泵大容量机组常用的透平油有22号、30号、45号三种，主要供给油压装置、主机组、油压启闭机等。具体选择哪一种油，应根据设备制造厂的要求确定。若未注明，一般采用30号。

（2）机械油：常用的由10号、20号、30号三种，主要用于辅助设备轴承、起重机械和容量较小的主机组润滑。

（3）压缩机油：供空气压缩机润滑。

（4）润滑油脂（黄油）：供滚动轴承润滑。

2. 绝缘油

（1）变压器油：供油浸式变压器和互感器使用，常用的是10号和25号两种。

（2）开关油：供开关用，有10号、45号两种。

（三）润滑油的作用

1. 机械油的作用

（1）润滑：油在相互运动的零部件的空间（间隙）形成油膜，以润滑机件的内部摩擦（液体摩擦）来代替固体间的干摩擦，减少机件相对运动的摩擦阻力，减轻设备发热和磨损，延长设备的使用寿命，保证设备的功能和安全。

（2）散热：设备虽然经油润滑，但还有摩擦存在（如分子间的摩擦），因摩擦所消耗的功能变为热量，使温度升高。油温过高会加速油的氧化，使油劣化变质，影响设备功能，所以必须通过油将热量带出去，使油和设备的温度不超过规定值，保证设备经济安全运行。

（3）传递能量：水泵叶片液压调节装置、液压启闭机和机组顶机组转子装置等都是由透平油传递能量的，在使用液压联轴器传动大型机组中，透平油还用来传递主水泵的轴功率，从而实现机组的足迹变速调节。

2. 绝缘油的作用

（1）绝缘：由于绝缘油的绝缘强度比空气大得多。用油作为绝缘介质可以大大提高电气设备运行的可靠性，缩小设备尺寸。同时，绝缘油还对棉纱纤维等绝缘材料起一定的保护作用，使之不受空气和水分的侵蚀而很快变质。

（2）散热：变压器线圈通过电流而产生热量，此热量若不能及时排出，温升过高将会损害线圈绝缘，甚至烧毁变压器。绝缘油可以吸收这些热量，在经冷却设备将热量传递给水或空气带走，保持温度在一定的允许值内。

（3）消弧：当油开关接通或切断电力负荷时，在触头之间产生电弧，电弧的温度很高，若不设法将弧道消除，就可能烧毁设备。此外，电弧的继续存在，还可能使电力系统发生震荡，引起过电压击穿设备。

五、机械维修的工具及方法

机械维修常用工具如下：

(1)维修工具：分为划线工具、锉削工具、锯割工具、铲刮工具、研磨工具、校直及折弯工具、拆装工具等。

(2)夹具：分为专用夹具、非专用夹具。

(3)量具：分为普通量具、精密量具、专用量具。

机械设备故障是指整机或零部件在规定的时间和使用条件下不能完成规定的功能，或各项技术经济指标而偏离了正常状况；或在某种情况下尚能维持一段时间工作，若不能得到妥善处理将导致事故。

(一)维修前的准备工作

(1)技术资料准备：如原理图、重要零部件图、组装图、技术参数等；组织拆装准备，如拆除工具、量具、摆放场地、装油器皿等。

(2)拆卸：首先要明确拆卸的目的。其次要确定拆卸方法。常用拆卸方法有机卸法、拉拔法、顶压法、温差法、破坏法。典型的连接件拆卸包括：端头螺钉的拆卸、打滑内六角螺钉拆卸、锈死螺纹的拆卸、组成螺纹连接件的拆卸、过盈连接件的拆卸。

(3)清洗：拆卸后零部件的清洗包括油污清洗、水垢清洗、积碳清洗、除锈和清除漆层。

(4)检验：检验主要内容包括零部件的几何精度、隐蔽缺陷、静动平衡等。检验常用方法包括感觉检验法、测量工具和仪器检验法。

(二)常用的修复工艺

1. 钳工修复

钳工修复方法包括：铰孔、研磨、刮研、钳工修补。铰孔是为了提高零件的尺寸精度和减少表面粗糙度，主要用来修复各种配合的孔。研磨是在零件上研掉一层极薄的表面层的精度加工方法，可得到较高的尺寸精度和形位精度。用刮刀从工件表面刮去较高点，再用标准检具涂色检验的反复加工过程称为刮研。

2. 压力加工修复

压力加工修复法是利用外力在加热或常温下，使零件的金属产生塑性变形，以金属位移恢复零件的几何形状和尺寸。适用于恢复磨损零件表面的形状和尺寸及零件的弯曲和扭曲校正。

3. 焊修修复

1)钢制零件的焊修

一般而言，钢制零件中含碳量越高，合金元素种类和数量越多，可焊接性就越差。一般低碳钢、中碳钢、低合金钢均有良好的可焊性，焊修这些钢制零件时主要考虑焊修时受热变形问题。

2)铸铁零件的焊修

铸铁在机械设备中应用非常广泛，常见的有灰口铸铁(HT)、球墨铸铁(QT)等。铸铁可焊性差，存在以下问题：

(1)铸铁含碳量高焊接时容易产生白口(端口呈亮白色)，既脆又硬，焊接后不仅加工困难，而且容易产生裂纹。铸铁中磷、硫含量较高，也给焊接带来一定困难。

(2)焊接时寒风易产生气孔或咬边。

(3)铸铁零件带有气孔、沙眼、缩松等缺陷时，也容易造成焊接缺陷。

(4)焊接时如果工艺措施和保护方法不当，也容易造成铸铁零件其他部位变形过大或电弧划伤而使工件报废。

六、机械的传动基础知识

机器的种类很多。它们的外形、结构和用途各不相同，有其个性，也有其共性。有些机器是可以将其他形式的能转变为机械能，如电动机、汽油机、蒸汽轮机；有些机器是需要原动机带动才能运转工作，如车床、打米机、水泵。传动的方式很多，有机械传动，也有液压传动、气压传动以及电气传动。

(一)皮带传动

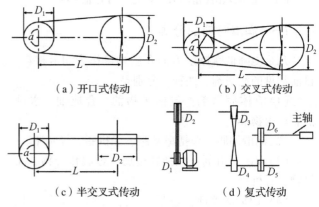

(a)开口式传动　　(b)交叉式传动

(c)半交叉式传动　　(d)复式传动

图 7-56　皮带传动

在皮带传动(图 7-56)中，两个轮的转速与两轮的直径成反比，这个比称为传动比，用符号 i 表示，见式(7-56)：

$$i = \frac{n_1}{n_2} = \frac{D_2}{D_1} \qquad (7\text{-}56)$$

式中：n_1——主动轮转速，r/min；

n_2——被动轮转速，r/min；

D_1——主动轮直径，mm；

D_2——被动轮直径，mm。

如果是由几对皮带轮组成的传动，其传动比可以用式（7-57）计算：

$$i = \frac{n_1}{n_\pi} = \frac{D_2}{D_1} \times \frac{D_4}{D_3} \times \frac{D_6}{D_5} \cdots \qquad (7\text{-}57)$$

若计入滑动率，用式（7-58）表示：

$$i = \frac{n_1}{n_2} = \frac{D_{p2}}{(1-e)D_{p1}} \qquad (7\text{-}58)$$

式中：n_1——小带轮转速，r/min；

　　　n_2——大带轮转速，r/min；

　　　D_{p1}——小带轮的节圆直径，mm；

　　　D_{p2}——大带轮的节圆直径，mm；

　　　e——弹性滑动率，通常 $e = 0.01 \sim 0.02$。

（二）齿轮传动

两轴距离较近，要求传递较大转矩，且传动比要求较严时，一般都用齿轮传动。齿轮传动是机械传动中最主要的一种传动。其形式很多，应用广泛。齿轮传动的主要特点包括：

（1）效率高：在常用的机械中，以齿轮传动效率最高，如一级齿轮传动的效率可达99%，这对大功率传动十分重要。

（2）结构紧凑：在同样的使用条件下，齿轮传动所需的空间尺寸较小。

（3）工作可靠，寿命长：设计制造正确合理、使用维护良好的齿轮，寿命长达一二十年。这对车辆及再矿井内工作的机器尤为重要。

（4）传动比较稳定：齿轮传动之所以获得广泛应用，就是因其具有这一特点。

齿轮传动分为圆柱齿轮传动和圆锥齿轮传动两种。圆柱齿轮有直齿、斜齿和内齿3种，分别如图7-57（a）、（b）、（c）所示。直齿圆柱齿轮的特点是加工方便，用途较广，但齿上负荷集中，传动不平稳。斜齿圆柱齿轮的特点是传动平稳，载荷分布均匀，但有轴向力产生，因此要用平面轴承。内齿圆柱齿轮传动的特点是两轴旋转方向相同并且占空间小，但加工较困难。圆柱齿轮用在两轴平行情况下的传动。在两轴线相交的情况下采用圆锥齿轮传动。圆锥齿轮有直齿和螺旋齿两种，分别如图7-57（d）、（e）所示。直齿圆锥齿轮特点是加工方便，但在传动中噪声较大。螺旋齿圆锥齿轮的特点是传动圆滑，噪声小，但加工较复杂。齿轮传动的传动比 i 可用式（7-59）表示：

$$i = \frac{Z_2}{Z_1} = \frac{n_1}{n_2} \qquad (7\text{-}59)$$

式中：Z_1——主动轮齿数；

　　　Z_2——从动轮齿数；

　　　n_1——主动轮转速，r/min；

　　　n_2——从动轮转速，r/min。

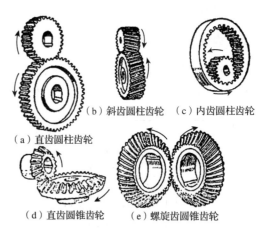

（a）直齿圆柱齿轮　（b）斜齿圆柱齿轮　（c）内齿圆柱齿轮

（d）直齿圆锥齿轮　（e）螺旋齿圆锥齿轮

图 7-57　不同齿轮传动示意

（三）链传动

在两轴距较远而速比又要正确时，可采用链传动。链传动的被动轮圆周速度虽然波动不定，但其平均值不变，因此，可以在传动要求不高的情况下代替齿轮传动。

链有滚子链和齿状链两种。在传动速度较大时，一般多用齿状链，因为这种链在传动时声音较小，所以又称为无声链。链传动的传动比和齿轮传动相同。

齿状链传动是利用特定齿形的链板与链轮相啮合来实现传动的。齿形链是由彼此用铰链连接起来的齿形链板组成，链板两工作侧面间的夹角为60°，相邻链节的链板左右错开排列，并用销轴、轴瓦或滚柱将链板连接起来。齿形链式与滚子链相比，齿形链具有工作平稳、噪声较小、允许链速较高、承受冲击载荷能力较好和轮齿受力较均匀等优点；但结构复杂、装拆困难、价格较高、重量较大并且对安装和维护的要求也较高。

（四）蜗杆蜗轮传动

在两轴轴线错成90°而彼此既不平行又不相交的情况下，可以采用蜗杆蜗轮传动，如图7-58所示。蜗杆蜗轮传动的特点是：蜗杆一定是主动的，蜗轮一

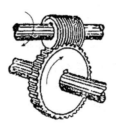

图 7-58　蜗杆传动

定是被动的，因此应用于防止倒转的装置上。但它的最大特点是减速，能得到较小的传动比，且所占的空间小，一般应用于减速器上。

（五）齿轮齿条传动

要把直线运动变为旋转运动，或把旋转运动变为直线运动，可采用齿轮齿条传动，如图7-59所示。

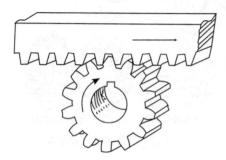

图 7-59　齿轮齿条传动

（六）螺旋传动

要把旋转运动变为直线运动，也可以用螺旋传动。例如，车床上的长丝杆的旋转，可以带动大拖板纵向移动，转动车床小拖板上的丝杆，可使刀架横向移动等，如图7-60所示。

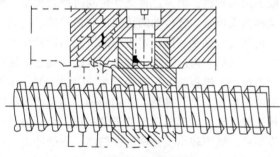

图 7-60　螺旋传动

在普通的螺旋传动中，丝杆转一圈，螺母移动一个螺距，如果丝杆头数为 K，单位为个；螺距为 h，单位为 cm；传动时，丝杆转一圈，则螺母移动的距离 $S = Kh$。

七、电动机的拖动基础知识

（一）基本概念

1. 主磁通

在电机和变压器内，常把线圈套装在铁芯上。当线圈内通有电流时，就会在线圈周围的空间形成磁场，由于铁芯的导磁性能比空气好得多，所以绝大部分磁通将在铁芯内通过，这部分磁通称为主磁通。

2. 漏磁通

当变压器中流过负载电流时，就会在绕组周围产生磁通，在绕组中由负载电流产生的磁通称为漏磁通，漏磁通大小决定于负载电流。漏磁通不宜在铁磁材质中通过。漏磁通也是矢量，也用峰值表示。

3. 磁路的基本定律

磁路的基本定律与电路中的欧姆定律（ $E = IR$ ）在形式上十分相似。即安培环路定律：磁路的欧姆定律作用在磁路上的磁动势 F 等于磁路内的磁通量 Φ 乘以磁阻 R_m。

4. 磁路的基尔霍夫定律

（1）磁路的基尔霍夫电流定律：穿出或进入任何一闭合面的总磁通恒等于零。

（2）磁路的基尔霍夫电压定律：沿任何闭合磁路的总磁动势恒等于各段磁路磁位差的代数和。

（二）常用铁磁材料及其特性

（1）软磁材料：磁滞回线较窄，剩磁和矫顽力都小的材料。软磁材料磁导率较高，可用来制造电机、变压器的铁心。

（2）硬磁材料：磁滞回线较宽，剩磁和矫顽力都大的铁磁材料称为硬磁材料。可用来制成永久磁铁。

（三）铁心损耗

1. 磁滞损耗

磁滞损耗是铁磁体等在反复磁化过程中因磁滞现象而消耗的能量。磁滞指铁磁材料的磁性状态变化时，磁化强度滞后于磁场强度，它的磁通密度 B 与磁场强度 H 之间呈现磁滞回线关系。经一次循环，每单位体积铁芯中的磁滞损耗正比于磁滞回线的面积。这部分能量转化为热能，使设备升温，效率降低，它是电气设备中铁损的组成部分，此现象对交流机这一类设备是不利的。软磁材料的磁滞回线狭窄，其磁滞损耗相对较小。软磁材料硅钢片因而广泛应用于电机、变压器、继电器等设备中。

2. 涡流损耗

导体在非均匀磁场中移动或处在随时间变化的磁场中时，导体内的感生的电流导致的能量损耗，称为涡流损耗。在导体内部形成的一圈圈闭合的电流线，称为涡流（又称傅科电流）。

3. 铁心损耗

铁心损耗是磁滞损耗和涡流损耗之和。

（1）尽管电枢在转动，但处于同一磁极下的线圈边中电流方向应始终不变，即进行所谓的"换向"。

（2）一台直流电机作为电动机运行时，在直流电机的两电刷端加上直流电压，电枢旋转，拖动生产机械旋转，输出机械能；作为发动机运行时，用原动机拖动直流电机的电枢，电刷端引出直流电动势，作为直流电源，输出电能。

(四)直流电机的主要结构

直流电机的主要结构是定子和转子。定子的主要作用是产生磁场转子，又称为"电枢"，作用是产生电磁转矩和感应电动势实现机电能量转换，电路和磁路之间必须在相对运动，所以旋转电机必须具备静止的和转动的两大部分，且静止和转动部分之间要有一定的间隙，此间隙称为气隙。

(五)直流电机的铭牌数据

直流电机的额定值包括：①额定功率 P_N，单位为 kW；②额定电压 U_N，单位为 V；③额定电流 I_N，单位为 A；④额定转速 n_N，单位为 r/min；⑤额定励磁电压 U_{fN}，单位为 V。

(六)直流电机电枢绕组的基本形式

直流电机电枢绕组的基本形式有两种，一种称为单叠绕组；另一种称为单波绕组。单叠绕组的特点：元件的两个端子连接在相邻的两个换向片上。上层元件边与下层元件边的距离称为元件的跨距，元件跨距称为第一节距 y_1(用所跨的槽数计算)。一般要求元件的跨距等于电机的极距。上层元件边与下层元件边所连接的两个换向片之间的距离称为换向器节距 y_c(用换向片数计算)。直流电机的电枢绕组除了单叠、单波两种基本形式以外，还有其他形式，如复叠绕组、复波绕组、混合绕组等。

各种绕组的差别主要在于它们的并联支路，支路数多，相应地组成每条支路的串联元件数就少。原则上，电流较大，电压较低的直流电机多采用叠绕组；电流较小，电压较高，就采用支路较少而每条支路串联元件较多的波绕组。所以大中容量直流电机多采用叠绕组，而中小型电机采用波绕组。

(七)直流电机的励磁方式

(1)他励直流电机：励磁绕组与电枢绕组无连接关系，而是由其他直流电源对励磁绕组供电。

(2)并励直流电机：励磁绕组与电枢绕组并联。

(3)串励直流电机：励磁绕组与电枢绕组串联。

(4)复励直流电机：两个励磁绕组，一个与电枢绕组并联；另一个与电枢绕组串联。

直流电机负载时的磁场及电枢反应当直流电机带上负载以后，在电机磁路中又形成一个磁动势，这个磁动势称为电枢磁动势。此时的电机气隙磁场是由励磁磁动势和电枢磁动势共同产生的。电枢磁动势对气隙磁场的影响称为电枢反应。

(八)感应电动势和电磁转矩的计算

1. 感应电动势的计算

先求出每个元件电动势的平均值，然后乘上每条支路中串联元件数。直流电机感应电动势的计算公式是直流电机重要的基本公式之一。感应电动势 E_a 的大小与每极磁通 Φ(有效磁通)和电枢转速的乘积成正比。如不计饱和影响，它与励磁电流 I_f 和电枢机械角速度乘积成正比。

2. 电磁转矩的计算

电磁转矩计算公式也是直流电机的另一个重要基本公式，见式(7-60)，它表明：电磁转矩 T_e 的大小与每极磁通 Φ 和电枢电流 I_a 的乘积成正比。或：如不计饱和影响，它与励磁电流 I_f 和电枢电流 I_a 的乘积成正比。

$$T_e = 2p\frac{Z}{4\pi a}I_a\Phi = \frac{pZ}{2\pi a}\Phi I_a = C_T\Phi I_a \quad (7\text{-}60)$$

式中：T_e——电磁转矩，N·m；

$\quad p$——磁极对数；

$\quad Z$——电枢绕组的全部导体数；

$\quad a$——电枢绕组的支路数；

$\quad I_a$——电枢电流，A；

$\quad \Phi$——磁通，Wb；

$\quad C_T$——转矩常数。

3. 几个重要关系式

直流电机感应电动势 E_a 的计算公式为：

$$E_a = C_e\Phi n \quad (7\text{-}61)$$

直流电机电磁转矩 T_e 的计算公式为：

$$T_e = C_T\Phi I_a \quad (7\text{-}62)$$

电动势常数 C_e 的计算公式为：

$$C_e = \frac{pZ}{60a} \quad (7\text{-}63)$$

转矩常数 C_T 的计算公式为：

$$C_T = \frac{pZ}{2\pi a} \quad (7\text{-}64)$$

电动势常数 C_e 与转矩常数 C_T 的关系表示为：

$$C_T = 9.55C_e \quad (7\text{-}65)$$

电动机电枢回路稳态运行时的电动势平衡方程式为：

$$U = E_a + R_aI_a, \quad E_a = C_e\Phi n \quad (7\text{-}66)$$

式(7-61)~式(7-66)中：

$\quad E_a$——感应电动势，V；

$\quad C_e$——电动势常数；

$\quad \Phi$——磁通，Wb；

$\quad a$——并联支路数；

$\quad U$——平衡电动势，V；

R_a——电动机电阻，Ω；

I_a——电枢电流，A。

4. 直流电动机的工作特性

指端电压 $U = U_N$（额定电压），电枢回路中无外加电阻、励磁电流 $If = If_N$（额定励磁电流）时，电动机的转速 n、电磁转矩 T_e 和效率 η 三者与输出功率 P_2 之间的关系。

1）并励直流电动机的工作特性

（1）转速特性计算公式见式（7-67）：

$$n = \frac{U_s}{C_e\Phi} - \frac{(I_s - I_r)R_s}{C_e\Phi} \qquad (7\text{-}67)$$

式中：n——电动机转速，r/min；

U_s——电动机外加直流电压，V；

C_e——电动机结构常数；

Φ——电动机每极磁通量，Wb

I_s——供给电动机的总电流，A；

I_r——电动机并励电流，A；

R_s——电动机电枢绕组直流电阻，Ω。

（2）转矩特性计算公式见式（7-68）：

$$T = C_T\Phi I_a \qquad (7\text{-}68)$$

式中：C_T——转矩常数；

Φ——电动机每极磁通量，Wb；

I_a——电枢电流，A。

（3）电磁转矩也可以表示为效率特性，计算公式见式（7-69）：

$$\eta = \frac{P_2}{P_1} \times 100\% \qquad (7\text{-}69)$$

式中：P_1——电动机的输入功率，kW；

P_2——电动机的输出功率，kW。

电机励磁损耗、机械损耗、铁耗等于电枢铜耗时，效率大。

2）串励直流电动机的工作特性

串励电机不允许在空载或负载很小的情况下运行。

5. 直流发电机的工作特性

（1）空载特性：当他励直流发电机被原动机拖动，$n = n_N$ 时，励磁绕组端加上励磁电压 U_f，调节励磁电流 I_{f0}，得出空载特性曲线 $U_0 = f(I_0)$

（2）负载运行：无论他励、并励还是复励发电机，建立电压以后，在 $n = n_N$ 的条件下，加上负载后，发电机的端电压都将发生变化。

6. 直流发电机的换向

1）换向的电磁现象

（1）电抗电动势：在换向过程中，元件中电流方向将发生变化，由于电枢绕组是电感元件，所以必存自感和互感作用。换向元件中出现的由自感与互感作用所引起的感应电动势，称为电抗电动势。

（2）电枢反应电动势：由于电刷放置在磁极轴线下的换向器上，在几何中心线处，虽然主磁场的磁密等于零，可是电枢磁场的磁密不为零。换向元件切割电枢磁场，产生一种电动势，称为电枢反应电动势。

2）改善换向的方法

改善换向一般采用以下方法：装设换向磁极，即在位于几何中性线处装换向磁极。换向绕组与电枢绕组串联，在换向元件处产生换向磁动势抵消电枢反应磁动势。大型直流电机在主磁极极靴上安装补偿绕组，补偿绕组与电枢绕组串联，产生的磁动势抵消电枢反应磁动势。

第三节 自动控制基础知识

一、自动控制系统的基本概念

自动控制系统广泛地应用于工农业生产、交通运输、国防和航天等领域。随着工业生产和科学技术的发展，自动控制技术发挥着越来越重要的作用，自动化水平也越来越高。如：人造卫星能按预定轨道运行，并能返回地面；导弹能精确地命中目标；宇宙飞船能准确地在目标上着陆，并能返回地球。这都是自动控制技术高速发展的成果。

自动控制是指在没人直接参与的情况下，利用控制装置使被控对象或过程自动地按预定规律运行。自动控制系统是指能够对被控对象的工作状态进行自动控制的系统，一般由控制器和被控对象组成。如炉温控制系统、数控机床。控制系统分为开环控制系统、闭环控制系统、复合控制系统。

（一）开环控制系统

控制系统的输出量对系统没有控制作用，这种系统是开环控制系统。其工作原理如图7-61所示。

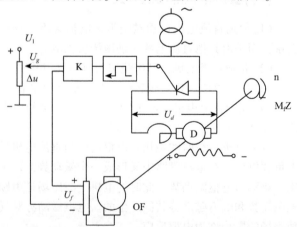

图7-61 开环控制系统工作原理示意图

1. 开环控制系统的基本组成

开环控制系统的基本组成为：电位器、脉冲发生器、变压器、可控硅整流装置、电抗滤波器、电动机、负载。

2. 开环控制的原理

(1)开环控制没有反馈环节，系统的稳定性不高，响应时间相对来说很长，精确度不高，适用于对系统稳定性、精确度要求不高的简单系统。开环控制是指控制装置与被控对象之间只按顺序工作、没有反向联系的控制过程，其特点是系统的输出量不会对系统的控制作用发生影响，没有自动修正或补偿的能力。

(2)开环控制系统结构图(图7-62)如下：

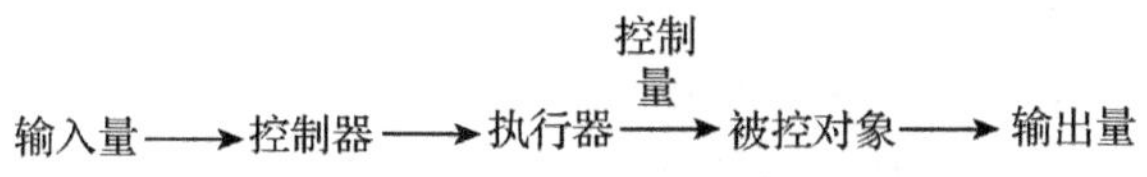

控制
量
输入量——→控制器——→执行器——→被控对象——→输出量

图7-62　开环控制系统结构图

(二) 闭环控制系统

检测输出、计算误差并用以纠正误差的控制系统，其输出会通过某种途径变换后反馈回输入端，这就是闭环控制系统。

1. 闭环控制系统的基本组成

(1)给定元件：给出与期望输出对应的输入量。

(2)比较元件：求输入量与反馈量的偏差，常采用集成运算放大器(简称集成运放)来实现。

(3)放大元件：由于偏差信号一般较小，不足以驱动负载，故需要放大元件，包括电压放大及功率放大。

(4)执行元件：直接驱动被控对象，使输出量发生变化。常用的有电动机、调节阀、液压马达等。

(5)测量元件：检测被控量并转换为所需要的电信号。在控制系统中常用的有用于速度检测的测速发电机、光电编码盘等；用于位置与角度检测的旋转变压器、自整机等；用于电流检测的互感器及用于温度检测的热电偶等。这些检测装置一般都将被检测的物理量转换为相应的连续或离散的电压或电流信号。

(6)校正元件：也叫补偿元件，是结构与参数便于调整的元件，以串联或反馈的方式连接在系统中，完成所需的运算功能，以改善系统的性能。根据在系统中所处位置的不同，可分别称为串联校正元件和反馈校正元件。

2. 闭环控制系统的特点

(1)系统输出量对控制作用有直接影响。

(2)有反馈环节，并应用反馈减小误差。

(3)当出现干扰时，可以自动减弱其影响。

(4)低精度元件可组成高精度系统。

二、自动控制系统的基本组成

任何一个自动控制系统都是由被控对象和控制器有机构成的。自动控制系统根据被控对象和具体用途不同，可以分为不同的结构形式。图7-63是一个典型自动控制系统的方框图。图中的每一个方框，代表一个具有特定功能的元件。除被控对象外，控制装置通常由测量元件、比较元件、放大元件、执行机构、校正元件、给定元件组成。这些功能元件分别承担相应的职能，共同完成控制任务。

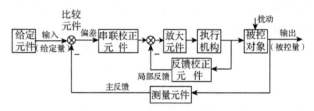

图7-63　典型的自动控制系统的方框图

(1)被控对象：一般是指生产过程中需要进行控制的工作机械、装置或生产过程。描述被控对象工作状态的、需要进行控制的物理量就是被控量。

(2)给定元件：主要用于产生给定信号或控制输入信号。其职能是给出与期望的被控量相对应的系统输入量。

(3)测量元件：用于检测被控量或输出量，产生反馈信号。如果测出的物理量属于非电量，一般要转换成电量，以便处理。

(4)比较元件：用来比较输入信号和反馈信号之间的偏差。它可以是一个差动电路，也可以是一个物理元件(如电桥电路、差动放大器、自整角机等)。

(5)放大元件：用来放大偏执行机构用于直接对被控对象进行操作，调节被控量，如阀门、伺服电动机等。

(6)校正元件：用来改善或提高系统的性能，常用串联或反馈的方式连接在系统中，如RC网络、测速发电机等。

三、控制系统的基本要求

自动控制系统必须是稳定的(首要条件)。系统暂态性能应满足要求的性能指标。系统的稳态误差应满足工艺要求。

自动控制系统应满足暂态性能要求，当系统给定量或扰动量突然增加，输出量也应变化，如果系统没有惯性，则可瞬间达到稳态。但由于系统存在惯性，如电磁惯性、机械惯性，输出量不可能突变，则系统需通过一个暂态过程后达到稳态，暂态过程有以下几种情况：单调过程、衰减振荡过程、持续振荡过程、发散震荡过程。

四、自动控制系统的类型

(一)按数学描述形式分类

1. 线性系统

线性系统用线性微分方程描述，应满足叠加原理。叠加原理有两重含义：一是齐次性。即输入信号的数值增大若干倍，其输出亦相应增大同样的倍数，则称系统满足齐次性。二是可叠加性。即几个输入信号同时作用于系统所产生的总输出，等于每个输入信号单独作用于系统时分别产生的输出之和。

叠加原理指出，在有几个电源共同作用下的线性电路中，通过每一个元件的电流或其两端的电压，可以看成是由每一个单独作用时在该元件上所产生的电流或电压的代数和。具体方法是：一个电源单独作用时，其他的电源必须去掉（电压源短路、电流源开路在求电流或电压的代数和时，当电源单独作用时电流或电压的参考方向与共同作用时的参考方向一致时，符号取正，否则取负。如图7-64所示。

$$I_1 = I_1' - I_1'', \quad I_2 = I_2' - I_2'', \quad I_3 = I_3' - I_3'', \quad U = U' - U''$$

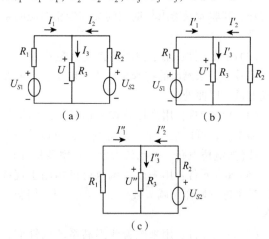

图7-64　叠加原理示意图

叠加原理反映了线性电路的可叠加性，线性电路的齐次性是指当激励信号（如电源作用）增加或减小 K 倍时，电路的响应（即在电路其他各电阻元件上所产生的电流和电压值）也将增加或减小 K 倍。可叠加性和齐次性都适用于求解线性电路中的电流、电压。对于非线性电路，可叠加性和齐次性都不适用。

2. 非线性系统

非线性系统用非线性微分方程描述，不满足可叠加性和齐次性。

(二)按控制计算装量分类

1. 常规控制系统(模拟)

模拟控制系统控制的是具有连续特性的模拟信号。

2. 计算机控制系统(离散)

离散系统是计算机控制系统的基础。信息时代的来临，已经让很多模拟的、连续的元器件退出了控制系统的舞台(不过确实造价会低一些)，而计算机控制就是在离散的方式下工作的，计算机可以实现很多以前的模拟控制器无法实现的功能，比如 APC 里的预估控制等。因此，离散系统也是非常重要的内容。

(三)按给定信号分类

1. 恒值控制系统

恒值控制系统是给定值不变的系统，如闭环调速系统、温控系统。

2. 随动控制系统

随动控制系统的给定值按未知时间函数变化，要求输出跟随给定值的变化，如跟随卫星的雷达天线系统。

3. 程序控制系统

程序控制系统的给定值按一定时间函数变化，如程控机床。

第四节　我国有关城镇排水的法律法规

一、《中华人民共和国水污染防治法》相关条款

《中华人民共和国水污染防治法》修订案于 2017 年 6 月 27 日通过，自 2018 年 1 月 1 日起施行。相关重点条款如下：

第二十二条　向水体排放污染物的企业事业单位和其他生产经营者，应当按照法律、行政法规和国务院环境保护主管部门的规定设置排污口；在江河、湖泊设置排污口的，还应当遵守国务院水行政主管部门的规定。

第二十三条　实行排污许可管理的企业事业单位和其他生产经营者应当按照国家有关规定和监测规范，对所排放的水污染物自行监测，并保存原始监测记录。重点排污单位还应当安装水污染物排放自动监测设备，与环境保护主管部门的监控设备联网，并保证监测设备正常运行。具体办法由国务院环境保护主

管部门规定。

应当安装水污染物排放自动监测设备的重点排污单位名录，由设区的市级以上地方人民政府环境保护主管部门根据本行政区域的环境容量、重点水污染物排放总量控制指标的要求以及排污单位排放水污染物的种类、数量和浓度等因素，商同级有关部门确定。

第二十四条　实行排污许可管理的企业事业单位和其他生产经营者应当对监测数据的真实性和准确性负责。环境保护主管部门发现重点排污单位的水污染物排放自动监测设备传输数据异常，应当及时进行调查。

第三十条　环境保护主管部门和其他依照本法规定行使监督管理权的部门，有权对管辖范围内的排污单位进行现场检查，被检查的单位应当如实反映情况，提供必要的资料。检查机关有义务为被检查的单位保守在检查中获取的商业秘密。

第三十三条　禁止向水体排放油类、酸液、碱液或者剧毒废液。禁止在水体清洗装贮过油类或者有毒污染物的车辆和容器。

第三十四条　禁止向水体排放、倾倒放射性固体废物或者含有高放射性和中放射性物质的废水。向水体排放含低放射性物质的废水，应当符合国家有关放射性污染防治的规定和标准。

第三十五条　向水体排放含热废水，应当采取措施，保证水体的水温符合水环境质量标准。

第三十六条　含病原体的污水应当经过消毒处理；符合国家有关标准后，方可排放。

第三十七条　禁止向水体排放、倾倒工业废渣、城镇垃圾和其他废弃物。禁止将含有汞、镉、砷、铬、铅、氰化物、黄磷等的可溶性剧毒废渣向水体排放、倾倒或者直接埋入地下。

二、《城镇排水与污水处理条例》相关条款

《城镇排水与污水处理条例》是为了加强对城镇排水与污水处理的管理，保障城镇排水与污水处理设施安全运行，防治城镇水污染和内涝灾害，保障公民生命、财产安全和公共安全，保护环境而制定该条例。于2013年10月2日发布，自2014年1月1日起施行。相关重点条款如下：

第二条　城镇排水与污水处理的规划，城镇排水与污水处理设施的建设、维护与保护，向城镇排水设施排水与污水处理，以及城镇内涝防治，适用本条例。

第十二条　县级以上地方人民政府应当按照先规划后建设的原则，依据城镇排水与污水处理规划，合理确定城镇排水与污水处理设施建设标准，统筹安排

管网、泵站、污水处理厂以及污泥处理处置、再生水利用、雨水调蓄和排放等排水与污水处理设施建设和改造。

城镇新区的开发和建设，应当按照城镇排水与污水处理规划确定的建设时序，优先安排排水与污水处理设施建设；未建或者已建但未达到国家有关标准的，应当按照年度改造计划进行改造，提高城镇排水与污水处理能力。

第十三条　县级以上地方人民政府应当按照城镇排涝要求，结合城镇用地性质和条件，加强雨水管网、泵站以及雨水调蓄、超标雨水径流排放等设施建设和改造。

新建、改建、扩建市政基础设施工程应当配套建设雨水收集利用设施，增加绿地、沙石地面、可渗透路面和自然地面对雨水的滞渗能力，利用建筑物、停车场、广场、道路等建设雨水收集利用设施，削减雨水径流，提高城镇内涝防治能力。

新区建设与旧城区改建，应当按照城镇排水与污水处理规划确定的雨水径流控制要求建设相关设施。

第十八条　城镇排水主管部门应当按照城镇内涝防治专项规划的要求，确定雨水收集利用设施建设标准，明确雨水的排水分区和排水出路，合理控制雨水径流。

第十九条　除干旱地区外，新区建设应当实行雨水、污水分流；对实行雨水、污水合流的地区，应当按照城镇排水与污水处理规划要求，进行雨水、污水分流改造。雨水、污水分流改造可以结合旧城区改建和道路建设同时进行。

在雨水、污水分流地区，新区建设和旧城区改建不得将雨水管网、污水管网相互混接。

在有条件的地区，应当逐步推进初期雨水收集与处理，合理确定截流倍数，通过设置初期雨水贮存池、建设截流干管等方式，加强对初期雨水的排放调控和污染防治。

第三十八条　城镇排水与污水处理设施维护运营单位应当建立健全安全生产管理制度，加强对窨井盖等城镇排水与污水处理设施的日常巡查、维修和养护，保障设施安全运行。

从事管网维护、应急排水、井下及有限空间作业的，设施维护运营单位应当安排专门人员进行现场安全管理，设置醒目警示标志，采取有效措施避免人员坠落、车辆陷落，并及时复原窨井盖，确保操作规程的遵守和安全措施的落实。相关特种作业人员，应当按照国家有关规定取得相应的资格证书。

第三十九条　县级以上地方人民政府应当根据实际情况，依法组织编制城镇排水与污水处理应急预

案，统筹安排应对突发事件以及城镇排涝所必需的物资。城镇排水与污水处理设施维护运营单位应当制定本单位的应急预案，配备必要的抢险装备、器材，并定期组织演练。

三、《城镇污水排入排水管网许可管理办法》相关条款

《城镇污水排入排水管网许可管理办法》于2015年1月22日发布，自2015年3月1日起施行。相关重点条款如下：

第六条　排水户向所在地城镇排水主管部门申请领取排水许可证。城镇排水主管部门应当自受理申请之日起20日内做出决定。集中管理的建筑或者单位内有多个排水户的，可以由产权单位或者其委托的物业服务企业统一申请领取排水许可证，并由领证单位对排水户的排水行为负责。各类施工作业需要排水

的，由建设单位申请领取排水许可证。

第十三条　排水户不得有下列危及城镇排水设施安全的行为：

（一）向城镇排水设施排放、倾倒剧毒、易燃易爆物质、腐蚀性废液和废渣、有害气体和烹饪油烟等；

（二）堵塞城镇排水设施或者向城镇排水设施内排放、倾倒垃圾、渣土、施工泥浆、油脂、污泥等易堵塞物；

（三）擅自拆卸、移动和穿凿城镇排水设施；

（四）擅自向城镇排水设施加压排放污水。

第十四条　排水户因发生事故或者其他突发事件，排放的污水可能危及城镇排水与污水处理设施安全运行的，应当立即停止排放，采取措施消除危害，并按规定及时向城镇排水主管部门等有关部门报告。

第八章

排水泵站运行检查

第一节　排水泵站设备、设施巡视管理规定

一、工作范围

(一)泵站设备

电气设备：电机、配电箱、高低压配电柜、变压器、PLC 控制柜、视频监控系统、雨量计。

机械设备：混流泵、潜水泵、阀门、通风机、起重机、机械格栅、地漏泵。

(二)泵站设施

泵房、格栅间、高低压配电室、值班室、管理用房、出水井、初期池、调蓄池、围墙、护栏、门窗、上下水系统、消防器材、污水泵站溢流口。

二、工作要求

泵站巡检工作须执行"五规定"，即"规定时间、规定线路、规定内容、规定标准、规定事件处理流程"；巡检时，要求穿戴劳保用品齐全，认真填写各类记录，下井或进入调蓄池必须按照有限空间作业相关管理规定执行。在进入泵房、室内格栅间前应先开通风后进入。进入泵房除通风外，还应进行气体检测，并做好通风，气体检测记录。

(一)规定时间

(1)汛期：泵站机电设备及各类附属设施每 4h 巡视 1 次，每次降雨前后机电设备须增加 1 次巡视；雨中机电设备须随时巡视。

(2)非汛期：泵站机电设备、设施每周巡检 1 次，若出现雨雪天气须增巡。有客水的泵站每天巡视 1 次。

(3)污水泵站：泵站机电设备及各类附属设施每 2h 巡视 1 次。当进水量增加、集水池水位高于最高运行水位时，增加对安全溢流排河口的巡视。

(二)规定线路

(1)电气设备巡视线路

①泵站：高压配电柜→变压器→低压配电柜→自动化柜→视频柜→雨量计→液位计→各类电控箱。

②调蓄池：现场水泵控制柜→液位计。

(2)机械设备巡视线路

①泵站：水泵→进水阀门→地漏泵→通风机→起重机→机械格栅。

②调蓄池：水泵→机械格栅。

(3)泵站设施巡视线路

厂区内进出水管线及检查井→泵站房屋类设施→院墙(院围栏)→自来水系统→消防器材→桥区标尺→调蓄池。

(三)规定内容

电气设备巡视内容：每月进行 1 次高低压设备倒合闸操作。具体如下：

(1)高低压配电系统运行状态；各类仪表、指示灯显示状态。

(2)变压器运行状态，包括声响、温度、气味。

(3)PLC 自控系统运行状态，包括运行数据显示、功能性操作是否灵敏可靠。

(4)雨量计记录仪运行状态。

(5)视频监控系统的图像、操控功能及运行状态。

机械设备巡视内容：汛期，无降雨时机械设备试运行 2 次。具体如下：

(1)机械格栅：减速器、传动链条、耙齿、耙齿轴、安全销运行状况。

(2)水泵运行状态(声响、振动、温度、油质、气味、出水情况)、填料函滴水情况、水泵与基座连

接状况。

(3)进水阀门开闭情况、电动机构运行状态。

(4)起重机运行状态，控制电缆、钢丝绳完好情况，限位开关、防脱钩装置、减速器状况。

(5)通风机运转状态：每日通风1次，每次不少于1h。潮湿天气应增加通风次数及通风时间。每次进入泵房先开通风后进入，污水泵站进入泵房除通风外，应进行气体检测，并在值班日志上填写通风、检测记录。

(6)地漏泵泵井液位、杂物淤积、地漏泵、逆止阀、截门、出水管路状态。

泵站设施巡视内容如下：

(1)泵站内房屋类设施、照明完好情况，厂区卫生情况。

(2)院墙或围栏是否有破损情况。

(3)院内进出水管线、检查井、雨水口完好情况。

(4)院内自来水系统完好情况。

(5)消防器材完好情况。

(6)调蓄池入口有无破损或侵入，井盖是否丢失。

(7)桥下标尺完好情况。

(四)规定标准

1.电气设备巡视标准

电气设备包括：跌落保险、进户电缆、高压配电柜、变压器、低压柜、控制箱、PLC自控系统、视频监控系统、雨量计。巡视标准如下：

(1)101刀闸分界开关闭合完好；泵站供电正常；进户架空线路及进户电缆完好；架空线路沿途无树木影响情况；跌落保险电杆上设备完好，无打火现象。

(2)高低压配电柜设备运行无异响、无异味，配电柜内无闪络放电现象；高压柜相指示灯运行正常，三相线电压、相电压不缺相，运行电压不超过标准电压±10%；运行电流不超过满负荷电流。电源指示灯、运行指示灯显示正常。

(3)操作机构和转动装置完整、无断裂、无松动、无脱落；各类继电保护装置运行状态正常。

(4)变压器运行时无异响，温度监控器显示正常，干式变压器运行温度不超过115℃。干式变压器冷却风机应能保持正常运行，无噪声、无振动，温度大于110℃时散热风扇自动启动运行，低于90℃自动停止。

(5)各类电缆、电线端头(线卡子、线鼻子、各类导线接头)无发热、变色、破损和老化现象，电缆沟内无渗水、无小动物。

(6)变频器、软起动器运行显示状态正常。

(7)各类电控箱电源指示灯、运行指示灯、仪表显示正常，箱体无破损。

(8)PLC自动化控制系统的触摸屏按钮灵敏、有效；功能界面切换有效，显示数据及状态准确；参数修改、输入功能完好可用；泵站格栅间液位数值处于最低液位和第一台水泵启动液位之间；初期雨水池液位和调蓄池液位误差值为±14cm；机柜上转换开关、按钮操作有效；PLC控制器线路完好，触点牢固，指示灯显示正常。

(9)视频监控系统图像显示稳定清晰；摄像机光圈、变倍、变焦灵敏，云台旋转正常；前端设备防护罩无破损，防护罩玻璃清洁；连接电缆可见部分无老化、无损坏；计算机系统及监控软件运行正常；机柜风扇运转正常；机柜内设备无灰尘；桥区摄像头无丢失、无损坏；桥下标尺整洁、无破损。

(10)雨量计数据记录准确，精度为±0.4mm(≤10mm)、±4%(≥10mm)；雨水感应器清洁无杂物，每场降雨后应清理雨水收集装置，保持其灵敏有效；电源、通信电缆运行良好，现场数据传输正常；记录纸、笔、墨水储备齐全。

2.机械设备巡视标准

机械设备包括：混流泵、潜水泵、电机、阀门、通风机、起重机、机械格栅、地漏泵。巡视标准如下：

(1)混流泵各部位无缺损、螺栓无松动；运转时，无异响、无异常振动；填料函有水陆续滴出，一般以每分钟滴15滴左右为宜，填料函应清洁、无污物，排水通畅；水泵轴承温度不超过60℃(手背触摸轴承盒外部，以不烫手为宜)；水泵停车时，无骤然停车现象；水泵管路无渗漏、无锈蚀。

(2)潜水泵运转时，无异响、无振动，各项保护显示状态正常，各类指示灯、仪表指示正常。

(3)水泵电机外各部位无破损、螺栓无松动；运转时，无异响、无异味；电流、电压指示正常，就地控制箱指示灯显示正常。

(4)机械格栅运行平稳、无异响、无卡阻；减速器油位正常；控制箱指示灯显示正常；格栅栅条之间无杂物阻塞、无阻水现象，格栅前后水位差不大于200mm；机械格栅的传动链条、耙齿链、耙齿轴、爬齿、安全销等完好、无变形、无过度磨损等情况。

(5)起重机升降运转正常，行车行走时无异响、无异常振动、无晃车现象；连接部件无松动、无脱离，滑轮无脱轨现象；钢丝绳无扭曲、无断股、无锈蚀；吊钩及防脱钩装置完好；动力及控制电缆无破损、无老化龟裂现象；制动器、限位开关灵敏有效；天车减速器无漏油现象。

(6)水泵蝶阀开启闭合正常，无异响、无卡阻、无锈死现象；电动机构运行平稳、无异响、无卡阻；限位开关有效；手动操作顺畅无锈死现象；电控箱指示灯、开度表显示准确；如遇水泵检修、检测，泵站值班人员应根据要求配合阀门开启关闭工作。

（7）通风机运行平稳，无异响、无异常振动，通风管道完好；排风扇运行平稳，防雨百叶窗完好。

（8）地漏泵井液位正常，泵井无杂物淤积，地漏泵、逆止阀门、截门、出水管路状况良好。

3. 泵站设施巡视标准

泵站设施包括：泵站管理用房、机房、高低压配电室、格栅间、调蓄池、围墙、护栏、门窗、上下水系统、消防器材、污水泵站溢流口等。巡视标准如下：

（1）围墙无破损、裂缝、坍塌、沉降；围栏无断条、无严重锈蚀现象。

（2）院内道路无破损、塌陷，院外道路无断路、占道现象。

（3）院内房屋类设施的地基无严重沉降；墙体无严重开裂；房屋无漏水现象；门窗完好。

（4）自来水龙头无滴漏现象，管道可见部分无锈蚀、无渗漏。

（5）泵站出水池结构无破损，井内无淤泥、杂物；院内进出水管线检查井盖、算子无丢失，井内无淤泥垃圾。

（6）雨水泵站每场降雨过后要清理1次栅渣。要求及时清理栅渣，保持格栅间地面清洁。清渣作业应严格按照有限空间作业相关要求执行。

（7）消防器材类别数量齐全、外观整洁、摆放位置固定；灭火器应在有效期内。

（8）泵站调蓄池地上部分土建结构无严重开裂、塌陷、漏水现象；护栏、扶手无严重锈蚀、无破损；调蓄池地上盖板或井盖无丢失、破坏；每场降雨后应排空初期雨水池、调蓄池内雨水。

（9）污水泵站进水量增加，集水池液位高于最高液位时，增加对溢流口的巡视，将溢流情况上报公司职能部室。记录溢流开始时间、结束时间。

4. 厂区卫生及其他巡视标准

（1）泵站值班室、配电室、附属用房每天保洁1次。室内器物、绝缘用具摆放整齐、位置固定；无杂物堆放、地面清洁、墙壁洁净；办公桌、更衣柜表面无尘土。宿舍内个人物品码放整齐，被褥干净、叠放齐整；厨房、卫生间清洁无异味。

（2）泵站院内的道路和绿化区域每天清扫1次。保持院内环境清洁，绿化区域无垃圾。适时对泵站院内绿植进行修整。

（3）每天擦拭泵房内的楼梯扶手、护栏1次，清扫地面1次。每月15日和30日前分别擦拭泵房和附属用房的玻璃1次，保持玻璃明亮干净。

（4）格栅间楼梯扶手、护栏地面每天清理1次；

每次降雨结束后及时对格栅间地面进行清理，保持地面清洁无污物。

（5）泵站内的照明系统每天巡视检查1次。发现损坏的灯具或开关及时报修更换。更换灯具或检修照明线路登高高度在2.5m以上时，按照高空作业要求必须有人监护，作业前检查登高作业的扶梯，确认完好方可使用。要求照明线路完好，灯具无灰尘，照明正常。

（6）每年入冬前要做好自来水管道、电锅炉的防冻保温工作。

5. 泵站运行记录巡视标准

泵站值班人员应按照《泵站内业资料填写规范》填写泵站各项内业资料，并按要求进行资料管理。

（五）规定事件处理流程

（1）桥区积滞水事件处理流程：第一时间上报公司指挥部，报告内容：积水深度、发生积滞水时间、交通影响、泵站及调蓄池运行情况、降雨量、初步判断积滞水原因。每10min动态报告上述内容。

（2）汛中泵站停电事件处理流程：第一时间切换备用电源，随即上报防汛指挥部。报告内容：切换备用电源情况、停电时间、泵站及调蓄池运行情况。初步判断停电原因、供电部门故障排查与解决情况。

（3）汛中机电设备故障事件处理流程：第一时间上报防汛指挥部。报告内容：故障基本情况、故障时间、对泵站运行的影响程度。初步判断故障原因、供电部门故障排查与解决情况。

（4）一般事件处理流程：可自行处置的应及时解决；不能自行处置的问题第一时间上报公司职能部室。事件处置完成后，将处置结果反馈至公司职能部室。

第二节　水泵机组及附属设备的运转状况检查

一、混流泵的巡视检查（表8-1）

表8-1　混流泵运转状态巡视检查表

检查内容	检查方法	正常	异常
地脚螺丝有无松动	锤击	□	□
底座是否水平	目测	□	□
螺栓有无缺件，紧固件是否脱落	目测	□	□
电机和泵体轴承润滑是否良好，是否缺润滑油	目测	□	□
填料密封在非运转状态，每分钟滴水是否为5~20滴	目测	□	□

（续）

检查内容	检查方法	正常	异常
联轴器是否同心，四周间隙是否均匀，不同轴度是否小于0.2mm	仪器检查	☐	☐
尼龙销或橡皮圈有无严重磨损，磨损量大于1/3时应更换	目测	☐	☐
各阀门丝杆是否润滑良好	目测	☐	☐
闸阀转动是否灵活、完好	转动	☐	☐
进出水管是否漏水、漏气	目测	☐	☐
法兰是否漏水、漏气	目测	☐	☐
泵体上是否出现裂纹、气孔	目测	☐	☐
防护罩是否完整、可靠、安全	目测	☐	☐
接地线是否齐全、牢固	目测	☐	☐
开关操纵是否灵活可靠	手动试验	☐	☐
线路是否完整紧固，绝缘是否可靠	仪器检查	☐	☐
电机和泵体部分运转是否平稳	目测	☐	☐
电机和泵体部分运转有无异响	耳听	☐	☐
电机和泵体轴承温度是否过高，温度是否小于65℃	仪器检查	☐	☐
电流、电压有无明显升降	目测	☐	☐

二、潜水泵的巡视检查（表8-2）

表8-2 潜水泵运转状态巡视检查表

检查内容	检查方法	正常	异常
出水管有无漏水、漏气	锤击	☐	☐
接地线是否齐全、紧固	目测	☐	☐
开关操纵是否灵活可靠	目测	☐	☐
线路是否完整紧固，绝缘可靠	目测	☐	☐
水泵运转是否平稳	目测	☐	☐
水泵运转有无异响	仪器检查	☐	☐
水泵轴承温度是否过高，温度是否小于65℃	目测	☐	☐
电流、电压有无明显升降	目测	☐	☐

三、地漏泵的巡视检查（表8-3）

表8-3 地漏泵运转状态巡视检查表

检查内容	检查方法	正常	异常
出水管有无漏水、漏气	锤击	☐	☐
接地线是否齐全、紧固	目测	☐	☐
开关操纵是否灵活可靠	目测	☐	☐
线路是否完整紧固，绝缘可靠	目测	☐	☐
水泵运转是否平稳	目测	☐	☐
水泵运转有无异响	仪器检查	☐	☐

（续）

检查内容	检查方法	正常	异常
水泵轴承温度是否过高，温度是否小于65℃	目测	☐	☐
电流、电压有无明显升降	目测	☐	☐

四、机械格栅的巡视检查（表8-4）

表8-4 机械格栅运转状态巡视检查表

检查内容	检查方法	正常	异常
格栅除污机链条松紧度是否正常	工具检查	☐	☐
格栅除污机链条是否缺油	目测	☐	☐
减速机的油位是否正常	目测	☐	☐
减速机的油质是否正常	目测	☐	☐
减速机有无漏油、渗油现象	目测	☐	☐
减速机连接销连接是否可靠，有无松动现象	工具检查	☐	☐
电机底座固定螺丝连接是否可靠，有无松动现象	工具检查	☐	☐
线路是否完整紧固，绝缘是否可靠	仪器检查	☐	☐
开关操纵是否灵活可靠	手动试验	☐	☐
格栅除污机运转是否平稳	目测	☐	☐
格栅除污机运转有无异响	耳听	☐	☐
机耙运行及电源指示情况是否正常	目测	☐	☐
电机、减速机轴承温度是否过高，温度应小于65℃	仪器检查	☐	☐
电流、电压有无明显升降	目测	☐	☐

五、单梁起重机的巡视检查（表8-5）

表8-5 单梁起重机运转状态巡视检查表

检查内容	检查方法	正常	异常
滑动车轮有无异常声音	耳听	☐	☐
减速机有无异常声音	耳听	☐	☐
减速机润滑是否良好	目测	☐	☐
联轴器有无异常声音	耳听	☐	☐
吊钩转动是否灵活	手动转动	☐	☐
吊钩磨损是否严重，有无焊补	目测	☐	☐
吊钩固定是否牢固可靠	手动转动	☐	☐
吊钩防脱装置是否完好	目测	☐	☐
钢丝绳有无断丝、断股、打结现象	目测	☐	☐
钢丝绳润滑是否良好	目测	☐	☐
钢丝绳在卷筒上排列是否整齐，压板是否松动	目测	☐	☐
钢丝绳绳端固定是否牢固	试验	☐	☐

（续）

检查内容	检查方法	正常	异常
钢丝绳楔块固定是否牢固	试验	☐	☐
联锁、限位开关否灵敏、可靠	试验	☐	☐
起重限制器是否灵敏、可靠	试验	☐	☐
起升限位器是否正常	试验	☐	☐
行车大车限位是否正常	试验	☐	☐
行车小车限位是否正常	试验	☐	☐
制动器是否正常	试验	☐	☐
控制电源、按钮功能是否正常	试验	☐	☐
总电源失压(失电)保护是否正常	试验	☐	☐
线路是否完整，绝缘是否可靠	仪器检查	☐	☐
各零部件连是否接可靠，螺丝有无松动	手动转动	☐	☐

六、高压柜的巡视检查(表8-6)

表8-6　高压柜运转状态巡视检查表

检查内容	检查方法	正常	异常
灭弧室内部金属表面是否发乌，有无闪络放电现象	目测	☐	☐
断路器分合闸机构是否正常	目测	☐	☐
柜体接地装置是否完好	目测	☐	☐
断路器插头咬合面是否涂敷防护剂(应有导电膏、凡士林等)	目测	☐	☐
断路器插头有无明显变形	目测	☐	☐
断路器插头咬合面有无熔焊现象	目测	☐	☐
各部件螺丝有无松动	目测	☐	☐
带电显示灯指示是否正确	目测	☐	☐
电压互感器内的熔断器是否完好	目测	☐	☐

七、低压柜的巡视检查(表8-7)

表8-7　低压柜运转状态巡视检查表

检查内容	检查方法	正常	异常
母(导)线连接螺丝有无松动	目测	☐	☐
母(导)线连接螺丝有无变色、打火现象	目测	☐	☐
母线接点温度是否小于90℃	仪器检查	☐	☐
刀(熔)开关是否灵活可靠、连接螺栓是否紧固	目测	☐	☐
刀(熔)开关熔断器熔丝是否匹配，有无松动、熔断现象	目测	☐	☐
刀开关插入深度是否大于等于2/3刀闸厚度	目测	☐	☐
自动开关外壳温升是否小于25℃	仪器	☐	☐

（续）

检查内容	检查方法	正常	异常
各电器连接点是否紧固，有无松动、变色现象	目测	☐	☐
接触器接线是否正常，有无变色、异味	目测、鼻嗅	☐	☐
接触器是否正常，有无变色、异味	目测、鼻嗅	☐	☐
电流互感器有无裂纹、变色，接线是否正确，接线有无松动	目测	☐	☐
各继电器是否灵活可靠，有无卡滞现象	目测	☐	☐
端子板接线是否紧固，有无松动、氧化现象	目测	☐	☐
转换开关是否灵活可靠，接线有无松动	目测	☐	☐
按钮开关是否完好，连接是否可靠、无松动	目测	☐	☐
各仪表指示是否准确	目测	☐	☐
带电显示灯指示是否正确，元件是否完整、无损坏	目测	☐	☐
柜门柜体是否完好，开关是否灵活可靠	目测	☐	☐

八、变压器的巡视检查(表8-8)

表8-8　变压器运行状态巡视检查表

检查内容	检查方法	正常	异常
变压器外观有无尘土、油污、杂物	目测	☐	☐
绝缘套管有无裂痕、油污，有无闪络放电现象	目测	☐	☐
变压器运行时有无振动	目测	☐	☐
变压器运行时有无异味	鼻嗅	☐	☐
变压器运行时有无异响	耳听	☐	☐
变压器温度是否正常(应小于85℃)	目测	☐	☐
变压器箱体有无放电现象	目测	☐	☐
接线柱接线是否松动，是否有发热变色现象	目测	☐	☐
接地线是否完好紧固	目测	☐	☐

九、固定式气体检测仪的巡视检查(表8-9)

表8-9　固定式气体检测仪运转状态巡视检查表

检查内容	检查方法	正常	异常
外观是否完好；进气口是否干净整洁，是否损坏、变形、裂痕	目测	☐	☐
控制器相关操作开关是否灵敏；连接线是否损坏，是否存在短接现象	目测	☐	☐
控制器自检警报是否正常；报警灯是否闪烁，是否有报警音	目测、耳听	☐	☐
紧固是否松动	目测	☐	☐
数据反馈、数据显示是否异常	目测	☐	☐

十、闸门阀门的巡视检查(表8-10)

表8-10 闸门阀门运行状况巡视检查表

设备名称：　　　设备型号：　　　设备编号：　　　安装地点：　　　使用部门：　　　年　　月

日点检与保养项目	1	2	3	4	5	6	7	8	9	10	11	12	13	14	15	16	17	18	19	20	21	22	23	24	25	26	27	28	29	30	31
1. 所有紧固件是否松动锈蚀																															
2. 整体结构有无损坏现象																															
3. 各润滑点的润滑状况																															
4. 磨损部件的磨损状态																															
操作员																															
故障描述及反应计划(故障描述指陈述设备异常现象，反应计划指处理措施)																															

周点检及保养项目(每周一)	第一周	第二周	第三周	第四周	一级保养项目	保养情况
1. 设备操作机构是否灵敏可靠					1. 丝杠：ZG-1. 涂抹 .100g/800h	
2. 设备的润滑情况;并定时、定点加入定质、定量的润滑脂					2. 根据设备的使用情况，进行部分解体检查和清洗	
3. 容易松动、脱离的部位是否正常，附件、工具是否齐全					3. 除进行例保的内容外，对设备的配合部位进行适当调整，确保润滑无泄漏	
4. 检查设备腐蚀、碰、砸、拉伤和漏油等情况，搞好卫生清洁工作					4. 设备运行500h，或三班制运行一个月时，操作工和维修工共同按规定进行一级保养	
操作员					组长	
项目组长					部门主管	

说明	1. 每日上班前半小时内完成点检并做好相应记录，不使用或不做点检须用O做标示 2. 每周最后一个工作日实施周保养 3. 一级保养由操作员于每月最后一天完成 4. 由数字记录的必须填写数值	1. 记录符号：√表示良好，×表示异常 2. 设备点检保养过程中如发现异常须及时反馈 3. 每月1号将此表单交至部门文员处存档，并领取新表单进行填写

制表：　　　　　　确认：　　　　　　审核：

第三节　再生水在线采样检测

一、再生水余氯在线检测

余氯在线分析仪是设计用于测量水样中剩余氯、二氧化氯、高锰酸钾和臭氧含量的设备。本小节以哈希公司的CL17余氯在线分析仪(图8-1)为例进行说明。

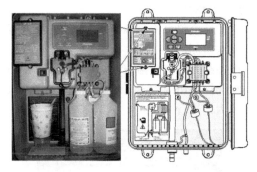

图8-1　哈希CL17余氯在线分析仪整体结构

1. 工作原理

水体中可利用的余氯(次氯酸和次氯酸根)在pH介于6.3~6.6时,会将二乙基对苯二胺(DPD)指示剂氧化成紫红色化合物。化合物显色的深浅与样品中余氯含量成正比。针对余氯的缓冲溶液可维持适当的pH。可利用的总氯(可利用的余氯与化合后的氯胺之和)可通过在反应中投加碘化钾来确定。样品中的氯胺将碘化物氧化成碘,并与可利用的余氯共同将DPD指示剂氧化,氯化物在pH为5.1时呈紫红色。一种含碘化钾的缓冲液可维持反应的pH。该化学反应完成后,在510nm的波长照射下,测量样品的吸光率,再与未加任何试剂的样品的吸光率比较,由此可计算出样品中的氯浓度。

该分析仪每隔2.5min从样品中采集一部分液体进行分析。将所采集的部分引入仪器内部的比色皿中,进行空白吸光度的测量。样品在进行空白吸光度测量时,可以对任何干扰或样品原色进行补偿,并提供一个自动零参考点。在该参考点处加入试剂,试剂逐渐呈现紫红色,随即仪器会对其进行测量,并与归零参考点进行比较。在2.5min的采样周期中,线性蠕动泵的阀组件将控制样品进样流量和缓冲液及指示剂的计量注入体积。泵的阀组件使用马达驱动的凸轮来带动一组夹紧滚轮,这组滚轮通过滚压方式靠在固定板上特殊的厚壁导管来输送液体。

2. 操作步骤

(1)打开进样管线,样品在负压下涌入进样管和比色皿。

(2)关闭进样管线,比色皿中留下新鲜样品。比色皿的有效体积由溢流堰来控制。

(3)当进样管线关闭时,试剂管线打开,可使缓冲液和指示剂注满泵中阀组件的管道。

(4)对未处理的样品进行测量,以确定试剂加入前的平均基准值。

(5)打开试剂出口阀,可使缓冲液和指示剂流出后相互混合,并进入比色皿中再与样品混合。

(6)在显色过程终止后,对处理过的样品进行测量以确定余氯含量。

3. 仪器的主要特点及性能参数

(1)光学指标:一级发光二极管(LED)光源峰波长为520nm;估计最低使用寿命为5万h。

(2)性能指标:工作范围为0~5mg/L自由氯或余氯;准确度为±5%或±0.035ppm*;精度为±5%或±0.005ppm;检测限为0.035ppm;工作周期为2.5min;校正使用默认的校正曲线。

4. 仪器的维护与管理

1)定期维护内容

(1)更换新试剂:500mL瓶装的缓冲溶液和指示剂溶液可以持续使用约1个月。遗弃装有残余液的旧试剂瓶按当地规定进行。更换试剂前,必须停掉仪器电源。

(2)替换泵管道:在一段时间内,泵/阀模块的夹压作用将使管道变软,使管道破裂和阻塞液流。在温度较高时,这种破裂会加速进行。基于周围环境温度,推荐采用以下替换周期:①低于27℃时,间隔6个月更换1次;②高于27℃时,间隔3个月更换1次。

(3)内部管线更换:其他内部管线每年更换1次,如图8-2所示。

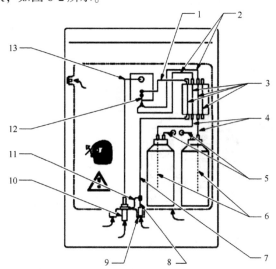

图8-2　哈希CL17余氯在线分析仪内部结构

---

* 1ppm=0.001%,下同。

编号	描述	长度（数量）
1	1/8″ID, 1/4″OD	4.5″(1)
2	1/32″ID, 3/32″OD	7.0″(1)
3	1/16″ID, 3/32″OD	2.0″(1)
4	0.062″ID, 0.125″OD	6.0″(1)
5	0.062″ID, 0.125″OD	6.0″(1)
6	1/32″ID, 3/32″OD	7.0″(1)
7	1/8″ID, 1/4″OD	7.0″(1)
8	1/8″ID, 1/4″OD	1.5″(1)
9	1/4″ID	多种类(1)
10	1/2″ID	多种类(1)
11	1/32″ID, 3/32″OD	3.0″(1)
12	1/32″ID, 3/32″OD	1.0″(1)
13	1/2″ID, 11/16″OD	12″(1)

注：ID——内径；OD——外径；″——英寸。

2）不定期维护内容

（1）更换保险：仪器使用的 2.5A、250V 保险可用于 115V 和 230V 两种电压操作。替换过程如下：

①确保仪器未供电。仪器的电源开关无法切断熔丝前的供电，因此在操作前必须确保仪器插头未连接电源。

②卸下用户检修盖。

③放置好保险固定器（接近用户接线箱的接线条）。

④卸下两个保险（编号为 F1 和 F2），并用同样规格的两个新保险进行替换（2.5A、250V）。

⑤重新安装用户检修盖，并重新供电。保险具体位置如图 8-3 所示。

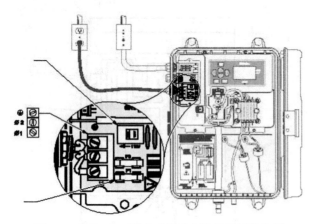

图 8-3　哈希 CL17 余氯在线分析仪保险更换位置

（2）清洗仪器外壳：关上并扣好仪器外箱盖，使用软布和温和的清洗剂擦洗壳体外表。勿让湿气进入壳体内。

（3）清洗色度计：色度计的测量室会积累沉积物或在室壁内侧形成一层薄膜。根据样品状况，如有必要，需清洗色度计。

二、再生水浊度在线检测

在线浊度分析仪（以下简称"浊度仪"）分为低量程与高量程两种。

低量程浊度仪可检测低量程浊度，是一种能连续读取浊度值的浊度仪。它能够为低浊度高品质过滤水提供高灵敏度、高稳定性的连续测量。测量浊度范围为 0.001～100NTU①。

高量程浊度仪可检测高量程浊度，用于对污水、自来水原水监测。

浊度在线分析仪包括控制显示单元（图 8-4）、浊度体和检测探头（图 8-5）三部分装置。本节以 1720C 型浊度仪为例进行介绍。

图 8-4　1720C 浊度仪控制显示单元

图 8-5　1720C 浊度仪检测探头

1. 仪器的工作原理

浊度是由浊度仪来测定的，适用于全天候的连续监测。在浊度仪内，从传感器光电头装置光源组件发出一束白炽强光，向下直接照入浊度仪内的试样中，使之穿过一段采样样品。光线入射样品后，遇到试样中的悬浮颗粒产生散射光。散射光与入射光垂直，被浊度仪接受。浸在试样中的光电元件检测器能够检测到被测试样中悬浮微粒发散的 90°散射光，散射光强度与样品的浊度呈正比。浊度仪检测出有多少光被水

① 浊度单位：度（1NTU＝1mg/L 的白陶土悬浮体，通常采用散射浊度单位 NTU 表示），下同。

中的颗粒物所散射，读数即为浊度值。这种用散射光测量浊度的方法称作散射法。

如果试样的浊度很小，则没有多少光被散射到光电元件上，浊度读数就会低。而另一方面，高浊度将造成大量的光散射，并产生一个高的读数。浊度仪具有很高的灵敏度，低到 0.001NTU 的浊度值都能被精确地测出。

浊度也可以利用色度计或分光光度计来测量，此法称为比色法。

2. 仪器的维护管理

（1）操作人员应熟悉浊度仪各部分的性能，掌握其基本的工作原理，能排除一般性故障。

（2）浊度仪首次安装或长时间关闭后重新启动时，应先打开水样进水阀，让浊度仪运行 1~2h，使管道和仪器完全湿润、读数稳定。

（3）浊度仪在线正常运行时，要求进行定期调整和标准化检查，及时调查系统警告以避免故障发生，经常观察控制单元显示以发现异常。

（4）定期有计划地进行维护是维护管理浊度仪最基本的要求，主要要进行标准检查和校正。一般要求每月进行 1 次标准检查，至少每 4 个月进行 1 次校正。还要清洗光电管窗口，清洗频率根据水样的性质、分解物的聚集和悬浮固体而定。在标准检查和校正过程中，检查光电管窗口，决定是否需要清洗。

三、再生水 pH 在线检测

在线 pH 计用于测试水样的酸碱度。本小节以 ABB4600 系列 pH 计为例进行介绍（图 8-6）。ABB4600 系列 pH 计包括一个电子单元(带显示器)和一个玻璃电极，通过键盘可以进行参数设置。最常用的 pH 指示电极是玻璃电极，它是一支端部吹成泡状的对于 pH 敏感的玻璃管，管内填充有含饱和氯化银的缓冲溶液，pH 为 7。

图 8-6　ABB4600 系列 pH 计

1. 仪器的工作原理

测量 pH 的方法主要有化学分析法、试纸法、电位法。在线 pH 计应用电位法测量 pH。电位法所用的电极被称为原电池。原电池是一个系统，它的作用是使化学反应能量转化成电能。此电池的电压被称为电动势。电动势由两个半电池构成。其中一个半电池被称作测量电极，它的电位与特定的离子活度有关；另一个半电池为参比半电池，通常被称作参比电极，它一般与测量溶液相通，并且与测量仪表相连。

电位的测量是相对一个电位与溶液的成分无关的参比电极进行的。这种具有独立电位的参比电极也被称为第二电极。对于此类电极，金属导线都是覆盖一层此种金属的微溶性盐(如氯化银)，并且插入含有此种金属盐离子的电解质溶液中。此时，半电池电位或电极电位的大小取决于此种银离子的活度。标准氢电极是所有电位测量的参比点。标准氢电极是一根铂丝，用电解的方法镀(涂覆)上氯化铂，并且在四周充入氢气(固定压力为 1013mPa)构成的。

将此电极浸入在温度为 25℃、离子含量为 1mol/L 的溶液中，便形成电化学中所有电位测量所参照的半电池电位或电极电位。其中氢电极作为参比电极在实践中很难实现，于是常使用第二类电极作为参比电极，其中最常见的便是银/氯化银电极。该电极通过溶解的氯化银对于氯离子浓度的变化起反应。

此参比电极的电极电位通过饱和的氯化钾贮池(如：3mol/L 氯化钾)来达到恒定状态。液体或凝胶形式的电解质溶解通过隔膜与被测溶液相联通。

利用上述的电极组合——银电极和银/氯化银参比电极可以测量洗液中的银离子含量。也可以将银电极换成铂金或金电极进行氧化还原电位的测量。

2. 仪器的主要特点及性能参数

（1）测量范围为 0~14pH；灵敏度为 0.01pH。

（2）操作温度为 -5~70℃。

（3）安装方式为流通式或浸没式安装。

3. 仪器的维护管理

（1）电极要一直浸没在试剂中，如果设备停用，要保障电极在溶液中浸没。

（2）定期对仪器进行标定。两点 pH 标定包括用 pH 为 4 和 9 的缓冲溶液校准设备和电极系统。开始标定前，要检查调整参数页的温度补偿设置。

4. 仪器的设置步骤

（1）进入主菜单标定页，翻到下一个参数 Calibration Access(标定入口)。输入需要的标定代码，方可进入 pH 标定。

（2）翻到下一个参数 Buffering Type(缓冲类型)，选择自动缓冲。

（3）翻到下一个参数 Buffer 1 Calibration（缓冲液 1 标定），在 pH4 缓冲溶液中浸泡电极。

（4）翻到启动标定，显示器显示传感器电动势，直到检定到一个稳定的值。显示自动翻到下一个参数 Buffer 2 Calibration（缓冲液 2 标定），在 pH9 的缓冲液中浸泡电极。

（5）翻到自动标定，显示器显示传感器电动势，直到检定到一个稳定的值，显示自动翻到下一个参数 Calibration Message。如果标定失败，翻到下两个检定信息参数：Slope Value、pH Check Value，检查电极情况。

四、再生水供水压力检测

在再生水泵房出水干线上安装压力传感器，经仪表 A/D 转换后，通过 PLC 的采集传输，最终在上位机上显示压力数据。压力检测是恒压供水的前提。

1. 仪器的工作原理

当压力传感器内电阻应变片受力发生形变，应变片的电阻值也同时发生改变，从而使加在电阻上的电压发生变化。通过后续的仪表放大器进行放大，再传输给处理电路（通常是 A/D 转换和 CPU）显示或执行机构，压力数值在显示仪表上得到呈现。

2. 仪器的维护管理

（1）每 2h 巡视 1 次在线仪表，记录显示数值。

（2）每周进行 1 次外壳擦拭，用毛刷清扫能开启外壳的仪表的内部空间。

（3）检查控制箱内部线路，确保接线牢固、无变色、无异味、无氧化过热痕迹。

（4）当压力数值异常波动时，应遥测传感器，检查电阻值是否正常。当压力数值显示异常，应判断是否为压力传感器原因。如确定，应立即替换压力传感器，确保压力数值连续传输，以保证水泵恒压正常运行。

（5）操作完成后，完整填写派工单，记录全过程。

五、再生水供水流量检测

在再生水泵房出水干线上安装流量计，经仪表 A/D 转换后，通过 PLC 的采集传输，最终在流量计表头和上位机上显示流量数据。流量检测是恒流供水的前提。

1. 仪器的工作原理

利用法拉第电磁感应定律，即导电液体在磁场中切割磁力线运动时在其两端产生感应电动势，导电性液体在垂直于磁场的非磁性测量管内流动，与流动方向垂直的方向上产生与流量成比例的感应电势。传感器安装在管道上，通过发射电磁信号，同时接收反射回来的流量信号；转换器将传感器接收到的流量信号进行放大，并显示流量数值（累计流量和瞬时流量）。

2. 仪器的维护管理

（1）每 2h 巡视 1 次在线仪表，记录显示数值。

（2）每周进行 1 次外壳擦拭，用毛刷清扫能开启外壳的仪表的内部空间。

（3）检查控制箱内部线路，确保接线牢固、无变色、无异味、无氧化过热痕迹。

（4）当流量数值异常波动时，应排除是否为电磁干扰影响，查看接线有无松动。如初步排查无法解决，应立即通知仪表厂家专业人员上门进行检修维护。

（5）操作完成后，完整填写派工单，记录全过程。

六、清水池液位检测

在清水池安装超声波液位计或静压式液位计，用于判断池内储存的再生水是否正常。通常情况下，清水池进水大于出水，液位保持在溢流高位。如进水小于出水时，清水池液位将开始降低，当降低到低液位后，将对泵房供水造成影响。因此，清水池液位检测是稳定供水的前提。

1. 仪器的工作原理

基于所测液体静压与该液体的高度成比例的原理，采用隔离型扩散硅敏感元件或陶瓷电容压力敏感传感器，将静压转换为电信号，再经过温度补偿和线性修正，转化成标准电信号（一般为 4~20mA/1~5V DC 直流）。

2. 仪器的维护管理

（1）每 2h 巡视 1 次在线仪表，记录显示数值。

（2）每周进行 1 次外壳擦拭，用毛刷清扫能开启外壳的仪表的内部空间。

（3）检查控制箱内部线路，确保接线牢固、无变色、无异味、无氧化过热痕迹。

（4）用清洁布清洁超声波式液位计的超声波探头，确保探头表面无积水、无污物；应从水中取出静压式液位计进行清洗，确保探头表面无杂物缠绕。

（5）当流量数值异常波动时，应排除是否为电磁干扰影响，查看接线有无松动。如初步排查无法解决，应立即通知仪表厂家专业人员上门进行检修维护。

（6）操作完成后，完整填写派工单，记录全过程。

第四节　再生水供水性能评估

1. 余氯正常数值

根据标准《城市污水再生利用 城市杂用水水质》

（GB/T 18920—2020）要求，再生水经消毒接触 30min 后，余氯应大于等于 1mg/L。

2. 浊度正常数值

根据标准《城市污水再生利用 城市杂用水水质》（GB/T 18920—2020）要求，再生水浊度应小于等于 5NTU。

3. pH 正常数值

根据《城市污水再生利用 城市杂用水水质》（GB/T 18920—2020）要求，再生水 pH 为 6~9。

4. 供水压力正常范围

再生水用途包括：工业冷却、河湖环境、公园景观、建筑冲厕、园林绿化、环卫喷洒、洗车等。其中，河湖环境对水压要求较低，再生水供水满足流入河道即可；工业、绿化，特别是市政直给小区对水压要求较高，才能满足高层用水需要。

再生水供水根据水泵扬程、用户情况进行供水压力的调整。通常情况下，河湖环境供水专线供水压力为 0.15~0.2MPa；供水中包含工业、冲厕、环境等混合用户时，管网末端压力要求至少达到 0.12MPa；泵房出口压力一般控制在 0.3~0.45MPa。

5. 供水流量正常范围

供水流量根据泵房规模、用户实际用水量来确定。通常情况，每个再生水泵房都有 1~2 台备用水泵，泵房供水能力能够满足用户用水需求。

6. 清水池液位正常范围

根据供水安全需要，清水池液位人为划定溢流液位、警戒液位、低液位。溢流液位为每个清水池的上限液位，再生水厂正常生产时，进入清水池的流量一般大于泵房供水量，此时清水池内液位保持在上限。

当泵房对外供水量突然增加，再生水厂产能暂时不足时，清水池液位将会下降。当液位降至 3m 时，液位到达警戒液位，此时应采取相应措施以保证泵房供水安全。应对再生水厂产能变化及外供水量变化趋势及时做出预判，如液位仍持续下降，在液位降至低液位前，应采取关闭部分或全部河道放水口的方式缓解清水池液位的下降，确保工业、小区等涉及生产、民生的重点用户的用水安全。

当清水池液位降至 1m 时，此时供水水质将可能受到影响，池内底层泥沙受扰动后将使供水变浑浊，此时应停止水泵运行，防止发生供水水质异常问题。同时，应调度相邻区域泵房提高供水量，确保重点用户的用水安全。

第九章
排水泵站运行调整

第一节　雨水泵站运行工况调节

雨水泵站承担着城区下凹式立交桥区的防汛职能，其运行工况调节可按照雨前、雨中、雨后3个不同时段进行。影响运行工况调节的因素主要与降雨情况、泵站设备运行状况、排水设施运行状况等有关，具体情况如下。

一、雨前调节

雨前在接到降雨预警后，各泵站立即对泵站各防汛设备(泵房及调蓄池水泵、机械格栅、闸门、应急电源等)进行雨前点检。点检标准参照第八章各类设备运行检查相关标准。点检结果正常时，应按照泵站运行方案开展泵站运行工作；如点检发现设备运行异常，应立即对泵站运行模式进行调整，具体调整内容包括以下几点：

(1)调配应急抽升单元保障抽升。接到应急保障通知后，抢险保障单位应组织抢险单元，快速赶往泵站现场。到达现场后，按照防汛应急保障预案，在现场快速架设临时抽升水泵，保障泵站总抽升能力不降低。并做好随时抽升的准备。

(2)启动泵站设备应急抢修工作。接到应急抢修通知后，抢修保障单位应组织抢修单元，快速赶往泵站现场。根据现场设备故障情况，开展抢修工作。

(3)组织抢险单元和抢修单元联合防汛。在抢险单元和抢修单元到位后，由泵场防汛负责人负责组织联合防汛。联合防汛原则为：优先使用泵站水泵抽升，后使用抢险单元水泵。此时泵站初期池水泵不再进行雨后抽升，投入雨中防汛抽升运行，泵房剩余水泵将按照第一、第二台水泵启动液位运行，到达第三台水泵运行液位时，抢险单元水泵投入运行，雨水溢流进入调蓄池后，调蓄池水泵投入运行。

泵站应急抢修完成后，泵站恢复原防汛能力后，泵站运行工况调整恢复正常。

二、雨中调节

泵站配套建设调蓄池后，泵站同时具备了"抽升"和"调蓄"两种防汛能力。我们通常优先使用"抽升"能力抽排雨水，当降雨过大，"抽升"能力不足时，发挥"调蓄"能力应对峰值雨水的冲击。这种运行模式称为"常规排蓄"运行模式。该模式防汛保障度高，适合应对大雨、暴雨天气的防汛。但在实际运行中，我们发现在汛期时降雨天气多为中小降雨。在中小降雨情况下，泵站按"常规排蓄"模式运行，泵站"抽升"能力富富有余，"调蓄"能力无从发挥，致使调蓄池利用率非常低。因此我们提出了在中小降雨天气下，优先利用"调蓄"能力，后利用"抽升"能力的"先蓄后排"运行模式。该模式仅通过调蓄即可完成中小降雨天气下的防汛工作，无须运行操作也能够达到足够的保障度，且存蓄的雨水也为雨水再利用创造了条件。泵站运行中，两种运行模式根据降雨量级不同而进行调节。具体情况如下：

1."常规排蓄"运行模式

当气象预报降雨为大到暴雨时，泵站启动"常规排蓄"运行模式。降雨开始后，雨水优先进入初期池，初期池蓄满后，雨水进入泵房集水池；泵房水泵按照设定启停液位依次运行，当降雨强度过大，超过泵站抽升能力时，峰值雨水溢流进入调蓄池，同时泵房水泵全力抽升，确保泵站安全运行。

2."先蓄后排"运行模式

当气象预报降雨为小到中雨时，泵站启动"先蓄后排"模式。运行流程如下：降雨开始后，雨水优先进入初期池，初期池蓄满后，雨水进入泵房集水池，泵房水泵暂不抽升，雨水溢流进入调蓄池，当调蓄池水位达到目标值时(30%容积)，泵房水泵投入运行，抽排雨水。

"先蓄后排"运行模式运行注意事项：

（1）正式投入运行前，泵站应进行多次实测评估调蓄池目标蓄水量可应对的降雨量。便于在雨前根据气象预报情况调节运行模式。

（2）当雨中小降雨转为大到暴雨，泵房集水池液位接近桥下最低点高程时，泵站运行模式应及时调整为"常规排蓄"模式。

（3）运行中发现泵站服务桥区存在客水汇入情况时，泵站运行模式应及时调整为"常规排蓄"模式。

（4）泵站供配电、水泵等设备发生故障停机时，泵站运行模式应及时调整为"常规排蓄"模式。

由"先蓄后排"模式转换为"常规排蓄"模式过程，应进行如下操作：泵站水泵立即启动将集水池液位降至最低；调蓄池水泵立即启动将调蓄池液位降至最低。

三、雨后调节

初期池雨水错峰排放。降雨结束后，初期池雨水将排放至污水管网系统，最终汇入污水处理厂。实际运行中我们发现，污水系统中会混入部分雨水，导致下游污水处理厂在雨后运行压力很大，甚至发生污水溢流入河的情况。此时排放初期雨水等同于直排入河，因此初期池雨中、雨后排放应根据其下游水厂运行状况进行调节。

泵站运行单位应在非汛期调查管辖雨水泵站初期池排放下游污水处理厂情况，同时在雨中、雨后监测污水处理厂运行液位与溢流液位关系。当污水处理厂运行液位高于溢流液位时，推迟初期雨水排放；当污水处理厂运行液位低于溢流液位时，安排相应初期池雨水排放。

第二节　再生水泵站运行工况调节

一、根据集（清）水池液位调节

水泵的启停控制一般由上位机操作完成，可以选择的模式有程序控制与手动控制两种。以恒压供水模式为例，程序控制为在上位机上设定好固定压力数值后，随着外管网用户用水量的变化，水泵将根据流量的变化而改变电机频率和启动泵台数。手动控制为手动设定泵的压力、频率，水泵将固定台数、固定流量运转，不会因外管网用户用水量的变化而改变。

当上位机出现故障时，需要人员在泵房就地控制水泵的运行，可以选择的模式有程序控制与手动控制两种。以恒压供水模式为例，程序控制原理如下：在总变电室控制屏上设定好固定压力数值后，随着外管网用户用水量的变化，水泵将根据流量的变化而改变电机频率和启动泵台数。手动控制同上位机控制方式。

受自控条件限制，目前清水池液位的变化不会自动控制水泵的运行状态，根据清水池液位控制水泵的运行状态属于人为管理方式。清水池液位高度为3.7~6.2m，通常将警戒液位设定为3m，危险液位设定为1m。清水池的储水量一般能够在最大供水量时持续3h左右。作为调蓄供水的设施，值班人员须密切关注清水池的液位情况，换言之，须掌握清水池的进出水情况。当进水流量大于供水流量，清水池液位将持续上升，直到上升到液位上限后产生溢流；当进水流量小于供水流量，清水池液位将持续下降。根据液位的变化程度，应做出相应的动作以应对，具体流程如下：

如值班人员发现清水池液位持续下降，且数值接近3m时，首先须判断清水池液位下降的原因：是来水不足引起的，还是供水量过大。经过判断，如属于第一种情况，必须立即第一时间与再生水厂班组联系，了解再生水生产情况、引起产能降低的原因和恢复时间等信息，同时泵房值班人员应将情况上报公司监控中心。如属于第二种情况，必须立即第一时间与公司监控中心联系，了解外网的供水情况，供水流量增大的原因，是否出现漏水、用水高峰等信息。

确定具体原因后，泵房值班员应根据进水、供水端的情况进行测算。如果在清水池调蓄范围内可以恢复正常，不做水泵供水压力、台数的调整；如果无法确定时间，须配合再生水管网巡护人员，首先适当减压供水，降低供水流量，待外管网关闭部分河道后，再观察清水池的进水、供水情况是否平衡；如果出现进水断水的极端情况，须由外管网巡护人员进行跨流域调水操作，当事泵站应配合联供泵站进行压力匹配的调整，以达到稳定供水的状态。

对于泵房即将出现的重大影响和紧急情况，泵房值班人员应根据应急预案立即采取相应措施，保护设施、设备的安全，同时逐级上报管理单位、集团机关。

二、根据泵站出水压力调节

恒压供水模式下采用程序控制状态，值班人员只需设定外管网供水所需的压力数值，水泵将根据外管网用户的用水量情况自动调整频率与台数。调整的原则如下：一台泵满频供水不能满足供水量时，启动第二台水泵，频率自动调整，两台水泵流量与外管网用量相匹配；当外管网供水压力出现局部不足时，泵房值班员应对对整体供水压力进行调整，此时，通过设定一个新的压力数值，水泵将根据上述原则进行相应调整。

程序控制无效时，可采取手动控制，为保持相对恒稳的压力，值班人员须根据外管网用户用水量设置水泵的频率与开启台数。如外管网用户用水量发生变化，值班人员须手动调整水泵运行状态，以保持供需平衡。因值班人员对外管网的用水量数据并不了解，因此泵房值班人员与公司监控中心应密切配合。

三、根据泵站出水压力调节

恒压供水模式下采用程序控制状态，水泵的控制方式同上述第二条中的调整方式，频率无须手动调整，控制系统根据输入的固定压力数值自动调整水泵频率与开启台数。

程序控制无效时，可采取人工手动控制。水泵的频率对应流量的变化，反映到外管网中是压力、流量的变化。当外管网用户的用水量相对固定时，提高水泵频率即提高水泵出水压力；当外管网用户的用水量提高时，提高水泵频率即提高出水流量。供水量与用水量的变化幅度一致时，即保持恒压供水。

第三节　运行故障处理

在泵站设备发生故障（包括突发停电和设备故障）、设施损毁后，工作人员应能快速、有效地控制并处理事件，以保障泵站有效、平稳运行，尽量减少因设备故障造成对周边区域排水的影响和人民生命财产的损失。

一、一般要求

1. 制订相应的应急处置预案

为应对泵站运行故障事件，各单位应根据泵站自身情况，制定相应的应急处置预案。

2. 成立应急处置小组

单位应成立应急处置小组，并明确相应的职责。应急处置小组的职责包括：发生设备故障、设施损毁时，通报设备故障、设施损毁信息，发布应急处置命令，负责组织实施应急方案；在最短的时间内以最快的方式向上级部门和相关部门报告事故有关情况，必要时向有关单位发出协助处置请求；进行事故的调查、处理和经验教训的总结工作。

3. 建立设备故障、设施损毁的报告制度

（1）一旦发生设备故障、设施损毁，应在最短时间内以最快的方式向应急处置小组报告，同时做好事故现场的保护工作。应急处置小组获悉后，应立即赶往事故现场，并视事故情况及时做好相关情况收集工作和事故损失初步评估工作。

（2）无论是部门报告还是应急处置小组，在向上级报告时，均可采用口头或电话报告方式，随后立即用书面形式正式上报，应包括以下内容：①事故发生的部门、时间、地点、事故类别；②事故情况，简要经过和损失额度或其他后果；③事故原因的初步判断，有无继发事故的可能；④采取的应急处置的初步措施；⑤是否需要有关部门、单位协助工作；⑥报告人的姓名和联系方式（手机、固定电话）。

4. 配备保障物资

应配备充足的保障物资、备品备件，并健全台账和管理制度。

二、设备故障应急处置方案

设备故障是指雨水泵站在备勤和降雨期间发生的正在运行的抽升泵、电气设备、发电机、机械格栅等直接影响抽升的泵站主要机电设备发生故障。其应急处置方案如下：

（1）泵站值班人员发现故障后，应立即向应急处置小组报告。同时，根据事故现场情况进行处置，如须切断电源的，应立即切断故障点电源，停止在故障点附近一切的工作活动。同时保护、隔离好事故现场。

（2）应急处置小组应根据现场故障情况，立即组织人员进行排险、抢修。必要时，应通知设备维修单位。

（3）机械格栅出现故障后，值班人员应采取人工清渣的方式清除栅渣，避免栅渣阻塞雨水进入泵站集水池。同时上报应急处置小组。

（4）召开事故分析会，分析故障发生原因，总结经验教训。

三、突发停电应急处置方案

1. 单路供电泵站停电后的应急处置方案

（1）停电后，泵站值班人员应立即根据配电柜仪表指示灯等设备的状态判断是故障停电还是非故障停电，然后向应急处置小组报告。

（2）如因继电保护动作引起停电，故障设备和线路在未查明原因、未修复前不能送电，更不能试送电。

（3）经查明为非故障停电后，值班人员应立即按照操作程序切断电源进线总开关。然后，在保证安全的前提下，启动发电机为水泵提供电源。同时上报应急处置小组。

(4)如因内部故障原因导致停电，参照上述设备故障的应急处理方案执行。

(5)如遇外网停电，须及时联系供电部门，问清停电原因、何时恢复送电等相关信息。

(6)在极端天气下，如供电部门恢复供电时间超过2h，应由应急处置小组紧急组织调拨发电机燃油、防汛沙袋、汽油泵等应急物资进行临时抢险。

(7)恢复送电时，值班人员应注意观察水泵的运转方向和运行状况。

(8)应急处置小组应对停电突发事件的起因、影响、责任、经验教训等问题进行调查评估，必要时还要对突发事件的应急方案进行分析研究。

2. 双路供电泵站停电后的应急处置方案

(1)双路供电泵站其中一路停电时，泵站值班人员应立即根据配电柜仪表指示灯等设备的状态判断是故障停电还是非故障停电，然后向应急处置小组报告。

(2)如因继电保护动作引起停电，故障设备和线路在未查明原因、未修复前不能送电，更不能试送电。

(3)经查明为非故障停电后，值班人员应立即按照操作程序切断停电线路电源进线总开关，投入另外一路电源运行，同时上报应急处置小组。

(4)如因内部故障原因导致停电，参照上述设备故障的应急处理方案执行。

(5)如遇外网停电，须及时联系供电部门，问清停电原因、何时恢复送电等相关信息。

(6)应急处置小组应协调调配与泵站负荷相符的发电机作为备用，为电源双路停电做好准备。

(7)恢复送电时，值班人员应注意观察水泵的运转方向和运行状况。

(8)应急处置小组应对停电突发事件的起因、影响、责任、经验教训等问题进行调查评估，必要时还要对突发事件的应急方案进行分析研究。

四、设施损毁应急处置方案

1. 配电室、泵房等房屋漏雨的应急处置方案

(1)汛前应做好泵站配电室、泵房等设施屋面的防水修复工作。每年下第一场雨时，观察泵站房屋的防水情况，发现问题及时上报并进行维修。泵站应配备塑料布、苫布等苫盖材料。

(2)汛中发生泵站配电室、泵房等设施房屋漏雨情况，应观察漏雨部位是否处在配电设备、机械设备的上方，如漏雨部位不影响泵站正常运行，可待降雨结束后进行修复。

(3)如漏雨部位处在配电设备、机械设备的上方，值班人员应果断采取措施，切断设备电源，进行苫盖。确定设备没有问题后，可继续投入运行，同时报告应急处置小组。

(4)应急处置小组应组织人员根据渗雨、漏雨情况采取临时措施，保证工作人员人身和设备安全。降雨结束后，应对房屋设施进行抢修。

2. 泵站发生内涝的应急处置方案

(1)汛前应对泵站院内和周边雨水管线进行疏通，保证其畅通。对进入配电室、泵房等建筑物的管、孔、洞进行封堵，并检查封堵效果。泵站应配备铁锹、沙袋等防汛物资，收到降雨蓝色以上预警时，值班人员应将沙袋提前码放至泵站配电室、泵房门口，防止雨水进入。泵房地漏泵应处在自动状态，保证泵房进水后自动启动抽排。

(2)降雨过程中，值班人员每半小时对泵站配电室电缆沟、泵房和格栅间下部进行1次巡视，观察有无雨水进入。

(3)如有雨水进入泵房，值班人员应立即上报应急处置小组。当泵房下部雨水没过干式水泵基础时，值班人员应立即停泵，并切断泵房下部设备、照明等的电源。

(4)如有雨水进入配电室电缆沟，存在设备、电缆等浸水短路的可能，值班人员应果断切断电气设备总电源，防止安全事故的发生，同时上报应急处置小组。

(5)应急处置小组应及时组织人员对泵站内涝积水部位(泵房、配电室等)进行雨水排除，并对进水点进行封堵，确保无隐患后，方可送电继续运行。

五、再生水泵房故障应急处置方案

1. 泵房内部因素影响泵房供水的应急处置方案

(1)如流量计、压力计、液位计等单个仪表发生故障，应将其运行模式调整为手动模式，利用其他仪表参数指导供水。

(2)如水泵、电机、变频器等单个设备发生故障，应立即切换备用设备供水。

(3)如自控、停电等系统发生故障，影响单个泵房供水，现场确认各种方式都不能开启后，应切换互备泵房供水。如再生水厂内只有一个泵房，则应提高相邻区域泵房的供水量，利用管网联调，确保向用户稳定供水。

2. 管网、用户影响泵房供水的应急处置方案

如供水流量、压力骤升骤降，排除泵房内部因素后，应立即向公司监控中心询问外管网有无开、关闸操作，各干线节点流量(压力)计有无明显不规则变化，外管网是否有漏水事故，等等。如确定了外管网

影响，则应立即调整供水，如减压供水、减少漏水量，同时在管网关闸后恢复供水压力，确保重点用户供水安全。

3. 再生水厂影响泵房供水的应急处置方案

如再生水厂故障导致进水减少、水质变化，应立即与再生水厂沟通，核实水厂故障情况和恢复时间，同时做好外管网河道闸门关闭的操作准备，以及相邻泵房增量供水的准备，确保供水安全。

第四节　再生水泵站运行工况优化调整

根据增减水量的变化需求，判断现有开启的运行设备能不能满足调整后的需求。

确定参数，调整前明确增减水泵的数量和频率，操作方式包括：大小泵配合使用，水泵自动运行模式、手动运行模式、自动运行和手动配合运行模式、自动或手动与本地工频运行模式。

执行操作如下：

(1)调节配水泵时，先开启投入设备，将其频率慢慢增加，待出水流量略微提高时，同时操作降低需要退出设备频率和增加投入设备频率，让出水曲线保持平稳，避免出现出水水量波动过大现象，对用户用水造成影响。每次调整时需注意：43~50 Hz 调整幅度 1 Hz/次，30~43 Hz 调整幅度 2 Hz/次。

(2)在恒压(恒流)供水模式下，用户用水量较少时，开启一台相应匹配水泵(实际出水量与水泵额定流量比较)，确保水泵在高效区运转，避免低频运行。

(3)在恒压(恒流)供水模式下，用户用水量较大时，采用多台泵程控并联运行，并且采用大小泵搭配使用，保证供水压力和流量。

核对运行数据与运行状态，现场与上位机应保持一致，包括：

(1)出水压力传感器；

(2)出水流量；

(3)变频器电流、频率、温度；

(4)出水压力；

(5)清水池和泵前池液位；

(6)运行配水泵振值；

(7)运行配水泵温度；

(8)运行配水泵声音；

(9)运行配水泵出口机械压力表。

第十章
排水泵站运行资料管理

第一节　运行记录表单

泵站一般内业资料应包括：泵站抽水记录、泵站值班日志、泵站设备点检记录、电气设备遥测记录、泵站设备维修保养记录、泵站非汛期日间巡视记录、泵站非汛期远程监控巡视记录等。各项记录表单填写要求如下：

一、泵站抽水记录填写要求

(1)泵站抽水记录主要记录泵站1次降雨/d抽升(污水泵站)整体情况，包括各台水泵运行起止时间、电流、电压、抽水量、运行时间、耗电情况等综合信息。泵站抽水记录要按时填写，记录内容简要明了，字迹清楚，不得涂改、漏填或提前填写。

(2)泵站启动水泵抽升时(含调蓄池水泵)，值班人员按泵站抽水记录的表格要求记录水泵运行情况，污水泵站每2h填写1次。记录填写要求字迹工整、清楚，不得涂改；要求用黑色水性笔填写。

(3)按照泵站抽水记录表格内容的要求，值班人员须按时记录每台水泵的开车、停车、运行的时间(试运行除外)，记录高低压的电压和电流。

(4)"摘要记录"栏主要记录与运行相关的重要事件(初期池蓄水量、初期池蓄满时的降雨量、泵站第一台泵的开启时间、调蓄池蓄水量、调蓄池蓄满时的降雨量、场降雨量、抽升量、开泵台数及运行时间等)，要求字迹工整、清楚，事件阐述简明扼要、清晰明了。

(5)污水泵站每班值班人员对24h运行数据进行统计，按要求填写今日运行时间(min)、今日抽水量(kt)、累计运行时间(min)、今日电表字、昨日电表字、今日耗电量(kW·h)、今日单耗(kW·h/kt)等项目，要求查表计算、记录准确无误。

(6)按封面"月度统计表"要求，月末时统计填写本月底电表字、上月底电表字、本月耗电量、本月抽水量、单位耗电量等项目，要求查表记录准确、计算正确。在泵站抽水记录封面(图10-1)上填写累计运行时间、机泵完好天数，要求记录准确。

(7)值班员按值班安排在记录中签字。要求在交接班完成后，由交班人签字后将泵站抽水记录转给接班人。

(8)泵站抽水记录由泵站值班人员负责填写、保管，不得损坏遗失。保留期限为3年。

(9)泵站抽水记录采用A3幅面，版式为横版(表10-1)，封面采用黄色牛皮纸。

(10)将填写要求印在封皮背面。

××××公司抽水记录
年　月

项　目							
本月底电表字							
上月底电表字							
本月耗电量/(kW·h)							
本月抽水量/kt							
单位耗电量/(kW·h/kt)							

泵站	累计运行时间/min	机泵完好天数/d

图10-1　泵站抽水记录封面

表 10-1　泵站抽水记录样表

泵号	1号泵				2号泵				3号泵				4号泵				5号泵				低压	高压	高压电源
时间	开车	停车	运行	电流	开车	停车	运行	电流	开车	停车	运行	电流	开车	停车	运行	电流	开车	停车	运行	电流			
小时	时:分	时:分	分	A	时:分	时:分	分	A	时:分	时:分	分	A	时:分	时:分	分	A	时:分	时:分	分	A	V	V	A
8																							
10																							
12																							
14																							
16																							
18																							
20																							
22																							
24																							
2																							
4																							
6																							
8																							

总表

泵号	今运行/min	抽水量/kt	累积运行(时:分)	项目
				今日电表字
				昨日电表字
				今日耗电量/(kW·h)
				今日单耗/(kW·h/kt)

摘要记录

| 值班签字 | 白班 | 自　占　至　占 |
| | 夜班 | 自　占　至　占 |

二、泵站值班日志填写要求

（1）泵站值班日志主要记录泵站设备、设施运行状况，以及与泵站运行维护相关的情况。要求每日按时填写，记录内容简要明了，字迹清楚，不得涂改、漏填或提前填写。

（2）值班人员对泵站各类设备、设施进行巡视，白班应不少于 3 次，夜班巡视由监控中心通过远程巡视完成。白班按表格时间填写巡视结果，运行正常填写"正常"，发生故障的设备填写"故障"。故障设备的具体情况填写在第 4 项"发现问题及解决措施"中。不得用"√"代替文字填写。

（3）泵房、格栅通风系统应每日进行 1 次通风，每次通风不少于 1h，特别潮湿的泵站应适当增加通风时间和次数。值班员在该项记录中填写通风位置、次数、起止时间。"泵站调蓄池、电源进户线及泵站周边设施巡查情况，发现问题及解决措施"的填写内容是值班人员对泵站调蓄池、进户架空线路和进户电缆（电缆检查井）巡查的情况。如：架空线路有无损坏，架空线路是否被树枝影响，进户电缆检查井井盖

是否丢失，检查井内电缆有无破损丢失，进户电杆杆上设备运行是否完好，等等。要记录对巡视结果的描述、发现的问题、处理问题所采取的具体措施。

（4）"泵站设备、设施维护保养记录"栏应填写泵站设备设施维护、保养情况的作业记录。包括设备的维修和日常保养，以及规定周期内设备的试运行、调查和维护等。具体描述维护设备的设施名称、更换的配件、维修后的运行情况、负责维修的人员等。

（5）值班人员在值班期间对于进入泵站来访的非本站工作人员，应记录在值班日志中，并注明来访目的。

（6）泵站设备、设施故障时应立即报修，并在值班日志相应位置填写"报修记录"，记录内容包含故障设备编号、故障部位、故障现象、故障原因判断、报修时间、报修人和受理人姓名。

（7）泵站值班日志由泵站值班人员负责保管，不得损坏、遗失。日志保存时间为 3 年。

（8）泵站值班日志采用 A4 幅面，版式为竖版（表10-2），封面为黄色牛皮纸。

（9）将填写要求印在封皮背面。

表 10-2　泵站值班日志样表

站名：　　　　年　　　月　　　日　　　　星期：　　　天气：

值班员			值班时间		日　　时至　　日　　时	

一、每日巡检记录

时间 项目	9：00	13：00	17：00	21：00	1：00	5：00
泵站设施						
电气设备						
机械设备						
自动化系统						
可视系统						
附属设施						
雨量计						
发电机组						

二、泵站设备、设施维护保养情况：

三、泵房、格栅间通风情况（每天不少于 1 次，每次不少于 1h，环境潮湿的泵站应增加通风次数和时间）：

四、泵站调蓄池、电源进户线及泵站周边设施巡查情况，发现问题及解决措施：

五、访客记录：

六、报修记录：

接班人		接班时间		时　　分	

三、泵站设备点检记录填写要求

（1）泵站设备点检记录用于记录汛期时对泵站设备状况进行点检的情况，要求每次点检都要填写，记录内容简要明了，字迹清楚，不得涂改、漏填或提前填写。

（2）设备点检贯穿汛期、非汛期，汛期每周不少于1次，非汛期每15d不少于1次。点检方式为现场检查、试运行。主汛期应适当提高点检次数。

（3）按照点检要求对设备进行检查、试运行，运行正常时填写"正常"，发现故障时在相应位置写清故障现象并及时报修。不得用"√"代替文字描述。

（4）电气设备包含由高压进户线至低压配电柜的各项变电、配电设备。可视设备包含泵站防汛监控系统、泵站安防系统、UPS应急电源，以及路由器、交换机等通信设备。自控设备包含PLC自控系统和调蓄液位计。

（5）点检标准参照泵站各项设备操作规程的相关要求。

（6）点检工作完成后，所有点检人员与值班人员在相应位置签字。

（7）泵站设备点检记录由泵站值班人员负责保管，不得损坏遗失。记录保存期限为3年。

（8）泵站设备点检记录为A4幅面，版式为竖版（表10-3）。

四、泵站电气设备遥测记录填写要求

（1）泵站电气设备遥测记录可分为电气设备绝缘电阻值遥测记录表（表10-4）和电气设备接地电阻值遥测记录表（表10-5）两种，是分别记录泵站电气设备绝缘电阻值、接地电阻值的表格。记录内容应简要明了，字迹清楚，不得涂改、漏填或提前填写。

（2）每年春季、秋季天气干燥时，各安排1次遥测工作，并填写泵站电气设备遥测记录。

（3）记录人员按照表格要求记录遥测当天的时间、地点、天气情况、气温、摇表参数，以及当日遥测结果。

（4）遥测的设备设施包含泵站水泵、格栅、电动葫芦、通风设备，以及各变配电设备。

（5）填表完成后，要求遥测人员、记录人员、填表人员签字。

（6）遥测记录应由专人负责校核，校核完成后在相应位置签字。校核发现问题时，应组织第二次遥

测。如确实存在问题，应及时上报并进行维修。

（7）泵站电气设备遥测记录填写完成后，由分公司泵站管理人员留存，泵站现场保留复印件，不得损坏、遗失。记录保存时间为3年。

（8）泵站电气设备遥测记录采用A4幅面，版式为竖版。

表10-3　泵站设备点检记录

泵站名称：　　　　　　点检日期：　　年　月　日

设备名称	检查项目					
水泵1	声音	振动	填料函	润滑油	仪表指示	出水情况
水泵2	声音	振动	填料函	润滑油	仪表指示	出水情况
水泵3	声音	振动	填料函	润滑油	仪表指示	出水情况
水泵4	声音	振动	填料函	润滑油	仪表指示	出水情况
起重设备（泵房）	钢丝绳	吊钩	防脱钩装置	行车	限位	电气控制
起重设备（格栅间）	钢丝绳	吊钩	防脱钩装置	行车	限位	电气控制
机械格栅	耙齿	箅子	齿轮、链条	减速器	润滑油	运行情况
发电机组	润滑油	冷却液	发电机电控	发动机	仪表指示	运行情况
电气设备	存在问题或故障					
可视设备	存在问题或故障					
自控设备	存在问题或故障					
所有设备螺栓紧固情况及检查						

点检人：　　　　　　　　　　　　值班员：

表 10-4　电气设备绝缘电阻值遥测记录表

地址：　　　　　　　　　　　　　　　　　　　　　　　　　　　　　　年　　　月　　天气：

日期		摇表电压	气温	设备名称	编号	绝缘值/MΩ						备注
月	日					相对地			相间			
						A	B	C	A-B	A-C	B-C	

遥测：　　　　　记录：　　　　　校对：　　　　　填表：

表 10-5　电气设备接地电阻值遥测记录表

地址										
序号	日期	天气	仪表编号	接地极各类	接地极位置	测定数值/Ω	补救后数值/Ω	测定人	备注

测量：　　　　　记录：　　　　　校对：　　　　　填表：

五、泵站设备维修保养记录填写要求

（1）泵站设备维修保养记录（表10-6）主要用于记录泵站设备的报修、维修，或定期进行保养、大修和验收的情况。

（2）泵站值班员发现问题后，首先由泵站班长对故障进行检查，判断可否自行维修解决；无法自行维修的故障再进行报修。泵站设备由泵站值班员进行保养。

（3）泵站值班员负责填写"基本信息栏"和"报修描述栏"的基本信息。

（4）"基本信息栏"填写泵站维修、保养设备的名称、型号、存放地点、作业内容等信息。

（5）"报修描述栏"填写设备故障部位、故障现象、预判原因等情况，明确报修人和受理人、故障时间和报修时间。此记录采取电子版形式派发给维修人员。

（6）"维修保养栏"由维修人员根据实际维修保养情况填写维修方式、维修人员、耗材情况，并对设备故障原因进行描述，提醒泵站值班员注意。注明维修开始时间、维修完成时间。

（7）分公司定期安排设备保养或大修时，按正常流程进行任务派发。由维修人员填写"基本信息栏"，不必填写报修信息。

（8）由外单位进行维修保养时，分公司应将本记录派发给泵站现场，由值班员提供纸质版记录，要求维修人员填写。

（9）维修保养完成后，应由泵站值班员进行验收。泵站值班员根据验收情况填写是否合格，不合格应写明原因，并签字确认。重要维修应由分公司设备管理人员或运行管理人员验收。最后，泵站值班员应向维修人员反馈维修结果。

（10）记录填写应简要明了，字迹清楚，不得涂改或漏填表格内容。

（11）泵站设备维修保养记录采用A4幅面，版式为竖版。

（12）泵站值班员填写电子版，派发给维修人员，维修人员作业前将电子版打印纸质版、填写。记录表应一式两份，泵站现场和维修人员各自保留一份。

六、泵站非汛期日间巡视记录填写要求

（1）泵站非汛期日间巡视记录（表10-7）是在非汛期巡视人员对泵站设备、设施进行全面点检的记录。记录内容应简要明了，字迹清楚，不得涂改、漏填、提前或后补填写。

（2）非汛期时，泵站日间巡视频率不低于15d/次，

每次巡视应针对泵站所有设备设施进行点检。点检工作按照记录中的检查标准执行。

（3）检查人员按照记录表格要求，分别对泵站设施、消防、卫生、电气设备、可视系统、泵站设备等大项进行检查和试运行。点检结果正常时填写"正常"，点检发现异常时，描述故障现象，并及时报修。不得用"√"代替文字描述。

（4）记录填写完毕后，填表人、成员在相应位置签字，交泵站巡视负责人审核；审核通过后，审核人在相应位置签字。

（5）泵站非汛期日间巡视记录由泵站巡视点检负责人留存，不得损坏、遗失。每年非汛期结束时，统一上交分公司泵站运行管理人员留存，留存年限为3年。

（6）泵站非汛期日间巡视记录采用A4幅面，版式为横版，封面为黄色牛皮纸。

表 10-6　泵站设备维修保养记录表

基本信息栏			
设备名称		设备型号	
设备编号		存放地点	
作业内容		保养原因	

报修描述栏			
报修人：		受理人：	
报修内容	故障部位描述		
	故障现象描述		
	故障原因预判		
故障发生时间：		故障报修时间：	

维修、保养栏			
方式	□内修（保）		□外修（保）
维修（保养）人员			
维修（保养）单位		维修（保养）地点	
使用材料	名称	规定	数量
故障原因分析及注意事项			
开始时间：		完成时间：	

验收栏			
验收结果	□合格	□不合格	原因：
验收人：		验收时间：	

表 10-7 泵站非汛期日间巡视记录表

泵站名称： 　　　检查日期： 　年 　月 　日 进站时间： 　　　出站时间：

序号	项目	检查内容	检查标准	检查方法	是否符合	存在问题	整改要求	备注
					检查结果			
1	泵站设施	站内院墙及围栏	室外墙面应完好，无裂缝、渗水等现象	现场观察				
		泵站室外墙体	墙体应完好，无裂缝、渗水、下沉	现场观察				
		泵站门窗	应完好，无破损	现场观察				
		泵站室内顶棚和墙面	室内顶棚、墙面应完好，无裂缝、渗水等现象	现场观察				
		给排水和取暖管道	管道接口及其坡度、支架等应完好，符合相关规定	现场观察				
		泵站内存放物品	物品完整，无损坏	现场观察				
2	消防	消防设施	消防设施应定点摆放、保持整齐，定期检查维护，确保性能良好	现场观察				
		安全标识	警示、标志牌应齐全、清楚醒目	现场观察				
3	环境卫生	泵站院内	应保持干净、整洁、卫生	现场观察				
4	泵站电气设备	高压室	高压进出线柜外观应完好，室内风机运转正常，变压器声响温度气体均符合标准	现场观察				
		低压配电柜	高压进出线柜外观应完整，各项仪表正常、无缺项，各触电无发热变色，配电柜内无异味、无明显烧灼痕迹	现场观察				
		各种插销座	插座或开关应完整无损，操作灵活，接头可靠	现场观察				
		各项仪表	表盘玻璃应完好无损，刻度清晰，运行正常，各项指示灯显示正确	现场调试				
		电缆沟	高低压电缆沟无渗水现象，无活体进出痕迹	现场观察				
		进户线	101 倒闸分界开关闭合、进户线架空线路及进户电缆情况应完好，无树木影响，跌落保险杆上设备应完好	现场巡查				
5	可视系统	PLC 控制柜	柜体应完好，各接触点无烧灼痕迹及异味，屏幕显示正常	现场调试				
		监控柜	柜体应完好，各接触点无烧灼痕迹及异味，UPS 电量充足	现场调试				
		可视探头	探头转动灵活，图像清晰，无污物	现场调试				
6	泵站设备	水泵	无跑冒、滴漏现象，运转时无异常振动和异响，填料涵处滴水符合规定值，各部位螺丝无缺损松动，润滑油、润滑脂符合要求	现场调试				
		天车	钢丝挂钩安全可靠，电气部分和防护保险装置完好、灵敏、可靠	现场调试				
		地漏泵	运行正常，管道接口无锈蚀	现场调试				
		格栅间	检测气体，无异常来水	现场检测				
		格栅机耙	无卡滞、异常声响，各润滑系统正常，链条与栅齿间无异常	现场调试				
		阀门	阀门开闭度表完好，指示准确，操作完好	现场调试				
6	泵站设备	发电机	外观应完整，电缆接触完好，无油品渗漏，蓄电池电量充足	现场观察				
		通风设备	无异响、振动	现场调试				
		出水井	无占压，拍门开闭正常	现场观察				
		其他	雨量计、液位计、排风扇、除臭等应完好	现场观察				
7	其他							

填表人： 　　　　　成员： 　　　　　　　　　　　　审核人：

七、泵站远程巡视记录填写要求

(1)泵站远程巡视记录(表10-8)是分公司利用视频系统,对泵站无人值守期间(非汛期无人值守、汛期夜间无人值守)的现场状况进行远程巡视的记录。记录采用电子表格,需要时打印。记录内容应简要明了,不得漏填表格内容。

(2)泵站非汛期远程巡视频率为每日6次,针对无人值守泵站的消防、安保和其他突发事件应进行视频巡视。发现异常情况,应按照泵站非汛期应急预案的相关内容执行。

(3)记录填写应写明泵站名称、巡视日期、巡视时间、巡视人员。在"泵站远程巡视结果"处根据实际情况填写,无异常写"正常",发现异常状况按实际情况填写,并在"问题类别"处填写"安全类""运行类""设备类"或"设施类"。"处置结果"按照实际处置情况,填写处置结果,写清安排处置的部门、人员、处置方式。其他情况可填写在备注中。

(4)巡视人员按照视频巡视情况,将不同摄像头画面进行截屏,并保存在表格相应位置。

(5)泵站远程巡视记录由各分公司监控中心负责保存,不得删除、遗失,保存期限为3年。

表10-8 泵站远程巡视记录表

泵站名称:	日期:	巡视时间:	巡视人员:
泵站远程巡视结果:			
问题类别:		处置结果:	
视频截图1	视频截图2	视频截图3	视频截图4
视频截图5	视频截图6	视频截图7	视频截图8

备注:

第二节 运行统计报表档案资料

运行统计报表及档案资料是指在泵站的日常运行操作中形成的各种工作票和记录表,加强对运行统计报表和档案资料的管理是严格遵守操作规程,有效杜绝事故隐患的重要环节。

一、资料内容

(1)泵站概况简介:包括汇水边界、路名、泵站位置、抽升能力、调蓄能力、启泵液位、进出水管道流向、管径、管底标高等。

(2)机组运行记录:含当日开停机时间、运行情况、电能消耗等,同时还应有电气倒闸操作记录、开停机操作记录、泵站交接班记录、运行值班记录。

(3)设备发生事故应及时填写事故报告,其内容包括:事故简述、事故的经过和性质、发生事故的时间、处理结果、存在问题及所采取的措施等,以及报告填写人、填写日期。

(4)泵站上下游水位、扬程变化、天气情况等。

(5)泵站运行统计报表的填写:按照规范要求,不同的表单在填写上有不同的格式要求,填写时应按照表单提示逐项填写。所有表单一经填写,须按要求整理收集,作为泵站档案完整保存(表10-9、表10-10)。

二、资料保管要求

(1)泵站运行资料应准确、规范,及时汇编成册。

(2)应编制有排水设施量、运行技术经济指标等统计年报。

(3)泵站电子运行数据及保管要求如下:

①PLC运行记录应永久保存。

②运行视频数据(桥区和栅前)保存期应不少于5年。对于产生积水的时间段和重要时间段的视频数据,应在每场雨后及时整理,并永久保存。

③安保视频数据留存期应不少于3个月。

④排水泵站设施的运行维护管理部门,应结合排水管网,建立排水设施地理信息系统,应采用计算机技术对泵站等空间信息实施智能化管理。

⑤对有条件的地区,宜建立雨水泵站及进退水设施数学模型,基于模型预判泵站的防洪能力。同时,在降雨过程中做好态势分析工作。

表 10-9　污水泵站月统计报表

序号	泵站编号	泵站名称	设计最大抽升能力/(m³/s)	水泵数量/台	（　）月完成				1—（　）月累计完成			
					格栅清渣/m³	抽升时间/h	抽升量/kt	电耗/(kW·h)	格栅清渣/m³	抽升时间/h	抽升量/kt	电耗/(kW·h)
1												
2												

表 10-10　雨水泵站月统计报表

　　　　年　　月雨水泵站运行情况统计表

序号	泵站编号	泵站名称	设计抽升能力/(m³/s)	设计重现期	水泵数量/台	调蓄池		（　）月完成										累积完成									
						初期雨水池有效容积/m³	调蓄池有效容积/m³	本月降雨次数	格栅清渣/m³	抽升时间/min	抽升量/kt	蓄水量/m³		调蓄池清淤量/m³		电耗		降雨次数	格栅清渣/m³	抽升时间/min	抽升量/kt	蓄水量/m³		调蓄池清淤量/m³		电耗	
												初期池	调蓄池	初期池	调蓄池	电耗/(kW·h)	电费/元					初期池	调蓄池	初期池	调蓄池	电耗/(kW·h)	电费/元

第三节　运行总结报告

总结报告是对一定时期内的工作加以总结、分析和研究，肯定成绩，找出问题，得出经验教训，摸索事物的发展规律，用于指导下一阶段工作的一种书面文体。

全年泵站运行总结报告主要由五部分组成：全年泵站运行整体情况、全年泵站工作收获与经验、工作存在的不足和改进措施，以及明年或下阶段工作计划。泵站年度总结模板参考如下：

××年泵站运行工作总结

一、全年泵站运行整体情况

（一）泵站抽升量

××座污水泵站：××kt，较××年同期××kt减少/增加抽升××kt，主要是因为××××××所致。

××座雨水泵站：××kt，较××年同期××kt减少/增加抽升××kt，主要是因为××××××所致。

1. 泵站电费

全年泵站电费共计××万元，其中施工改造用电××万元，泵站运行用电××万元。

2. 防汛准备工作

为做好××年汛期防汛工作，泵站防汛人员从思想上给予高度重视，自今年××月份开始，有计划地安排对××座雨污水泵站安全隐患逐站排查，并对发

现的问题分类汇总、落实解决或上报公司，××部门也多次组织对泵站进行全面检查，最终保证了汛前泵站机电设备100%完好。以下为汛前各项工作完成情况：

（1）完成××座雨污水泵站春季设备遥测××台（件）。完成汛前××座雨水泵站格栅间淤泥掏挖总计××m³。

（2）完成汛前机电设备维护保养××台。

（3）完成汛前各泵站隐患排查总计××次。

（4）完成汛前泵站抢险防内涝工作，摆放沙袋××袋。

（5）完成发电机保养××台。

（6）完成汛前泵站值班人员培训考核××人次。

（7）结合泵站运行情况，编制泵站运行方案并进行下发。

（二）全年泵站工作收获与经验

泵站运行管理专业性较强，泵站防汛又是城区防汛的重点，其防汛责任重大。今年汛期降雨情况不同往年，主要有降雨过程多、短时雨强大的特点，总体降雨量和降雨过程多于去年：

××月××日—××月××日内，公司各泵站累计降雨量为××mm，平均降雨量××mm。较去年同期（平均××mm）增加/减少××%。雨水泵站初期雨水池蓄水量××m³，调蓄池蓄水量××m³。

今年入汛以来最大单场降雨发生在××月××日，平均降雨量××mm，历时超过××h，公司所运营全部

泵站运行正常。

由于今年汛期降雨过程多、短时雨强大，在几次降雨过程中，泵站值班人员几天几夜坚守在泵站，最长在泵站坚守近××h，体现了泵站职工爱岗敬业、无私奉献、敢于担当重任的精神，很好地保证了泵站在降雨时的正常抽升和设施设备的完好运行。

（三）工作存在的不足和改进措施

全年工作中的不足为××。改进措施为××。为了便于今后工作，必须对以前的工作经验和教训进行分析、研究、概括，并形成理论知识。

（四）明年工作计划

在今年工作所积累的经验上，我们提出明年的工作计划如下：

①××××；

②××××；

③××××。

第四节　技术资料管理

城市排水管线系统错综复杂，排水泵站处于其节点位置，在管理排水泵站时，如果没有一套系统的方法，工作起来就会相当困难。管理排水泵站，首先就要对排水泵站的技术资料和档案进行系统的管理，各种分类、归档都应符合资料管理的技术和制度要求，且有一套完整的计算机管理系统，这样对泵站的管理才会更科学化、系统化，管理起来才更加方便。

一、一般档案资料管理

泵站资料和档案的管理就是将其按要求收集、整理、保管和统计所进行的工作。泵站资料及档案来源于和泵站相关的各项工作，全面记录和反映了泵站运行细节及设备运行状况，是泵站组织或参与各方面活动的原始记录和真实记载，在日常管理中应遵循以下要求：

（1）严格执行党和国家的保密、安全制度，确保资料、档案和案卷的机密安全。

（2）各类规章制度、管理办法、人事档案、会议记录、会议纪要、简报、重要电话记录、接待来访记录、上级来文、公司发文、工作计划和工作总结，以及添置设备、财产的产权资料，由办公室负责归档。

（3）根据内容的历史关系，区别资料的保存价值，按性质分类，进行整理和立卷。案卷标题应简明清晰，便于查阅和保管。

（4）档案资料要做到字迹清楚、图表整洁、规格统一、签字手续完备。

（5）档案资料的文件纸张应采用韧性大、能长期保存、耐久性强的纸张。

（6）各类资料及文件除采用书面方式存档外，在有条件时还应采用电子方式存档，且所有存档应备份。

（7）照片和声像资料要图像清晰、声音清楚，电子档案要符合国家标准。

（8）档案资料借阅须履行登记、签字手续，重要资料借阅须先请示部门领导。

（9）每周定期对存放资料的地点进行卫生清理、环境通风，每半年进行1次资料晾晒，保证资料无霉变、无粘连。

（10）每月定期对资料存放处周围的消防用具进行检查。

（11）由档案负责人及相关业务部门组成档案鉴定小组，定期对超期档案进行鉴定，提交档案报告，并根据有关规定酌情处置。

（12）加强档案资料保管工作，做好防盗、防火、防虫、防鼠、防潮、防高温工作，定期检查保管工作。

二、设备档案资料管理

1. 设备档案资料的分类

泵站设备种类多、型号复杂，建立设备档案可以给泵站运行和检修带来很大便利。根据泵站运行实际情况可建立设备身份登记、设备维修保养登记和设备运行登记三种档案。

（1）设备身份登记：为了便于查找和登记设备元件，泵站设备档案的建立分三个层次。第一个层次，以泵站为单位单独建立；第二个层次，按照设备所属的位置进行登记；第三个层次，相同设备以元件型号为主进行登记。设备身份登记主要明确设备元件的型号、数量和生产厂家。泵站设备身份登记管理采用流动式管理，根据泵站改造、设备更新等情况随时进行调整。

（2）设备维修保养登记：设备维修保养登记主要是对泵站同类型元件的维修次数和更换数量进行登记，通过登记对比查找出设备元件的运行特点，以便有针对性地进行维护，同时为备件的购置数量提供依据，提高备件使用效率。

（3）设备运行登记：设备运行登记就是实时掌握设备的运行状态，通过运行参数对设备的运行情况进行预判，为设备的维护保养提供依据。设备运行登记以泵站运行记录为主。

2. 设备档案资料的内容

（1）设备型号、容量、额定电压、额定电流、厂名、厂号、出厂日期、安装日期及地点、本站编号等基本信息。

（2）厂家说明书、设备卡片、检修记录、缺陷记录、试验报告单、绝缘分析鉴定书等。

（3）泵站电气、自控部分的全套原理接线图和安装图。

（4）机电设备、变压器、金属结构、电力电缆等设备事故记录，以及历年维修情况。

（5）机组及辅助设备的定期预防性试验及绝缘分析记录。

（6）设备维修资料、突发事故处理结果。

3. 设备档案资料的管理要求

（1）新购设备正式投入使用前，应及时统计设备型号、重要参数、厂家信息，并及时建立设备档案。

（2）泵站的所有机电设备均应建立设备档案，厂家说明书等设备配套文件均应完整保留。

（3）安排专人负责设备档案资料的建立与管理，定期检查设备档案资料管理工作，及时核对档案资料信息，确保其准确性。

（4）值班长应定期汇总设备使用情况及泵站运行关联信息，并按时上报，由档案资料专管人员及时整编归档。

三、工程技术档案资料管理

应对泵站有关工程的建设（含改建、扩建）、管理、科学试验等文件和技术资料进行分类管理，妥善保管。

1. 工程技术档案资料的内容

（1）泵站工程建设的规划、设计、施工、安装、验收等技术文件和技术总结。

（2）泵站土地使用证。

（3）机房主控室平面布置及机电设备布置图、变配电系统、电气设备二次接线及保护装置原理图、机泵设备及附属设备图。

（4）泵站工程管理中的各种标准、规范、规程，工程岁修、大修、技术改造，以及科学试验等技术文件和资料。

（5）工程维修养护记录、工程巡视检查记录、检修工作记录、人身及设备事故分析记录、设备设施保养记录等重要工程管理记录档案。

（6）各项观测试验资料，包括机电设备的运行、调试、检测的记录，及研究成果等。

（7）历年专业部门对机电设备等的试验检测记录、电子影像资料、各项观测试验资料，及其他泵站日常工程管理文件。

（8）检修记录，应涵盖小修及大修项目、检修日期、检修负责人、验收负责人、更换零部件、存在问题等信息。

（9）缺陷记录，内容包括缺陷内容、性质及严重性、发现时间、处理结果和日期。

2. 工程技术档案资料的管理要求

（1）建立健全档案资料管理制度，设专人管理，保证资料齐全、完好，并长期存档。

（2）在进行工程验收移交时，参与验收的人员必须核对施工单位所提供的图纸资料是否齐全，图纸标识是否正确。如图纸资料提供得不齐全，或资料不完整，以及图纸标识的资料不准确时，均不能接收。等待资料齐全、准确、无误后，才能验收和移交。

（3）重要的和永久性档案资料应由集团统一负责保管，一般性和临时性档案资料可由管理单位自行保管。

（4）技术文件和工程管理资料除采用书面方式存档外，还应采用电子方式存档，并及时备份存档。

（5）检修记录及试验报告应经过主管领导和技术负责人审核无误后存入设备档案。

（6）泵站须按要求严格执行工程档案资料的保管与借阅制度。

（7）集团应定期检查管理单位档案资料管理情况。

四、档案资料管理人员职责

应建立健全排水泵站设施的档案资料管理制度，配备专职档案资料管理人员。在管理档案资料时，资料管理人员工作职责有以下几点：

（1）档案资料管理人员应确保各种档案分类准确、编排有序、目录清楚、装订整齐，确保档案的完整性、真实性和条理性。

（2）档案责任人（档案员）对本部门档案的移交、收集、建档、保管、借阅、发放和利用负全责。

（3）档案资料管理人员应接受上岗培训，并定期参与考核。

（4）档案资料管理人员应积极提出改进资料管理工作的建议。

（5）档案资料管理人员应继续加强档案管理知识的学习。

（6）档案资料管理人员应完成临时交办的任务。